移动端 UI 设计项目实战教程

主　编　陈珍英　毛忠瑞　程　真
副主编　林栩钰　林　霞　叶信辉
　　　　陈秀枝　圣　洁　杨　帆

北京理工大学出版社
BEIJING INSTITUTE OF TECHNOLOGY PRESS

内容简介

本书主要基于Photoshop移动端UI设计内容进行项目化教学，所选项目为真实完整的移动端UI设计案例，从中抽取单项内容细分项目，按照循序渐进的方式进行排列和讲解，主要包括以下内容：Photoshop的介绍与安装、APP应用图标设计、APP启动页和引导页设计、APP登录页和注册页设计、APP首页设计、APP列表页设计、APP详情页设计、APP个人中心页设计、移动端APP项目综合实战等。基本涵盖了APP的完整UI设计模块，以及移动端UI设计所涉及的各方面内容。

本书适合作为移动端UI设计类课程的教材使用，也可供设计人员阅读和参考。

图书在版编目(CIP)数据

移动端UI设计项目实战教程／陈珍英，毛忠瑞，程真主编．--北京：北京理工大学出版社，2023.8

ISBN 978-7-5763-2766-3

Ⅰ.①移…　Ⅱ.①陈…②毛…③程…　Ⅲ.①移动终端-应用程序-程序设计-教材　Ⅳ.①TN929.53

中国国家版本馆CIP数据核字(2023)第157166号

责任编辑：王玲玲　　**文案编辑**：王玲玲
责任校对：刘亚男　　**责任印制**：施胜娟

出版发行／北京理工大学出版社有限责任公司
社　　址／北京市丰台区四合庄路6号
邮　　编／100070
电　　话／(010) 68914026（教材售后服务热线）
　　　　　(010) 68944437（课件资源服务热线）
网　　址／http：//www.bitpress.com.cn

版 印 次／2023年8月第1版第1次印刷
印　　刷／三河市天利华印刷装订有限公司
开　　本／787 mm×1092 mm　1/16
印　　张／22.5
字　　数／525千字
定　　价／99.00元

前　　言

一个人的生命像一棵大树，要枝繁叶茂，花果累累，就必须有深牢宏大的根系。本书从掌握 Photoshop 软件的基本应用，到移动端 UI 设计特别是 APP 设计实战案例，一步一步打牢学习者的基础根基，收获技能，为成功掌握 UI 设计技能奠定良好的基础。

为了给读者提供一本好的“工具书”，我们精心编写了本书，并对教程的体系进行了优化，以实战项目任务化驱动的方式，按照“项目描述—学习目标—任务说明—知识导入—任务实现”进行编排，理实一体。针对移动端 UI 设计的软件使用介绍重点清晰，针对实战案例步骤细致全面、步步到位，强调了案例的针对性和实用性。

本书共分以下学习内容：

序号	目录	内容
1	项目一　Photoshop 安装	Photoshop 的版本、应用、安装
2	项目二　APP 应用图标设计	面性、线性、异形图标设计
3	项目三　APP 启动页、引导页设计	启动页、引导页界面设计
4	项目四　APP 登录页、注册页设计	登录页、表单、注册页界面设计
5	项目五　APP 首页设计	导航、页面栏、Banner、动态弹窗设计
6	项目六　APP 列表页设计	卡片式、选项卡、消息推送设计
7	项目七　APP 详情页设计	控制元素、组件、商品详情页设计
8	项目八　APP 个人中心页设计	个人中心页、页面标注、点九图、页面切图等
9	项目九　移动端 APP 项目综合实战	经典案例分析、应用图标、完整 APP 各个页面设计、APP 的 UI 设计内容整合输出

本书是由高职教师队伍和企业工程师联合编写的一套针对移动端 UI 设计的职业教育创新创业教材，是教学经验和典型工作岗位要求的有机结合，突出高等职业教育实践性特色，满足专业核心课程教学需要，同时适应产业变化，为产业经济培养更多优秀的人才。本书以学习者为本，符合人才培养目标，注重素质教育，具有启发性，富有特色，围绕 Photoshop 在 UI 设计中的运用，以掌握概念、强化运用为重点，把理论和实践技能有效地结合起来。

移动端 UI 设计是专门为移动设备而设计的一种界面，随着新媒体和互联网经济的蓬勃发展，移动设备已经成为用户体验移动网络的重要媒介，移动端 UI 设计需要注重简洁、直观、易于操作和个性化等方面，从而提高用户的使用体验和满意度。本书的实战案例均来自企业真实开发案例，有效保障了技能的实用性。

聚沙成塔，聚腋成裘，希望所有用到此书的学习者都能收获硕果，实现质的飞跃。当然，由于编者水平有限，书中难免存在疏漏之处，敬请大家批评指正。

编　者

目　录

项目综述

一、项目介绍

本书主要使用Photoshop软件针对移动端UI设计内容进行项目化教学，所选项目为实际的完整移动端UI设计案例，从完整案例中抽取单项内容细分项目，按照循序渐进的方式进行排列，并作细致讲解，有以下内容：Photoshop安装、APP应用图标设计、启动页和引导页设计、登录页和注册页设计、APP首页设计、APP列表页设计、APP详情页设计、APP个人中心页设计、移动端APP项目综合实战等。基本涵盖了一个APP的完整UI设计模块，以及移动端UI设计所涉及的各方面内容。

每个项目都具备该项目的简要描述性说明以及该项目的学习目标，同时，对每个项目的内容都进行了细分，拆解出关键性的单项任务，例如："项目二　APP应用图标设计"拆解为"任务一　面性图标设计、任务二　线性图标设计、任务三　异形图标设计"，单项任务大部分具有以下内容：

- 任务说明，简要介绍该任务的基本情况和任务内容。
- 知识导入，进行前置的理论知识内容导入，让学习者对相应知识点有一个初步的认识。
- 任务实现，对具有实操性演示的内容进行任务实现的设置，讲解具体的操作过程。

通过以上单个项目以及项目内的具体任务实现过程，让学习者学习到Photoshop在移动端UI设计中的不同应用，具备各类细分内容的设计能力，同时，这些内容又有整体的联系，能够构造出一个完整的APP设计，掌握知识点的同时，也完成了一个整体的设计作品。

在最后一个项目（项目九　移动端APP项目综合实战）里，额外选取了一个不同类型的案例，通过提供原始需求以及原型图，根据各个任务要求进行实战性演练。该项目主要在前面各项目积累的知识技能基础上，以及对APP整体设计的把握上，结合自主的创意构思，模拟移动端UI设计的实际工作内容和生产流程，完成相关设计任务，构造一个具备良好用户体验和视觉效果的UI设计作品。

本书希望学习者能够在学习过程中，体会设计师对待设计作品的细致用心，能够以精益求精的工匠精神，严格对待每一个设计细节，遵循设计规范，符合产品需求，符合岗位要求；并且在学习完成后，能够基于用户体验对设计内容进行创新，深度思考如何才能设计得更好，具备优化再设计的能力。

二、APP概念、设计流程、团队配置介绍

（一）APP的概念

APP是Application的缩写，指运行在手机系统上的应用程序软件，也称为APP软件、APP应用或APP客户端等。在本书中，APP统一称为应用。

目前主流智能手机的操作系统有苹果系统（iOS）和安卓系统（Android）。其他的智能手机系统份额非常小，几乎可以忽略不计。因为这两套系统各自的底层代码语言不一样，所以开发团队会配备 iOS 程序员和 Android 程序员。不过，出于人员成本的考虑，一般设计人员不分 iOS 和 Android 设计师，所以设计人员需要学习两种系统的应用界面设计知识。在后面的项目中会详细介绍这两种系统的差别，以及相应的设计规范。

（二）APP 的开发设计流程

UI 设计只是整个应用开发的一个环节，开发一个应用由多个角色共同完成。为了更好地开展设计工作，需要了解上下游环节。图 0－1 所示的 APP 开发流程图演示了整个应用开发的工作流程。

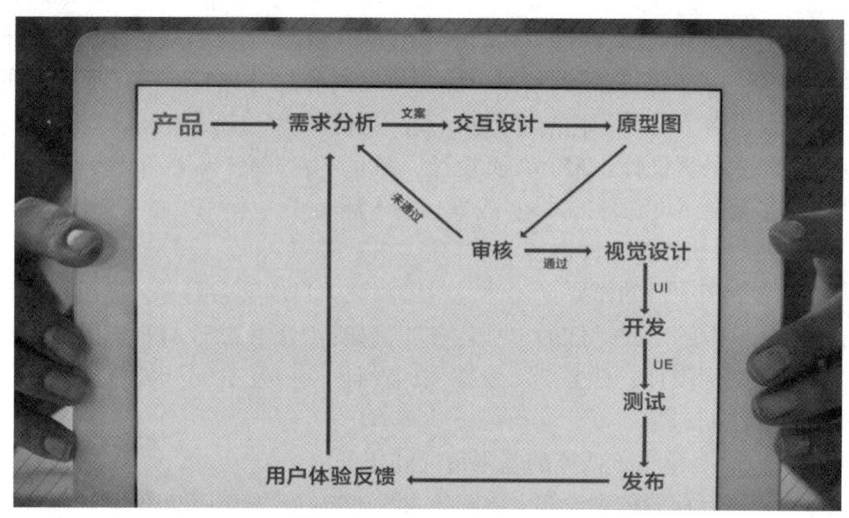

图 0－1　APP 开发流程图

（三）互联网产品团队配置

1. 产品经理

产品经理（PM）前期会收集需求，构想要做一个什么样的应用，会更多地考虑功能，这时绘制的原型还是一个粗略的原型，他还要根据产品的生命周期，协调设计、研发和运营等，控制整个应用开发的进度。最终产出物是低保真的原型和原型说明文档（低保真的原型就是指粗略的线框图，主要用来简单说明产品功能）。

2. 交互设计

交互设计师（UX）会对这个低保真原型进行细节上的优化，更多地考虑用户流程、信息架构、交互细节和页面元素等。目前一些公司可能会因为人力成本而舍弃这个角色，由产品经理兼任。最终产出物是高保真原型。高保真的原型是无限接近于最终产品的线框图，表达产品的流程、逻辑、布局、视觉效果和操作状态等。

3. 视觉设计

视觉设计师（UI）需要根据高保真原型设计界面，这一步不只是“美化”的工作。视觉设计师需要对原型设计有深刻的理解，需要了解整个页面的逻辑，从全局的角度来做视觉设计，用视觉手法去完成产品的设计。最终产出物是各种图片、界面的标注和界面切图。

4. 用户体验

用户体验设计（UE）是以用户为核心原则，保证功能与审美的平衡。严格来说，这个过程应该贯穿整个设计过程，单独配备这个角色的团队较少，这个角色的职能一般由团队内的产品经理、交互设计和视觉设计师分担。

5. 程序开发

程序员根据设计团队提供的界面效果图及标注切图搭建界面，根据产品提供的功能说明文档去开发功能，最终产出物是可使用的应用。

6. 软件测试

应用开发完成后，还需要测试人员测试应用的功能，看看应用有没有功能问题，并反馈给开发人员或者设计人员更改。测试人员一般以测试功能为主，对于界面适配的细节问题，测试人员并不能及时发现，所以界面测试工作最好还是视觉设计师配合完成。

7. 产品运营

运营人员最终把打包的应用发布到苹果商店和各大安卓市场上。应用不是发布到市场上就不管了，可以把前期的开发过程理解为“生孩子”，而运营就是“养孩子”的过程。根据不同类型的应用，运营人员需要通过各种手段提升应用的人气。同时，也可以把运营应用过程中发现的问题反馈给产品人员，由产品人员再次发起应用的版本迭代。

三、APP 设计所需工具及其可呈现效果展示

APP 的 UI 设计可以使用的工具、软件比较多，其呈现效果也略有不同，下面介绍软件工具及可呈现效果的展示。

1. Adobe Photoshop

Adobe Photoshop（图标如图 0－2 所示）是比较常用的 UI 设计软件，能够设计各类复杂的效果，是设计师必备的软件技能，其设计效果举例如图 0－3 所示。

图 0－2　Adobe Photoshop 软件图标

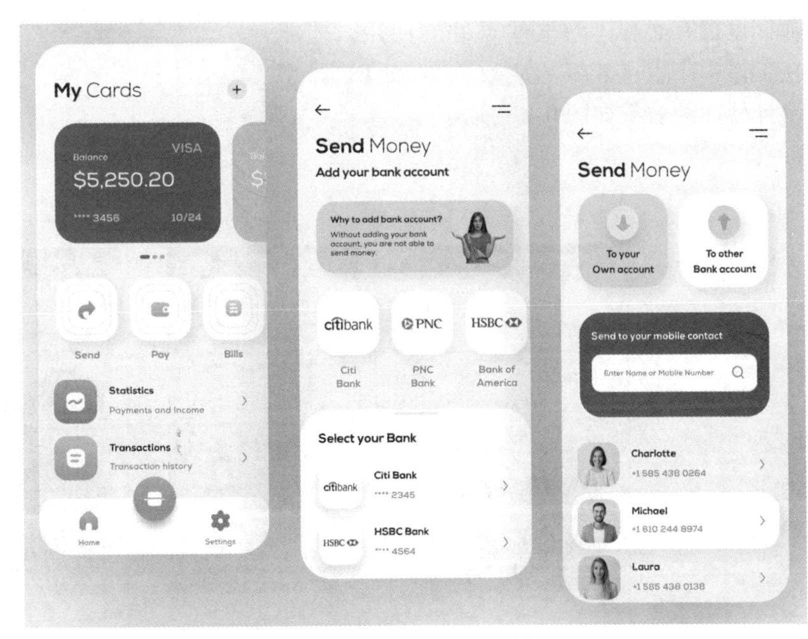

图 0－3　Photoshop 软件设计效果

2. Adobe Illustrator

Adobe Illustrator（图标如图 0－4 所示）是偏向于矢量化图形图像的软件，较多时候用来创作矢量插画图像内容，在 UI 设计中也可用其进行相关内容的设计，其设计效果举例如图 0－5 所示。

图 0－4　Adobe Illustrator 软件图标

图 0－5　Illustrator 软件设计效果

3. Axure RP、Sketch、Adobe XD

这几款软件（图标分别如图 0－6 所示）是原型设计工具，一般是由交互设计师使用这些软件先完成产品原型设计，再交给界面设计师进行 UI 视觉稿设计。但作为 UI 设计师，也很有必要了解这些软件的使用，才能在工作中产生比较好的成效。Axure RP 原型设计软件的效果如图 0－7 所示。

图 0－6　Axure RP、Sketch、Adobe XD 软件图标

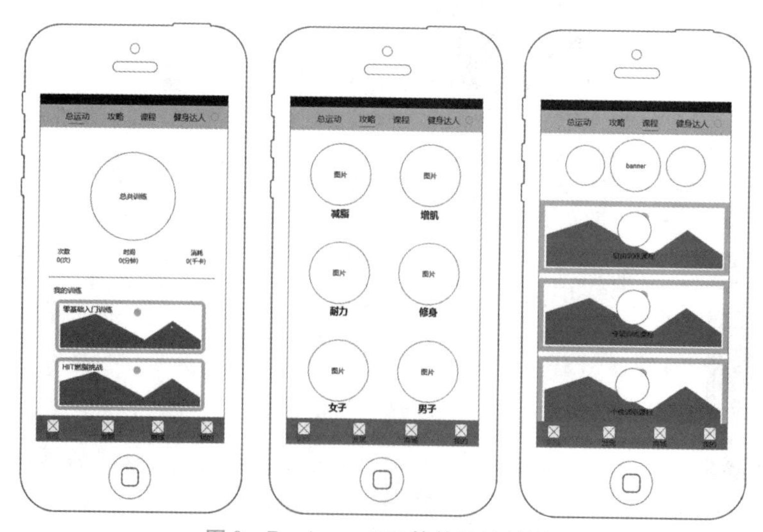

图 0－7　Axure RP 软件设计效果

4. CINEMA 4D

CINEMA 4D（图标如图 0－8 所示）软件主要用来制作三维效果的内容，目前也较为普遍应用于制作 3D 的 UI 效果设计，可以制作出立体化明显的作品，其设计效果举例如图 0－9 所示。

图 0－8 CINEMA 4D 软件图标

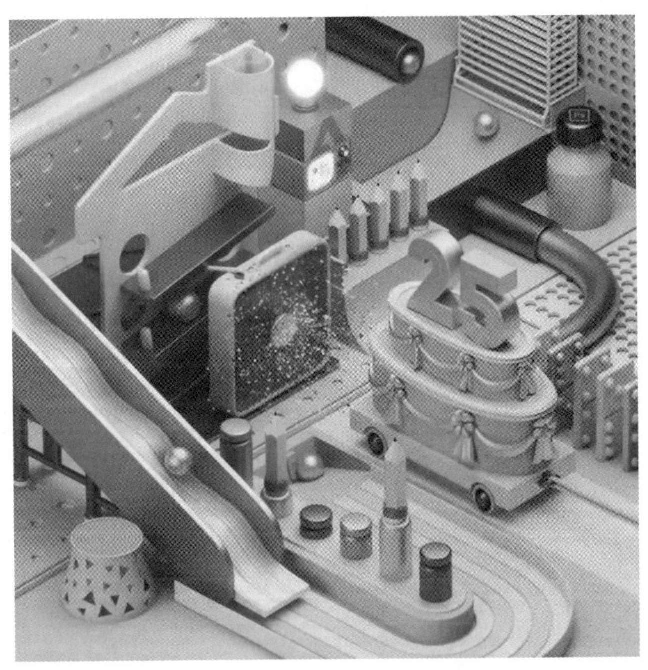

图 0－9 CINEMA 4D 软件设计效果

5. Adobe After Effects

Adobe After Effects（图标如图 0－10）简称 AE，主要是用来制作动态效果的软件，可以用来制作动态的 UI 效果，包括界面中的动态元素及动态 Demo 展示等，因其效果是动态的，这里便不进行展示。

图 0－10 Adobe After Effects 软件图标

项目一

Photoshop 介绍与安装

项目描述

本项目主要针对 APP 的 UI 界面设计工具——Photoshop 软件进行讲解，内容包含 Photoshop 的版本及发展历程介绍、应用领域介绍、软件的安装等，通过理论讲解以及实操演示阐述 Photoshop 软件在 Windows 系统和 Mac 系统中的安装配置要求及具体安装过程，在认识软件的基础上，熟练掌握不同系统下软件的安装步骤。

学习目标

（1）了解 Photoshop 的版本和发展历程，初步认识软件并了解软件的应用领域；

（2）熟悉 Photoshop 在不同领域的应用及作用；

（3）熟悉 Photoshop 在 Windows 系统和 Mac 系统中的安装配置要求；

（4）能够掌握并独立完成 Photoshop 在 Windows 系统或 Mac 系统中的安装；

（5）能够基于软件的安装配置要求及安装步骤，应对软件安装过程出现的各类安装问题。

任务一　了解 Photoshop

任务说明

本任务通过回顾 Photoshop 的版本和发展历程，初步认识软件并了解软件的应用领域，为下一步进行软件功能的具体应用打下基础。

知识导入

一、Photoshop 的版本

Photoshop 软件的全称是 Adobe Photoshop，由 Adobe Systems 公司开发并发行，软件创始人是托马斯·诺尔（Thomas Knoll）和约翰·诺尔（John Knoll）两兄弟（图 1－1）。

（a）

（b）

图 1－1　托马斯·诺尔（a）和约翰·诺尔（b）

发展历史和版本迭代：

1987 年，托马斯·诺尔和他的哥哥约翰·诺尔共同开发了一个程序，经过多次改名后，在一个展会上接受了一个参展观众的建议，把程序改名为 Photoshop。

1988 年兄弟俩将其出售给了 Adobe 公司。

1990 年 2 月，Photoshop 版本 1.0.7 正式发行，软件大小小于 800 Kb。

1991 年 6 月，Adobe 发布了 Photoshop 2.0（代号 Fast Eddy），提供了矢量编辑软件 Illustrator、CMYK 颜色以及 Pen tool（钢笔工具）等。

1993 年，Adobe 开发了支持 Windows 的 Photoshop 2.5 版本。

1994 年，Photoshop 3.0 正式发布，支持全新的图层功能。

1997 年 9 月，Adobe Photoshop 4.0 版本发行，更换了全新的用户界面。

1998 年 5 月，Adobe Photoshop 5.0 发布，引入了 History（历史）和色彩管理的概念。

1999 年，发行 Adobe Photoshop 5.5，主要增加了支持 Web 功能和包含 ImageReady 2.0。

2000 年 9 月，Adobe Photoshop 6.0 发布，引进了形状（Shape）、图层风格和矢量图形等新特性。

2002 年 3 月，Adobe Photoshop 7.0 版发布，增加了 Healing Brush、EXIF 数据、文件浏览器等功能。

2003 年 10 月，发行 Adobe Photoshop CS，支持相机 RAW2.x，阴影/高光命令、颜色匹配命令、“镜头模糊”滤镜、实时柱状图，使用 Safecast 的 DRM 复制保护技术，支持 JavaScript 脚本语言及其他语言。

2005 年 4 月，Adobe Photoshop CS2 发布，是对数字图形编辑和创作专业标准的一次重要更新，支持相机 RAW3.x、智慧对象、图像扭曲、点恢复笔刷、红眼工具、镜头校正滤镜、智慧锐化、SmartGuides、消失点、高动态范围成像。

2007 年 4 月，Adobe Photoshop CS3 发布，它采用全新的用户界面，改进了快速选取工具、曲线、消失点、色版混合器、亮度和对比度、黑白转换调整、自动合并和自动混合、智慧（无损）滤镜等工具，增设了移动器材的图像支持等。

2008 年 9 月，发行 Adobe Photoshop CS4，支持基于内容的智能缩放，支持 64 位操作系统，基于 OpenGL 的 GPGPU 通用计算加速。

2009 年，Adobe 为 Photoshop 发布了 iPhone 版，从此 PS 登录了手机平台。

2010 年 5 月 12 日，发行 Adobe Photoshop CS5，在“编辑”工具菜单中增加了原位粘贴、填充和操控变形功能。另外，画笔工具得到加强。

2012 年 3 月 22 日，发行 Adobe Photoshop CS6，采用了全新的用户界面，背景选用深色，以便用户更关注自己的图片。

2013 年 6 月 17 日，Adobe 在 MAX 大会上推出了 Photoshop CC（CreativeCloud），新功能包括：相机防抖动功能、Camera RAW 功能改进、图像提升采样、属性面板改进、Behance 集成一集同步设置等。

2014 年 6 月 18 日，Adobe 发行 Photoshop CC 2014，新功能包括：智能参考线增强、链接的智能对象的改进、带有颜色混合的内容识别功能加强、3D 打印功能改进、搜索字体、路径模糊、旋转模糊、选择位于焦点中的图像区域等。

2015 年 6 月 16 日，发布 Photoshop CC 2015，新功能包括：画板、设备预览和 Preview CC 伴侣应用程序、Adobe Stock、设计空间（预览）、Creative Cloud 库、导出画板和图层以及更多内容等。

后续，Photoshop 在 2017 年、2018 年、2019 年、2020 年、2021 年、2022 年等年份均发布了新版本，目前仍然在不断的版本迭代更新中。Photoshop 的不同版本图标如图 1－2 所示。

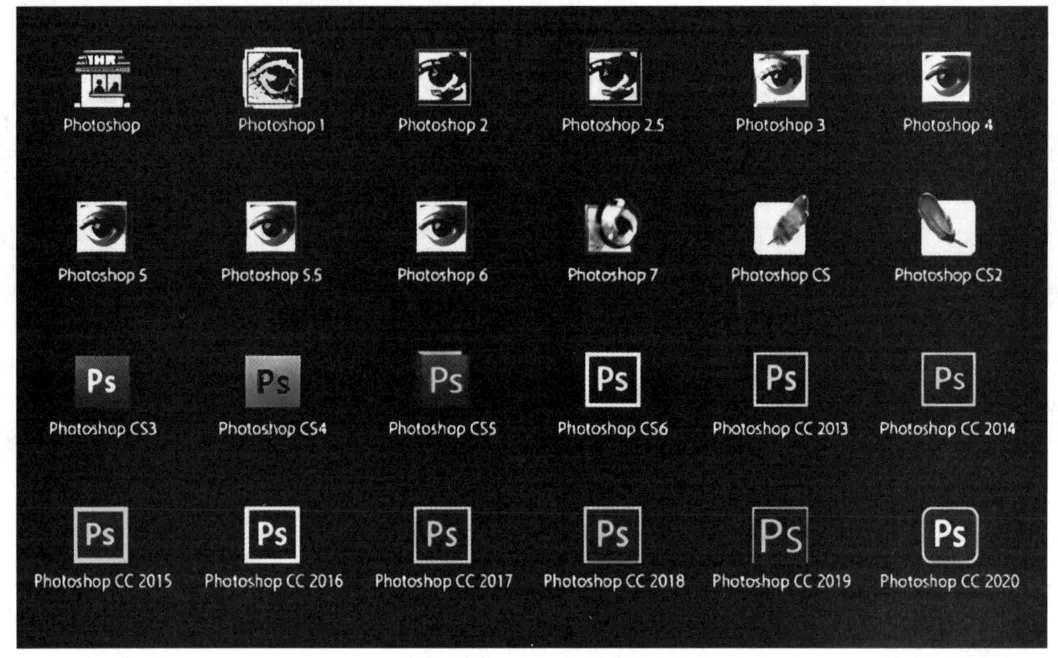

图 1－2 Photoshop 的不同版本图标

二、Photoshop 的应用领域

Photoshop 是最优秀的图像处理软件之一，其应用领域非常广泛。在广告设计、插画绘制、摄影后期、网页制作、数码合成、UI 设计等各方面都有涉及，它在很多行业有着不可替代的作用。

（一）广告设计

无论是平面广告、包装装潢还是印刷制版，从 Photoshop 诞生之日起，就引发了这些行业的技术革命。Photoshop 中丰富而强大的功能，使设计师的各种奇思妙想得以实现，使工作人员从烦琐的手工拼贴操作中解放出来。

（二）数码合成

运用 Photoshop 可以针对照片问题进行修饰和美化。它可以修复旧照片，如边角缺损、裂痕、印刷网纹等，使照片恢复原来的面貌；或者是美化照片中的人物，比如去斑、去皱、改善肤色等，使人物更完美。

（三）网页制作

互联网技术的飞速发展，使得上网冲浪、查阅资料、在线咨询或者学习已经成为人们生活的习惯和需要。优秀的网站设计、恰当的色彩搭配，能够带来更好的视听享受，为浏览者留下难忘的印象。这一切得益于 Photoshop 的强大网页制作功能，它在网页视觉设计中起着不可替代的作用。

（四）插画绘制

在现代设计领域中，插画设计可以说是极具表现意味的。而插画作为现代设计的一种重要视觉传达形式，以其直观的形象性、生动感和美的感染力，在现代设计中占有特定的地位，并且许多表现技法都是借鉴了绘画艺术的表现技法，而插画绘制同样可以使用 Photoshop 来完成。

（五）UI 设计

用户界面（UI）是人与机器之间传递和交换信息的媒介，UI 设计既要外观上有创意，以达到吸引眼球的目的，也要结合图形和版面设计的相关原理进行设计制作，这样才能给人带来意外的惊喜和视觉的冲击，Photoshop 在 UI 设计领域也被广大设计师所采用，设计出了各类精美的作品。

任务二 安装 Photoshop

任务说明

本任务主要了解 Photoshop CC 2021 运行的系统要求及基本设置，并通过具体的任务实现过程掌握 Photoshop 软件在不同系统中的安装方法。

知识导入

Photoshop CC 2021 的系统配置要求

- Windows 系统

CPU：Intel 或 AMD 64 处理器；2 GHz 或更快的处理器。

操作系统：Windows 10，64 位系统。

内存：8 GB 内存。

硬盘：4 GB 或更大可用硬盘空间；安装过程中会需要更多可用空间（无法安装在可移动存储设备上）。

显示：1 280×800 屏幕，配备支持 DirectX 12、显存至少为 1.5 GB 的显卡。

在线服务需要宽带 Internet 连接。

- Mac 系统

CPU：Intel 或 AMD 64 处理器；2 GHz 或更快的处理器。

操作系统：macOS Catalina 版本 10.15。

内存：8 GB 内存。

硬盘：4 GB 或更大可用硬盘空间；安装过程中会需要更多可用空间（无法安装在可移动存储设备上）。

显示：1 280×800 px 屏幕，配备支持 Metal、显存至少为 1.5 GB 的显卡。

在线服务需要宽带 Internet 连接。

任务实现

一、Windows 系统安装 Photoshop

（1）打开下载的 Photoshop 2021 软件安装包，鼠标右击压缩包，选择“解压到当前文件夹”，如图 1－3 所示。

图 1－3　解压软件压缩包

（2）压缩包解压中，请等待，如图 1－4 所示。

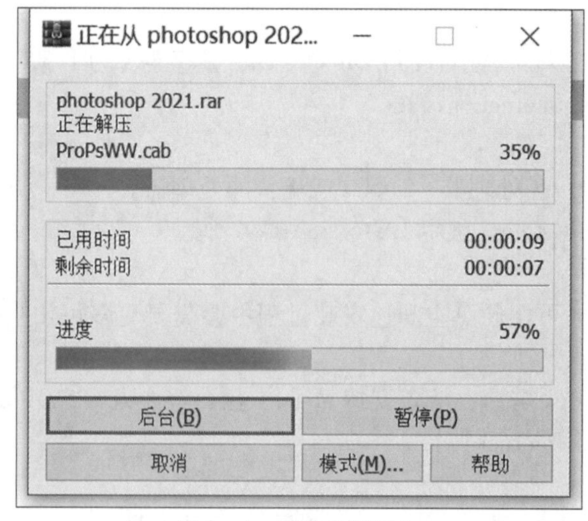

图 1－4　压缩包解压中

（3）打开解压的“Photoshop 2021”文件夹，如图 1－5 所示。

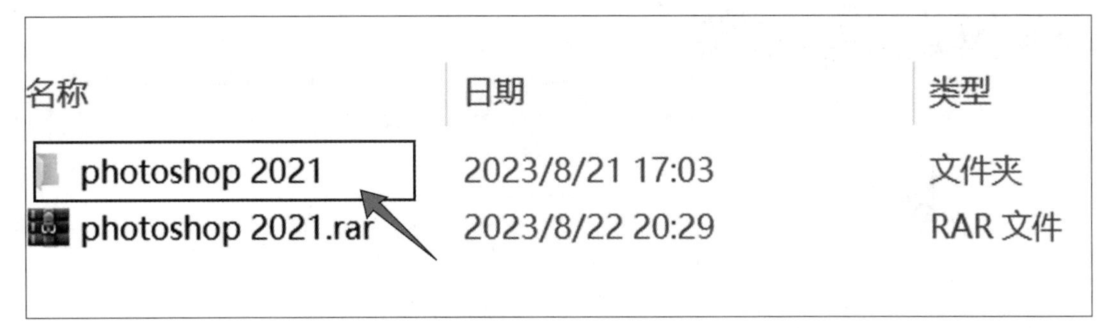

图 1－5　打开解压的“Photoshop 2021”文件夹

（4）鼠标右击“Set－up”安装程序，选择“以管理员身份运行”，如图 1－6 所示。

图 1－6　右击“Set－up”安装程序

（5）单击灰色的小文件夹图标，然后单击“更改位置”来设置软件的安装路径，如图 1－7 所示。

（6）建议安装在除 C 盘以外的磁盘，可在 E 盘或其他盘创建一个新的文件夹，如图 1－8 所示。

（7）设置好安装路径后，单击“继续”按钮，如图 1－9 所示。

（8）软件安装过程中，请等待，如图 1－10 所示。

（9）安装完成后，单击“关闭”按钮，如图 1－11 所示。

（10）在桌面上打开安装好的 Photoshop 2021 软件，如图 1－12 所示。

（11）安装完成，Photoshop 2021 打开的界面如图 1－13 所示。

图1-7　单击“更改位置”来设置软件的安装路径

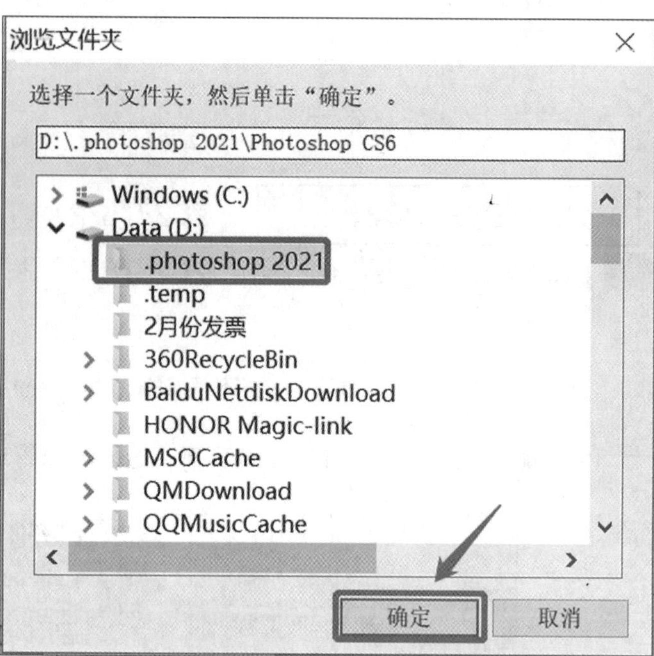

图1-8　选择安装文件夹

图1-9　继续安装

图1-10　软件安装中

图 1－11　安装完成后，单击“关闭”按钮

图 1－12　打开安装好的 Photoshop 2021 软件（1）

图 1－13　打开安装好的 Photoshop 2021 软件（2）

二、Mac 系统安装 Photoshop

（1）下载软件安装包到电脑上，然后找到存放安装包的位置，如图 1－14 所示。

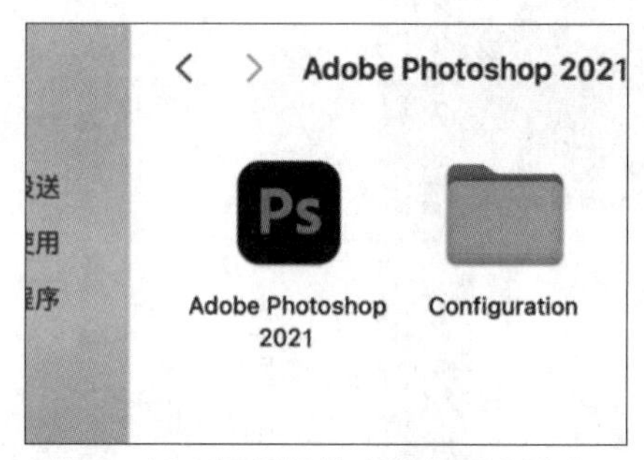

图 1－14　下载软件安装包到电脑上

（2）双击打开安装包，如图 1－15 所示。

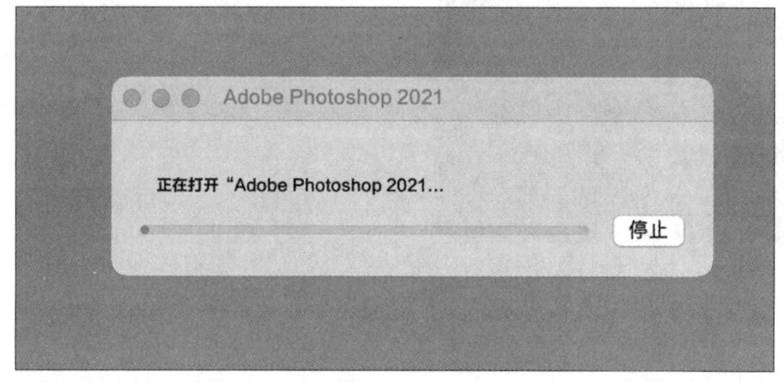

图 1－15　双击打开安装包

（3）设置好安装路径后，单击"继续"按钮，等待安装完成，如图 1－16 所示。

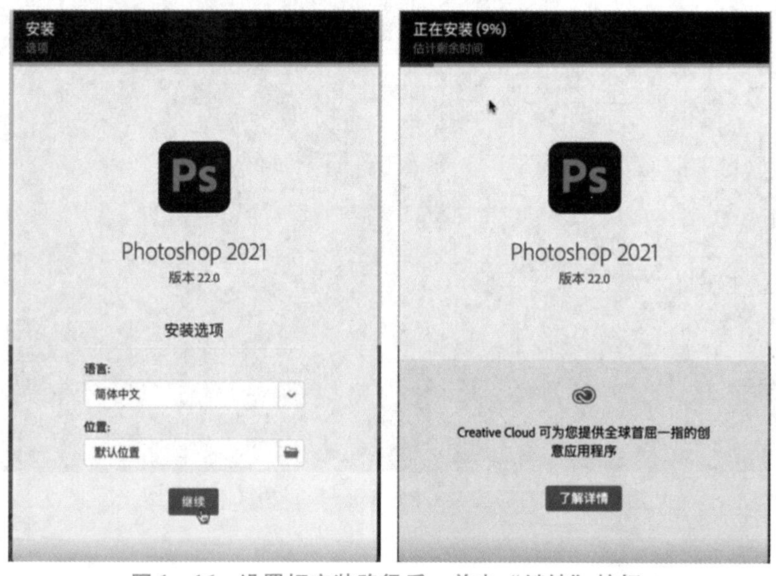

图 1－16　设置好安装路径后，单击"继续"按钮

（4）安装好之后，单击“关闭”按钮，如图 1－17 所示。

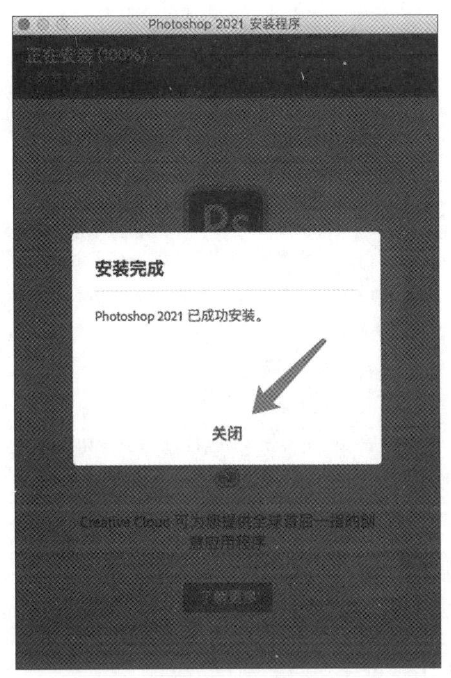

图 1－17　安装好之后，单击“关闭”按钮

（5）安装成功之后，进入控制台，打开软件就可以使用了。Photoshop 2021 打开界面如图 1－18 所示。

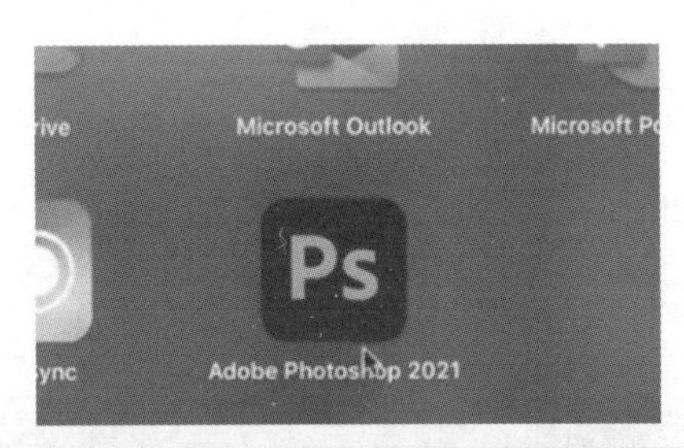

图 1－18　Photoshop 2021 打开界面

项目二

APP 应用图标设计

项目描述

本项目主要针对 APP 的 UI 设计中应用图标的设计内容进行讲解，分为面性图标设计、线性图标设计、异形图标设计三个任务，通过理论讲解以及实操演示进行阐述，让学习者能够进行不同类型的图标设计。

学习目标

（1）了解 RGB 和 HSB 等知识点以及图标色色彩搭配与选择。

（2）了解 iOS 的图标规范以及 Android 的图标规范。

（3）了解选区工具、形状工具、布尔运算、钢笔工具、图层样式、混合模式、图层蒙版等相关知识内容。

（4）能够掌握面性图标、线性图标、异形图标的设计知识，并能够通过实操进行实际的设计应用。

任务一　面性图标设计

任务说明

该任务主要针对APP应用图标中的面性图标设计内容进行讲解，对RGB和HSB色彩模式、常见的APP图标颜色、图标颜色的选择和搭配、iOS图标规范、Android图标规范和选区工具等内容进行知识性的导入，并通过具体的任务实现过程进行实操性演练。

知识导入

一、认识RGB和HSB

RGB和HSB是两种比较常见的色彩模式。

（一）RGB颜色模式

RGB模式，又被称为加色模式，是工业界的一种色彩模式。它是通过红（R）、绿（G）、蓝（B）三种颜色叠加形成各种各样的颜色。RGB分别代表着红色、绿色、蓝色三个通道的颜色，各个通道的阈值在0～255之间。如果将红色、绿色、蓝色的阈值都设置为255，那么显示出来的是白色；如果将红色、绿色、蓝色的阈值都设置为0，那么显示出来的颜色则是黑色，如图2－1所示。

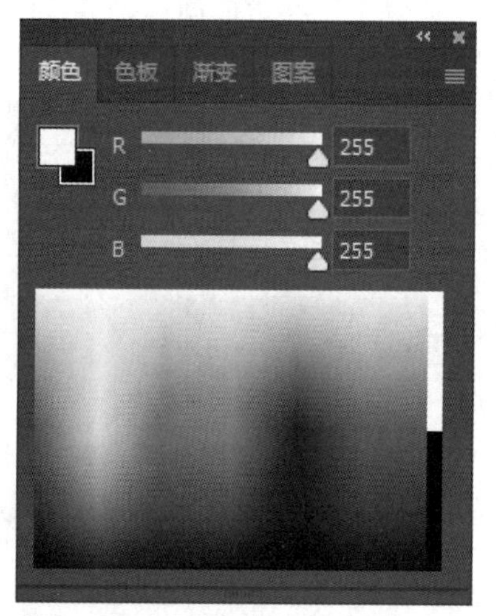

图2－1　RGB颜色模式

由于RGB的色彩模式几乎涵盖了人类视觉所能感知到的所有颜色，所以运用领域比较广泛。该模式的图像普遍用在电视、网络、显示器、投影和多媒体等领域，但不太适合用在纸质印刷品中，会出现失真现象。

（二）HSB颜色模式

HSB颜色模式，也是工业界的一种色彩模式。它是基于人们对色彩的心理感知而产生的色彩图像，由色相（H）、饱和度（S）、亮度（B）组成，如图2－2所示。

色相（H）描述的是纯色，即组成可见光谱的单色。红色在0°，绿色在120°，蓝色在240°。它基本上是RGB模式的全色度的饼状图。

饱和度（S）描述的是色彩的纯度。用0～100%来测量（百分比越高，颜色越鲜艳）。灰色为0°时，黑色、白色和其他灰色色彩都没有饱和度。在最大饱和度时，每一个色相都具有最纯的色光。

亮度（B）描述的是色彩的明亮度。用 0 ~ 100% 来测量（百分比越高，亮度越高）。黑色为 0°。

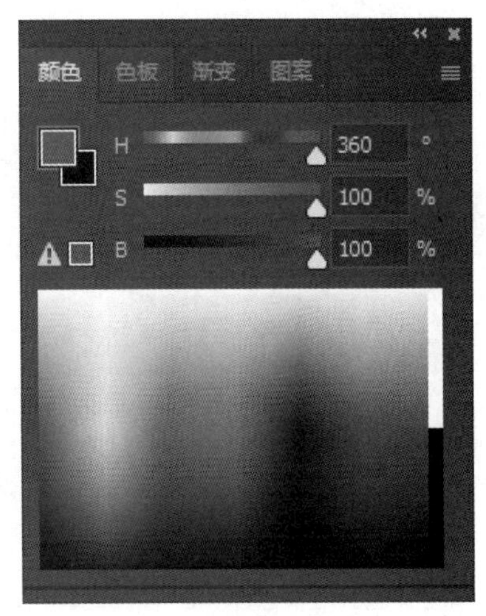

图 2－2　HSB 颜色模式

二、常见的 APP 图标颜色

（一）红色

红色作为经典色，深受中国设计师喜爱。它的色彩温暖，性格强烈而外向，容易引起人们的注意，也容易引起兴奋、冲动的感觉。是一种在 APP 图标设计中运用得比较多的颜色。例如：“小红书” APP、“京东” APP、“云闪付” APP、“拼多多” APP、“学习强国” APP 等，如图 2－3 所示。

f8281e　cf1e28　d20202　d20a0a　e80016　f40a0b

图 2－3　红色的 APP 图标

（二）蓝色

蓝色系的图标，无论深浅色调如何，都不会像红色系一样，带来强烈的冲击感。很多互联网企业都喜欢用蓝色，显得年轻有活力且自带科技感。蓝色会让人联想到蓝天、大海、广阔无垠的宇宙等。因此，蓝色是永恒的象征，是代表着一种平静、理智和纯净的颜色。例如：“中国铁路” APP、“菜鸟” APP、“知乎” APP、“交警 12123” APP 等，如图 2－4 所示。

2492d1　3163aa　0166ff　0068ff　035fe6　3047a4

图 2－4　蓝色的 APP 图标

（三）黄色

黄色为光谱中最容易被吸收的颜色，带着积极健康的意义。但是黄色很不容易把控，饱和度过高，显得土气，饱和度过低，则会不够显现。常见的黄色 APP 图标有：“美团” APP、“闲鱼” APP、“微博” APP、“QQ 音乐” APP 等，如图 2－5 所示。

（四）橙色

橙色融合了红色和黄色的特点，显得有活力，是欢快活泼的色彩。作为暖色系中最温暖的颜色，其容易与居家、生活、安稳等关键词联系起来。例如：“淘宝” APP、“芒果 TV” APP、“掌上公交” APP 等，如图 2－6 所示。

图 2-5 黄色的 APP 图标

图 2-6 橙色的 APP 图标

（五）绿色

绿色属于冷色系，是永恒的欣欣向荣的颜色，代表着生命和希望。常常给人一种放松、舒缓、镇定的感受，同时也有保护眼睛的作用。常见的绿色 APP 图标有：“爱奇艺” APP、“微信” APP、“豆瓣” APP 等，如图 2-7 所示。

图 2-7 绿色的 APP 图标

（六）黑色

黑色具有抽象表现力和神秘感。在现代人审美中变成了高级、简约的颜色，比较适合在浅色的衬托下作为 Logo 的基准线，如剪映、Keep、抖音等都是黑色。设计师一般不会使用纯黑色，因此，看到的黑色背景图标，都是五彩斑斓的有色黑，如图 2-8 所示。

图 2-8 黑色的 APP 图标

（七）白色

白色能够吸收所有光的颜色，具有膨胀感和洁净感。用白色作为 APP 图标的底色是所有图标里用色最丰富的，没有背景色的感染之后，用户的视线对 Logo 本身的注意力会加强。例如：“优酷” APP、“顺丰” APP、“百度” APP、“QQ” APP 等，如图 2-9 所示。

图 2－9　白色的 APP 图标

三、图标颜色的选择和搭配

大部分的图标一般色彩不会过多，整体上有三种配色模式：单色图标、双色图标、多色图标。

（1）单色图标：颜色单一的图标，通常会用黑白灰色来配合其他颜色进行搭配。

（2）双色图标：同色系饱和度、明度不同的，深颜色在外框。某一个颜色占较大的面积，为主要颜色；另一个颜色占较小面积的，可以突出重点，起到画龙点睛的作用。

（3）多色图标：通过对比色或邻近色来搭配。对比色和邻近色的色环如图 2－10 所示。

图 2－10　对比色和邻近色的色环

四、iOS 图标规范

iOS 是由苹果公司开发的移动操作系统。在 APP 产品中包含了多种图标，其中包括 APP Store 图标、程序应用图标、主屏幕图标、Spotlight 搜索图标和标签栏图标等。在进行 APP 图标设计时，需掌握这些图标尺寸，见表 2－1。

表 2－1　iOS 图标规范　　px

设备名称	APP Store 图标	程序应用图标	主屏幕图标	Spotlight 搜索图标	标签栏图标
iPhone X/8P＋/7P＋/6P＋/6SP	1 024×1 024	180×180	114×114	87×87	75×75
iPhone 8/7/6/SE/5s/5c/5/4s/s	1 024×1 024	120×120	114×114	58×58	75×75
iPad 3/4/5/6/Air/Air 2/min2	1 024×1 024	180×180	144×144	100×100	50×50
iPad Mini	1 024×1 024	90×90	72×72	50×50	25×25

五、Android 图标规范

Android 是一种基于 Linux 的自由及开放源代码的操作系统，是由谷歌公司开发的。与 iOS 系统不同，Android 系统的 APP 界面设计设计相对更灵活。在 APP 产品中包含了多种图标，其中包括启动图标、操作栏图标、上下文图标和系统通知图标等。在进行 APP 图标设计时，需掌握这些图标尺寸，见表 2－2。

表2－2 Android图标规范

屏幕大小/px	启动图标	操作栏图标	上下文图标	系统通知图标（白色）	最细笔画
380×480	48×48 px	32×32 px	16×16 px	24×24 px	不小于2 px
480×800 480×854 540×960	72×72 px	48×48 px	24×24 px	36×36 px	不小于3 px
720×1 280	48×48 dp	32×32 dp	16×16 dp	24×24 dp	不小于2 dp
1 080×1 920	144×144 px	96×96 px	48×48 px	72×72 px	不小于6 px

六、选区工具介绍

选区工具在PS软件中是经常使用的。这个工具很基础，但是非常重要。选区工具位于PS软件的左侧工具栏的第二个图标，它的快捷键是M。选区工具包括矩形选框工具、椭圆选框工具、单行选框工具、单列选框工具，如图2－11所示。

在使用选区工具的时候，如果在绘制时按住Alt键，这就是从中心绘制；如果按住Shift键，是绘制一个正方形或圆形；如果Alt键、Shift键同时按下，则绘制的是从中心出发的正方形或圆形。

当绘制一个新的选区的时候，会发现前一个选区被替换掉了，这是因为选区工具默认选项是“新建选区”。当选择“添加到选区”时，绘制的若干个选区都会添加在一起，形成一个新的选区。当选择“从选区减去”时，顾名思义，让选区做减法，即会将绘制的第二个选区与第一个选区相交的部分减去。当选择“与选区交叉”时，会保留两个选区重叠的部分，如图2－11所示。

七、钢笔工具

钢笔工具是非常重要且实用的一个工具。钢笔工具位于工具栏上，包含了“钢笔工具”“自由钢笔工具”“弯度钢笔工具”“添加锚点工具”“删除锚点工具”和“转换点工具”。钢笔工具的快捷键是“P”，如图2－12所示。

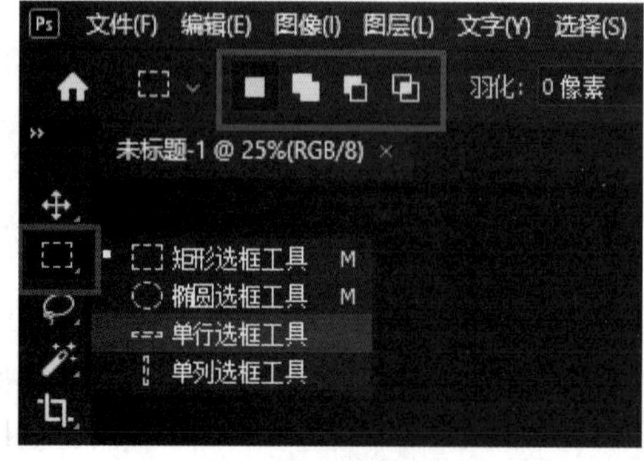

图2－11 选区工具

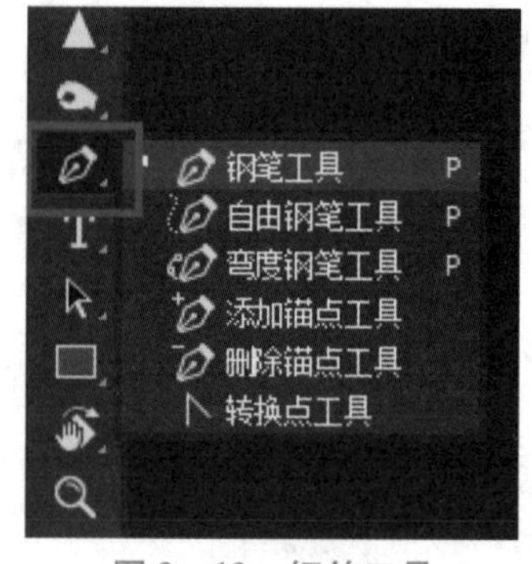

图2－12 钢笔工具

在 PS 软件中，使用钢笔工具绘制路径的方法很简单。只需要使用钢笔工具在起点和终点位置单击一次即可。按住 Shift 键可以绘制一条直线路径，如图 2－13 所示。

图 2－13　绘制直线路径

如果需要绘制一条曲线，那么需要在空白位置先单击一次，确定起始点，然后拖动鼠标，就可以绘制曲线了。在转角的位置有一个调节杆，是用来限制曲线方向的，如图 2－14 所示。

如果需要绘制带转角的曲线，可以按 Alt 键。先在空白位置单击一下，确定起始位置，然后拖动鼠标，在绘制第二个点的时候，不要松开鼠标，按住 Alt 键，然后拖动调节杆，可以看到调节杆发生了变化，调节这个调节杆的方向，就会影响绘制出来的曲线效果，如图 2－15 所示。

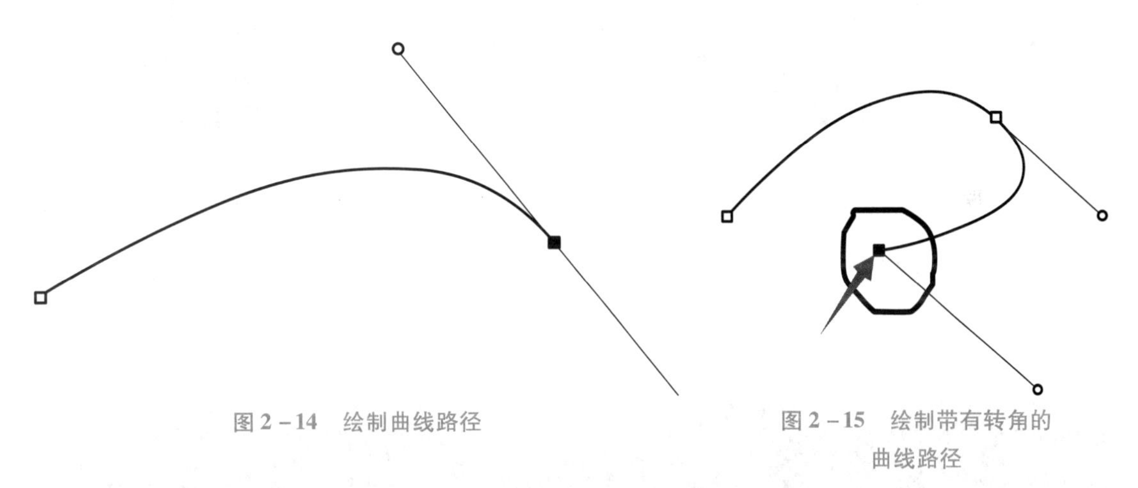

图 2－14　绘制曲线路径

图 2－15　绘制带有转角的曲线路径

添加锚点、删除锚点：在确定了绘制路径的情况下，如果需要添加锚点，在路径上单击一次，就会添加一个锚点；如果单击两次，就会删除锚点。添加的锚点带有两个调节杆，这两个调节杆都可以使用。当按 Alt 键，加选其中一侧的调节杆时，可以单独对一侧的调节杆进行调节，如图 2－16 所示。

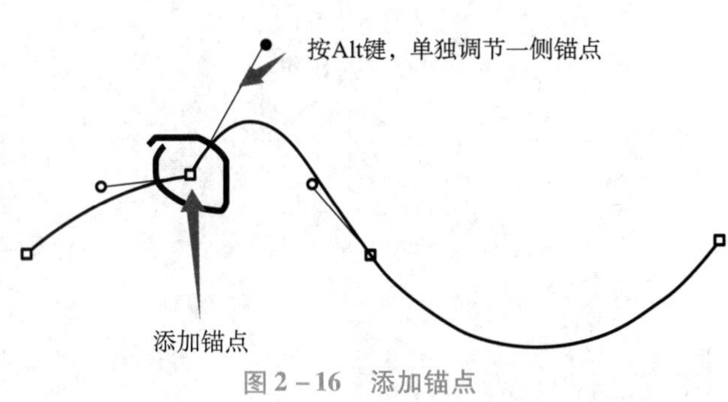

图 2－16　添加锚点

当按 Ctrl 键时，单击空白处，可以在原有路径基础上再绘制一条新的路径，而第一条路径不受影响。如果需要再次编辑原有路径，可以按 Ctrl 键，再单击一下曲线，然后按 Shift 键，单击开始点，就可以在开始点上重新编辑了，如图 2－17 所示。

任务实现

这里将演示面性图标的设计制作，最终效果如图 2－18 所示。

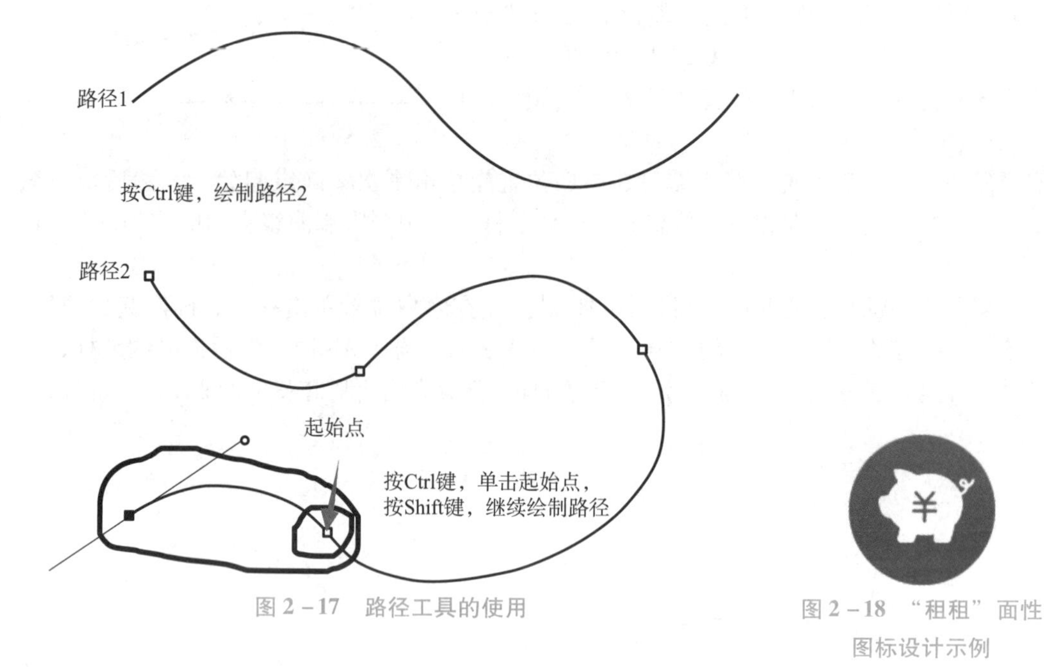

图 2－17　路径工具的使用

图 2－18　“租租”面性图标设计示例

（1）使用 PS 新建移动设备文档，选择 iOS 7 iPhone 应用程序图标，建立 120×120 px、分辨率 72 像素/英寸、RGB 颜色模式的文档，如图 2－19 所示。

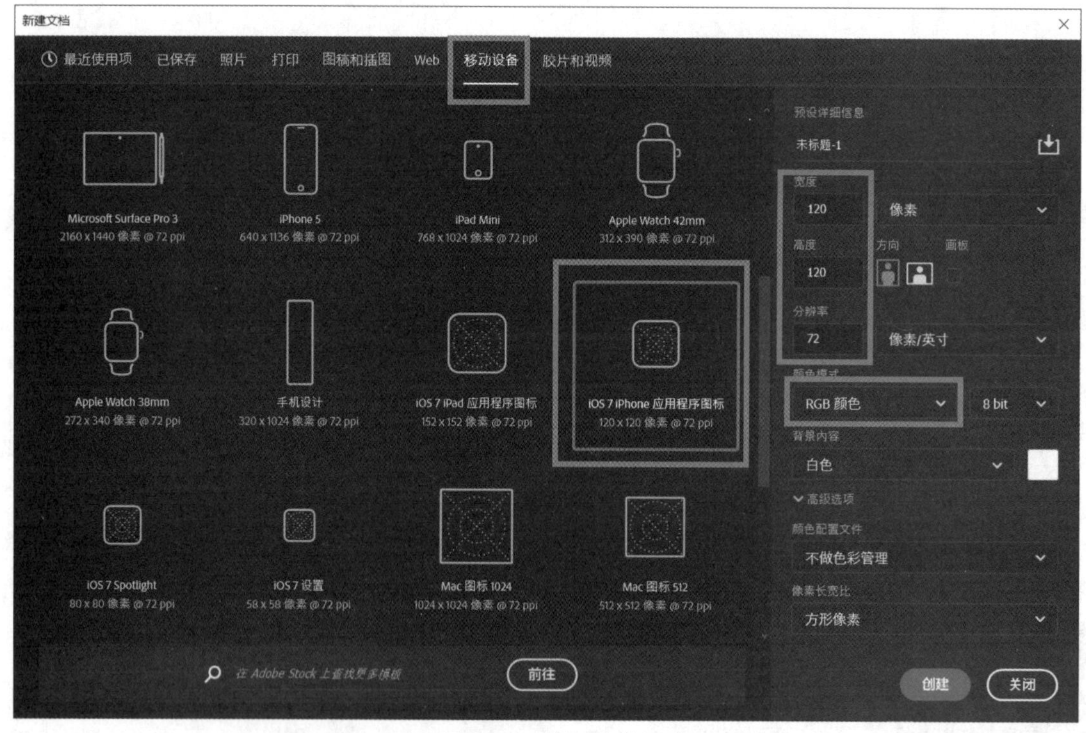

图 2－19　创建文档

（2）使用椭圆工具绘制一个大小为 120×120 px 的正圆，如图 2－20 所示。

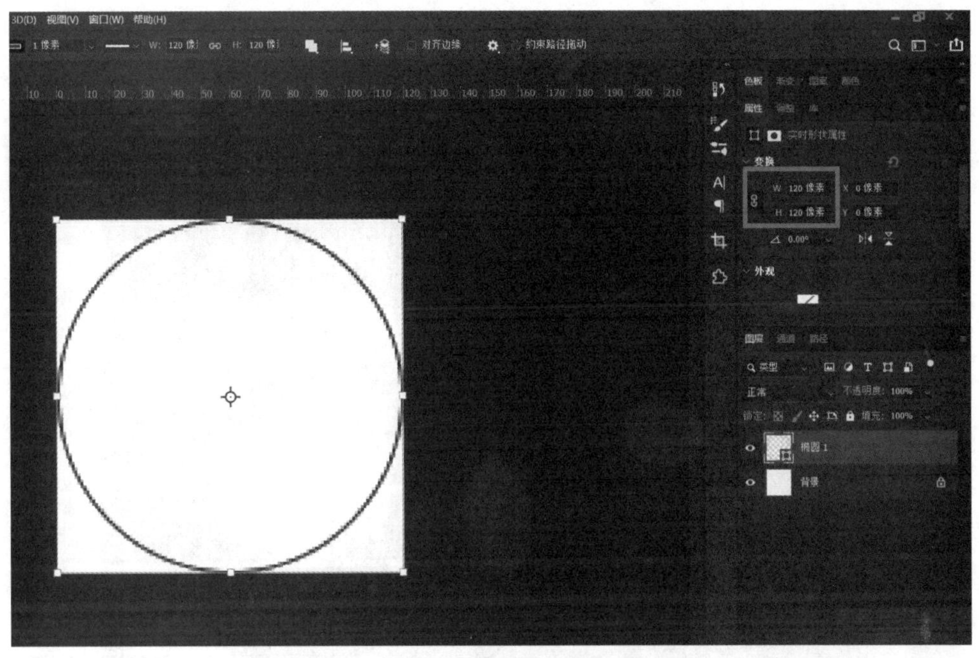

图 2-20 绘制正圆

（3）调整椭圆填充色为线性渐变，渐变参数为 ff00d8 ~ ff0000，无边框，如图 2-21 所示。

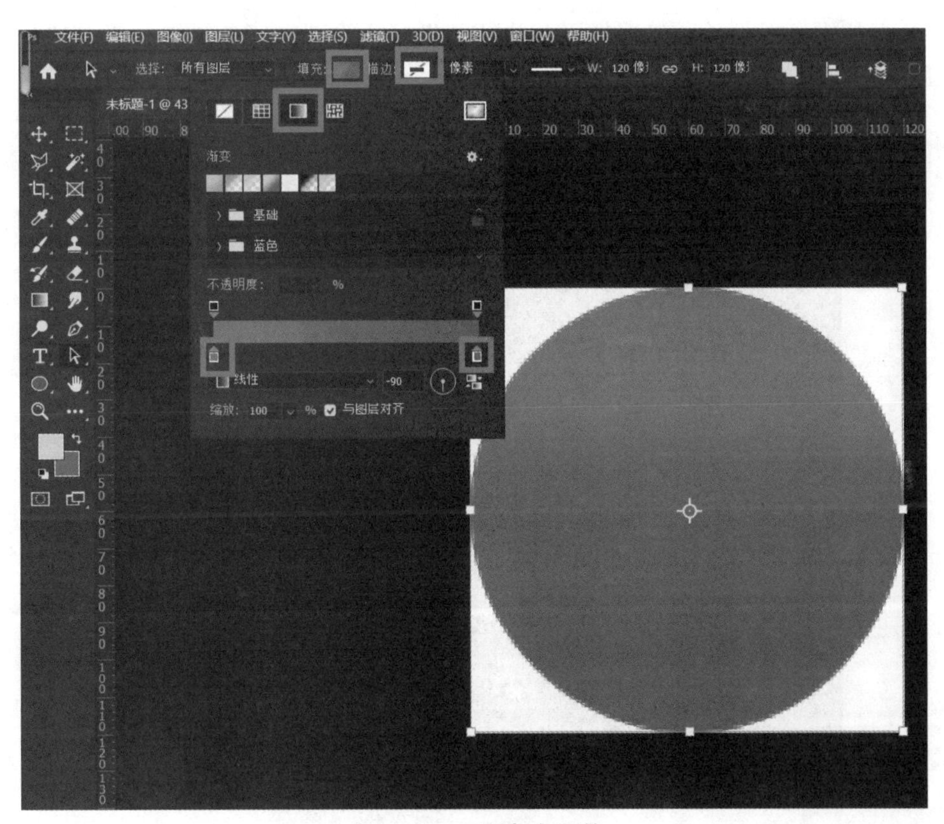

图 2-21 正圆颜色调整

（4）使用椭圆工具绘制一个椭圆，修改填色为白色，无描边，并调整好大小，如图2－22所示。

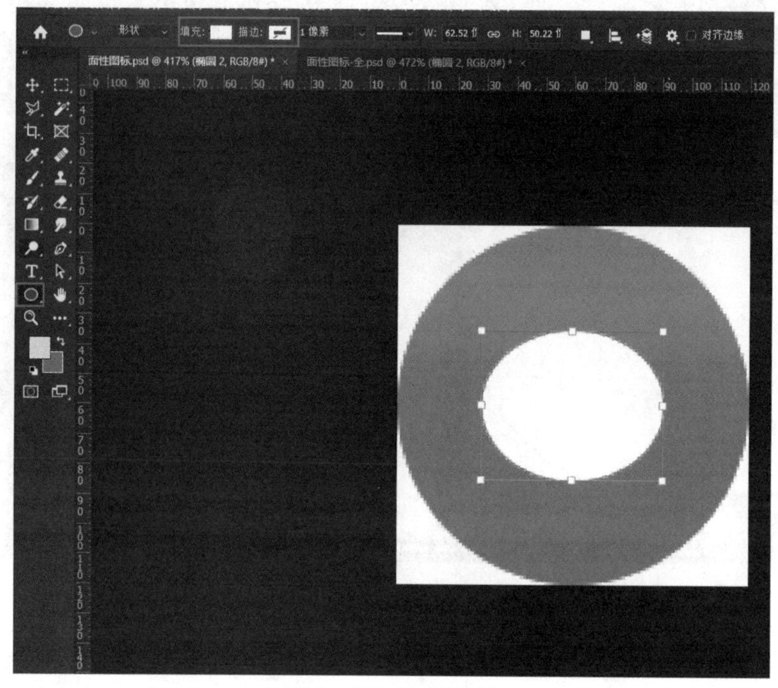

图2－22　绘制椭圆

（5）使用钢笔工具，调整选择工具模式为形状，绘制出猪鼻子，并修改填色为白色，无描边，如图2－23所示。

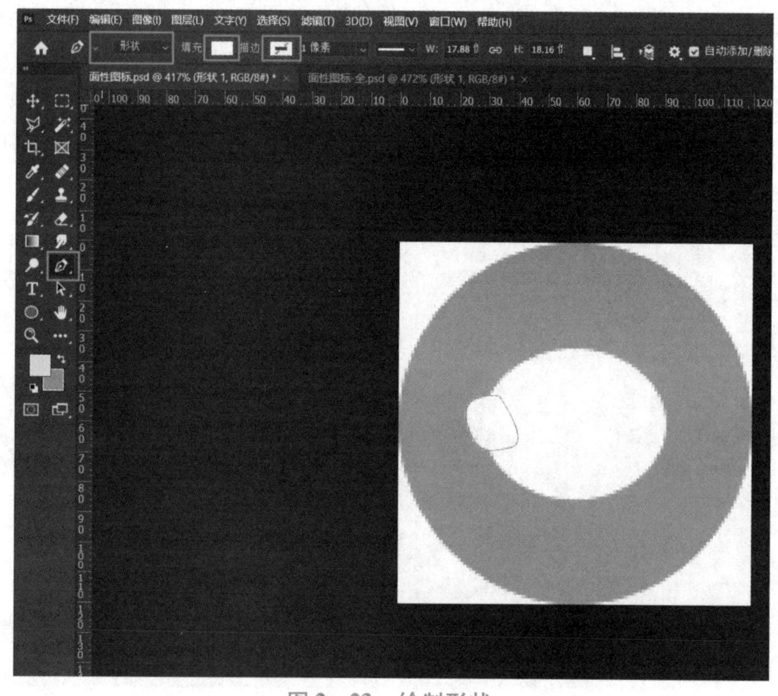

图2－23　绘制形状

（6）再次使用钢笔工具，继续绘制出猪的前腿，如图 2－24 所示。

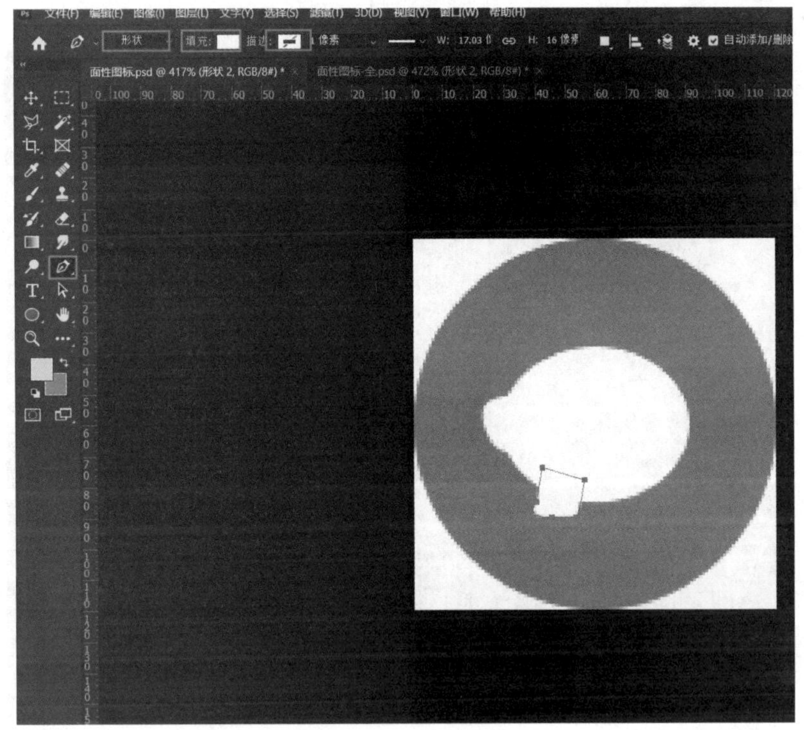

图 2－24　绘制前腿

（7）再用钢笔工具，继续绘制出猪的后腿，如图 2－25 所示。

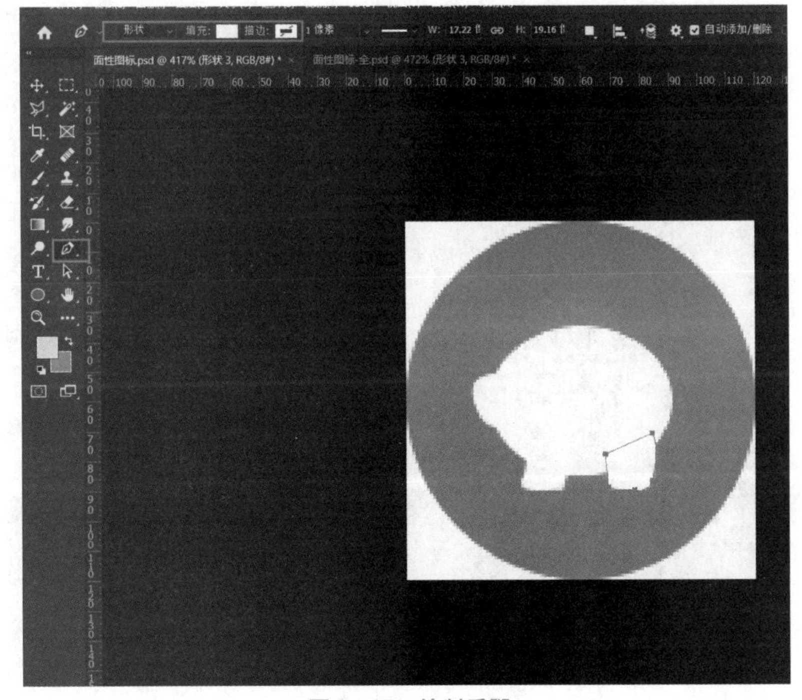

图 2－25　绘制后腿

（8）使用钢笔工具，绘制尾巴，调整为无填色，描边为白色，并调整合适的线条，粗细为 2 px，如图 2－26 所示。

图 2－26　绘制尾巴

（9）使用钢笔工具绘制耳朵，调整填色为白色，无描边，如图 2－27 所示。

图 2－27　绘制耳朵

（10）选中文本工具，输入字符￥，调整大小，如图2－28所示。

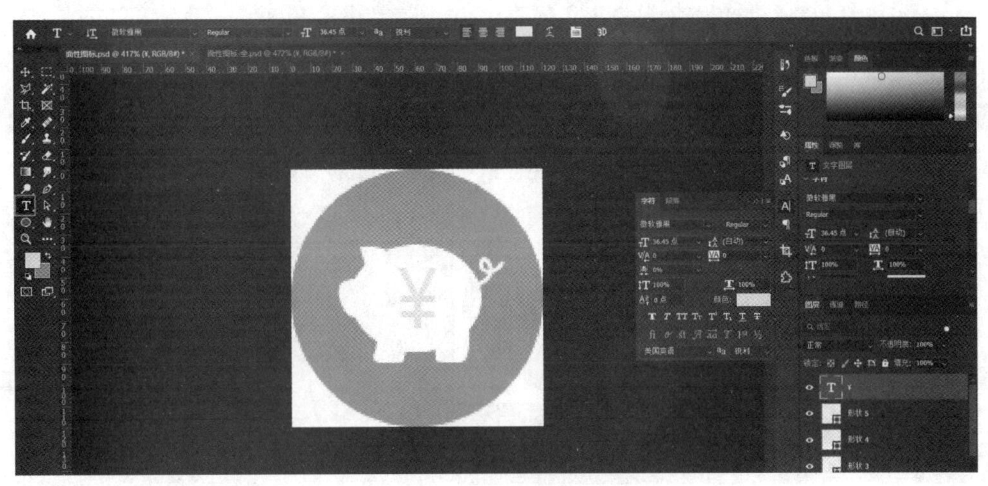

图2－28 输入文字

（11）选择文字图层，打开窗口下的字符，关闭仿粗体选项，如图2－29所示。

（12）对文字图层右击选择“转换为形状”，如图2－30所示。

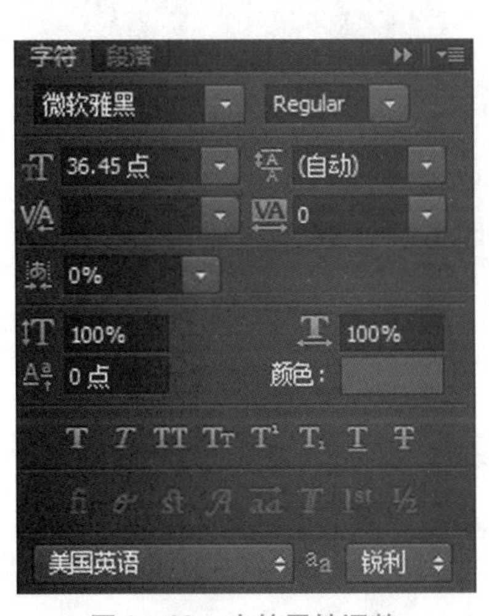

图2－29 字符属性调整

图2－30 字符转换为形状

（13）按住Shift键，选中下方除椭圆1和背景之外的所有形状图层，按下快捷键Ctrl＋E合并图层，使用路径选择工具选择人民币图形形状，更改路径选择为“减去顶层形状”，并调整填色为白色，无描边，如图2－31和图2－32所示。

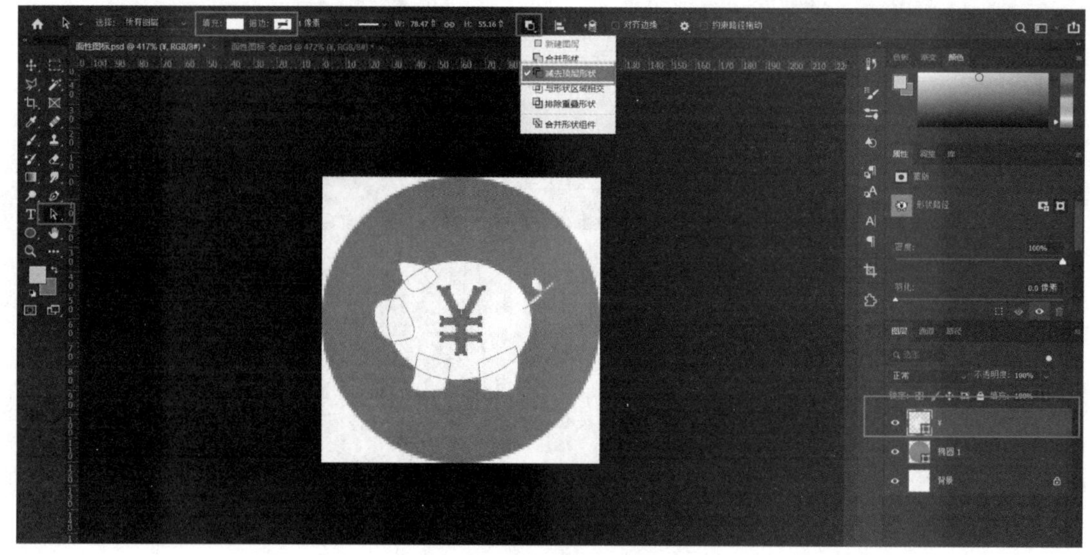

图 2－31　合并形状后减去顶层

（14）按住 Shift 键，加选底下图层，按下快捷键 Ctrl + G 建立组，并修改组的名称为“租租”，如图 2－33 所示。

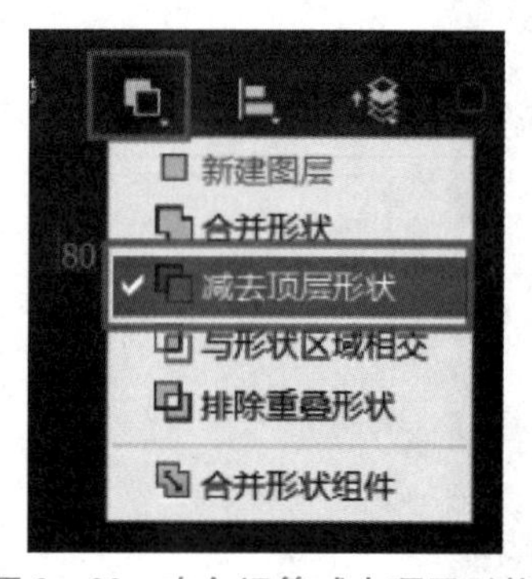

图 2－32　布尔运算减去顶层形状

图 2－33　修改组名

任务二　线性图标设计

任务说明

本任务主要针对 APP 应用图标中的线性图标设计内容进行讲解，对图标的视觉统一、形状工具组绘制、布尔运算等内容进行知识性的导入，并通过具体的任务实现过程进行实操性演练。

知识导入

一、图标的视觉统一

在移动 UI 设计中，图标的视觉统一是非常重要的。相对于文字而言，图标所表达的信息更清晰、更生动、更有利于用户理解内容和完成交互。作为移动 UI 设计师，设计出好的图标是一项不可缺少的技能。图标的视觉统一包含了以下几个基础要素：

（一）类型统一

在同一套图标设计中，要保证设计的图标是同一类型的，比如：同一套的图标都是线性图标，那么就尽量不要出现面性图标或线面混合图标，如图 2－34 所示。

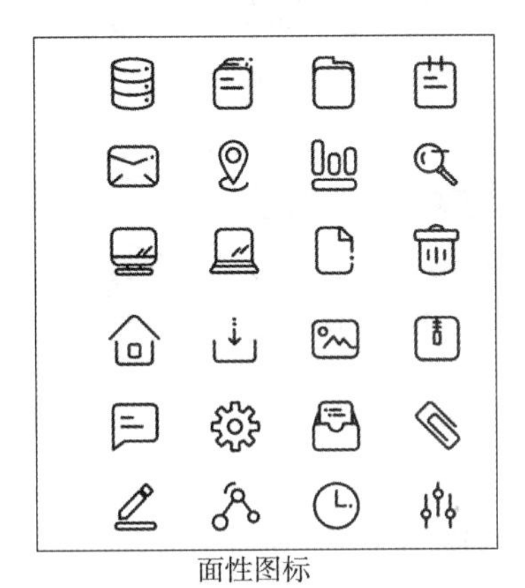

图 2－34　图标类型统一

（二）风格统一

同一类型的图标，也有不同的风格，也需要将其风格统一。例如：在线性图标中，可以有断点描边、粗描边、细描边、渐变描边等风格，如图 2－35 所示。

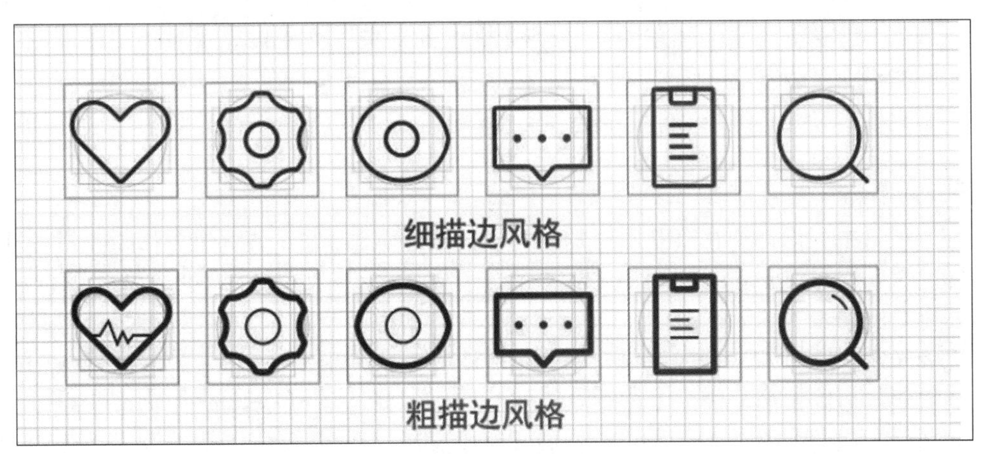

图 2－35　图标风格统一

（三）粗细统一

图标设计中，需保证图标描边的粗细一致，切勿粗细不统一，会不和谐，没有整体感，如图 2－36 和图 2－37 所示。

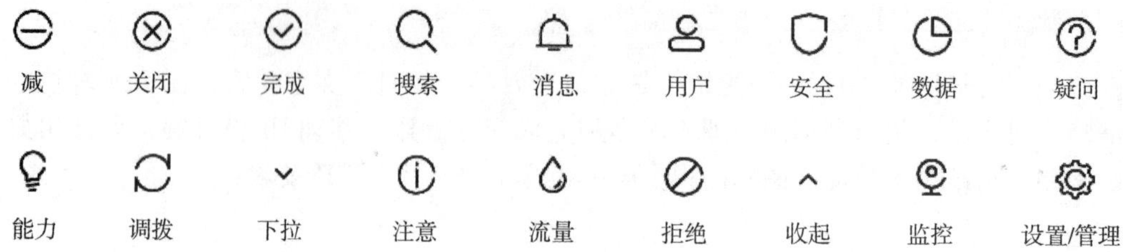

减
关闭
完成
搜索
消息
用户
安全
数据
疑问
能力
调拨
下拉
注意
流量
拒绝
收起
监控
设置/管理

图 2－36　粗细统一

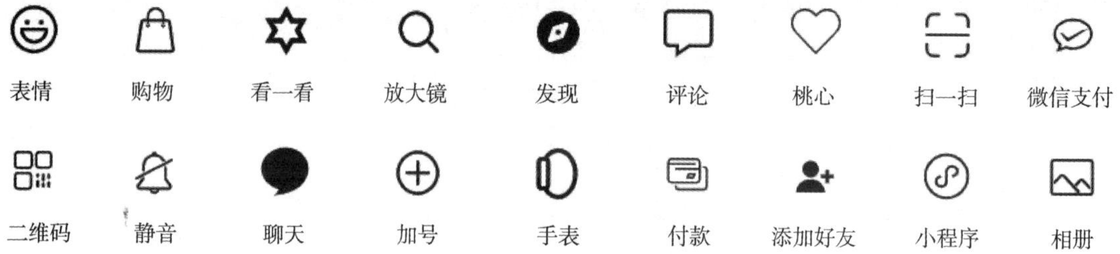

表情
购物
看一看
放大镜
发现
评论
桃心
扫一扫
微信支付
二维码
静音
聊天
加号
手表
付款
添加好友
小程序
相册

图 2－37　粗细不统一

（四）透视统一

在设计成套立体图标时，设计师需要考虑透视和投影，要确保每个图标的透视和投影都是统一的，这样才能使图标整体看起来十分和谐，如图 2－38 所示。

美食
商超便利
水果
送药上门
甜品饮品
大牌惠吃
服务承诺
签到领红包
地方美食
速食简餐

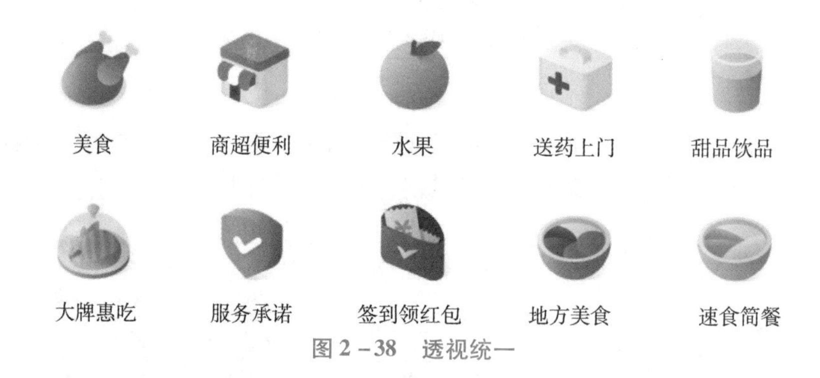

图 2－38　透视统一

（五）圆角统一

同一个项目中，设计师在绘制图标的时候，需要注意细节。如果有的图标有圆角，那么每个图标的圆角都尽量一致，如图 2－39 所示。

（六）大小统一

所说的大小统一，不是物理上绝对的大小统一，而是视觉上的统一。在设计过程中会发现，有的时候即使图标的高度、宽度都是一样的，但是视觉上却觉得它们不一样大。比如：相同尺寸的正方形、圆形、三角形，当它们三者摆放在一起的时候，视觉上会觉得正方形最大，如图 2－40 所示。所以，在这种情况下，在设计的时候可以适当增大圆形和三角形的大小，以便让三个图形视觉上看上去大小一样，如图 2－41 所示。

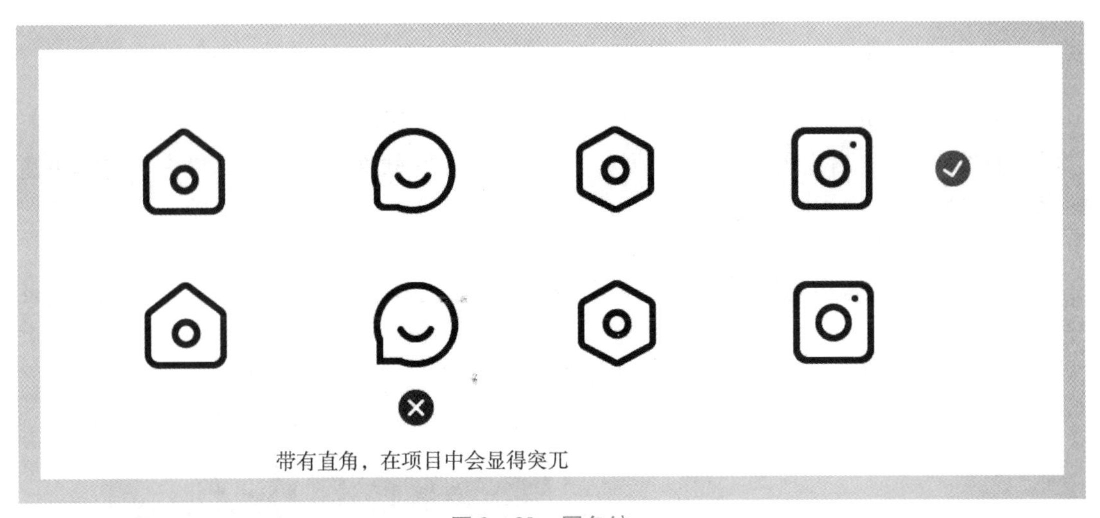

图 2－39　圆角统一

图 2－40　物理上的大小统一

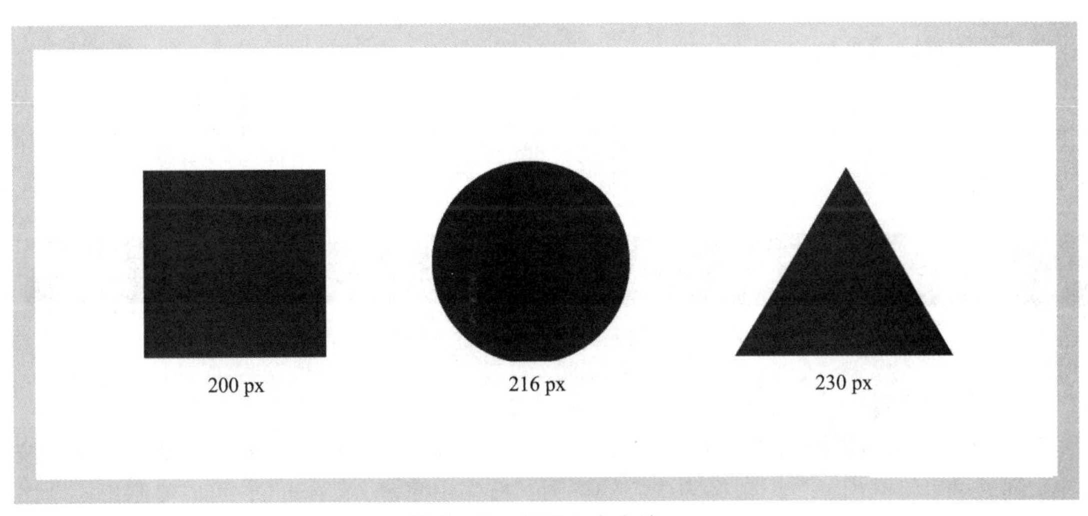

图 2－41　视觉上大小统一

二、形状工具组绘制

在PS软件中，形状工具组包含了“矩形工具”“圆角矩形工具”“椭圆工具”“多边形工具”“直线工具”“自定形状工具”。形状工具组位于PS软件的左侧工具栏中，它的快捷键是U，如图2－42所示。

（一）矩形工具

矩形工具的作用是绘制出一个矩形和正方形。其中，按住Shift键，可以绘制出正方形；按住Alt键，可以绘制出一个以鼠标为中心的矩形；按住快捷键Alt＋Shift，可以绘制出一个以鼠标为中心的正方形。在PS软件中绘制完成一个矩形后，会弹出“属性”面板，可以在属性面板中设置相关参数。例如尺寸大小、圆角弧度、描边、填充等参数，如图2－43所示。

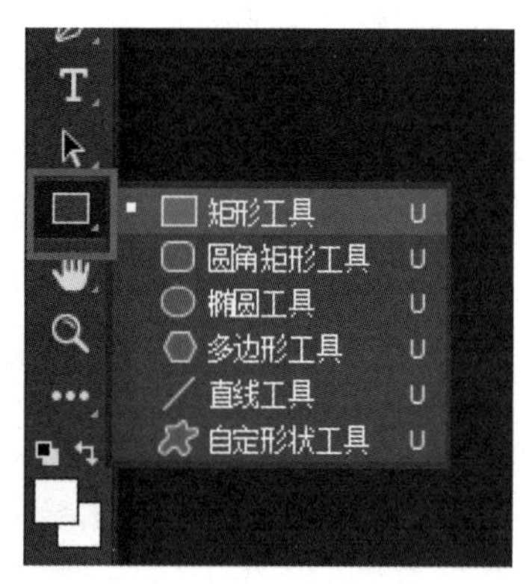

图2－42　形状工具组

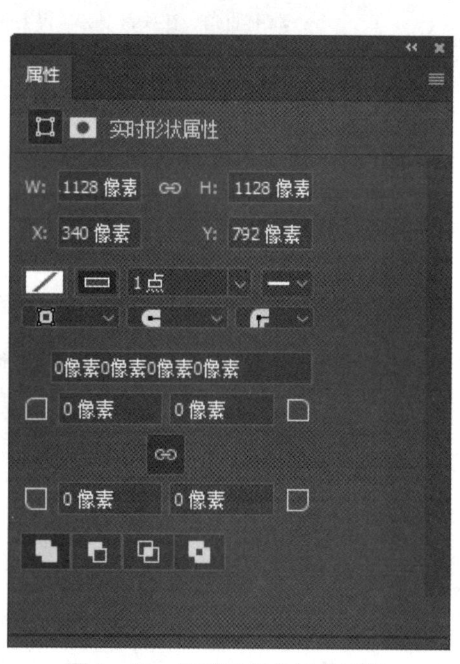

图2－43　矩形工具的属性面板

（二）圆角矩形工具

圆角矩形工具的作用是绘制出一个带有圆角效果的矩形。绘制圆角矩形前，一般会先在工具选项中设置“半径”参数，半径参数设置越大，则圆角效果越大，反之，则越小，如图2－44所示。

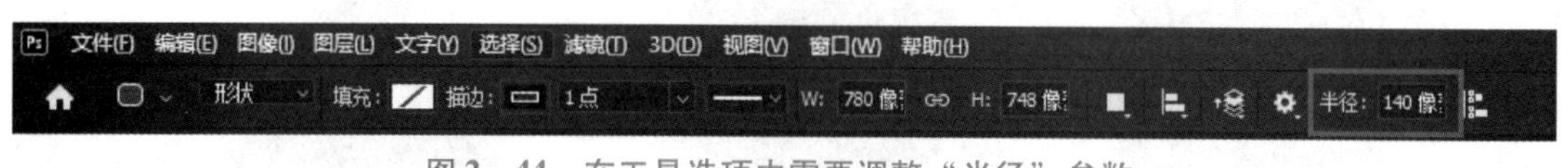

图2－44　在工具选项中需要调整“半径”参数

（三）椭圆工具

椭圆工具的作用是绘制出一个椭圆和正圆。其中，按住Shift键，可以绘制出正圆；按住Alt键，可以绘制出一个以鼠标为中心的椭圆；按住快捷键Alt＋Shift，可以绘制出一个以鼠标为中心的正圆形。

（四）多边形工具

多边形工具的作用是绘制出正多边形和星形。绘制多边形前，一般会先设置两个参数：一个是在工具选项的“路径选项”设置中，设置半径为“平滑拐角”或“星形”；另一个是设置“边”数，如图2－45所示。

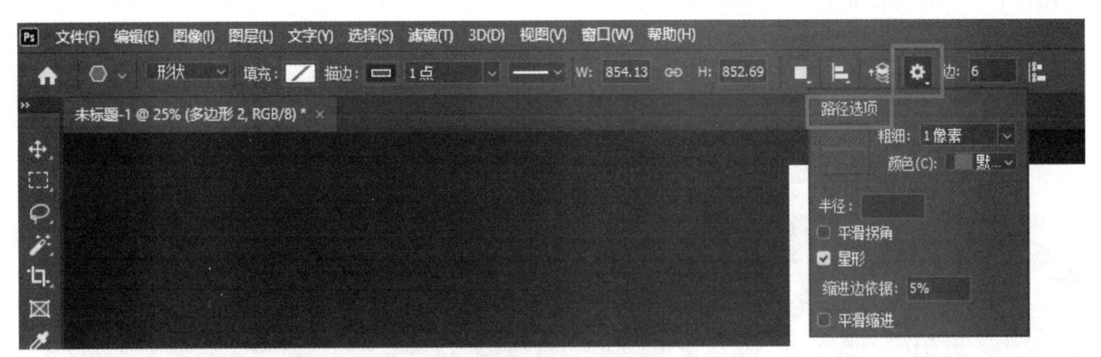

图2－45 工具选项中需要调整“路径选项”参数、“边”参数

（五）直线工具

直线工具的作用是绘制出直线和带有箭头的路径。如果要设置直线的粗细，需要在工具选项的“粗细”参数中设置；如果要设置带有箭头的路径，需要在工具选项的“路径选项”参数中设置箭头“起点”和“终点”，如图2－46所示。

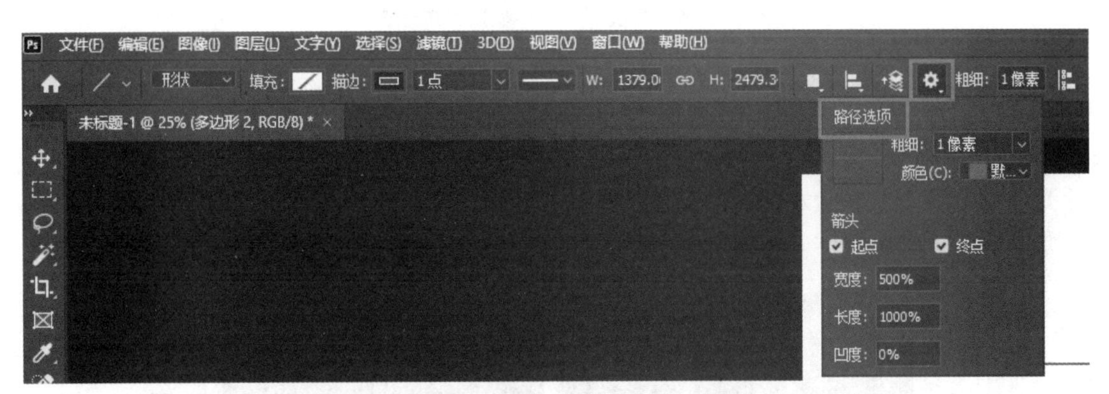

图2－46 工具选项中需要调整“路径选项”参数、“粗细”参数

（六）自定形状工具

自定形状工具主要用来绘制多种自定义形状，如图2－47所示。

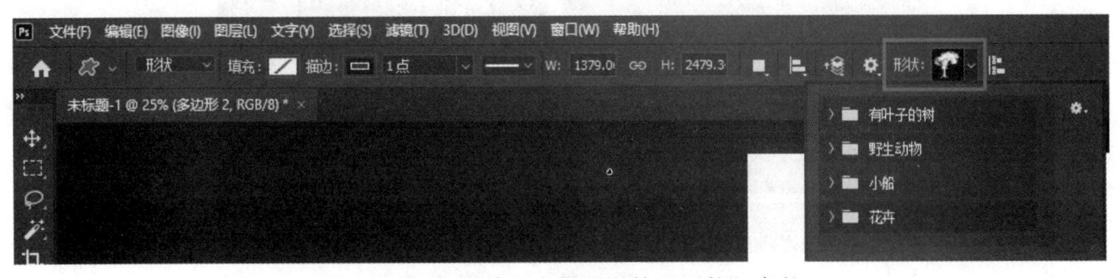

图2－47 工具选项中需要调整“形状”参数

三、布尔运算

布尔运算是数字符号化的逻辑推演法，包括并集、交集、差集。在 PS 软件中使用这种操作，可以快速地将简单的基础图形组合成新的复杂的图形。使用布尔运算，可以在选框工具中使用，也可以在形状工具中使用。

（一）在选框工具中使用布尔运算

首先，需要选中一个选框工具，例如：矩形选框工具，接着，任意拉出一个新选框，在工具选项中选择需要的布尔运算，然后，拉出另一个选框，此时就会出现一个新的选框。那么这个选框就是运用布尔运算制作出来的，如图 2－48 所示。

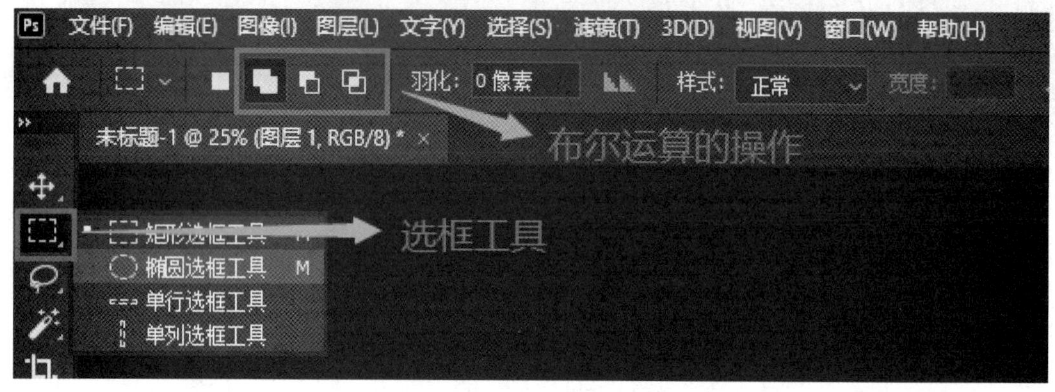

图 2－48　在选框工具中使用布尔运算

（二）在形状工具中使用布尔运算

首先，需要选中一个形状工具，例如：矩形工具，接着，任意绘制一个形状，然后，按住 Alt＋鼠标左键，绘制出第二个形状，画好后松手，就会得到一个不规则的形状。此时，这个形状会有两个形状的外轮廓，在选中形状工具的情况下，单击“合并形状组件”按钮，两个形状会变成一个整体，如图 2－49 所示。

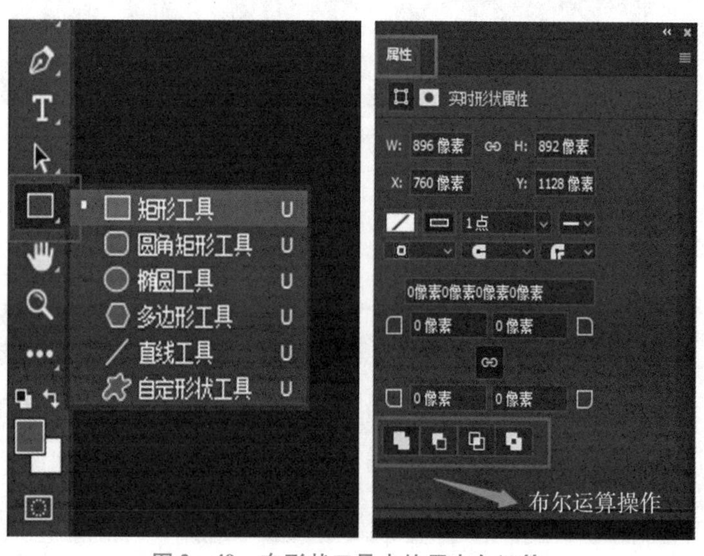

图 2－49　在形状工具中使用布尔运算

任务实现

这里将演示线性图标的设计制作，最终效果如图 2－50 所示。

图 2－50　“代付款”线性图标设计示例

（1）使用 PS 新建移动设备文档，选择 iOS 7 iPhone 应用程序图标，建立 120×120 px、分辨率为 72 像素/英寸、RGB 颜色模式的文档，图 2－51 所示。

（2）使用圆角矩形工具绘制一个 120×120 px，无填色，黑色描边，描边粗细为 8 px，圆角为 10 px 的圆角矩形，并调整描边的对齐类型为朝内描边，如图 2－52 和图 2－53 所示。

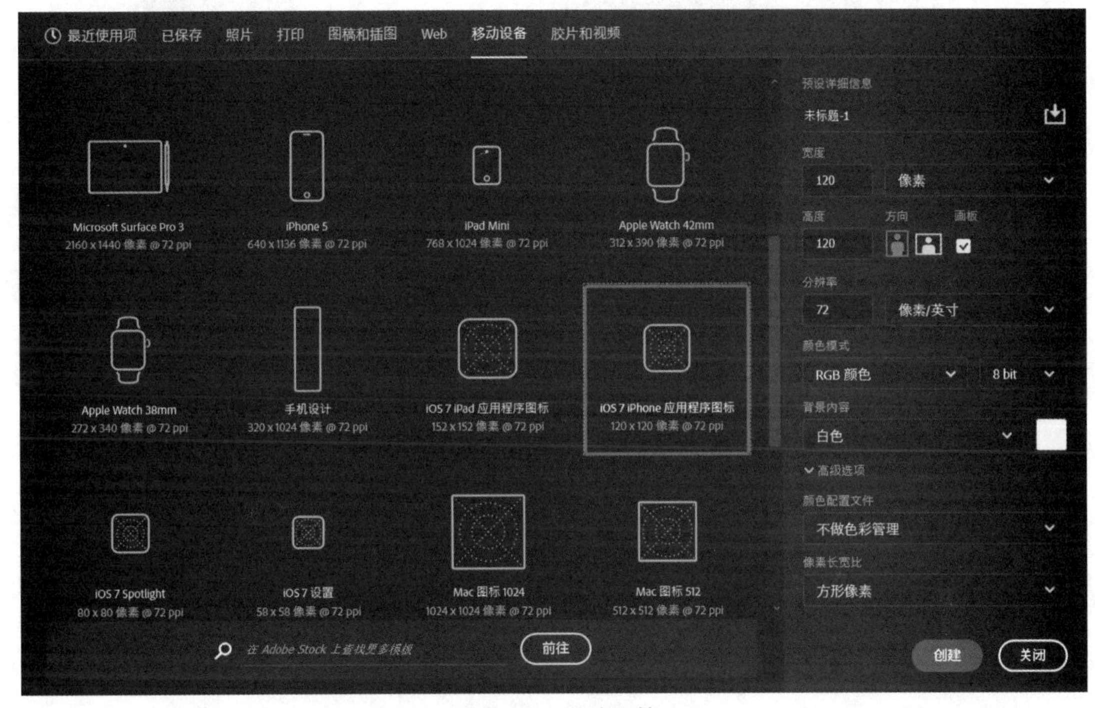

图 2－51　新建文档

（3）按下快捷键 Ctrl＋J 复制矩形图层，按下快捷键 Ctrl＋T 任意变形，调整第二个矩形，如图 2－54 所示。

（4）使用路径选择工具选择矩形，调整右下角的圆角半径为 0，如图 2－55 和图 2－56 所示。

（5）使用钢笔工具，分别在矩形上增加 4 个锚点，如图 2－57 所示。

（6）使用直接选择工具选择两个锚点，按下 Delete 键删除，如图 2－58 所示。

（7）选择圆角矩形 1 图层，使用钢笔分别在矩形上增加 9 个锚点，如图 2－59 所示。

（8）使用直接选择工具分别选择 3 个锚点后，按下 Delete 键删除，如图 2－60 和图 2－61 所示。

图 2-52　创建矩形

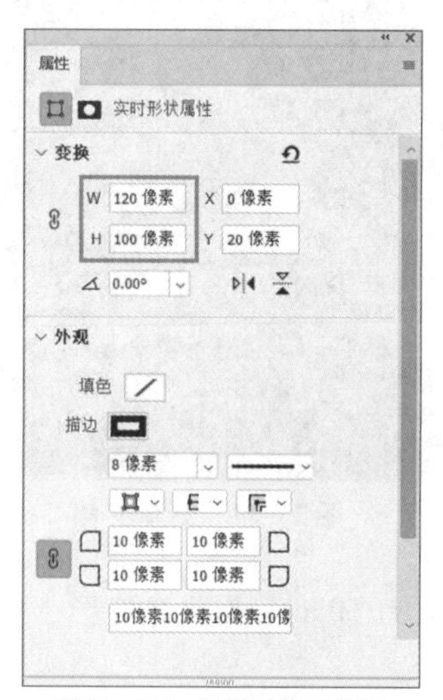

图 2-53　调整矩形参数

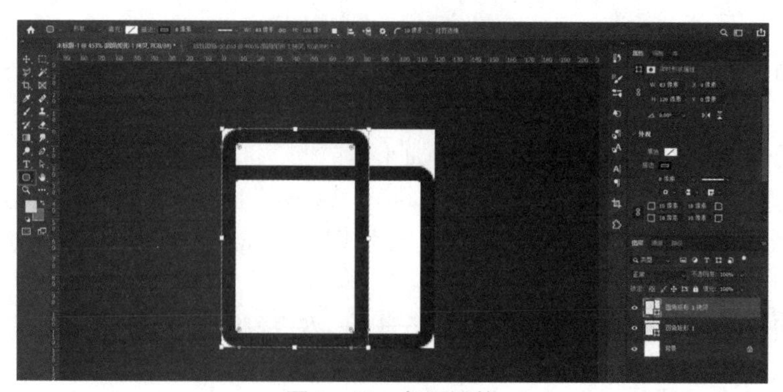

图 2-54　复制调整

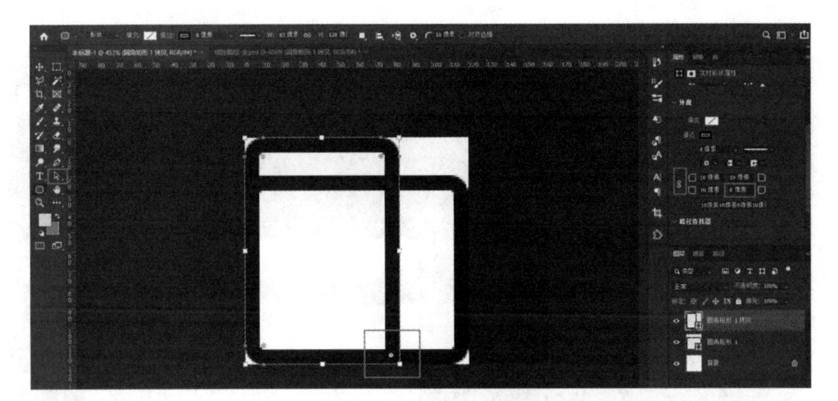

图 2 –55　调整圆角

图 2 –56　调整圆角参数

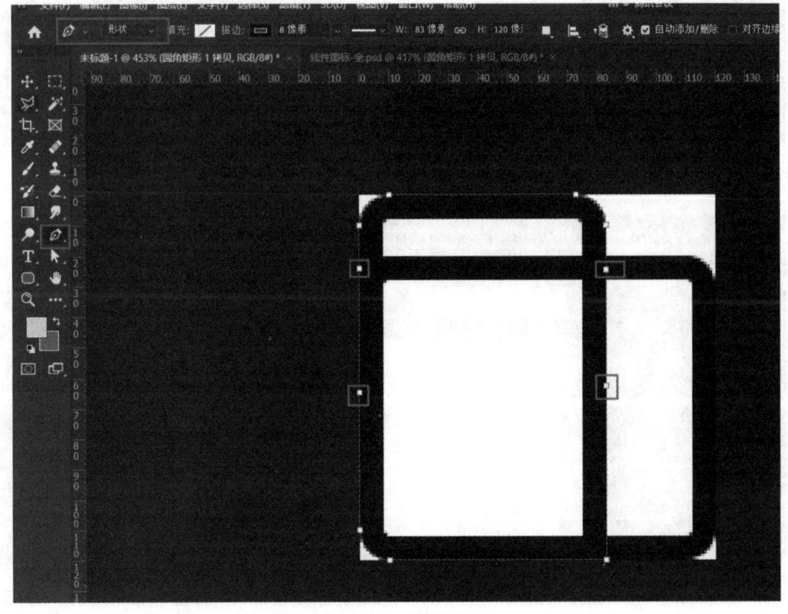

图 2 –57　增加锚点

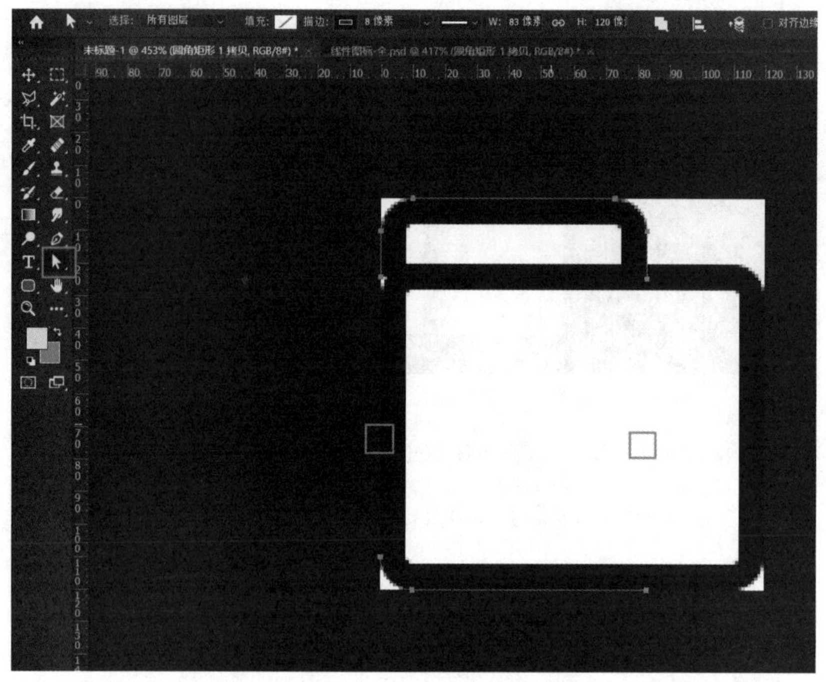

图 2－58　删除锚点

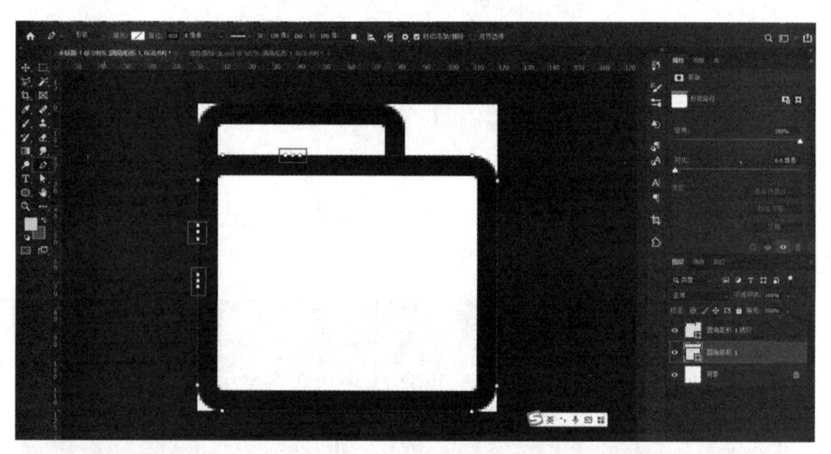

图 2－59　增加锚点

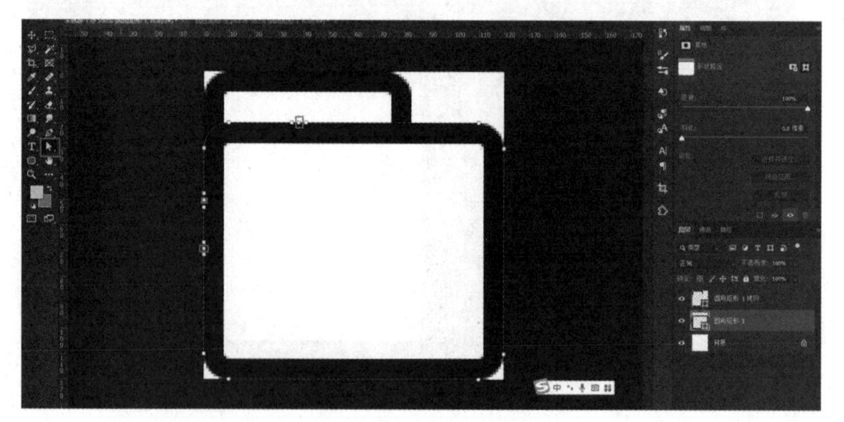

图 2－60　删除锚点

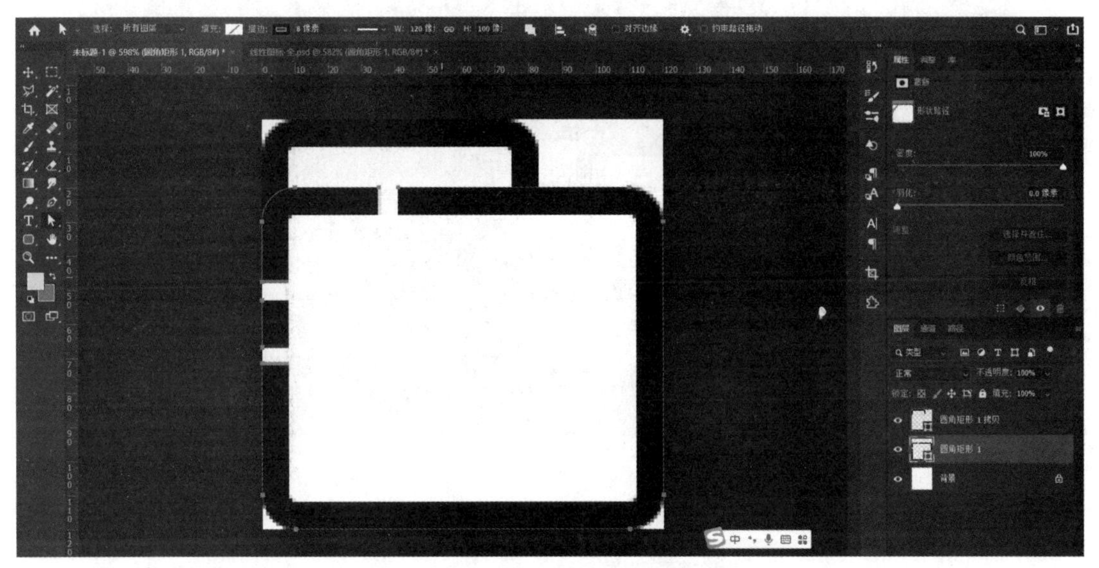

图 2－61　调整形状

（9）使用直接选择工具，调整锚点位置，并调整描边属性中端点为圆头端点，如图 2－62 所示。

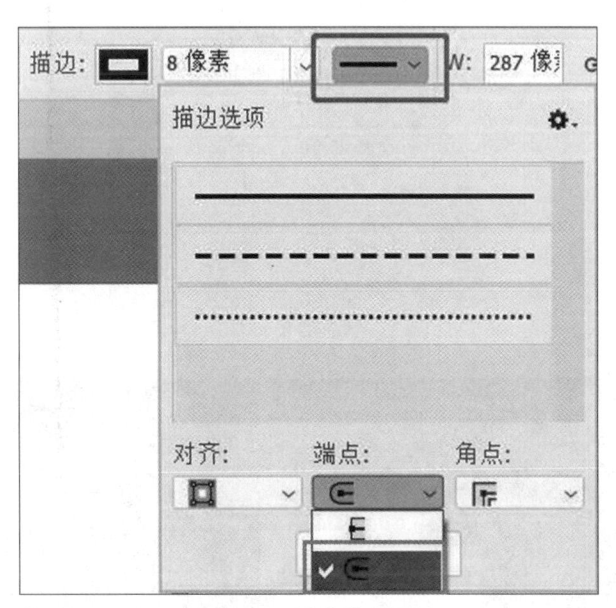

图 2－62　描边端点面板

（10）使用圆角矩形绘制一个圆角矩形，如图 2－63 所示。

（11）修改圆角矩形圆角半径属性，如图 2－64 所示。

（12）调整圆角矩形为无边线，线性渐变填色，分别调整渐变色为紫红色到红色的渐变，渐变参数为“ff00d8，ff0000”，渐变角度为 0，如图 2－65 和图 2－66 所示。

（13）使用椭圆工具按住 Shift 键绘制正圆，调整位置，如图 2－67 所示。

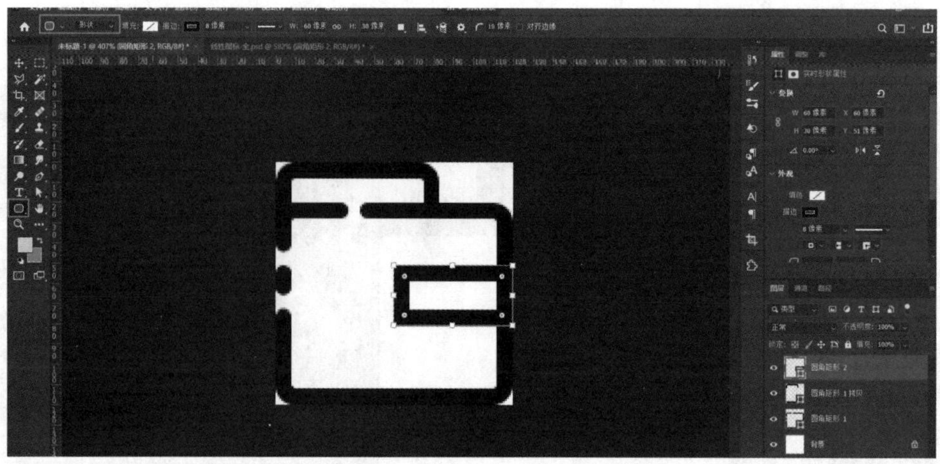

图 2-63　绘制圆角矩形

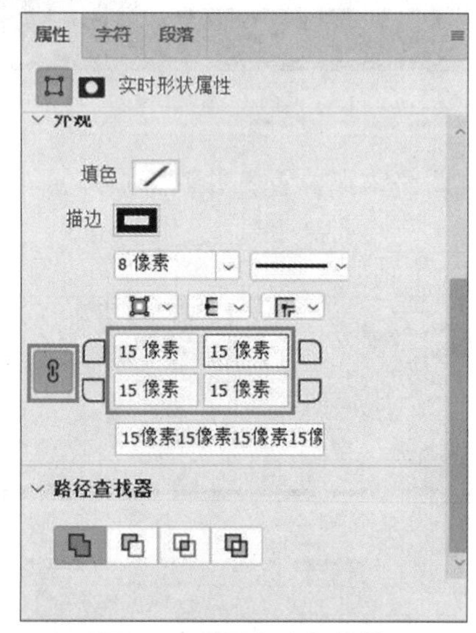

图 2-64　圆角半径属性

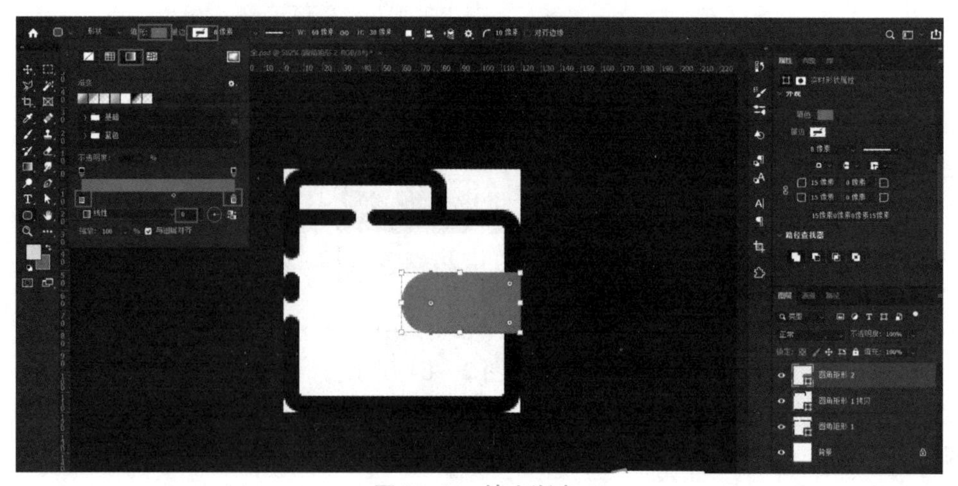

图 2-65　填充渐变

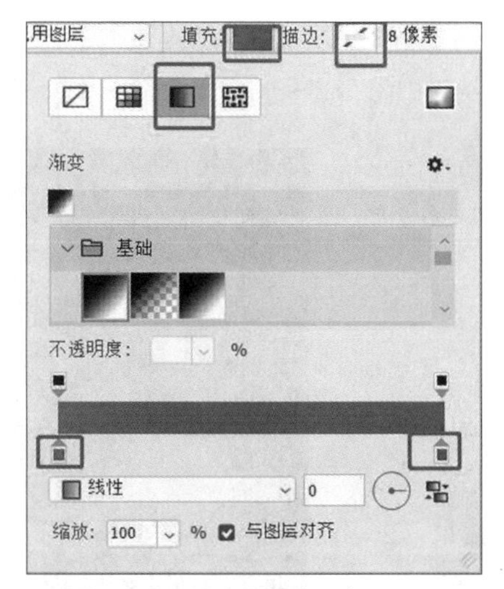

图 2－66　渐变面板

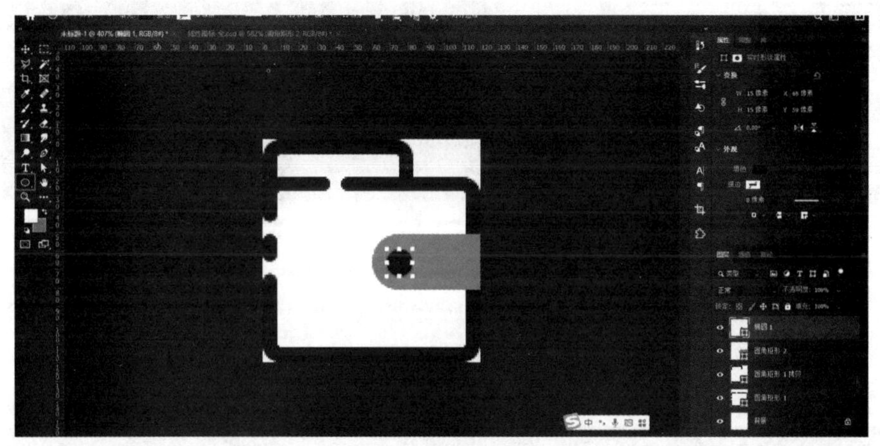

图 2－67　绘制正圆

（14）按住 Shift 键选中下方圆角矩形图层，按下快捷键 Ctrl + E 合并图层，使用路径选择工具选择正圆形，更改路径选择为“减去顶层形状”，并调整填色为线性渐变，无描边，如图 2－68 和图 2－69 所示。

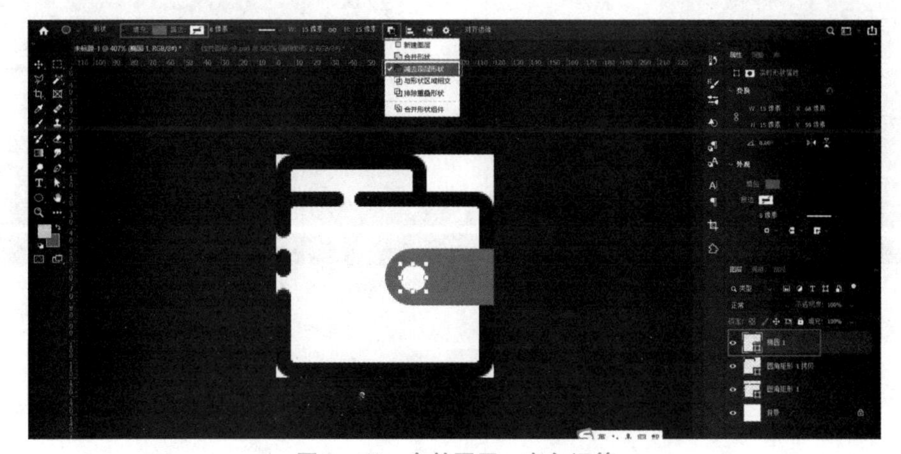

图 2－68　合并图层、布尔运算

（15）按住键 Shift 加选底下图层，使用路径选择工具，调整线条描边为灰色，如图 2-70 所示。

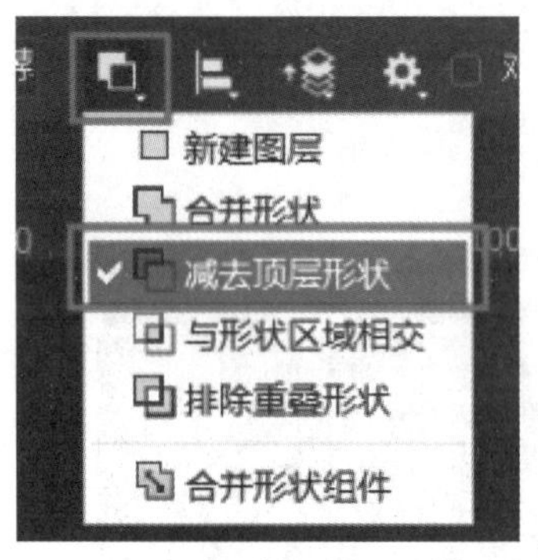

图 2-69　减去顶层形状

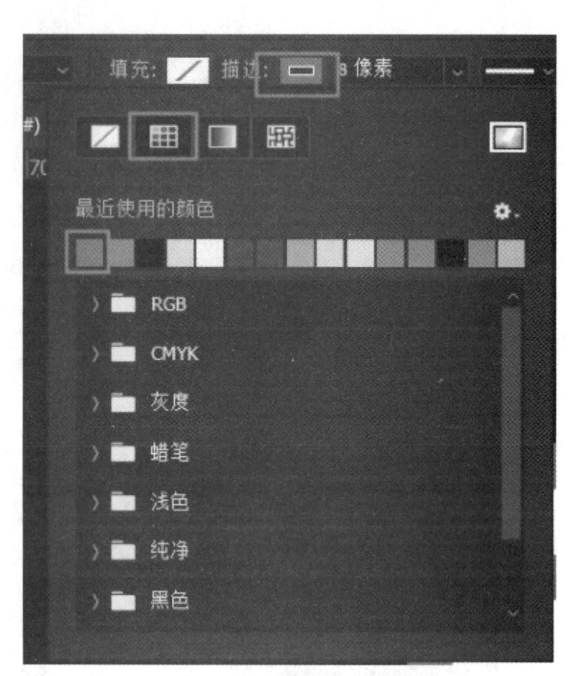

图 2-70　调整描边颜色

（16）按住 Shift 键加选除了背景之外的所有图层，按下快捷键 Ctrl + G 建立组，并修改组的名称为“代付款”，完成图标绘制，如图 2-71 所示。

图 2-71　建立群组

任务三　异形图标设计

任务说明

本任务主要针对APP详情页设计中的异形图标元素设计进行讲解，对常见的图标风格和分类、FX图层样式、图层混合模式、图层蒙版等内容进行知识性的导入，并通过具体的任务实现过程进行实操性演练。

知识导入

一、常见的图标风格和分类

在用户界面设计中，图标是必不可少的元素。虽然绝大多数的图标都很小，甚至不被人注意到，但是它却帮助设计师和用户解决了很多的问题。图标可从功能、表现形式、设计风格三方面来分类。

（一）从功能上分类

按功能分类，图标又可以分为交互式图标、装饰性图标和说明性图标。

交互式图标：具有双向传递信息的能力，不仅可以向用户传递某种信息，也可以引导用户执行某种特定的操作。例如："登录"按键、"注册"按钮、"开关"按钮、点赞、"转发"按钮等都属于交互式图标，如图2－72所示。

图2－72　交互式图标

装饰性图标：这种图标通常用来提升整个界面的美感和视觉体验，并不具备明显的功能。这类图标较多地运用在手机主题中，它具备特定风格的外观装饰，如图2－73所示。

说明性图标：重在阐述信息。在某种情况下，说明性图标不可以直接作为可交互的UI元素，它们常常作为视觉辅助元素出现，以提高信息的可识别性，如图2－74所示。

（二）从表现形式上分类

按表现形式分类，图标又可以分为隐喻图标、工具图标和混合图标。

隐喻图标：两者互不关联，但却又有着某种千丝万缕的联系，以此来达成记忆的目的的图标。比如：设置图标、邮件图标、购物图标、搜索图标等，如图2－75所示。

图 2-73　装饰性图标

图 2-74　说明性图标

图 2-75　隐喻图标

工具图标：主要以行业分类，使用范围较广，大众识别度较高，并且被长期使用的图标。例如：医疗图标、建筑行业图标等，如图2－76所示。

图2－76　工具图标

混合图标：混合不同风格的图标，以便达到不同的视觉效果，多用于设计师个性的表达。例如：MEB粗描边风格。

（三）从设计风格上分类

按设计风格分类，图标又可以分为面性图标、线性图标、扁平图标和拟物图标等。

面性图标：使用范围最广的图标之一，稳定性好，图标层次感清晰，如图2－77所示。

线性图标：使用感更轻盈、简约。主要以线条表现为主，如图2－78所示。

扁平图标：其实就是线＋面或面＋面的表现形式。扁平化图标具有个性化、年轻化、可拓展的特征。扁平图标专注于清晰直观的信息传达，为客户提供一目了然的视觉感受。扁平图标突出功能，不借助复杂的投影和纹理，与拟物图标相对，如图2－79所示。

拟物图标：尽可能地将现实生活中的形状、纹理、光影都融到图标中。尽可能地逼真是拟物图标的特点。拟物图标较多地运用在游戏设计和游戏产品类图表中，如图2－80所示。

图 2－77　面性图标

图 2－78　线性图标

图 2－79　扁平图标

图 2－80 拟物图标

二、fx 图层样式

图层样式在 PS 软件中常用来处理图层，是后期制作图标以达到预定效果的重要手段之一。PS 软件的图层样式效果非常丰富，图层样式包括了许多可以自动应用到图层中的效果，包括：斜面和浮雕、描边、内阴影、内发光、光泽、颜色叠加、渐变叠加、图案叠加、外发光、投影，如图 2－81 所示。

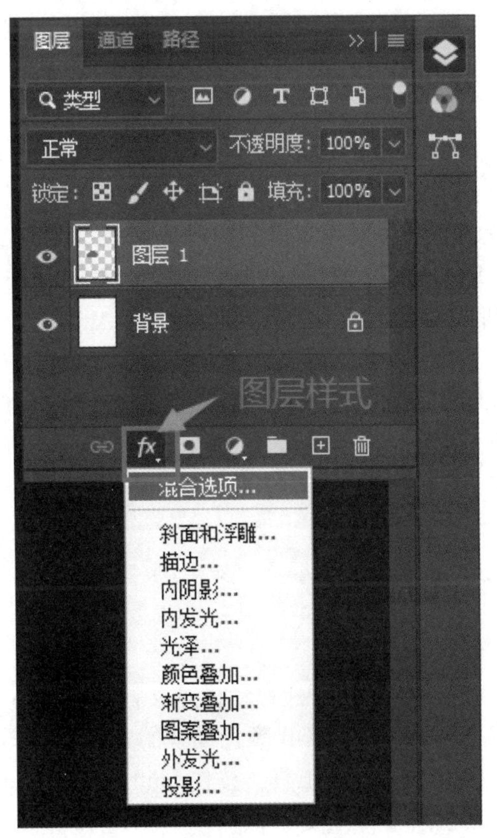

图 2－81 图层样式

当应用一个图层样式时，一个小三角和一个 fx 图标就会出现在“图层”面板相应图层名称的右侧，表示这一图层包含了自动效果，当出现向下的小三角符号时，还能看到该图层应用了哪些图层样式，这样便于用户管理和修改，如图 2－82 所示。

三、图层混合模式

混合模式是为图层叠加不同的效果。混合模式主要包括模式的混合和不透明度。混合模式在图层面板的上方位置，如图 2－83 所示。

图 2-82　图层样式

图 2-83　图层的混合模式

（1）模式的混合：当图层叠加时，上方的图层和下方的图层会进行混合，从而得到一种全新的图像效果。

（2）不透明度：用来确定图层的透明度，当不透明度为 100% 时，当前图层完全不透明；当不透明度为 0% 时，当前图层完全透明。

小提示：背景图层或锁定的图层是无法进行图层混合的。

四、图层蒙版

图层蒙版在 PS 软件中的应用非常广泛。使用蒙版的好处是可以反复修改，却不会影响到其本身图层的任何设置。如果对蒙版制作的内容不满意，可以直接删除蒙版。PS 软件中的图层蒙版位于图层属性的下方，如图 2-84 所示。

当为图层添加蒙版后，在蒙版中绘制黑色时，图层被隐藏，不显示出来；当在蒙版中绘制灰色时，图层处于半透明状态；当在蒙版中绘制白色时，图层完全显示出来。

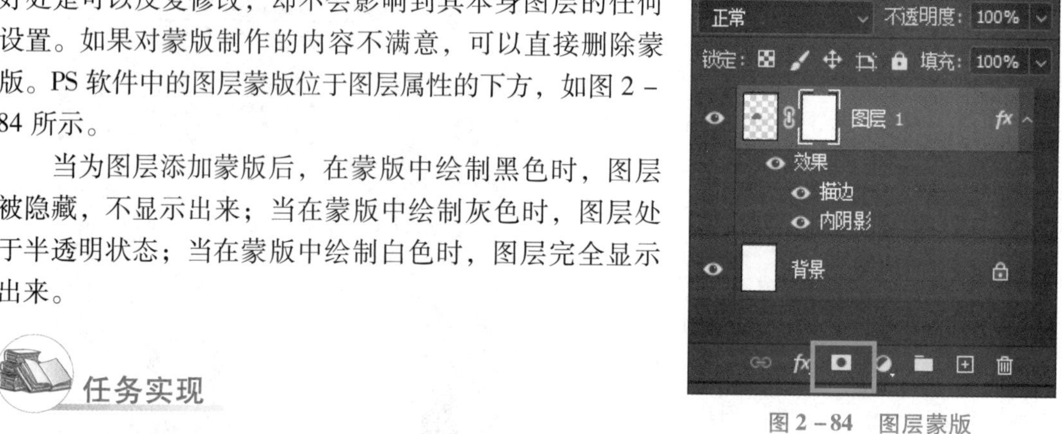

图 2-84　图层蒙版

任务实现

绘制异形图标：

（1）使用 PS 新建移动设备文档，选择 iOS 7 iPhone 应用程序图标，建立 120×120 px、分辨率为 72 ppi、RGB 颜色模式的文档，如图 2-85 所示。

（2）使用椭圆工具，按住 Shift 键绘制一个 120×120 px 的正圆，调整填充色为淡紫色到中紫色渐变，渐变参数为“aba1ff、8d68fd”，渐变角度为 -45，如图 2-86 和图 2-87 所示。

（3）使用圆角矩形工具绘制一个圆角矩形，圆角半径为 10 px，如图 2-88 所示。

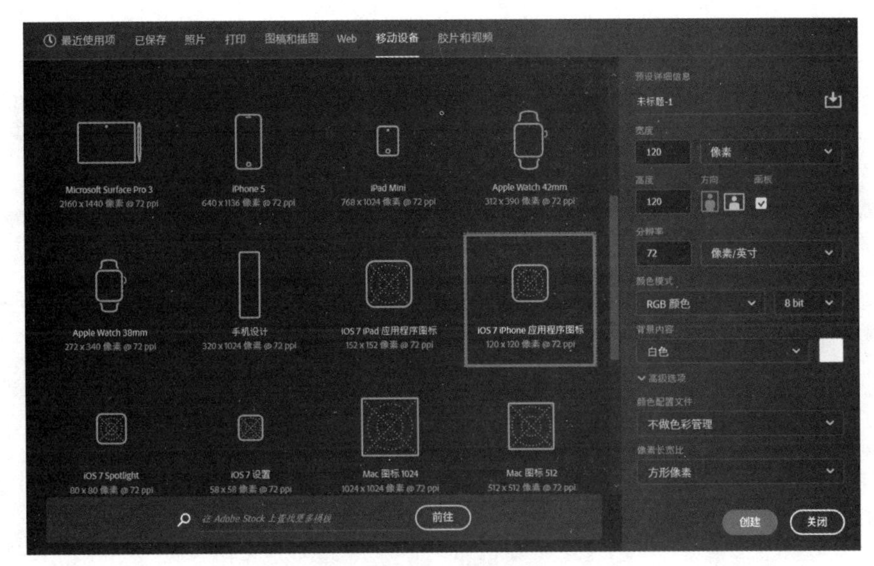

图 2－85　新建文档

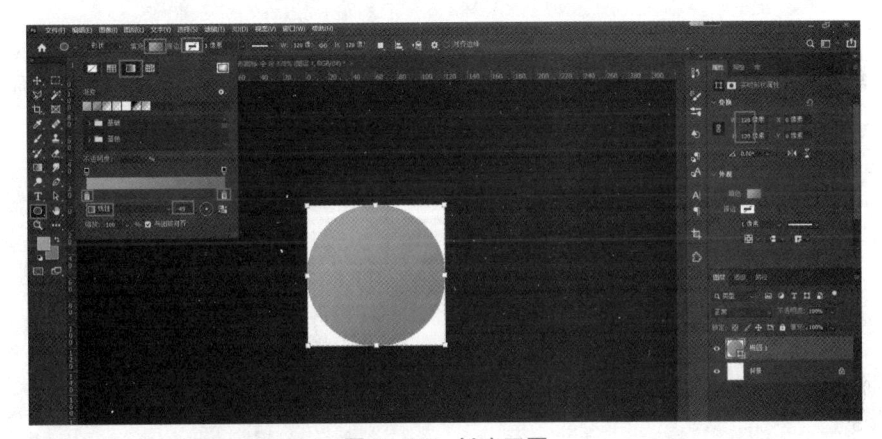

图 2－86　创建正圆

图 2－87　调整渐变

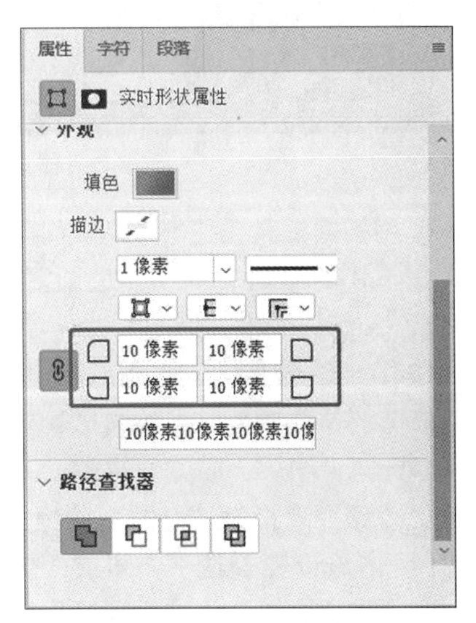

图 2－88　调整圆角

（4）使用椭圆工具按住 Shift 键绘制正圆，如图 2－89 所示。

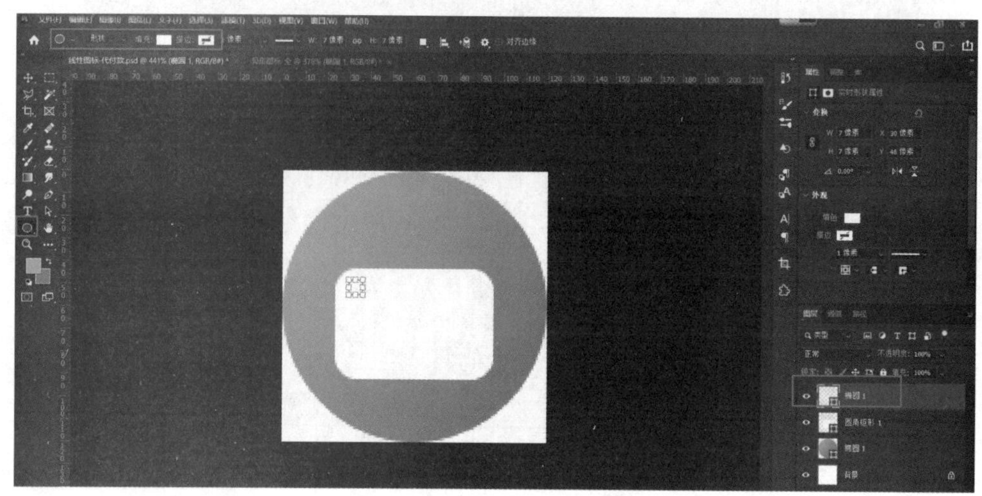

图 2－89　绘制正圆

（5）按住 Shift 键选中下方圆角矩形图层，按下快捷键 Ctrl＋E 合并图层，使用路径选择工具选择正圆形，更改路径选择为“减去顶层形状”，并调整填色为线性渐变，无描边，如图 2－90 所示。

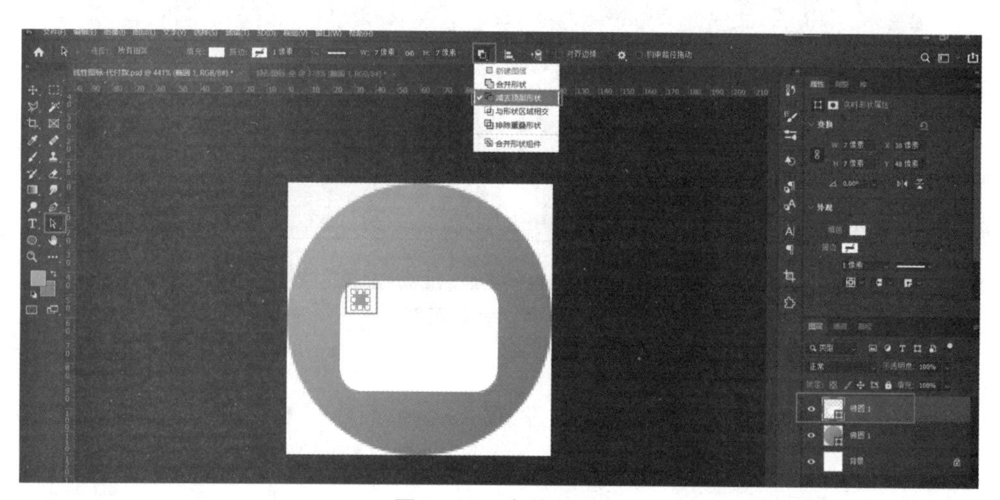

图 2－90　合并图层

（6）使用椭圆工具按住 Shift 键绘制一个大一点的正圆，如图 2－91 所示。

（7）按下快捷键 Ctrl＋J 复制大圆图层，按下快捷键 Ctrl＋T 任意变形，按住快捷键 Shift 和 Alt 以同心圆等比例方式缩小一些，如图 2－92 所示。

（8）按住 Shift 键加选下方圆形图层，按下快捷键 Ctrl＋E 合并图层，如图 2－93 所示。使用路径选择工具选择小一点的圆形，更改路径选择为“减去顶层形状”如图 2－94 所示，并隐藏下方椭圆 1 图层，以方便观察。

（9）更改路径选择为“合并形状组件”，形成圆环，如图 2－95 所示。

（10）按住 Shift 键加选下方图层，按下快捷键 Ctrl＋E 合并图层，使用路径选择工具选择圆环，更改路径选择为“减去顶层形状”，如图 2－96 所示。

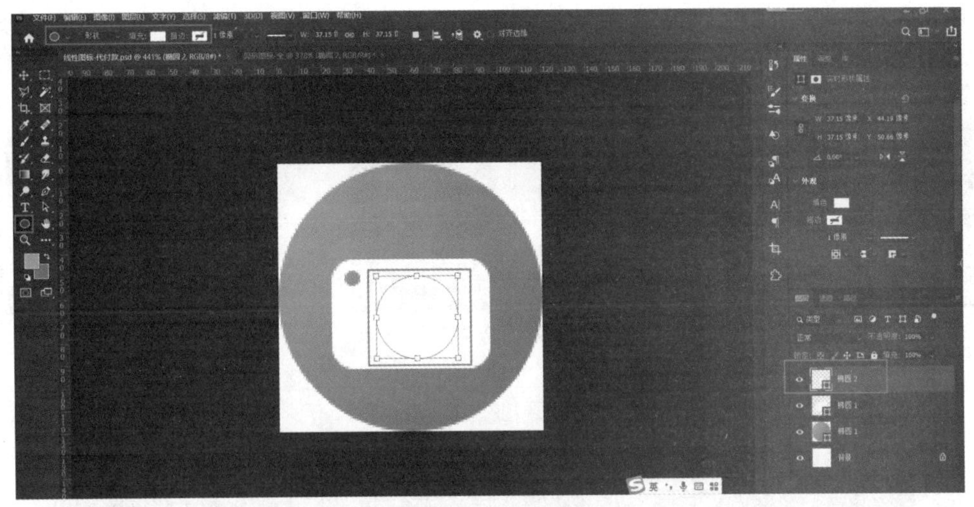

图 2－91　绘制正圆

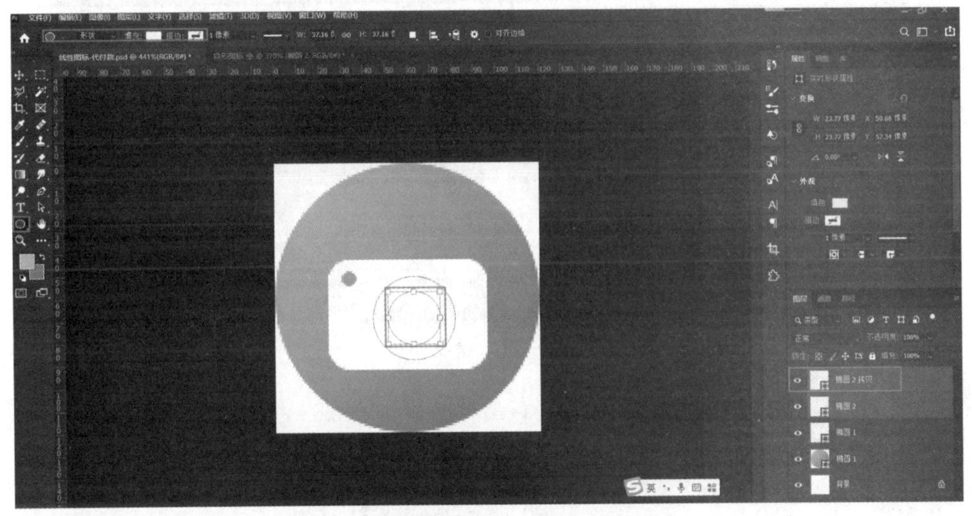

图 2－92　任意变形

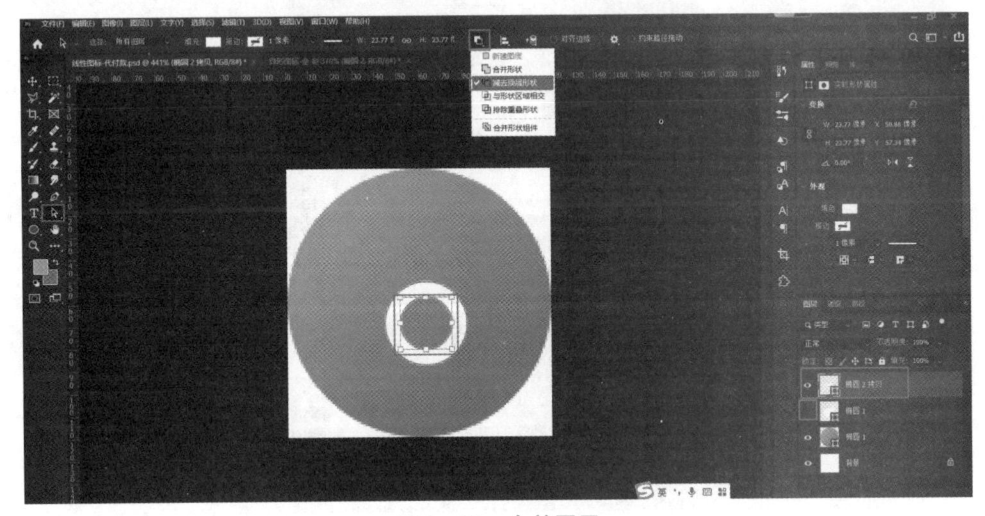

图 2－93　合并图层

图 2－94　减去顶层形状（1）

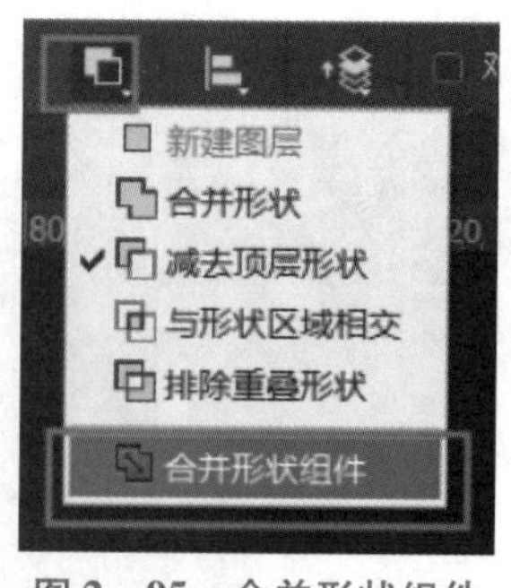

图 2－95　合并形状组件

图 2－96　减去顶层形状（2）

（11）使用矩形工具绘制一个填色为白色、无边框的长方形，如图 2－97 所示。

图 2－97　绘制矩形

（12）按下快捷键 Ctrl＋T 任意变形，右击，选择“透视”，如图 2－98 所示。

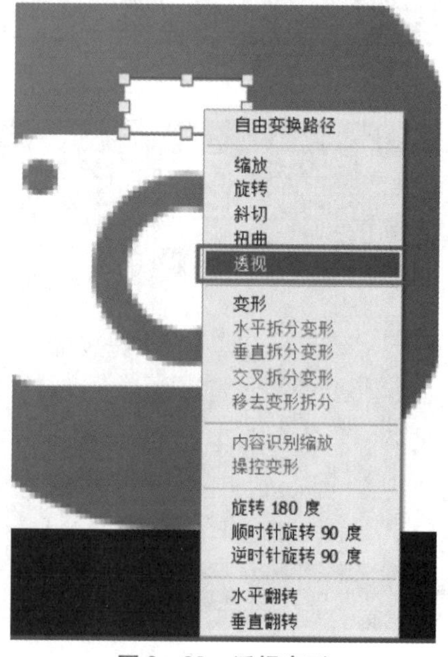

图 2－98　透视变形

（13）调整矩形为梯形，如图 2－99 所示。

图 2－99　调整形状

（14）按下快捷键 Ctrl＋J 复制梯形图层，按下快捷键 Ctrl＋T 任意变形，调整梯形大小，如图 2－100 所示。

图 2－100　复制图层

（15）按住 Shift 键加选除了背景和椭圆 1 之外的所有图层，按下快捷键 Ctrl＋G 建立组，并修改组的名称为“相机”，如图 2－101 所示。

（16）选择图层中相机的组，添加图层样式 fx，选择投影，如图 2－102 所示。

（17）调整投影混合模式为黑色叠加，调整合适的透明度，角度调整为 120 度，距离和大小调整为合适的数值，如图 2－103 所示。

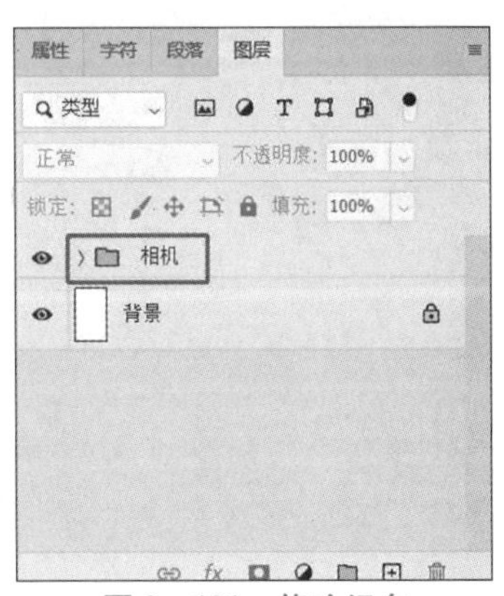

图 2－101　修改组名

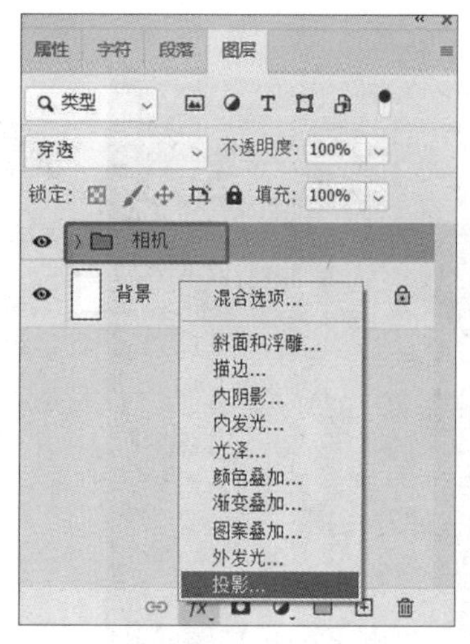

图 2-102　投影

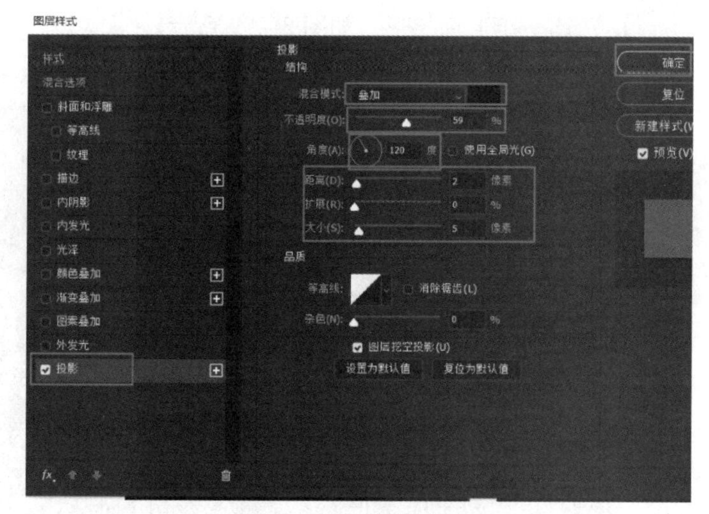

图 2-103　调整投影

（18）按住 Shift 键加选除了背景之外的所有图层，按下快捷键 Ctrl + G 建立组，并修改组的名称为“拍摄”，最终效果如图 2-104 所示。

图 2-104　建立群组

项目三

APP 启动页、引导页设计

项目描述

本项目主要针对 APP 启动页、引导页中的启动页设计的内容进行讲解，对启动页概念、启动页的表现形式、画笔工具、自定画笔、橡皮擦等内容进行知识性的导入，并通过具体的任务实现过程进行实操性演练，如图 3－1 所示。

图 3－1　启动页、引导页设计

项目描述

图 3-1 启动页、引导页设计（续）

学习目标

（1）掌握启动页设计、引导页设计、颜色搭配设计的相关理论知识；

（2）掌握启动页设计、引导页设计、颜色搭配设计的各单项内容的设计实操技能；

（3）能够对单项内容设计进行整合，设计出完整、合理、美观的启动页和引导页；

（4）能够以精益求精的工匠精神，严格对待每一个设计细节，遵循设计规范，符合产品需求，符合岗位要求；

（5）能够基于用户体验对设计内容进行创新，深度思考如何才能设计得更好，具备优化再设计的能力。

任务一　启动页设计

任务说明

本任务主要针对 APP 设计中的启动页元素设计进行讲解，并通过具体的任务实现过程进行实操性演练。

知识导入

一、启动页的概念

启动页是应用的第一个窗口，它不仅可以缓解用户等待过程中的焦虑情绪，还可以传递一些信息，例如：产品的基础信息、活动内容等。它最主要的目的是能增强用户对应用程序 APP 的快速启动及立即使用的感知度。启动页一般都在 3 s 左右，当然，大多数的启动页都有跳过功能。

二、启动页的表现形式

启动页的表现形式可以分为四种：品牌展示，广告展示、活动展示，内容展示，背景底色。

1. 品牌展示

这种类型是比较常用的。在启动页展示的信息包括 APP 名称、Icon 和 Slogan，界面清晰简单，加深用户对产品品牌的认识，整体的颜色风格也遵循 APP 界面设计的设计风格，让用户能够提前熟悉 APP 的风格。例如：淘宝 APP、京东 APP 等，如图 3 - 2 所示。

2. 广告展示、活动展示

这一类中包含广告展示和活动展示这两个小类。广告展示是对外的，APP 与广告商洽谈合作，在 APP 的启动页展示广告商的广告信息，当 APP 积累下来的流量已经形成一定的规模后，足够进行分发的时候，可以用这种广告展示的方法进行流量变现。活动展示是对内的，如 APP 内一些运营活动需要推广，APP 的启动页就担负起这个责任，用户在第一时间进入该 APP 时，就能够看到 APP 中有哪些推广活动。例如：斑马 APP、南瓜科学 APP，如图 3 - 3 所示。

3. 内容展示

这一类和前两类相比，相对来说比较少。启动页的内容和 APP 的内容相关联，不仅能展示 APP 的活动，还能展示 APP 自身的设计元素。例如：图虫网 APP。摄影爱好者可以在启动页展示自己的摄影作品，这样不仅能够展示 APP 的内容，也能够突出 APP 自身的设计元素。

图3－2　品牌展示

图3－3　广告展示、活动展示

4. 背景底色

这一类也比较少见，启动页的主体颜色样式采用和APP首页相同的颜色，目的是让用户提前熟悉一下APP的页面风格。这种启动页符合设计页的需求，既然最初启动页设计的目的是缓解用户等待开启APP的焦虑情绪，那么，在这一小段时间内，提前让用户了解APP的页面风格，不失为一种方法。

三、画笔工具

画笔工具是在PS软件中比较经常用到的工具之一，它位于工具架上，快捷键是B。画笔工具就像现实生活中的画笔一样，可以选择不同的笔刷（PS软件中自带的笔刷众多，可以直接选用或自制笔刷，也可以外部导入现有的笔刷），调整笔刷大小、透明度、压感等。在图形绘画中，画笔工具具有很强的自由性，可以任意绘制图形。画笔工具包括画笔工具、铅笔工具、颜色替换工具和混合器画笔工具，如图3－4所示。

（1）“画笔工具”不透明度：调节图像的透明度。不透明度越大，图像的覆盖率就越强；反之，不透明度越小，图像的覆盖率就越弱。

（2）“画笔工具”流量：控制笔刷密度。流量越大，绘制的图像越清晰；反之，流量越小，绘制的流量越模糊。

（3）“画笔工具”的调节：画笔的颜色为前景色的颜色。右键可以调出“画笔工具”的调节面板，在面板中可以设置笔触大小和硬度。

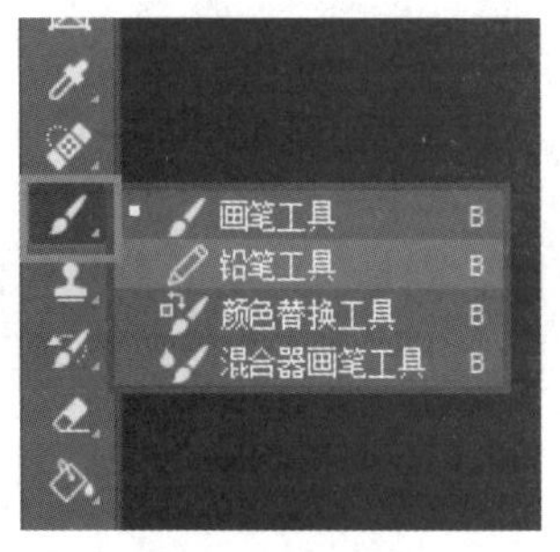

图 3－4　画笔工具

四、自定画笔

在 PS 软件中，可以根据需求，把需要的东西设置为自定笔刷，方便后续的绘画。自定笔刷的设置方法很简单，仅需两步，如图 3－5 所示。

（1）选择自定画笔的图形，或自行绘制一个。

（2）选择“编辑”菜单栏下的自定画笔预设进行保存。

五、橡皮擦

橡皮擦工具在 PS 软件的工具箱里，它的快捷键是 E。在 PS 软件中包含了三种橡皮擦，分别是橡皮擦工具、背景橡皮擦工具、魔术橡皮擦工具。它们的作用主要是擦除图像和抠图，如图 3－6 所示。

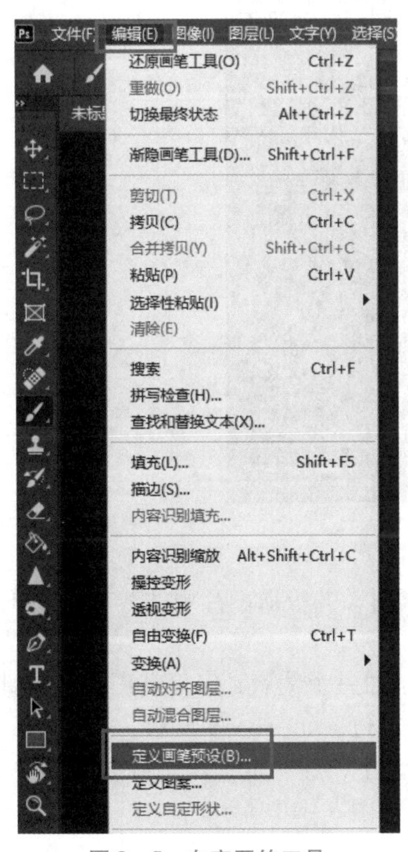

图 3－5　自定画笔工具

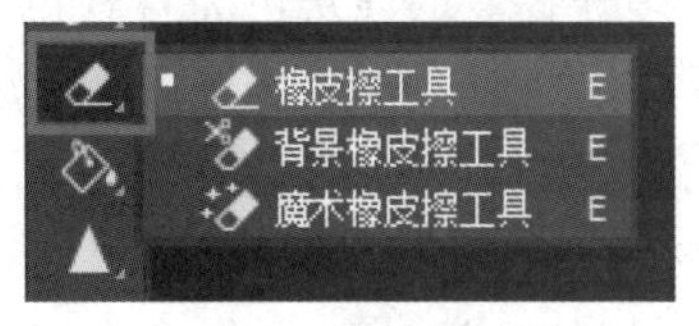

图 3－6　橡皮擦工具

1. 橡皮擦工具

橡皮擦工具可以把不需要的图像擦除。如果图层只有一层，那么擦过的地方会是透明的，如果图层有若干层，那么擦过的地方会显示出底下一层的内容。但是如果是在背景层上擦除，则是无法擦除背景色的。

在PS软件中，橡皮擦工具的使用方法和画笔工具有些类似，主要都是通过不透明度、流量、橡皮擦大小来控制的。

2. 背景橡皮擦工具

背景橡皮擦工具主要是用来抠图的，可以擦掉背景，使之露出透明底。

3. 魔术橡皮擦工具

魔术橡皮擦工具也是用来抠图的。它最厉害的地方是利用魔棒的原理，吸取一定的颜色，并对其进行擦除。

任务实现

设计启动页

（1）新建一个750×1 334 px大小的文档，分辨率为72 ppi，如图3－7所示。

图3－7　新建文档

（2）置入Logo、Slogan以及符合应用的图片素材，并吸取图片中的浅灰色“R:228 G:229 B:223”，如图3－8所示。

（3）填充提取的浅灰色为背景色，并为图片添加一个蒙版，以便利用画笔工具将图片边沿进行柔化处理，使底图与图片更好地衔接。处理位置如图3－9所示。

（4）选择画笔工具，适当调整画笔的样式、大小、透明度、流量等参数。选中蒙版，用画笔进行涂抹，使底色和产品图片融合在一起，如图3－10所示。

（5）最终完成效果，如图3－11所示。

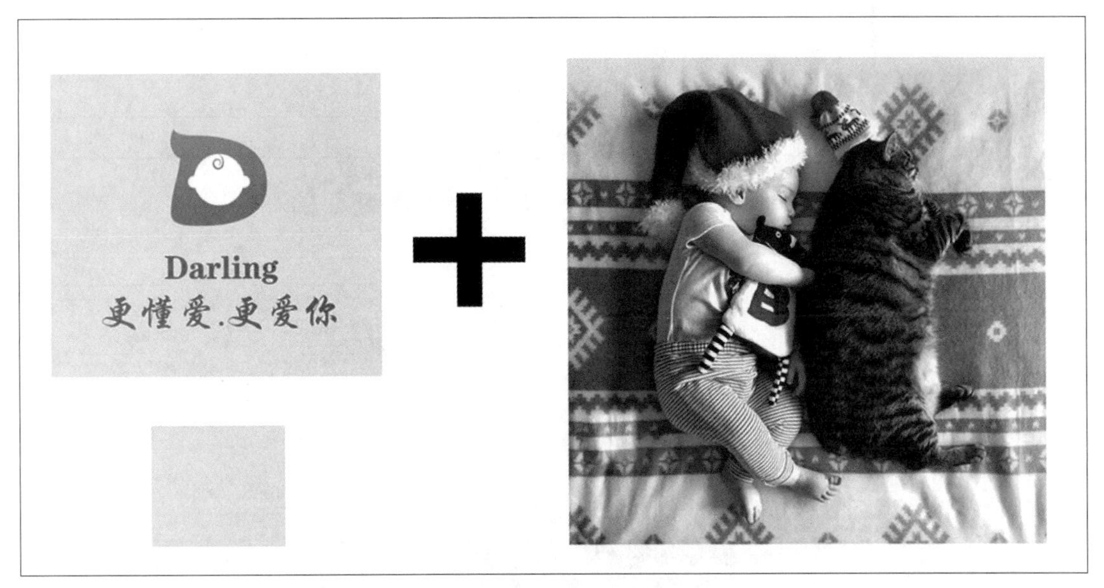

图3－8　导入素材

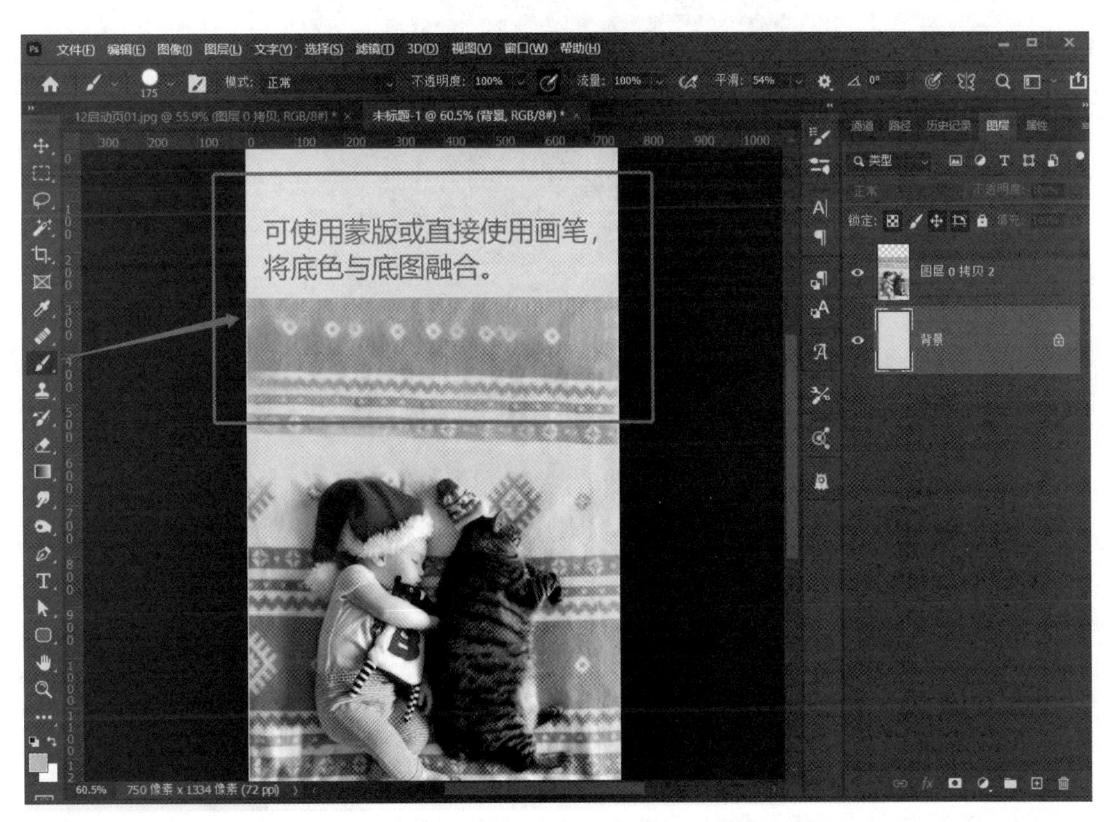

图3－9　处理位置

图3－10　调整画笔参数

图 3－11　最终完成效果

任务二　引导页设计

任务说明

本任务主要针对 APP 设计中的引导页元素设计进行讲解，并通过具体的任务实现过程进行实操性演练。

知识导入

一、引导页的概念

引导页，顾名思义，是用来引导用户学习 APP 用法或了解 APP 作用的页面，其核心在于“引导”。比如，在功能引导页和操作引导页的设计上就需要考虑设计目的，是产品的功能需求还是页面的样式需求。

二、引导页的表现形式

引导页的表现形式可以分为五种：功能展示法，文字与APP的UI界面相结合，文案与插图组合相结合，APP上下滑动与路线、轨迹相结合，APP动态效果与音乐、视频融合。

1. 功能展示法

图标与重点文字相结合，如图3－12所示。

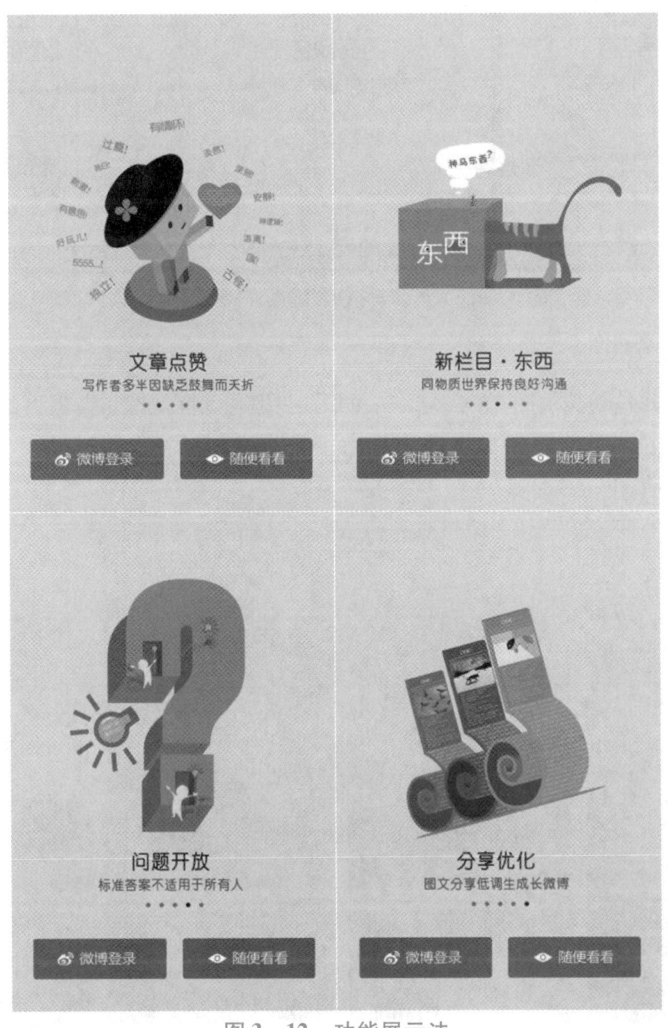

图3－12　功能展示法

2. 文字与APP的UI界面相结合

这种类型的引导页是最常用的方式之一，简短的文字配上功能界面，主要运用在功能介绍类和使用说明类引导页中。这种方式能较直接地传达产品的信息；缺点是有点儿千篇一律，过于模式化，如图3－13所示。

图3－13　文字与APP的UI界面相结合

3. 文案与插图组合相结合

该类型的引导页是最常用的方式之一，插图一般绘制得比较具象，多以卡通人物、场景、照片等方式为主，用于表达文字内容。由于其有强烈的视觉冲击力，所以常被设计师采用，如图3－14所示。

图3－14　文案与插图组合相结合

4. APP上下滑动与路线、轨迹相结合

这种类型的引导也多用于旅游类APP中。例如：马蜂窝的旅游攻略APP，如图3－15所示。

图3－15　APP上下滑动与路线、轨迹相结合

5. APP动态效果与音乐、视频相融合

除了静态的引导页展示之外，也可以为引导页设计动图，比如页面间的切换、当前页面的动态效果图等。

三、色阶曲线的应用

PS软件中最基础的技巧之一就是色调调整。想要做出精美的图像，色调的调整必不可少，而色阶和曲线就必不可少。

1. 色阶

色阶有输入色阶和输出色阶选项。有颜色通道，可以针对图片分别对其中的RBG通道、红色通道、绿色通道和蓝色通道单独调整。色阶只与图像的亮度有关，最亮的是白色，最暗的是黑色。色阶调整的范围在 0 ~ 255 之间，只能整体调整，不可以局部调整。它的快捷键是 Ctrl + M，如图 3 – 16 所示。

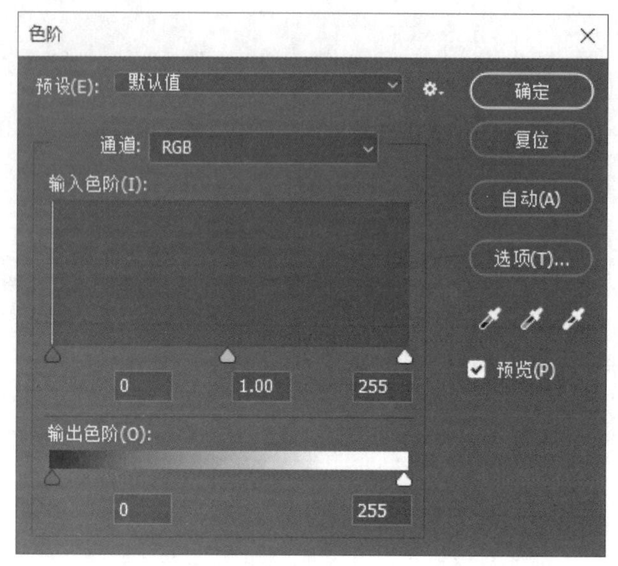

图 3 – 16 “色阶”对话框

2. 曲线

曲线有输入和输出选项。有颜色通道，可以针对图片分别对其中的 RBG 通道、红色通道、绿色通道和蓝色通道单独调整。曲线则可以调整 0 ~ 255 范围内的某一段色阶。单击一次“色阶”对话框上的曲线，可以增加曲线点，单击两次则是取消曲线点。通过调整曲线点，从而调整画面的色阶。曲线的快捷键是 Ctrl + L，如图 3 – 17 所示。

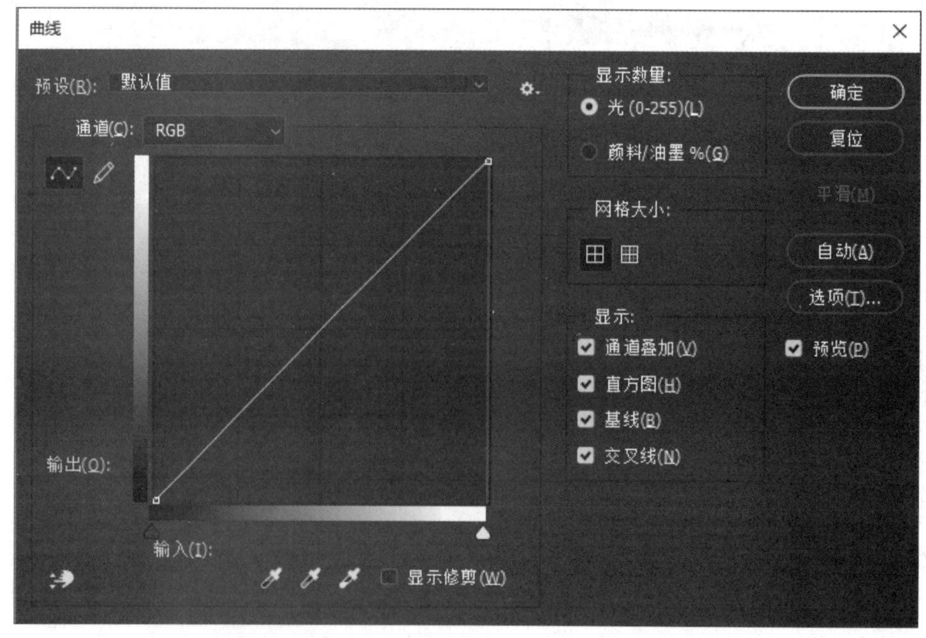

图 3 – 17 “曲线”对话框

四、色相/饱和度、色彩平衡调整

1. 色相/饱和度

色相/饱和度是调色工具中比较常用的一个工具。每张图片都会有各自的色相、饱和度、明度属性。色相/饱和度可以整体调色，也可以局部调色。它的快捷键是 Ctrl + U。

色相/饱和度主要是根据色彩的三要素来直观地调色的，如图 3－18 所示。

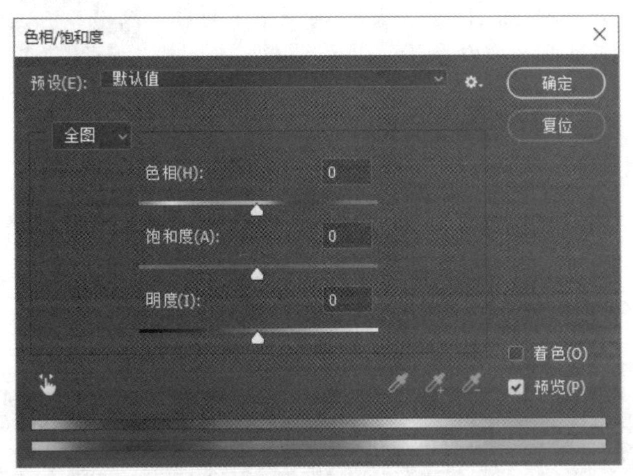

图 3－18　“色相/饱和度”对话框

色相：调整对应角度值来改变色相，范围在 －180°～180°之间，正好是 360°，一个色环。

饱和度：调整色彩的鲜艳程度，范围是 －100～100 之间，当数值设置为 －100 时，为灰色，没有饱和度，也就没有色相了。

明度：调整亮度，范围是 －100～100 之间，当数值设置为 100 时，为白色。

2. 色彩平衡

色彩平衡是调色工具中比较重要的一个工具。通过对图像的色彩平衡的调节，可以校正图像的偏色、饱和度过度和饱和度不足的情况，也可以根据自己的喜好和需求，调整色彩平衡，以便达到更好的效果。色彩平衡的快捷键是 Ctrl + B，如图 3－19 所示。

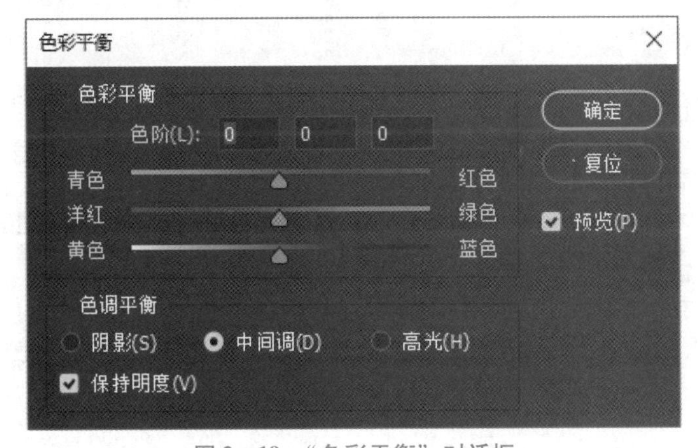

图 3－19　“色彩平衡”对话框

五、渐变样式与应用

在 PS 软件中，渐变样式主要用来为图像填充渐变色。使用这个工具可以创造出两种以上颜色的渐变效果。渐变方式既可以选定系统自带的，也可以自定义渐变样式。渐变方向有线性渐变、圆形放射状渐变、方形放射状渐变、角形和斜向等。如果不选择区域，那么渐变效果会充斥整个图像。渐变工具位于工具箱上，它的快捷键是 G，如图 3－20 所示。

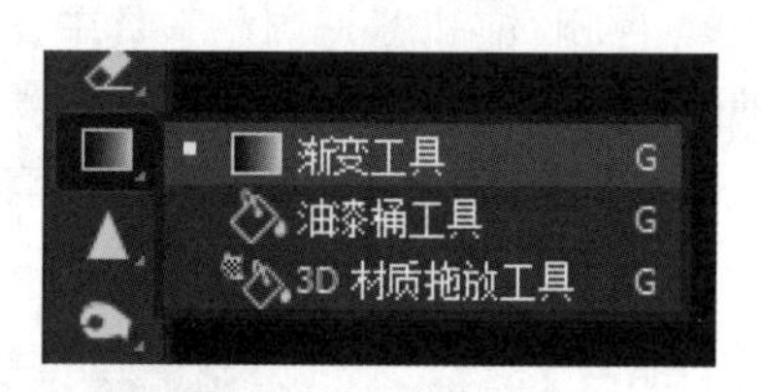

图 3－20 渐变工具

任务实现

设计详情页

（1）新建 750×1 334 px 的文档，注意勾选画板，如图 3－21 所示。

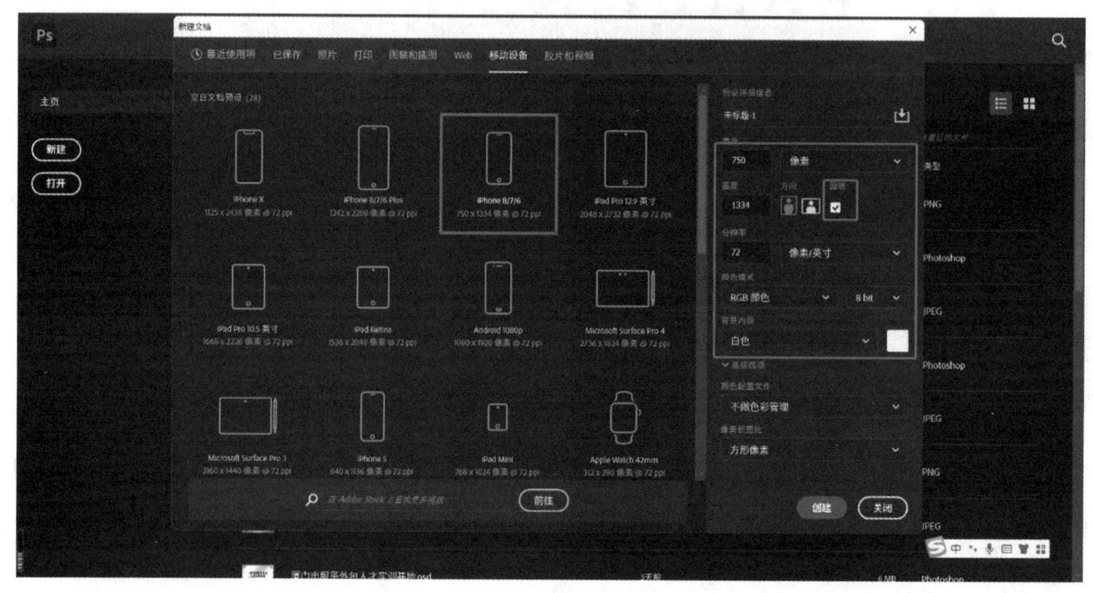

图 3－21 新建画布

（2）使用画板工具，单击画布右边的＋号，增加其余三个画板，如图 3－22 和图 3－23 所示。

（3）导入素材，如图 3－24 所示。

（4）使用文本工具输入文字并调整位置，文字属性“庞门正道标题体，64 pt，#ff3333”，如图 3－25 和图 3－26 所示。

（5）导入素材，如图 3－27 所示。

（6）单击“fx”按钮，增加图层样式为颜色叠加，颜色为“透明度 100%，#FDBBC7”，如图 3－28 所示。

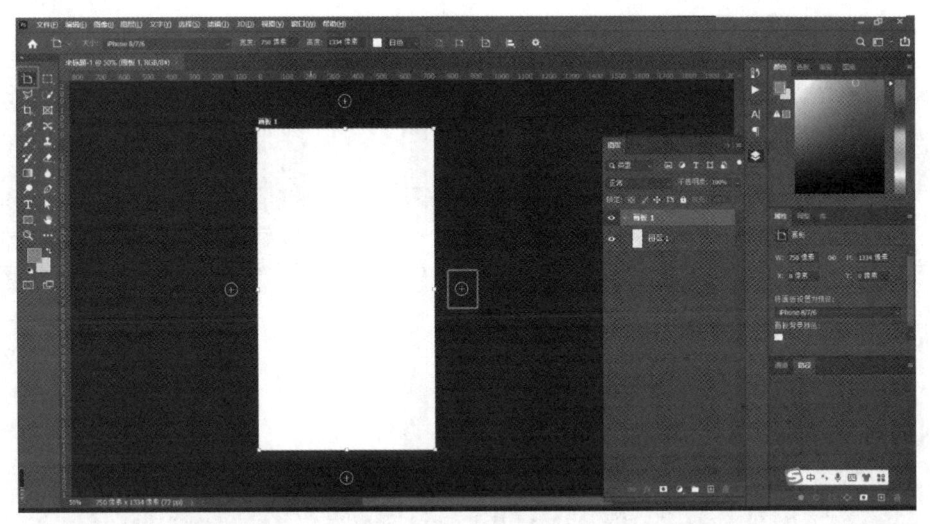

图 3－22　选中画板

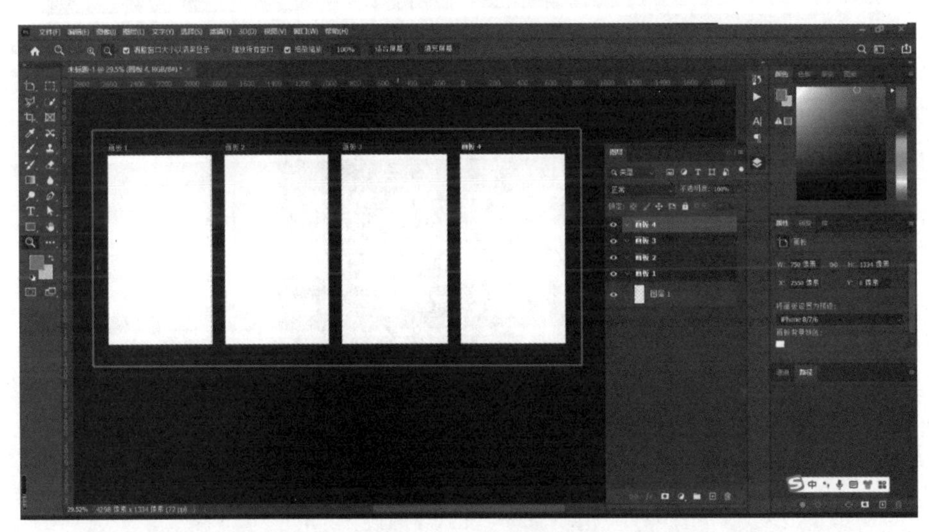

图 3－23　增加画板

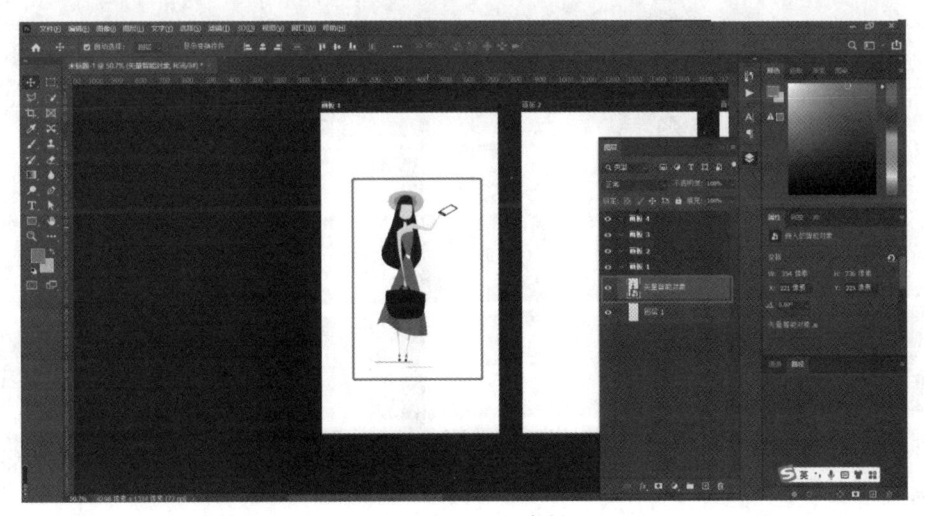

图 3－24　导入素材

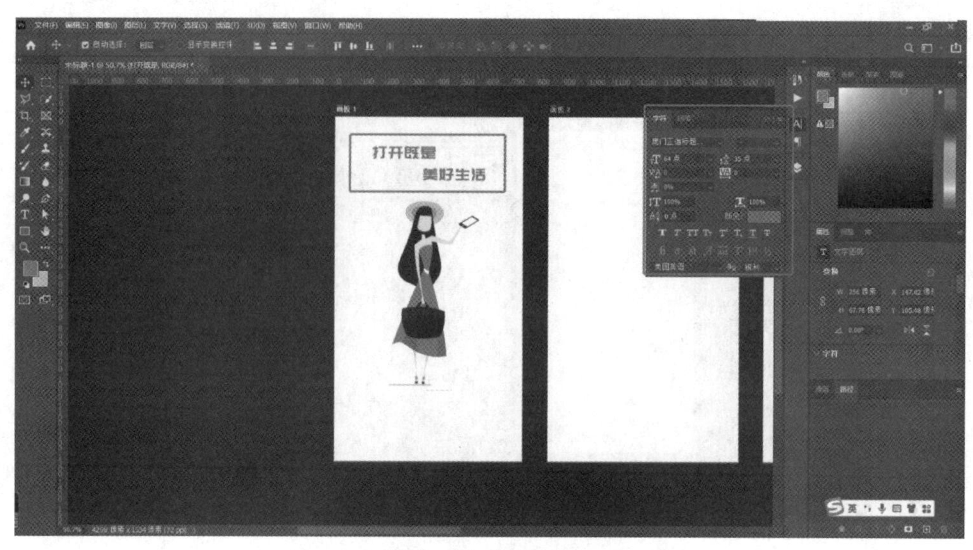

图 3－25　添加文本

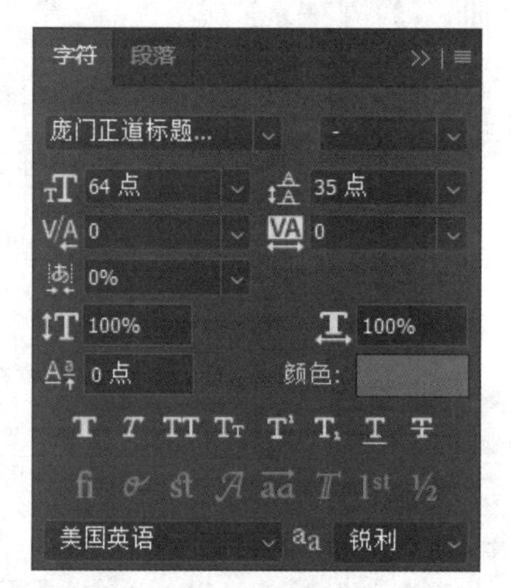

图 3－26　文本参数设置

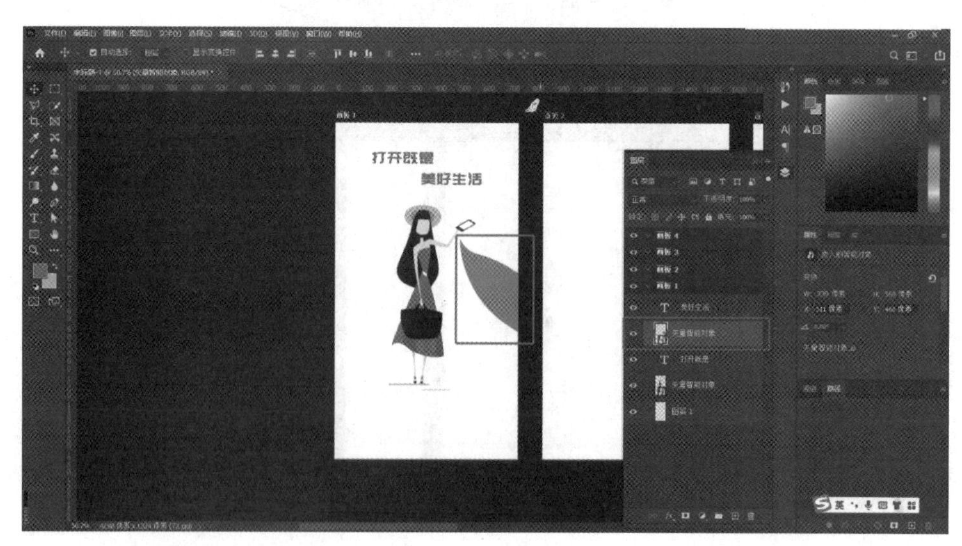

图 3－27　导入素材

图 3－28　调整颜色

(7) 使用移动工具选择画板 2，导入其他素材并调出色相/饱和度命令调整合适的颜色，如图 3－29 所示。

图 3－29　画板 2 颜色调整后效果

(8) 使用文本工具输入文字并调整位置，文字属性“庞门正道标题体，64 pt，#ff3333”，如图 3－30 和图 3－31 所示。

(9) 使用文本工具输入文字并调整位置，文字属性“庞门正道标题体，36 pt，#999999”，如图 3－32 和图 3－33 所示。

图 3－30　添加文本

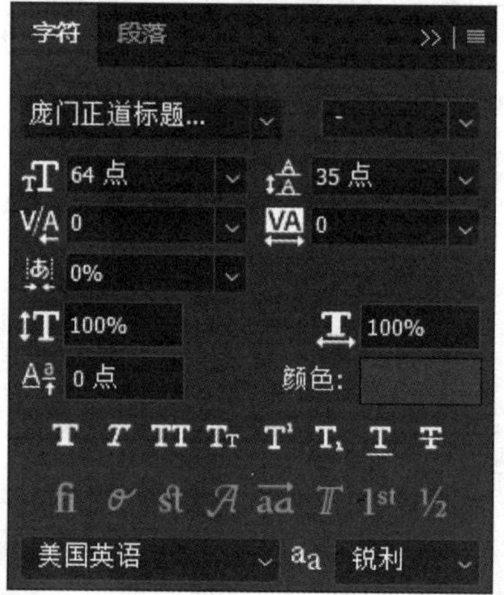

图 3－31　文本参数设置

图 3－32　添加副标题文本

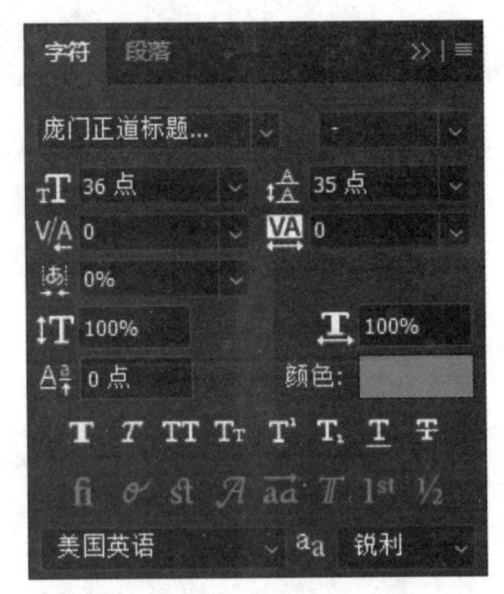

图 3－33　设置文本参数

（10）用相同的方法分别在画板 3 和画板 4 导入素材和输入文字并调整位置，可调出色阶或曲线调整颜色，最终效果如图 3－34 所示。

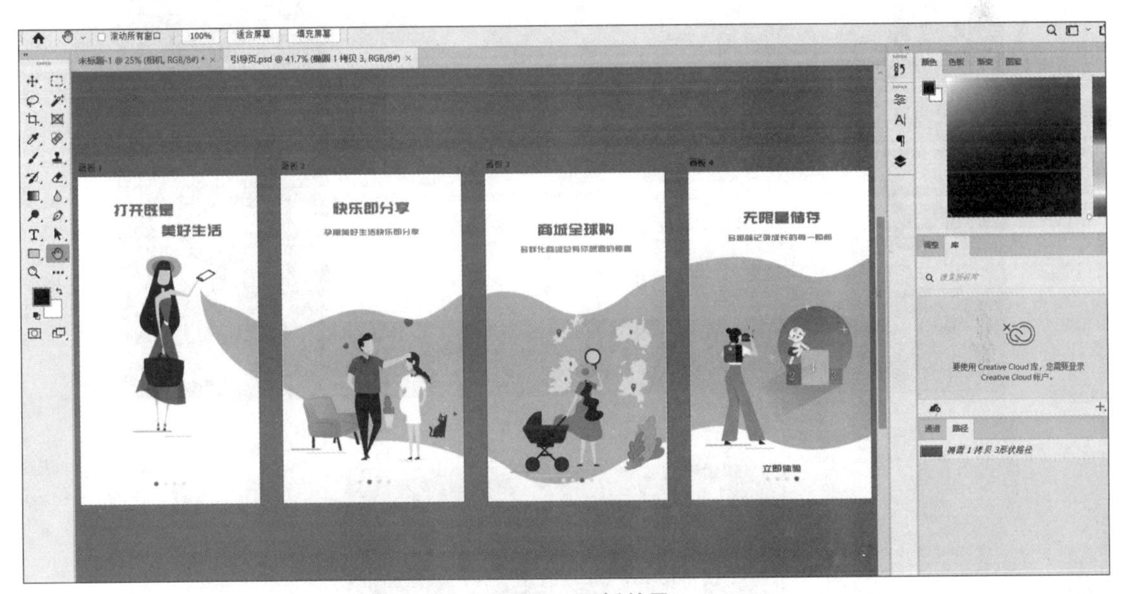

图 3－34　画板效果

（11）根据实际情况，调出颜色，调整相关功能，调整每个画板里的颜色和位置，最终完成效果如图 3－35 所示。

（12）选择画板 1，使用椭圆工具绘制正圆，参数为“宽 17 px，高 17 px，#eb4048”，如图 3－36 和图 3－37 所示。

（13）选中圆形并使用移动工具，按住 Alt 键复制三个，并调整位置，如图 3－38 所示。

（14）选择复制出来的三个圆形，增加图层样式 fx，颜色叠加，色值为“#ededed”，设置为未选中状态，如图 3－39 和图 3－40 所示。

（15）用相同的方法绘制画板 2、3、4 里的正圆并叠加颜色，如图 3－41 所示。

图 3－35　整体效果

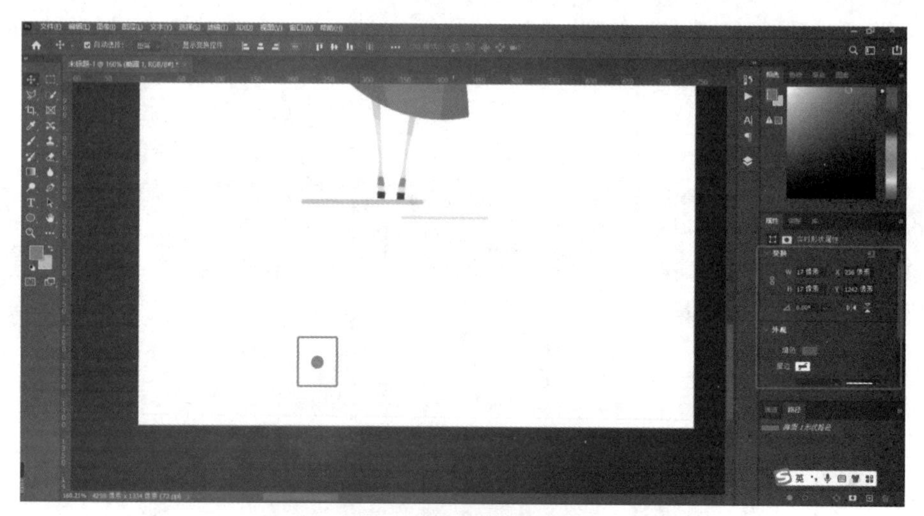

图 3－36　绘制翻页器

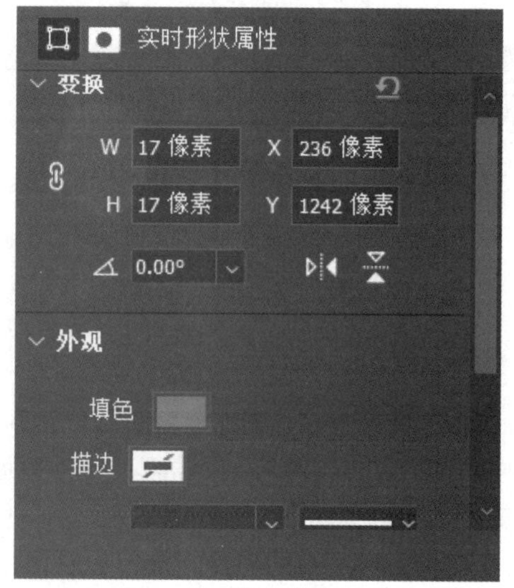

图 3－37　形状参数设置

图 3－38　复制圆形

图 3－39　调整颜色

图 3－40　翻页器效果

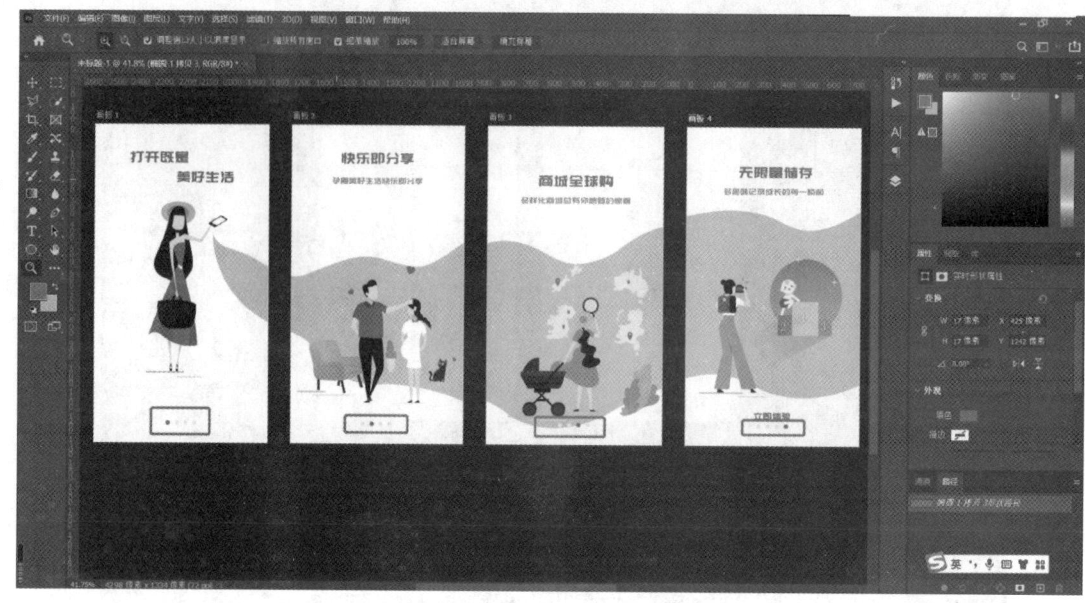

图 3－41　翻页器

（16）最终完成效果如图 3－42 所示。

图 3－42　最终效果

项目四

APP 登录页、注册页设计

项目描述

本项目主要针对 APP 中的登录页、注册页设计的内容进行讲解，对颜色的选择和搭配、ISO 规范、Android 规范等内容进行知识性的导入，并通过具体的任务实现过程进行实操性演练，如图 4－1 所示。

图 4－1 应用图标设计

学习目标

（1）掌握登录页设计、注册页设计的相关理论知识；

（2）掌握登录页设计、注册页设计的各单项内容的设计实操技能；

（3）能够对单项内容设计进行整合，设计出完整、合理、美观的登录页、注册页；

（4）能够以精益求精的工匠精神，严格对待每一个设计细节，遵循设计规范，符合产品需求，符合岗位要求；

（5）能够基于用户体验对设计内容进行创新，深度思考如何才能设计得更好，具备优化再设计的能力。

任务一　登录页设计

任务说明

本任务主要针对APP详情页设计中的登录页元素设计进行讲解，并通过具体的任务实现过程进行实操性演练。

知识导入

一、APP的概念及常见类型

APP为application的缩写，即为应用程序，所以手机APP指安装在智能手机上的软件、应用，弥补原始系统的不足并实现个性化，使手机完善其功能，为用户提供更丰富的使用体验。手机软件的运行需要有相应的系统，主要的手机系统有苹果公司的iOS、谷歌公司的Android（安卓）系统、塞班平台和微软平台。

二、APP常见类型

当前中国的商业模式已经进入数字资产时代，带来的也是营销手段的不断变化，APP已成为许多企业的首选，并承担着商业变现的重要使命、品牌传播与客户的维护。APP类型如下：

（1）电子商务。APP是企业销售中最直接、最有效的一种，许多电商APP加入了社交等元素，加上各种社交平台开发分享，因此，用户可以在购买的同时快速分享，并增加自己的销售渠道。

（2）服务品牌。以大型企业为主，承担一些功能，如熟悉的快递查询、小区内客服、维修、活动、积分商城等。

（3）本地应用程序。企业可以把自己的业务领域分成若干区域，利用APP开发新的客户，维护好老客户，并配合线下活动转化客户。本地APP最主要的一点就是共享功能，并利用APP来发展新客户，维持旧客户群。

（4）连锁餐饮APP。餐饮业连锁店APP可以实现对手机店的订货、VIP活动等信息的推送，还可以稍微增加一点社交功能，这样就可以帮助餐饮企业积累自己的客户资源，有效地打造餐饮企业品牌。

（5）营销APP。销售类APP的功能是为客户自行分配销售人员，因此会涉及诸如在线支付和导购消费等一些常见功能，对后台CRM进行管理，并可以运用大数据精确营销。

三、智能手机屏幕（英寸、像素、分辨率）

屏幕分辨率：屏幕上显示的像素个数，单位尺寸内像素点越多，显示的图像就越清楚。单位是 px，1 px =1 个像素点。分辨率 720 ×1 280 表示手机水平方向的像素为 720，垂直方向的像素为 1 280。

市场主流分辨率有 480 ×800、720 ×1 280、1 080 ×1 920 px。

特别注意：这里的分辨率和 PS 里面设置的分辨率不是同一个分辨率。设计的时候，一般设置 PS 的分辨率为 72 ppi。

5.0 in① 分辨率为 480 ×800（WVGA） px，密度为 186 ppi。

5.0 in 分辨率为 1 280 ×720 px，密度为 294 ppi。

5.0 in 分辨率为 1 920 ×1 080（FHD） px，密度为 441 ppi。

四、常见的 APP 设备规格

移动端设备屏幕尺寸非常多，碎片化严重。Android 有多种分辨率，例如：480 ×800 px、480 ×854 px、540 ×960 px、720 ×1 280 px、1 080 ×1 920 px，而且还有传说中的 2K 屏。近年来，iPhone 的碎片化也加剧了，分辨率有 640 ×960 px、640 ×1 136 px、750 ×1 334 px、1 242 ×2 208 px。实际上，大部分的 APP 和移动端网页在各种尺寸的屏幕上都能正常显示，说明尺寸的问题一定有解决方法，而且有规律可循。

五、多种登录方式及表现形式

1. 账号登录（邮箱、手机号码、自定义昵称）

直接使用邮箱、手机号码等进行登录是最为传统的登录方式，这类登录方式常常需要用户跳出 APP 进行验证操作。用户在 APP 里的操作尚可加以控制，一旦用户跳出 APP，很容易就会被其他东西吸引了注意力而中断了操作。此外，还有其他不可控的因素，如进行邮箱验证时，邮件被屏蔽了；邮箱软件升级后忘了验证了，这些都有可能发生。

2. 第三方账号登录（简书、大众点评）

APP 采用这种登录方式，可以有效降低注册的门槛，从而提高了用户的转化率，避免了用户重新注册账号而产生的记忆负担。但是，最好不要让用户使用第三方账号登录之后，还要求用户再注册一个账号。第三方账号登录常常还会带来一个很严重的问题：因为长时间没有进行过登录操作，用户忘了自己到底是用哪个第三方账号注册了。

还有一种情况，即接入的第三方停止服务了，这样会使用户大量丢失。所以，第三方账号登录的接口选择很重要。为了预防这类情况的发生，做好第三方账号登录的用户向传统的账号登录的导流很重要。当然，也可以将不同接口的账号相关联，这可以有效地解决上述两个问题。

设计 APP 登录方式时，一定要想清楚使用第三方账号登录的根本目的是什么，究竟是为了降低登录门槛，还是为了利用社交渠道进行分享或是其他的目的。在达到目的的同时，也一定要避开这其中的坑。

---

① 1 in =2. 54 cm。

任务实现

设计登录页

（1）新建一个以 iPhone 6 2 倍图尺寸为设计基准，尺寸为 750 ×1 334 px 的画布，设置颜色模式为 RGB，分辨率为 72 ppi，如图 4－2 所示。

（2）建好后，按快捷键 Ctrl＋R 调出参考线，设置顶部电量栏高度为 40 px，标题栏高度为 88 px，画布左、右安全距离各为 20 px。拉好参考线，置入 iOS 组件里的电量栏及提前绘制好的返回图标，置于电量栏及标题栏位置，对齐，如图 4－3 所示。

图 4－2　新建画布

图 4－3　导入素材

（3）在距离标签栏 60 px 下输入标题文字“手机快速登录”，颜色参数为“#333333”，在界面中居中对齐，文字样式如图 4－4 所示。

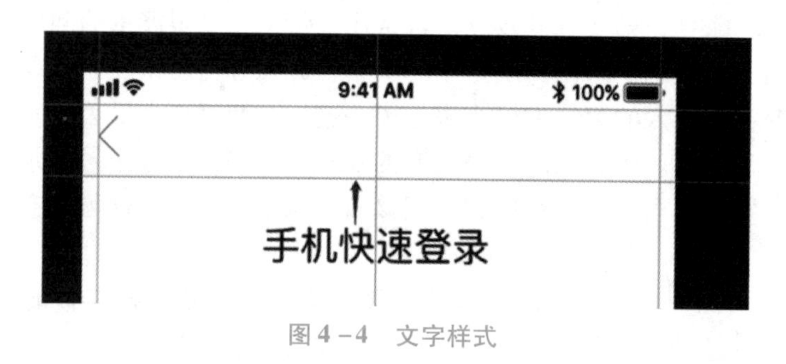

图 4－4　文字样式

（4）在距离标题文字“手机快速登录”90 px下方输入文字“+86输入手机号”，文字参数：“苹方，中等，36 pt，#999999”。并在中文文字下方24 px距离处绘制一条“1 px，#999999，宽412 px”的直线。绘制好线条后，在距离线条下方120 px处绘制第二根线条，作为验证码输入位置，并输入“发送验证码”文字，文字激活前参数：“苹方，中等，22 pt，#999999”，文字激活后参数：“苹方，中等，22 pt，#ff6699”，对齐并调整好相应的位置，如图4－5所示。

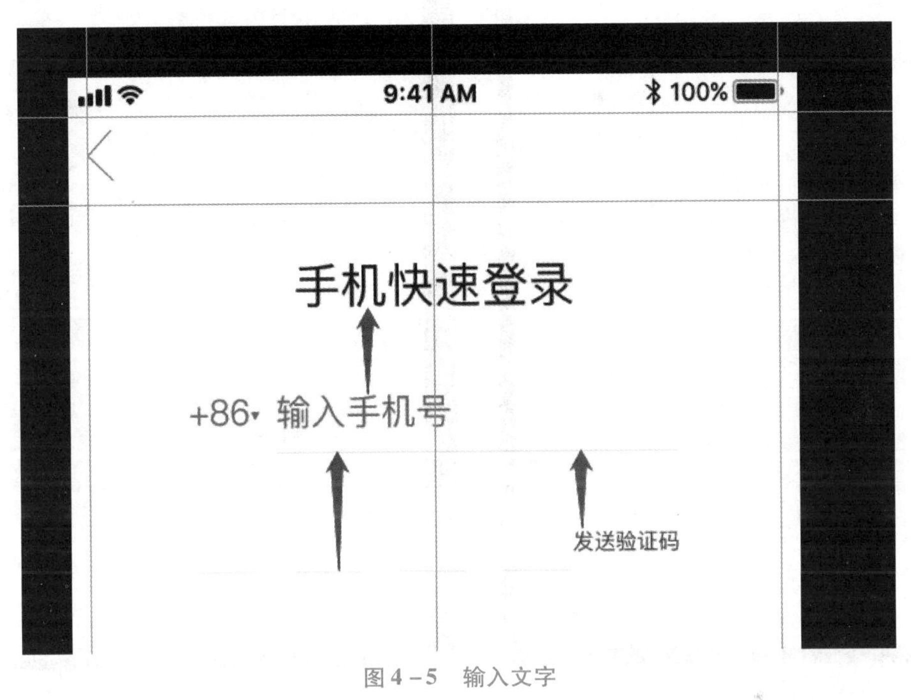

图4－5　输入文字

（5）绘制一个宽为400 px、高为78 px、四边圆角为20 px的圆角矩形作为“登录”按钮，并在上方输入文字登录，文字参数：“苹方，中等，48 pt，#ffffff”。此按钮在激活前颜色参数为“#eaeaea”，激活后颜色参数为“#ff70e4，fe7883”的－90°线性渐变色，如图4－6和图4－7所示。

图4－6　绘制矩形

图4－7　渐变调整

在“登录”按钮下方放置密码登录及新用户注册入口，文字参数：“苹方，中等，24 pt，#666666”，并添加下划线作为入口链接提示，如图4－8所示。

（6）最后放上绘制好的第三方登录软件图标，调整图标大小为54×54 px，在下方输入登录协议，文字参数：“苹方，中等，20 pt”，黑色文字色值为“#666666”，红色色值为“#ff6699”。最终如图4－9所示。

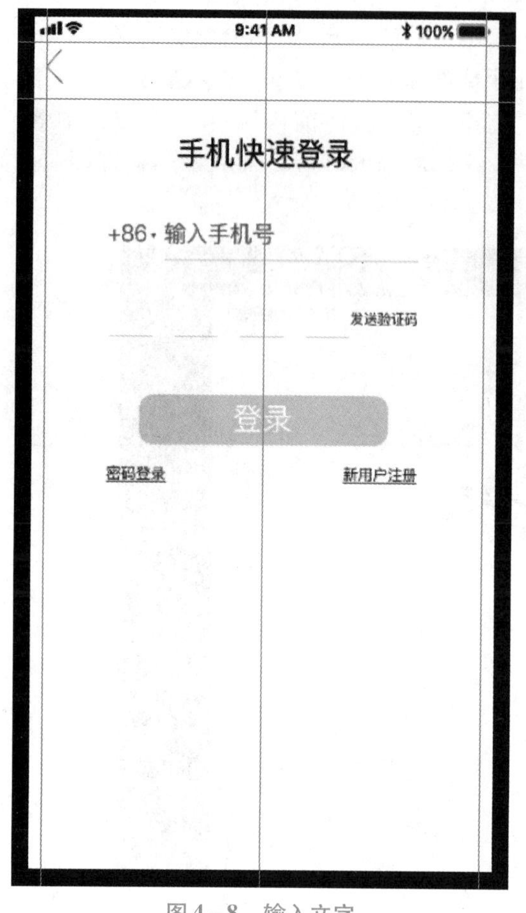

图 4-8　输入文字

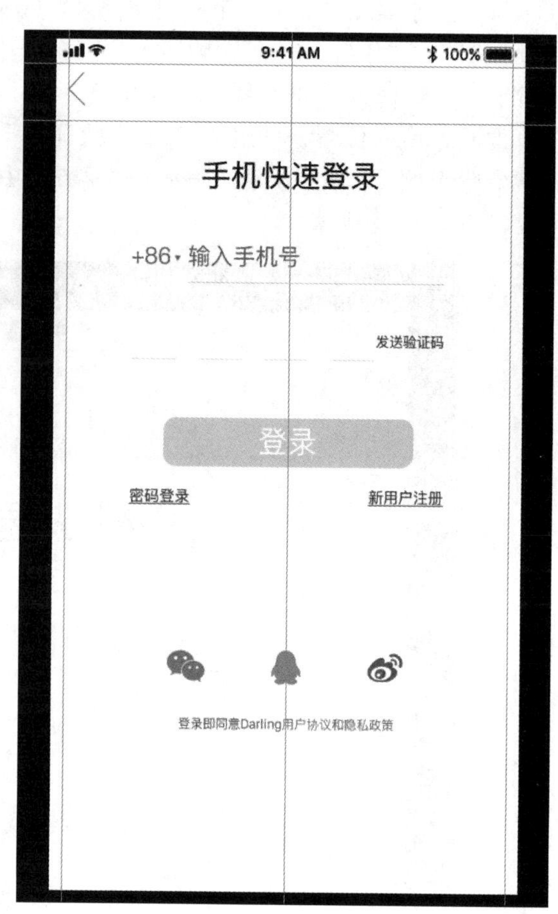

图 4-9　最终效果

任务二　表单控件设计

任务说明

本任务主要针对 APP 中的表单控件元素设计进行讲解，并通过具体的任务实现过程进行实操性演练。

知识导入

在 PC 端后台设计中，会经常见到各种表单设计，包括输入框、单选、多选等各种不同类别的表单。而对于 APP 而言，除特定的 APP 外，注册会员、身份认证的功能是比较常见的表单设计。

什么是表单?

表单可以收集用户的信息和反馈意见，是用户和产品管理者之间沟通的“桥梁”。表单从结构上可以分为表现层、交互层、反馈层。

其中，表现层主要由文本域、选择框、标签、地址、按钮等表单对象组成；交互层主要由键盘、日期控件、选择控件、调节滑块等对象组成；反馈层主要由实时反馈、结果反馈等对象组成。

1. 单选框

单选框（Radio）用于一组相关但互斥的选项中，用户能且仅能选择一个选项，如图 4－10 所示。单选框选项的数量不宜过多，选项展示的是程序选项，而非数据。如果屏幕空间足够，并且选项内容重要，需要罗列展示出来，可以使用选项按钮；否则，应使用下拉列表控件。当只有两个选项，并且两个选项的含义相反时，可使用开关控件。

2. 复选框

复选框（Check Box）控件的作用是为用户提供一组相互关联但内容不兼容的选项，如图 4－11 所示。用户可以选择一个或者同时选择多个选项，也可不选择任何选项。复选框的标签是对选中状态的描述，而清除状态的含义必须与选中状态明确相反。因此，复选框应当仅用于切换选项的开关状态，或者是选择/取消选择一个项目。作为基础控件之一，复选框广泛应用于不同平台的所有产品中。

●宝宝性别

男宝宝 ●　　女宝宝 ●

图 4－10　单选框

全选

内存垃圾 已选 1 项 1 项 >

缓存垃圾 已选 2.05 GB 2.05 GB >

垃圾视频 已选 242 MB 242 MB >

垃圾图片 已选 15.23 MB 15.23 MB >

垃圾音乐 已选 13.90 MB 13.90 MB >

垃圾安装包 已选 1.27 MB 1.27 MB >

删除 (已选 2.32 GB)

图 4－11　复选框

3. 文本框

文本框（Text Field）是可以接受用户输入文本的圆角区域。当用户单击文本输入框时，显示键盘。当用户单击键盘上的回车键时，应用程序根据文本框输入的内容进行相应处理。在决定使用文本框前，先考虑是否有其他控件能让用户的输入变得更简单，例如选择器或者列表。能让用户选择的，就不要让用户输入，如图 4－12 所示。

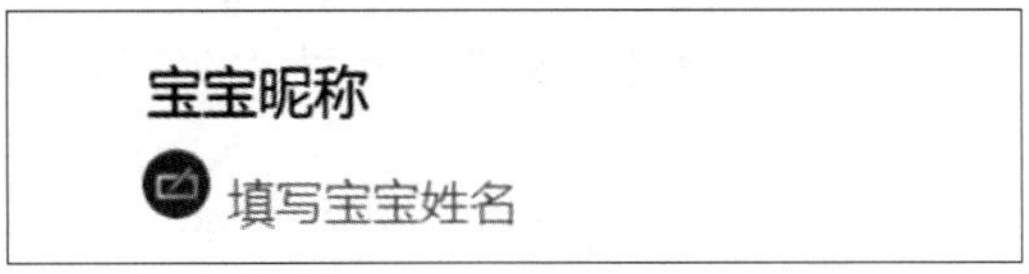

宝宝昵称

填写宝宝姓名

图 4－12　文本框

4. 下拉框

下拉框（Drop List）又叫下拉菜单，用于从一组互斥值列表中进行选择，如日期选项。用户能且仅能选择一个选项。在下拉列表中，用户只能选择列表中列出的选项，最终只显示选择的一项内容。下拉框较为紧凑，对于那些不希望强调的选项来说非常合适。其对屏幕空间的占用是固定的，节省空间，而且与其包含的选项数量无关。在某些情况下，其和选择器（Picker）的功能是通用的。当选项不多的时候，可以考虑使用原生选择器；当表单中含多个下拉选项时，建议使用下拉框。

5. 表格布局设计

在很多 APP 应用中，如果有很多信息需要归类，并且这些信息归类的维度很多，这时就需要使用表格的形式把这些信息归类，便于用户筛选出想要的信息。但是移动端尽量少用表格。归类的信息偏于展现，而非操作类型。

任务实现

绘制表单控件

在登录前，该 APP 有一个了解用户目前婚育状态的信息选择页面，如图 4－13 所示，“备孕”及“怀孕”状态选项组件大致相同，在下面的过程实现中统一说明；“宝宝已出生”状态涉及单选框组件，在过程实现中将详细说明。

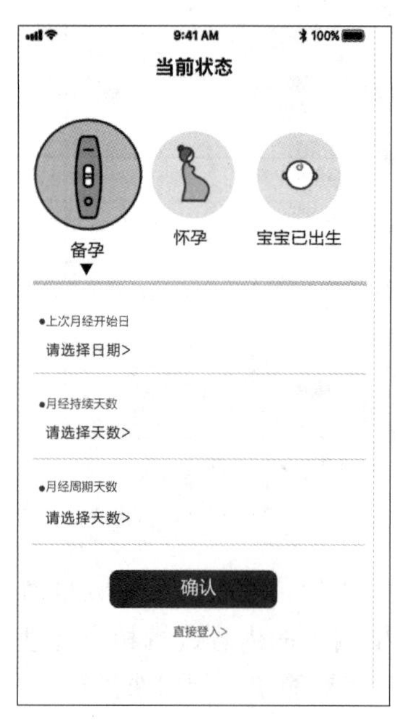

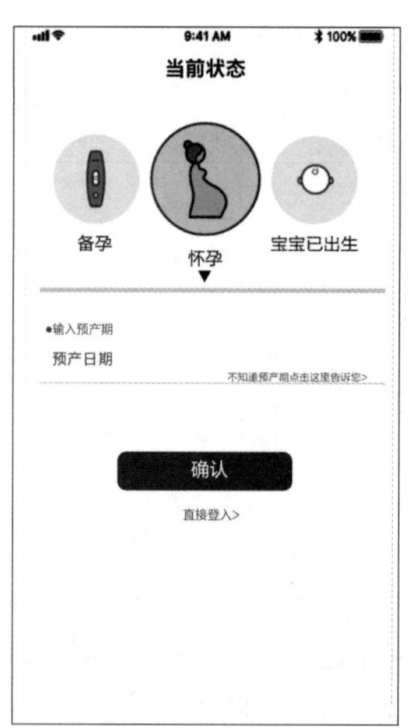

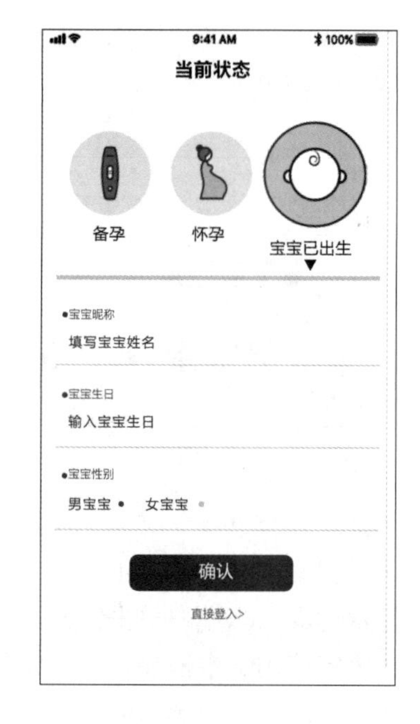

图 4－13　用户状态

（1）新建一个以 iPhone 6 2 倍图为设计基准，尺寸为 750 × 1 334 px 的画布，设置颜色模式为 RGB，分辨率为 72 ppi。

（2）建好后，按快捷键 Ctrl + R 调出参考线，设置顶部电量栏高度为“40 px”，标题栏高度为“88 px”，画布左、右安全距离各为“40 px”。拉好参考线，置入 iOS 组件里的电量栏，并在标题栏输入标题文字当前状态，文字参数："苹方，粗体，42 pt，#333333"，对齐，如图 4－14 所示。

图 4－14　导入素材

（3）绘制一个宽为"750 px"、高为"530 px"的矩形，并添加玫红色"#ff66cc"的外投影效果。投影效果参数如图 4－15 所示。

（4）在矩形上添加事先绘制好的状态图标，灰色为选中前状态，单个图标尺寸为 180 × 180 px，有颜色为选中后状态，单个图标尺寸为 220 × 220 px，如图 4－16 所示。

（5）目前默认选中"备孕"状态，输入相关状态文字，文字参数："苹方，中等，36 pt，#666666"，如图 4－17 所示。

（6）设置下拉选项高度为"160 px"，输入项目项目文字，文字 1 参数："苹方，中等，22 px，#666666"，文字 2 参数："苹方，中等，30 px，#333333"。并用横线进行分割，横线参数："1 px，宽 670 px，#eaeaea"。完成选项内容，整体以无边框表格的形式呈现，如图 4－18 所示。

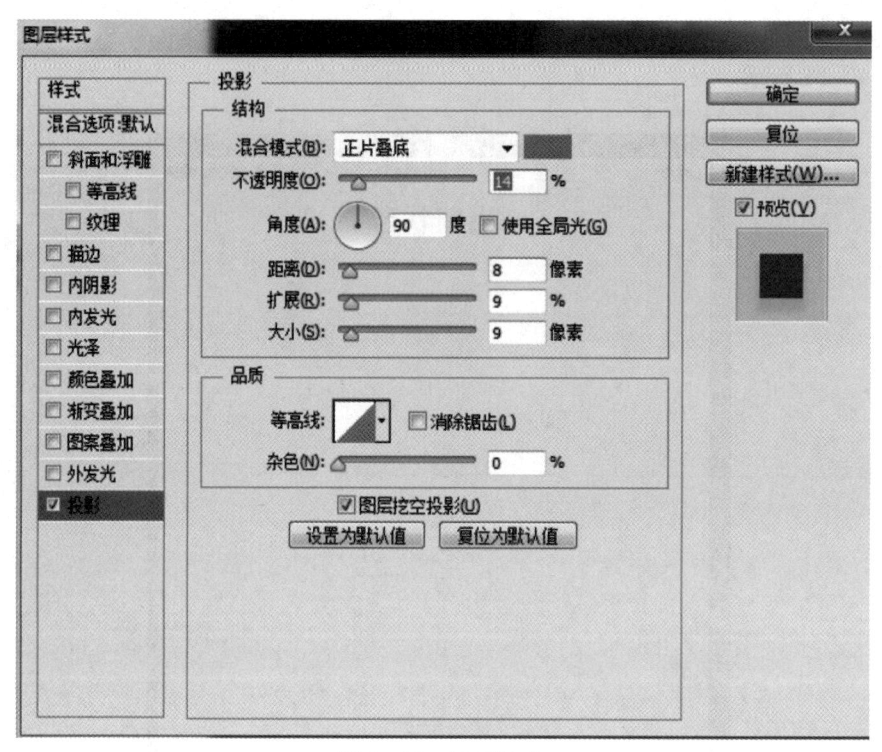

图 4－15　图层样式

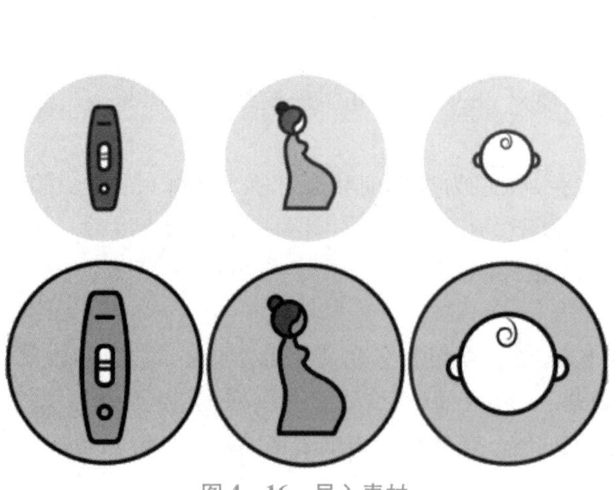

图 4－16　导入素材

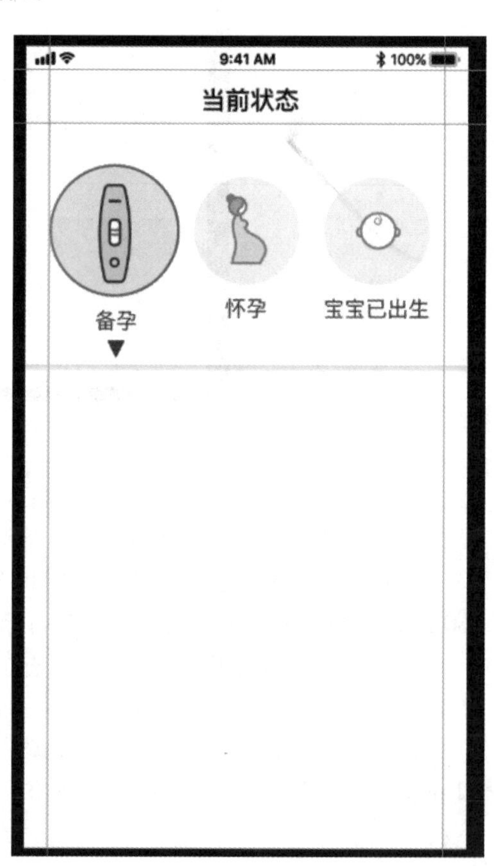

图 4－17　输入文字

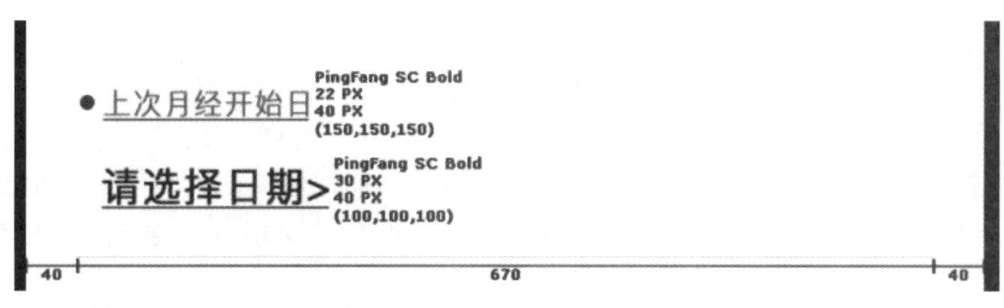

图4－18　输入文字

（7）绘制一个宽为“360 px”，高为“78 px”，四边圆角为“20 px”的圆角矩形作为“登录”按钮，并在上方输入文字，文字参数：“苹方，中等，36 px，#ffffff”。按钮颜色为“#ff70e4，fe7883”的－90°线性渐变色。按钮居中并调整至画面中合适位置。添加辅助圆圈，如图4－19所示。

（8）单击“请选择天数”，可进入选项样式界面（其他选项选择形式同此）。

（9）在当前界面基础上绘制一个750×1 334 px大小的矩形遮罩，并填充“#000000”纯黑色，设置不透明度为“65%”，如图4－20所示。

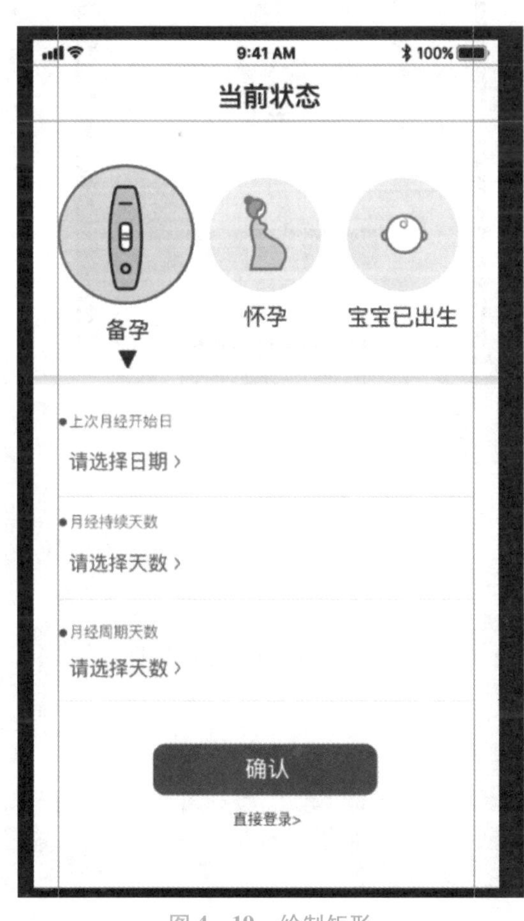

图4－19　绘制矩形

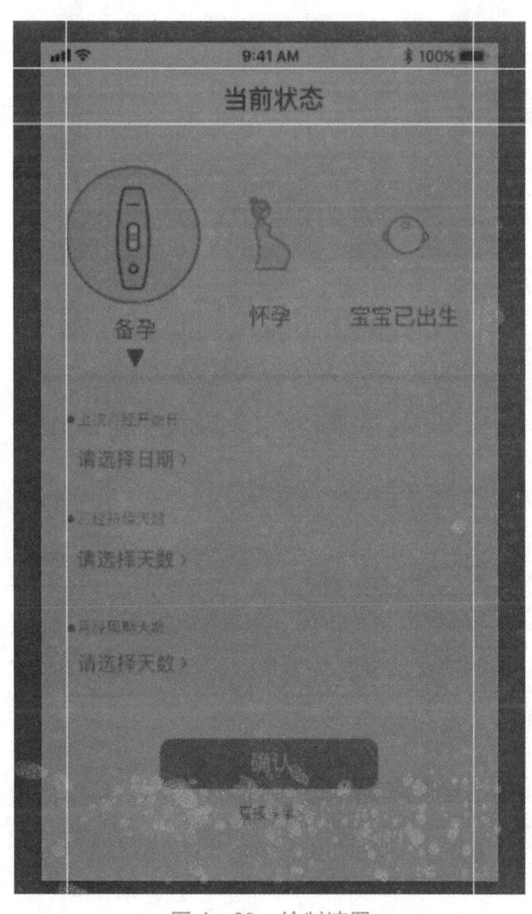

图4－20　绘制遮罩

（10）紧接着在黑色不透明度遮罩上继续绘制一个750×690 px的矩形，并填充“#ffffff”纯白色，在上方输入选项相关数字及文字，并调整至合适位置，如图4－21所示。

（11）按照备孕页面设计形式，依次完成怀孕状态及宝宝已出生状态。其中，宝宝已出生中的“填写宝宝姓名”及“输入宝宝生日”为文本框，用户单击后可直接输入文本。

（12）宝宝性别中的男宝宝、女宝宝选项为相关但互斥选项，用户能且仅能选择一个选项，选项中展示的是程序选项，而非数据。选中后，圆形按钮显示颜色“#ff6699”，大小为12×12 px，未选中圆形按钮显示灰色“#cccccc”，大小为12×12 px，如图4－22所示。

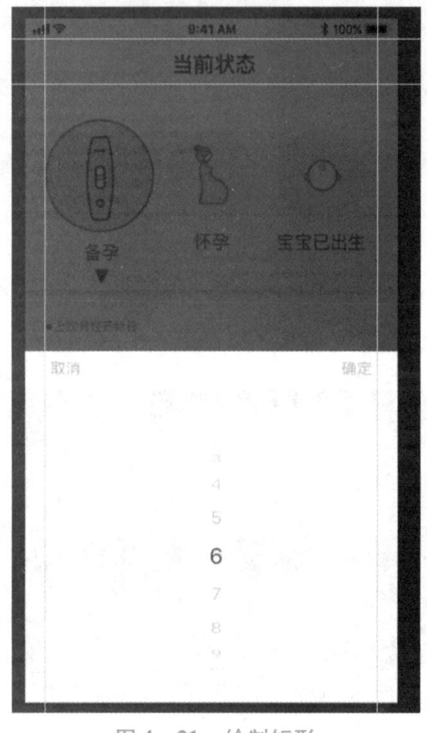

图4－21　绘制矩形

图4－22　调整颜色

任务三　注册页设计

任务说明

本任务主要针对APP中的注册页元素设计进行讲解，并通过具体的任务实现过程进行实操性演练。

知识导入

一、多种注册方式及表现形式

1. 手机号注册登录

此注册方式有自己的账号体系，方便用户信息统计；对第三方进行风险控制；精准推送运营活动信息；无须用户记密码。坏处：短信的发送成本高；等待时间长，用户失去耐心；

比密码登录安全性低。如图 4－23 所示。

2. 第三方注册登录

第三方注册登录中常见的有 QQ 登录、微信登录、微博登录、邮箱登录等。相比手机注册登录方式，让用户注册登录环节简易化与便捷化，登录即注册，注册即登录；用户无须记密码与账号；提高了日活与留存。但是，第三方登录虽然实现了简易化，但却无法更多地获得用户有价值的信息，用第三方 QQ 登录时，运营者是无法获得用户 QQ 号的，如图 4－24 所示。

图 4－23 手机号注册示例

图 4－24 第三方注册登录示例

3. 游客方式登录

游客模式的产品核心是用户体验，也就是给用户了解产品的机会和途径，通过介绍或者视频等资料很难让用户对游戏产品有直观的认识和代入感，只有通过游客登录的方式才能让用户深入了解和深入体验游戏的产品，通过游客模式注册登录的用户相对来说忠实度较好，也方便后期的用户运营和运营活动的开展等，如图 4－25 所示。

二、按钮规范

APP 里的按钮拥有 4 种属性，分别为一般、单击、不能单击、选中。按钮规范因不同功能和场景需要，设计不同的样式和颜色。在尺寸上，也分有长、中、短之分；而且不同手机平台，长、中、短尺寸也有所不同。无论是 iOS 平台还是 Andorid 平台，按钮切图一般以 .9. png 切图为最佳，如图 4－26 所示。

图 4－25 游客登录示例

图 4－26　按钮形式

APP 里面的按钮也分为重要按钮、一般按钮和软弱按钮。

- 重要按钮：一般处于整个界面当中比较大、醒目的位置，通常是指执行重要操作以及吸附在底部的按钮。比如下单、搜索、确定、提交等操作按钮。
- 一般按钮：不是特别重要操作的按钮。比如清空、退出、说明性的按钮等。

重要按钮和一般按钮都是文字在按钮上，而且占的面积比较大。

- 软弱按钮：这里指优先级最低的一种按钮。这类按钮主要是文字和图标一起搭配出现的。比如筛选、排序等按钮。

任务实现

设计注册页

（1）新建一个以 iPhone 6 2 倍图为设计基准，尺寸为 750 × 1 334 px 的画布，设置颜色模式为 RGB，分辨率为 72，如图 4－27 所示。

图 4－27　新建画布

（2）建好后，按快捷键 Ctrl + R 调出参考线，设置顶部电量栏高度为“40 px”，标题栏高度为“88 px”，画布左、右安全距离各为“20 px”。拉好参考线，置入 iOS 组件里的电量栏及提前绘制好的返回图标，置于电量栏及标题栏位置，对齐，如图 4－28 所示。

（3）在距离标签栏 60 px 下输入标题文字“注册”，文字样式如图 4－29 所示，颜色“#333333”，在界面中居中对齐。

图4－28　导入素材

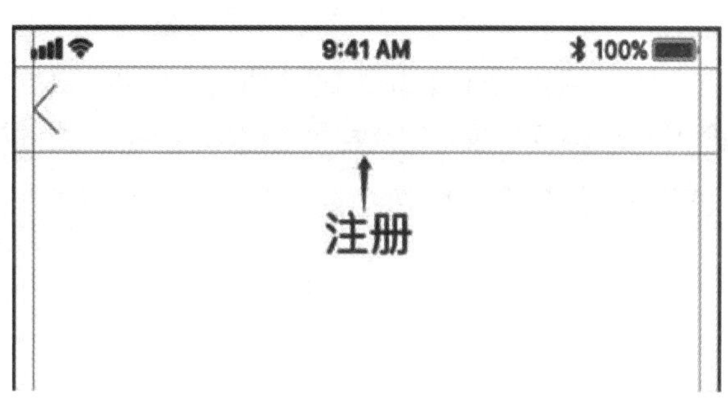

图4－29　文字样式

（4）在距离标题文字“注册”90 px下方输入文字“＋86输入手机号”，文字参数：“苹方，中等，36 px，#999999”，并在中文文字下方24 px距离处绘制一条“1 px，#999999”、宽“412 px”的直线。

（5）绘制好线条后，在距离线条下方120 px处，绘制第二条线，作为验证码输入位置，并输入“发送验证码”文字。该文字作为文字按钮，文字激活前参数：“苹方，中等，22 px，#999999”，文字激活后参数：“苹方，中等，22 px，#ff6699”，对齐并调整好相应的位置，如图4－30所示。

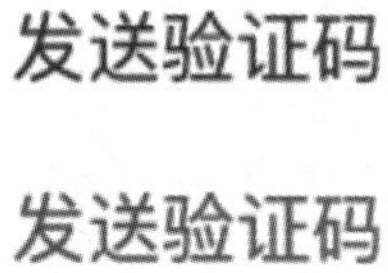

发送验证码

发送验证码

图4－30　输入文字

（6）依此类推，在验证码线条下方“120 px”处，绘制第三条线，“1 px，#999999”，宽“412 px”。线条与上方对齐，并在上方输入“请输入密码”文字，文字参数：“苹方，中等，36 px，#999999”。加入事先绘制好的眼睛图标，如图4－31所示。

（7）绘制一个宽“400 px”，“高78 px”，四边圆角为“20 px”的圆角矩形作为“注册”按钮，并在上方输入文字“立即注册”，文字参数：“苹方，中等，48 px，#ffffff”。按钮需做两种状态，即激活前和激活后（单击“输入手机号”即激活）。激活前颜色为灰“#eaeaea”，激活后按钮颜色为“#ff70e4，fe7883”的－90°线性渐变色，尺寸不变，如图4－32所示。

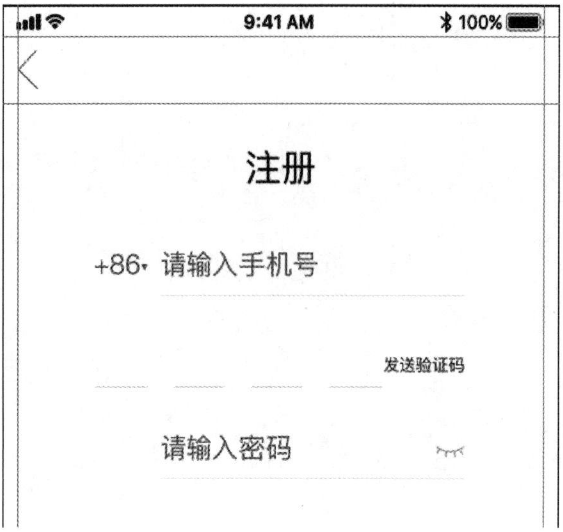

图 4－31　输入文字 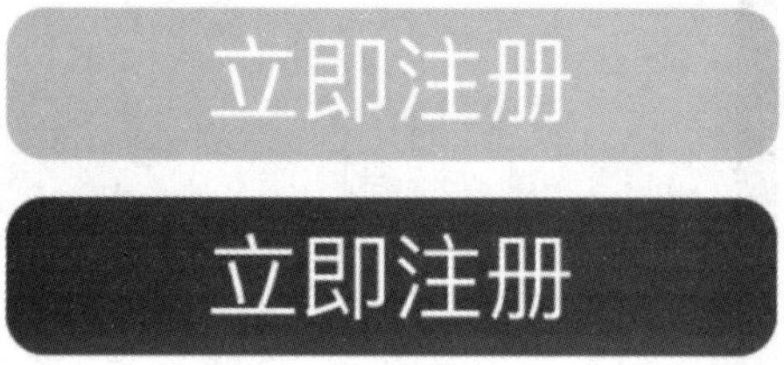　　　　图 4－32　调整颜色

（8）最后放上事先绘制好的第三方登录软件图标，调整图标大小为 54 × 54 px，在下方输入登录协议，文字参数：“苹方，中等，20 pt”，黑色文字色值“#666666”，红色色值“#ff6699”，如图 4－33 所示。

图 4－33　最终效果

项目五

APP 首页设计

项目描述

本项目主要针对 APP 的 UI 设计中首页的设计内容进行讲解，分为导航设计、页面栏设计、Banner 设计、动态弹窗设计四个任务，通过理论讲解以及实操演示进行阐述，各个任务由点及面、循序渐进，在熟悉各单项元素设计的基础上，融会贯通地设计出 APP 的首页界面，如图 5 - 1 所示。

图 5 - 1　APP 首页设计

学习目标

(1) 掌握控制导航设计、页面栏设计、Banner 设计、动态弹窗设计的相关理论知识；

(2) 掌握控制导航设计、页面栏设计、Banner 设计、动态弹窗设计中各单项内容的设计实操技能；

(3) 能够对首页中的不同内容设计进行整合，设计出完整、合理、美观的 APP 首页；

(4) 能够以精益求精的工匠精神，严格对待每一个设计细节，遵循设计规范，符合产品需求，符合岗位要求；

(5) 能够基于用户体验对设计内容进行创新，深度思考如何才能设计得更好，具备优化再设计的能力。

任务一　导航设计

任务说明

本任务主要对 APP 首页的设计方法、设计要素进行讲解，对扁平导航、内容主导式导航、列表导航等内容进行知识性的导入，并通过具体的任务实现过程进行实操性演练。

知识导入

一、扁平导航

扁平导航，也称为标签式导航，常见有顶部标签导航、底部标签导航、舵式导航。首先，顶部标签及底部导航最为普遍，一般采用 3 ~ 4 个标签，最多不会超过 5 个。其优点：入口直接清晰，操作路径短，便于在不同功能模块进行跳转，可以直接展示入口内容，内容曝光度高。缺点：功能之间无主次，扩展性差，不利于后期的功能扩展，如图 5 – 2 所示。

舵式导航是扁平导航的一种扩展形式，像轮船上用来指挥的船舵，两侧是其他操作按钮。普通扁平导航难以满足导航的需求，因此需要一些扩展形式。和标签导航相比，舵式导航把核心功能放在中间，标签更加突出醒目，同时对主功能标签做了扩展功能，如图 5 – 3 所示。

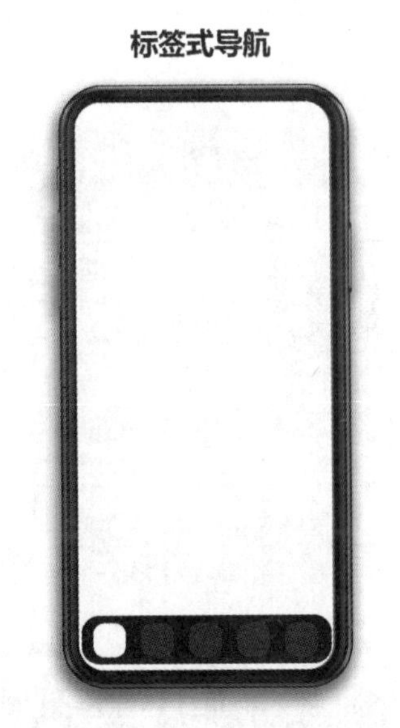

图 5 – 2　扁平（标签）导航示例

图 5 – 3　舵式导航示例

二、内容主导式导航

内容主导式导航常会以 Tab 标签、抽屉式、宫格式、组合等形式表现。

Tab 标签一般用于二级导航，当内容分类较多时，一般采用顶部标签导航设计模式，如图 5－4 所示。

图 5－4　Tab 标签示例

抽屉式导航的核心思路是“隐藏”。隐藏非核心的操作与功能，让用户更专注于核心的功能操作上去，一般用于二级菜单，如图 5－5 所示。

宫格式导航主要将入口全部集中在主页面中，各个入口相互独立，没有太多的交集，无法跳转互通。采用这种导航的应用已经越来越少，往往用在二级页作为内容列表的一种图形化形式呈现，或是作为一系列工具入口的聚合，如图 5－6 所示。

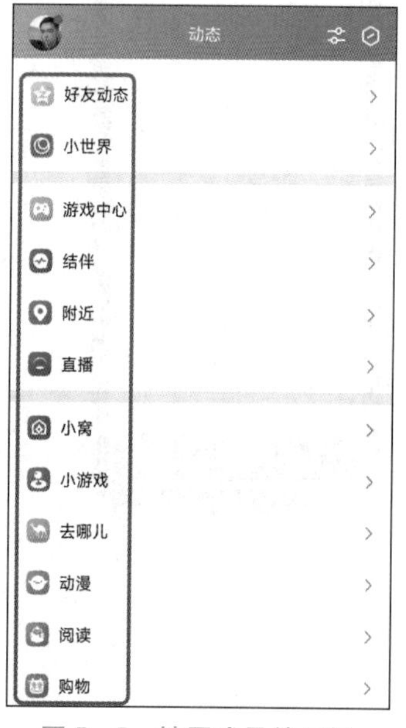

图 5－5　抽屉式导航示例

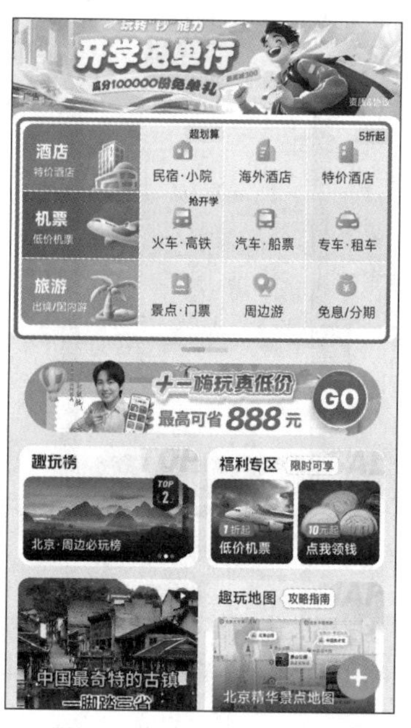

图 5－6　宫格式导航示例

三、列表导航

列表导航是现有 APP 中一种主要的信息承载模式。其和宫格导航类似，属于二级导航。列表式导航分为 3 类：标题式列表、内容式列表、嵌入式列表。

标题式列表：一般只显示一行文字，有的显示一行文字加一张图片等。

内容式列表：主要以内容为主，所以在列表中就会体现出部分内容信息，单击进去就是详情。

嵌入式列表：嵌入式其实就是由多个列表层级组合而成的导航，如图 5 - 7 所示。

图 5 - 7　列表导航示例

任务实现

一、设计扁平导航

如图 5 - 8 所示，案例中的扁平导航，通过不同的图标区分不同的分页。

（1）设置底部标签栏高度为 98 px，填充颜色为#f7f6f7。紧接着利用形状工具绘制一个直径为 109 px 的正圆，居中置放于距离标签栏 28 px 处。

（2）拖入提前绘制好的标签栏图标，设计大小控制在 64 × 64 px 内，并适当调整整体视觉大小。输入标签文字，选中前文字参数“20 px，苹方，常规，#333333”；选中后文字参数“20 px，苹方，常规，#ff3333”，如图 5 - 9 所示。

图 5－8　标签导航示例

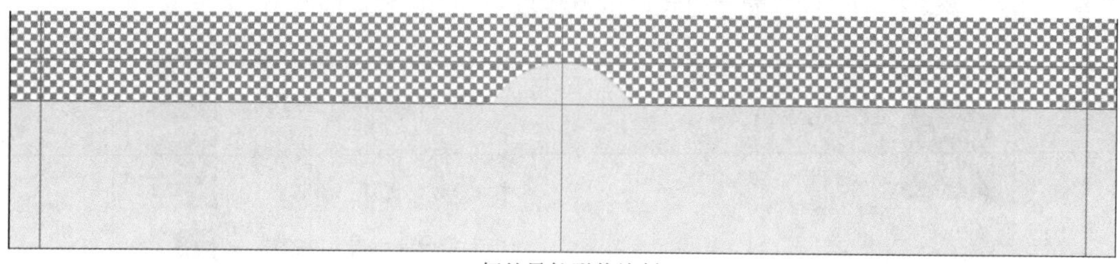

标签导航形状绘制

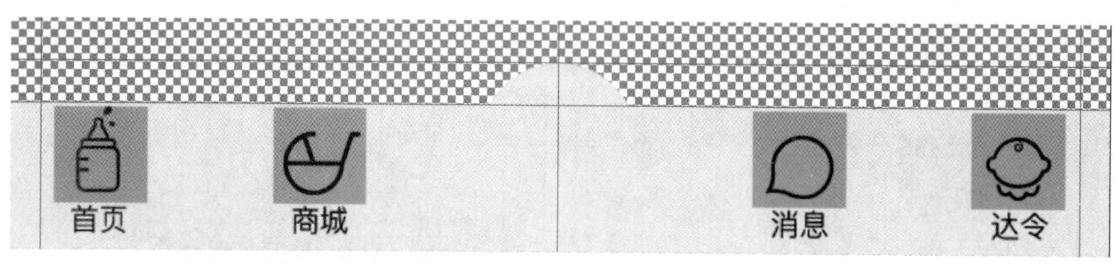

图 5－9　图标与文字添加

（3）添加舵式图标。绘制一个 90 × 90 px 的正圆，距离顶部位置 10 px，并填充“#ff72f0 ~ #ff6a9c”的径向渐变样式，得到标签导航最终效果图，如图 5－10 所示。

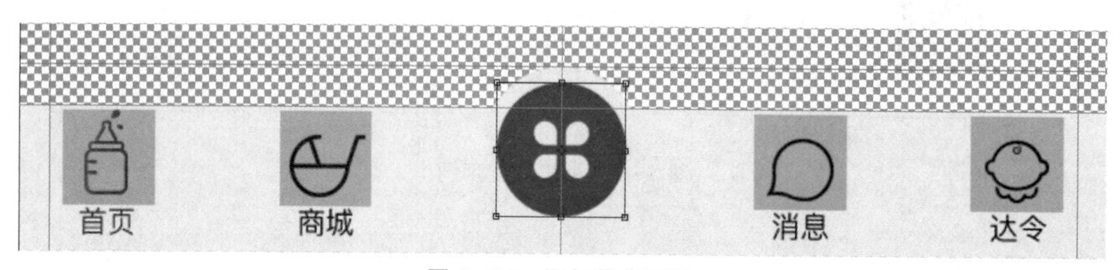

图 5－10　添加舵式图标

二、设计内容主导式导航

如图 5－11 所示，案例为内容主导式导航中的抽屉式导航，通过隐藏非核心的操作与功能，达到让用户更专注于核心的功能操作的目的。

（1）抽屉式导航虽然隐藏在当前页面之后，但是设计时需提供独立设计稿。新建一个以 iPhone 6 2 倍图为设计基准，尺寸为 750 × 1 334 px 的画布，设置颜色模式为 RGB，分辨率为 72 ppi，如图 5－12 所示。

图 5 – 11　抽屉式导航示例

图 5 – 12　新建抽屉式导航界面

（2）建好后，填充背景色#f7f6f7，紧接着按快捷键 Ctrl + R 调出参考线，设置顶部电量栏高度为 40 px，置入 iOS 组件里的电量栏。利用椭圆形状工具，设定个人头像展示区域的大小为 996 × 572 px，居中，如图 5 – 13 所示。

（3）从个人素材库拖入自定义照片，置于形状图层上方，按快捷键 Alt 并单击图片与形状图层中间，将图片嵌入形状中。

（4）新建一个 160 × 164 px 的圆作为头像展示区域，并利用文字工具输入用户名及用户签名的个人信息。用户名文字参数为“34 pt，苹方，中等”。个性签名文字参数为“28 pt，苹方，中等”，如图 5 – 14 所示。

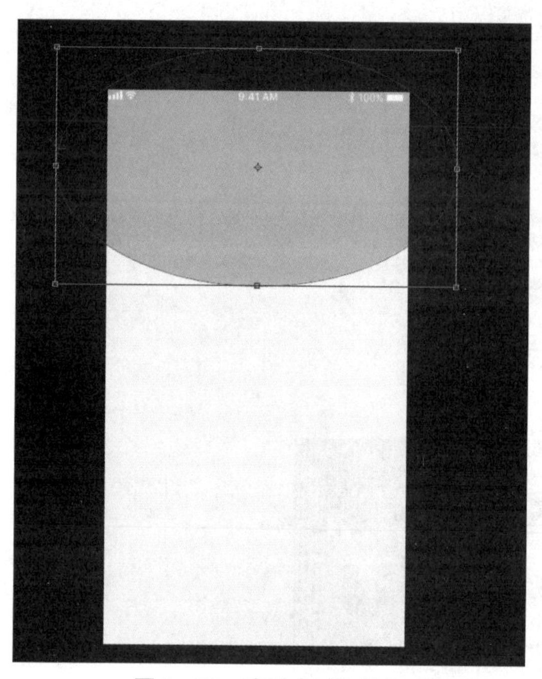

图 5 – 13　陈列式导航效果

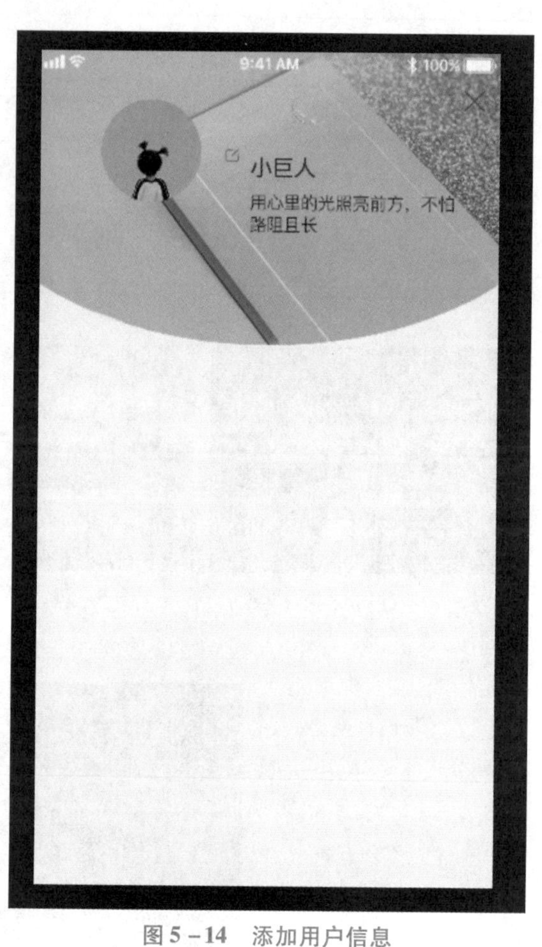

图 5 – 14　添加用户信息

（5）拉出参考线，设定界面左、右边距各 20 px。创建一个宽为 680 px，高为 160 px，圆角度数为 10°的矩形作为个人信息展示区域。建好图层后，双击图层并调出图层样式，添加灰色#999999 投影效果，设置参数，如图 5 – 15 所示。

（6）输入个人信息，文字 + 数字的形式，并且数字加粗着重显示，如图 5 – 16 所示。

（7）设定辅助功能入口列表项高度为 70 px，输入功能入口文字“34 pt，苹方，中等”，复制 3 个，并修改相关文字。拖入前期绘制好的图标，与文字对齐效果，如图 5 – 17 所示。

（8）在界面右上角添加前期绘制好的关闭图标，左下角添加设置和夜间模式图标。最终效果如图 5 – 18 所示。

三、设计列表导航

如图 5 – 19 所示，案例中的陈列式导航通过展示部分的文章、照片等内容达到导航的目的。

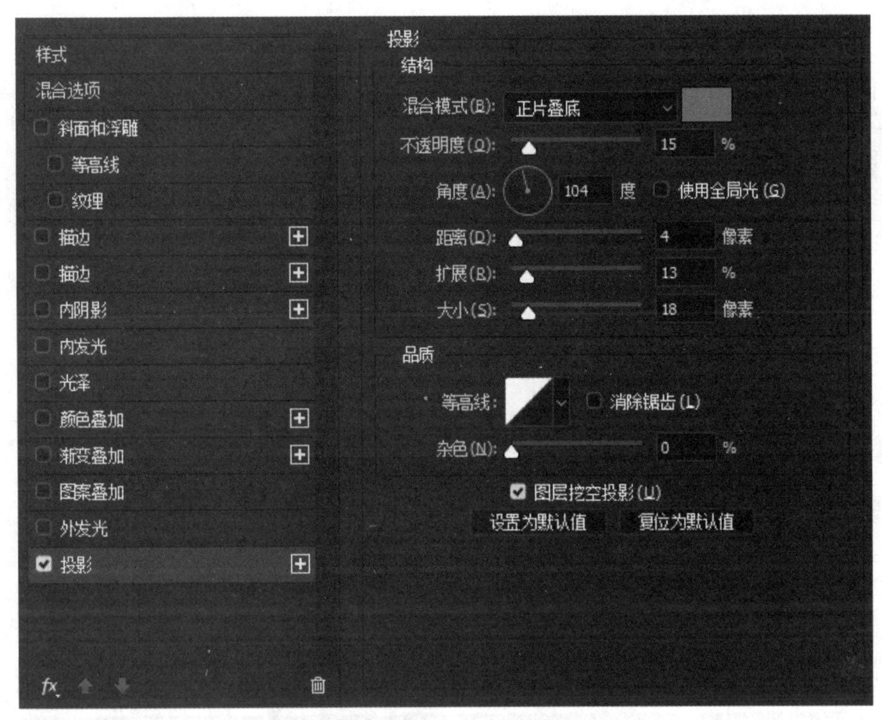

图5－15　创建个人信息展示区域

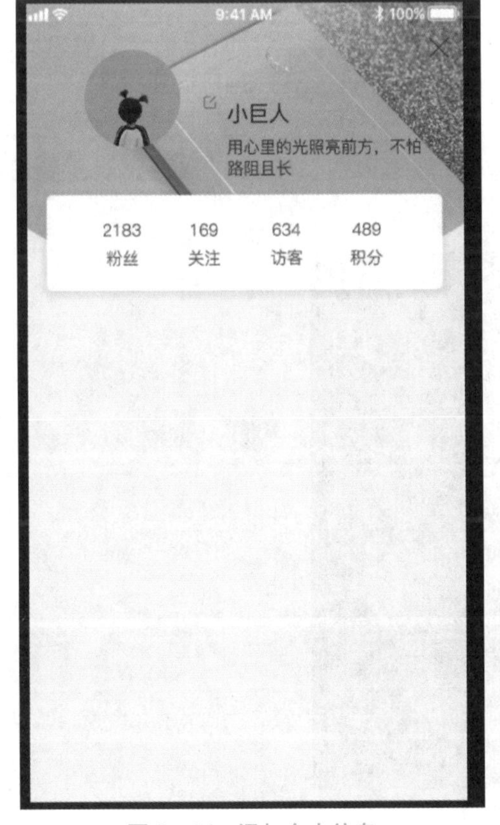

图5－16　添加个人信息

图5－17　完善辅助功能列表

图 5－18　抽屉式导航效果

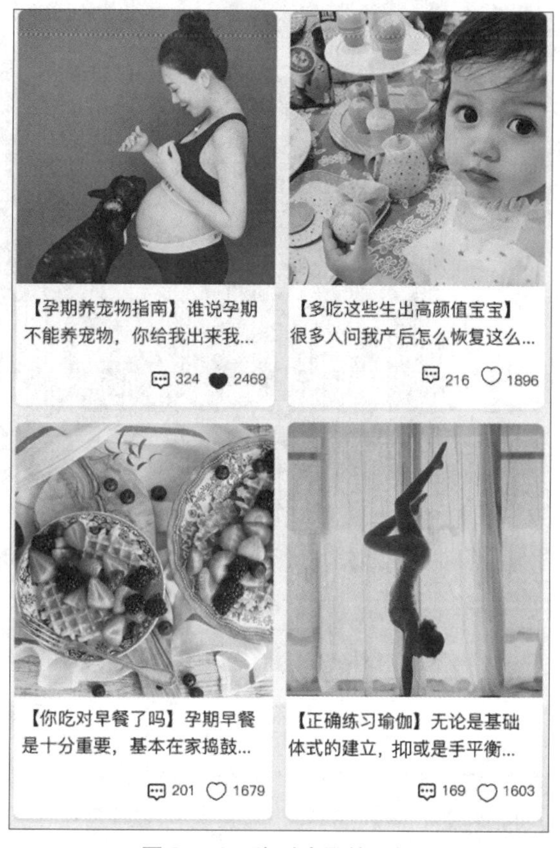

图 5－19　陈列式导航示例

（1）新建一个以 iPhone 6 2 倍图为设计基准，尺寸为 750 ×1 334 px 的画布，设置颜色模式为 RGB，分辨率为 72 ppi，如图 5－20 所示。

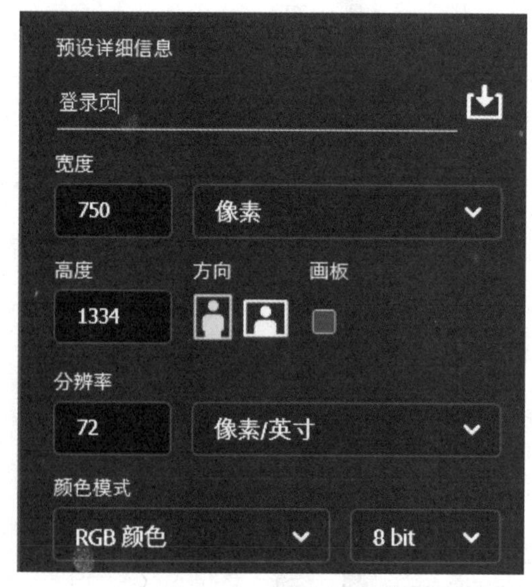

图 5－20　画布新建

（2）建好后，填充背景色#f7f6f7，紧接着按快捷键 Ctrl + R 调出参考线，设置顶部电量栏高度为 40 px，标题栏高度为 88 px，画布左、右安全距离各为 20 px。拉好参考线，置入 iOS 组件里的电量栏及提前绘制好的图标，并绘制一个 60×60 px 的圆作为头像区域，对齐，如图 5－21 所示。

图 5－21　新建参考线并置入图标

（3）在标题栏距离圆形头像左侧 14 px 位置绘制一个长为 480 px，高为 60 px，圆角为 30 px 的圆角矩形作为搜索栏，并填充纯白色#ffffff。放置提前绘制好的搜索图标，输入搜索提示文字，文字参数："24 px，苹方，常规，#999999"，如图 5－22 所示。

图 5－22　绘制搜索栏

（4）在内容区域输入顶部选项卡内容，输入一级选项卡文字"达友""热门榜""附近"，选中前文字参数："36 px，苹方，中等，#666666"；选中后文字参数："36 px，苹方，中等，#333333"；在一级选项卡下方 60 px 处输入二级选项卡文字，选中前文字参数："28 px，苹方，常规，#999999"；选中后文字参数："28 px，苹方，常规，#ff6699"，如图 5－23 所示。

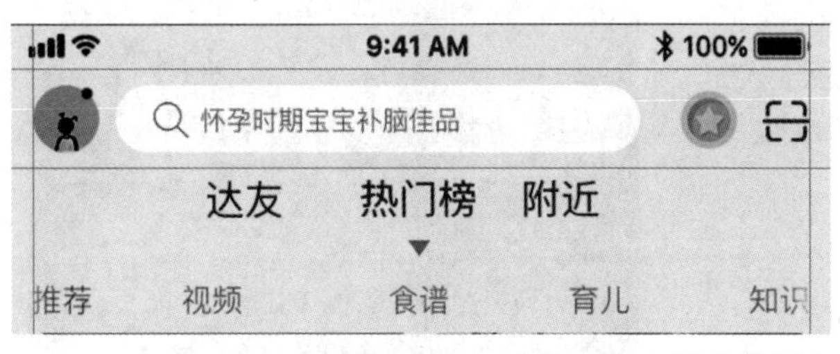

图 5－23　补充选项卡文字

（5）在二级选项卡下方 18 px 处，绘制宽为 344 px，高为 360 px 的矩形作为图片展示区域，圆角参数为"10，10，0，0"。拖入素材图片，置放于矩形图层上方，按 Alt + 鼠标左键单击两个图层中间，将图片置放到矩形中。

（6）绘制宽为 344 px，高为 160 px 的矩形，圆角参数为"0，0，10，10"，作为文本及信息源展示区域，颜色为#333333。

（7）在版块左侧20 px处，根据步骤（5）、步骤（6）设计相同的版块，完成陈列式导航设计，效果如图5－24所示。

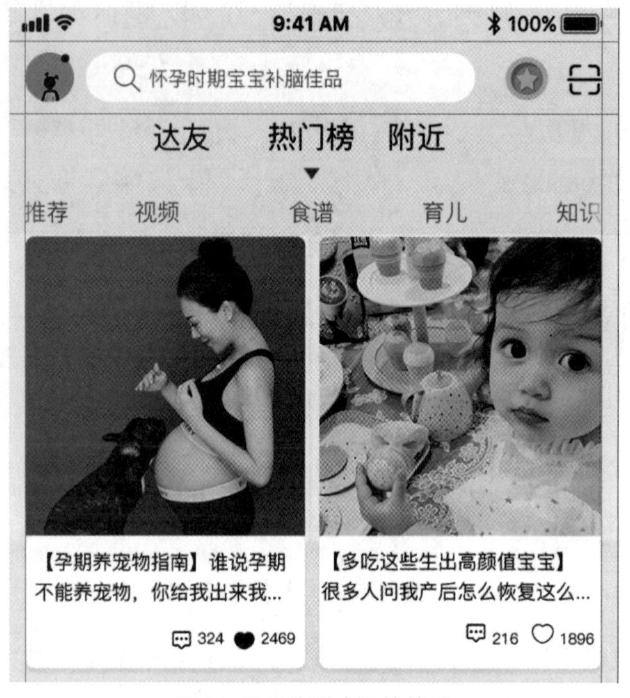

图5－24　陈列式导航效果

任务二　页面栏设计

任务说明

本任务主要对APP注册页的设计方法、主要栏目进行讲解，对状态栏、标签栏、工具栏的概念和设计要素进行知识性的导入，并通过具体的任务实现过程进行实操性演练。

知识导入

一、状态栏

状态栏位于手机最顶上的那一栏，上面有时间、后台运行程序、WiFi、信号强度、电池、电池使用百分数等信息，如图5－25所示。

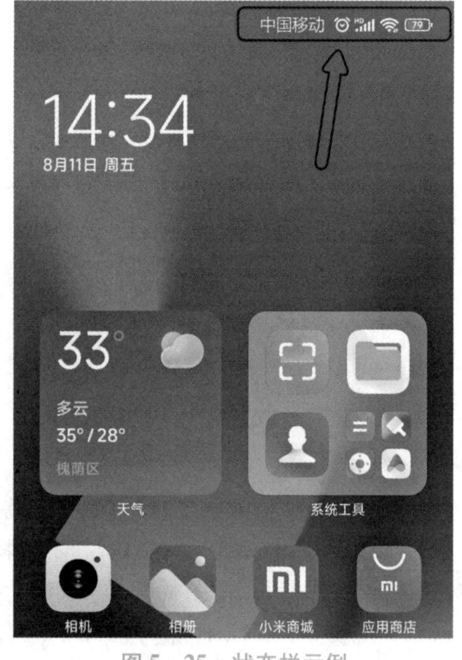

图5－25　状态栏示例

二、标签栏

标签栏也是应用的全局导航，可以切换不同的功能模块。在手机上，标签栏不超过5个页签，并且包含已选中和未选中两种视觉效果。在一倍图里，官方制定标签栏高度为49 pt，标签栏里的图标为32 pt，文字为10 pt，可根据实际使用场景和用户人群进行大小调整，相对灵活。

标签栏的背景主流颜色是灰白色系和灰黑系两种，如图5－26所示。这两种颜色对人眼的刺激较小。灰白色系导航栏的图标一般默认使用浅灰色，当前选中栏使用主色。灰黑系导航栏的图标一般默认使用深灰色，当前选中栏使用主色。图标设计默认采用线性风格，选中则线性变为填充风格。

图5－26　标签栏示例

三、工具栏

工具栏也叫标题栏，由于在电商应用中，搜索是一个重要的功能模块，所以一般要放在首页导航栏的位置，工具功能属性更强。

设计方案一：使用应用程序主色作为背景色，如淘宝使用了其主色橙色。

设计方案二：使用全透明导航栏。如京东应用，在滑动页面时，背景栏渐变至具有京东代表性的半透明红色，这样的设计在视觉上会更醒目，如图5－27所示。

任务实现

一、设计状态栏

如图5－28所示，案例中的状态栏显示了手机当前信号、时间、电量等信息。

（1）新建一个以iPhone 6 2倍图为设计基准，尺寸为750×1 334 px的画布，设置颜色模式为RGB，分辨率为72 ppi，如图5－29所示。

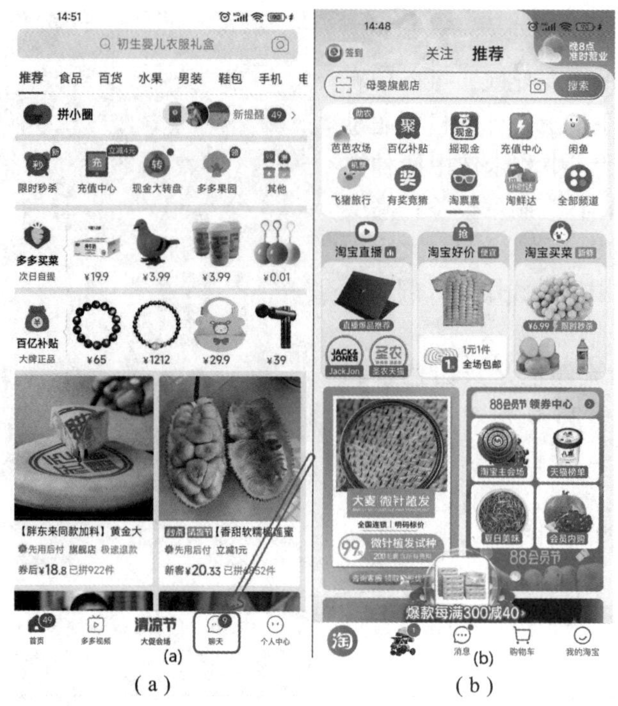

(a)　　　　　　　(b)

图 5－27　工具栏示例

（a）手机淘宝示例；（b）手机京东示例

图 5－28　状态栏示例

图 5－29　新建画布

（2）建好后，填充背景色#f7f6f7，紧接着按快捷键 Ctrl + R 调出参考线，设置界面顶部状态栏高度为 40 px，画布左、右安全距离各为 20 px。拉好参考线，置入 iOS 组件里的状态栏，并调整位置，如图 5－30 所示。

图 5－30　状态栏效果

二、设计标签栏

案例中的标签栏显示了不同的标签图标，如图 5－31 所示。

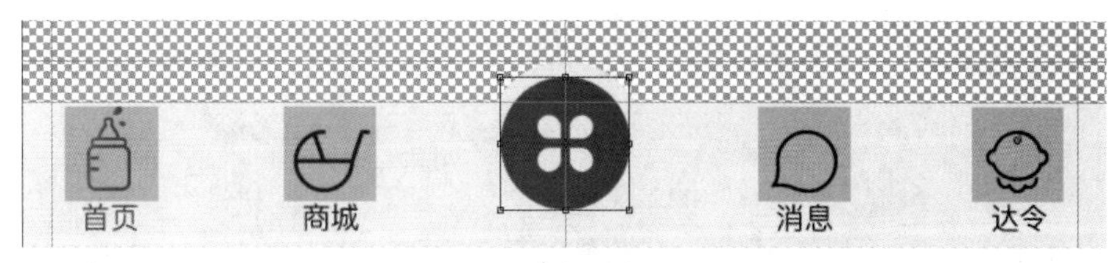

图 5－31　标签栏示例

（1）设置底部标签栏高度为 98 px，设置底部标签栏高度为 98 px，填充颜色#f7f6f7。紧接着利用形状工具绘制一个直径为 109 px 的正圆，居中置放于距离标签栏 28 px 处，如图 5－32 所示。

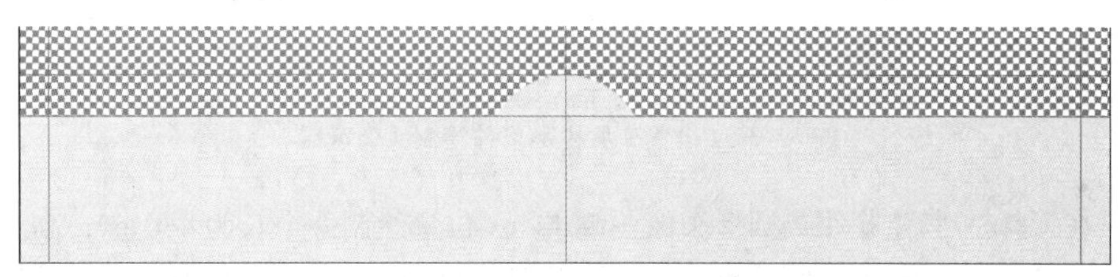

图 5－32　绘制标签栏形状

（2）拖入提前绘制好的标签栏图标，设计大小控制在 64×64 px 内，并适当调整整体视觉大小。输入标签文字，选中前文字参数："20 px，苹方，常规，#333333"；选中后文字参数："20 px，苹方，常规，#ff3333"，如图 5－33 所示。

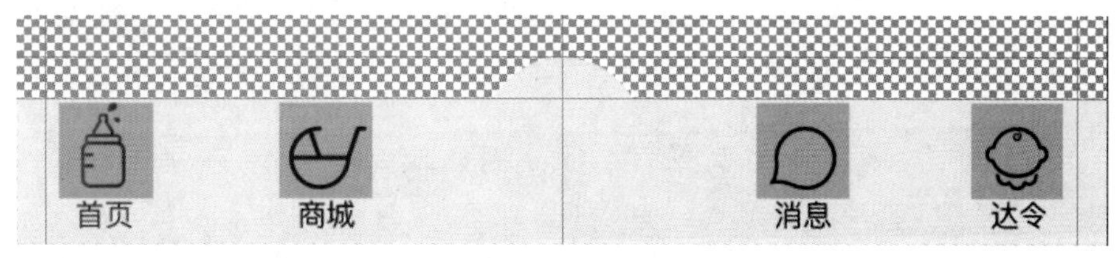

图 5－33　置入标签栏图标

（3）添加舵式图标，绘制一个 90×90 px 的正圆，距离顶部位置 10 px。填充"#ff72f0～#ff6a9c"的径向渐变样式，得到标签导航最终效果，如图 5－34 所示。

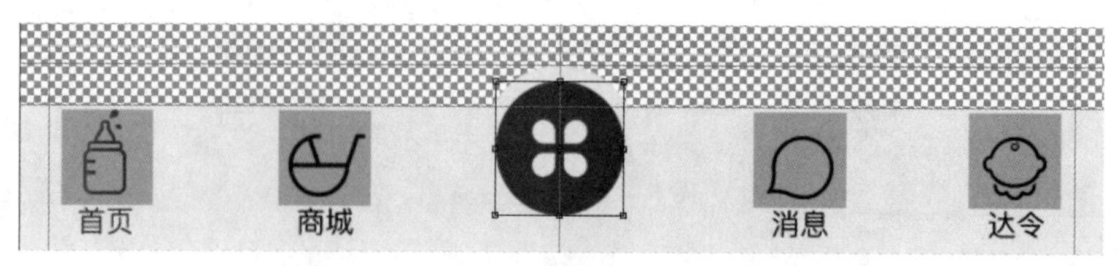

图5－34　添加舵式图标

三、设计工具栏

如图5－35所示，案例中的工具栏显示了用户头像、搜索栏等内容。

图5－35　工具栏（搜索栏）示例

（1）设置工具栏/搜索栏高度为88 px，置入提前绘制好的扫一扫及金币签到图标，并绘制一个60×60 px的圆作为头像区域，对齐，如图5－36所示。

图5－36　设置工具栏高度并绘制头像区域

（2）在工具栏/搜索栏距离圆形头像左侧14 px位置绘制一个长为480 px，高为60 px，圆角为30 px的圆角矩形作为搜索框，并填充纯白色#ffffff，放置提前绘制好的搜索图标，输入搜索提示文字，文字参数："24 px，苹方，常规，#999999"，如图5－37所示。

图5－37　绘制搜索栏

任务三　Banner设计

任务说明

本任务主要以完成APP首页设计中Banner为主要内容，针对图层选择、各类抠图工具、文字工具、变形工具、对齐命令、文字与图像排版等内容进行知识导入，并通过具体的任务实现过程进行实操性演练。

知识导入

一、图层的选择

1. 图层概念

在 Photoshop 中，可以使用图层将图像的各个部分分离开，从而可以对图像的某个部分进行编辑调整。可将图层理解为一个容器，每个容器盛放的东西可以独立处理。不同图层通过不同的图层混合模式的搭建可以互相影响。当操作复杂案例时，涉及较多图层，恰当的图层选择方式可以有效提高操作效率。图层的选择方式有多种。

2. 直接选择图层

如果图层较少，使用鼠标单击图层，即可选择当前图层，并可独立地对当前图层进行编辑。

3. 随意选择图层

按住 Ctrl 键不放，用鼠标在页面中单击对象，即可选中对象所在图层。可以在多个对象之间进行图层切换。

4. 自动选择图层

单击选择移动工具后，勾选属性栏上的“自动选择”，在后面选框中选择“图层”。设置好后，用移动工具直接单击页面中的对象，即可选中对象所在图层，如图 5－38 所示。

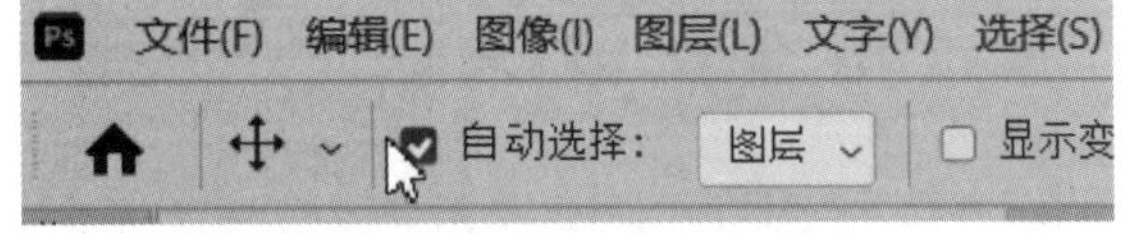

图 5－38　自动选择图层

5. 选择范围所在图层

在页面中图像范围内单击右键，在出现的下拉菜单里面有多种选择，单击图层名称即可选中对应图层。这种方法可以选择到被上层对象遮挡住的下层对象图层，如图 5－39 所示。

图 5－39　选择范围所在图层

6. 选择多个不相连图层

按住 Ctrl 键不放，用鼠标在右侧图层面板上多次单击，即可选中相对应图层，如图 5 - 40 所示。

7. 选择多个相连图层

按住 Shift 键不放，用鼠标在右侧图层面板上单击第一个和最后一个图层，即可选中包含在 2 个图层之间的所有图层，如图 5 - 41 所示。

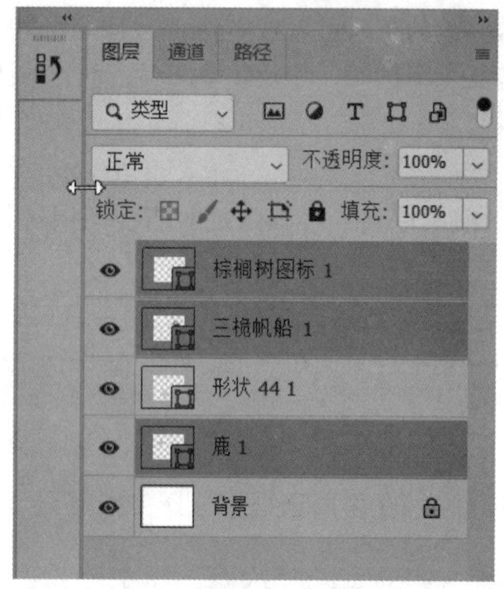

图 5 - 40　选择多个不相连图层

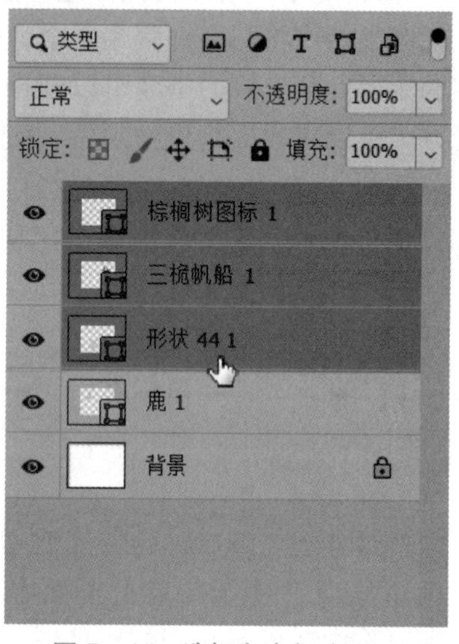

图 5 - 41　选择多个相连图层

8. 查找属性相近的所有图层

当图层比较多时，可以用快捷键 Ctrl + Alt + Shift + F 进行图层查找。按该快捷键时，图层面板出现搜索框，直接输入相应图层属性，即可查找属性相近的所有图层，如图 5 - 42 所示。

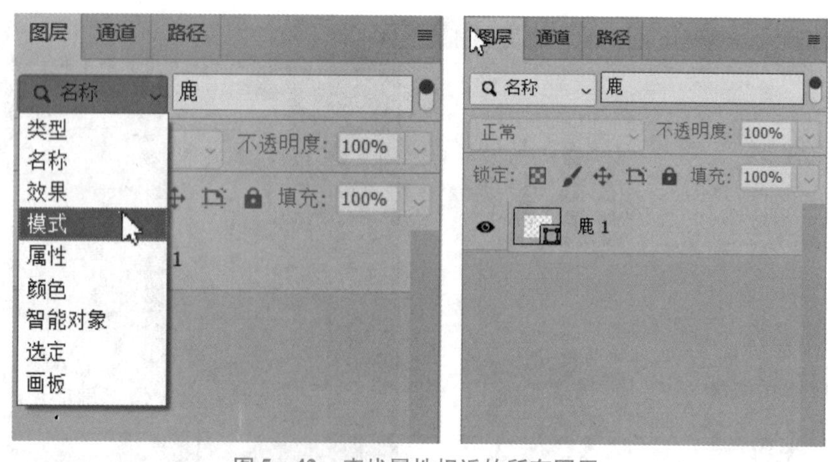

图 5 - 42　查找属性相近的所有图层

9. 选择所有图层

用快捷键 Ctrl + Alt + A 即可选择页面所有图层。图层面板中被锁定的图层不会被选中。

二、选区抠图

用选区进行抠图的工具有快速选择工具、磁性套索工具、魔术棒工具、蒙版、图形选区等。其中，套索工具中含套索工具、多边形套索工具、磁性套索工具。魔术棒工具含快速选择工具和魔棒工具。

1. 快速选择工具抠图

快速选择工具（对象选择工具 W、快速选择工具 W、魔棒工具 W）能够自动查找颜色相近的区域并形成选区，从而达到去除背景或者关键图形图像提取、抠图的目的。例如，为图 5－43 所示导向牌替换背景，用快速选择工具选区背景后，删除背景，并添加指定所需背景图层。

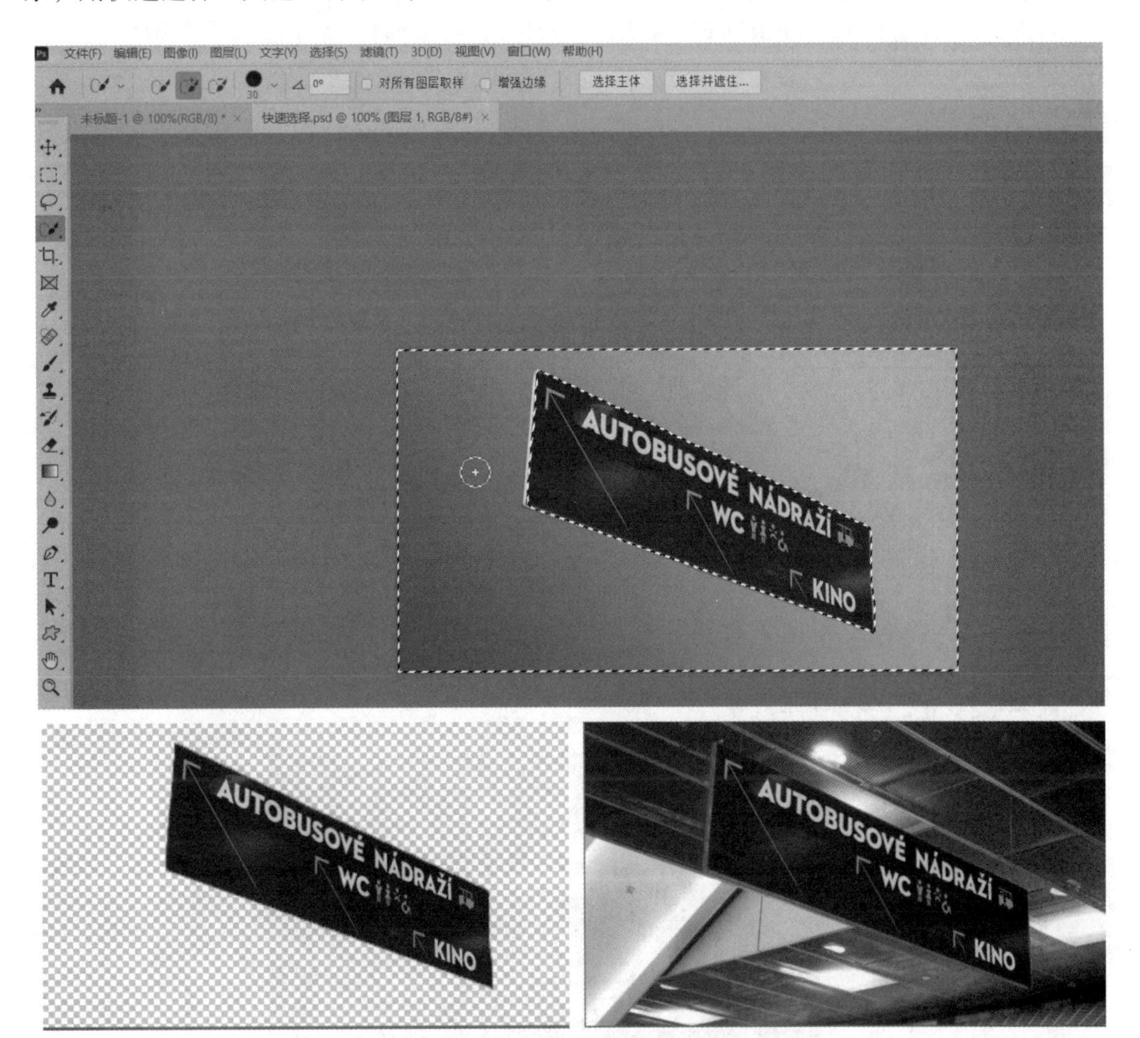

图 5－43　快速选择工具抠图

2. 魔术棒工具抠图

图 5－44　平板电脑广告

魔术棒工具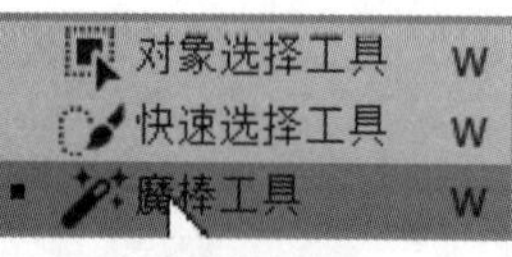

是通过选取图像中取样点颜色相近或大面积单色区域的像素来制作选区。对选区的精确度要求不高时，可以使用魔棒工具，从而节省大量的时间，因为魔棒工具使用很快速、简洁，特别是针对背景颜色简单的图像，首选魔术棒工具进行抠图。例如，替换图 5－44 所示图片中平板电脑广告背景。

使用魔术棒工具步骤如下：

（1）单击选择魔术棒工具，并设置魔术棒容差等参数。

（2）完成背景抠图，并去除背景，添加新背景，如图 5－45 所示。

图 5－45　魔术棒工具抠图

3. 磁性套索工具

磁性套索工具比较适用于要抠的图和背景边界明显的图片。磁性套索工具栏如图 5－46 所示。

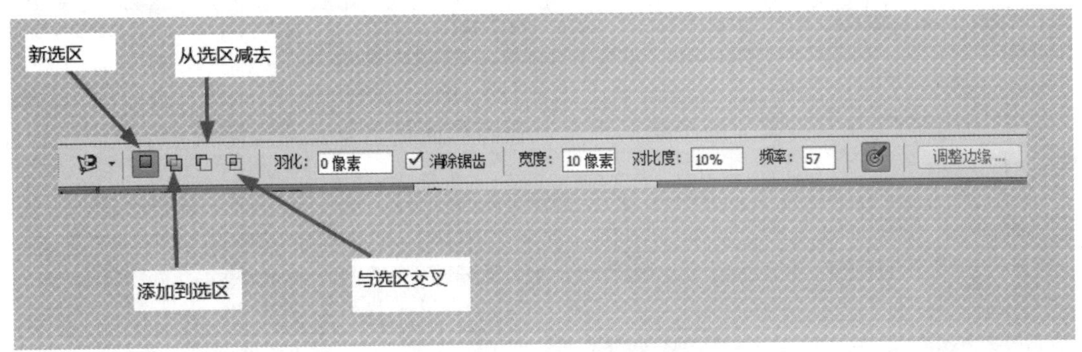

图 5－46　磁性套索工具栏

新选区：在此模式下，可以画出任意大小的选区。如果已经画了一个选区，那么在画新选区的过程中，旧选区将消失，新选区将保留。

添加到选区：在此模式下，可以在旧选区的基础上添加新选区。添加新选区的过程中，如果新选区与旧选区不重合，旧选区也不会消失；如果新选区与旧选区有重合，那么重合的部分将叠加在一起。

从选区减去：在此模式下，可以在旧选区的基础上添加新选区，添加新选区的过程中，新选区与旧选区必须要有重叠，并且重叠的部分将被丢弃，其他部分依旧保留。

与选区交叉：在此模式下，新旧选区交叉重合部分被保留，其他部分被丢弃。

羽化：令选区内外衔接的部分虚化，起到渐变或者平滑边缘的作用。

消除锯齿：消除锯齿可以使具有锯齿的图像边缘变得较圆滑。

宽度：系统将以鼠标为中心，在设定的宽度范围内选定最大的边缘。

对比度：控制系统检测边缘的精度，对比度越大，所识别的边界对比度也就越高。

频率：控制创建关键点的频率，频率越大，创建关键点的速度越快。

三、钢笔工具抠图

钢笔工具中的路径可转换为选区进行抠图，针对的是简单图片的抠图（细节比较多的，例如抠头发丝，不建议用钢笔工具；外面轮廓圆滑，或者轮廓细节比较少的，以线条为主，钢笔工具抠图会更加合适）。钢笔工具相对于魔术棒工具、色彩范围等工具来说，能准确地提取图形图像。例如，完成图 5－47 所示图片中鸟食抠图并替换背景图片。

图 5－47　案例图片

（1）单击选择钢笔工具，设置为“路径”

模式，如图 5 - 48 所示。

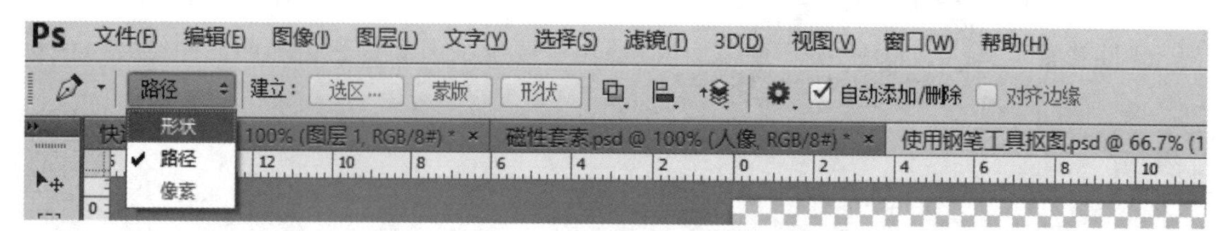

图 5 - 48　钢笔工具设置为“路径”模式

（2）使用钢笔工具将图片路径绘制出来，在路径面板上设置工作路径，建立选区，如图 5 - 49 所示。

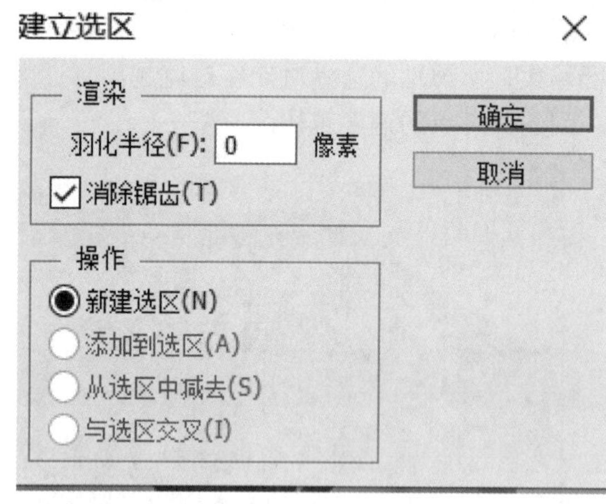

图 5 - 49　路径绘制

（3）按住快捷键 Ctrl + Shift + I 进行反向选择，删除背景，添加事先准备好的背景，完成抠图和替换背景，如图 5 - 50 所示。

图5－50　完成抠图和替换背景

四、通道抠图

通道是灰度图像，也就是黑白图像，它由黑色、白色和各种明度的灰色组成。通道最常用的有两种：一种是颜色信息通道，它存储了图像的颜色信息，比如打开一个RGB格式的图像，就会有红、绿、蓝三个通道，它们其实是三张黑白图像，分别存储了该图的红、绿、蓝三色信息。另一种是Alpha通道（阿尔法通道），用于保存选择区。在Alpha通道中，白色表示被选择的区域，黑色表示不被选择的区域，灰色表示被部分选择的区域。通道抠图原理中，图片明暗的反差越大，图片就越好抠，黑色和白色的反差是最明显的。抠图过程中要做的就是提高图片的明暗反差，那么如何提高图片的反差呢？常见的又最直接的方式就是色阶里的设置黑场和白场。在RGB模式中，有红、绿、蓝三个通道，可以选择三个通道中明暗反差最大的那个通道，然后用色阶来辅助将此通道变成黑白图，这样就能轻易地得到想要的素材了。例如，用通道抠图完成图5－51所示人物素材的抠图。

图5－51　人物素材案例

（1）进入通道，观察哪个通道和帽子毛发边缘反差最大。蓝色通道反差较大，复制蓝色通道，如图5－52所示。

（2）选择蓝色通道副本，调整反差。单击"图层"→"调整"→"曲线"进行强化黑白反差，如图5－53所示。

（3）使用钢笔工具，绘制人物中主体、礼物盒部分不是白色的区域。将选择好的路径转换为选区，填充为白色，如图5－54所示。

（4）使用画笔工具，调整画笔大小和硬度，在褐色头发处涂抹，增加选区白场。显示RGB通道，隐藏蓝色通道副本，按住Ctrl键，单击蓝色通道副本缩略图形成选区，并回到图层面板，选择图层并添加图层蒙版。

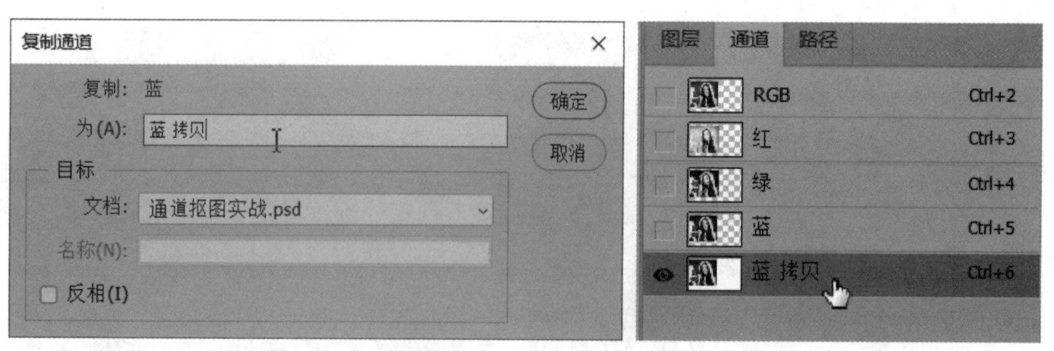

图 5－52　复制蓝色通道

图 5－53　调整曲线

图 5－54　转换选区

（5）完成抠图，放到其他红色背景图案中，效果如图5－55所示。

图5－55　抠图效果

五、文字工具

Photoshop中的文字工具 T 提供了四种模式：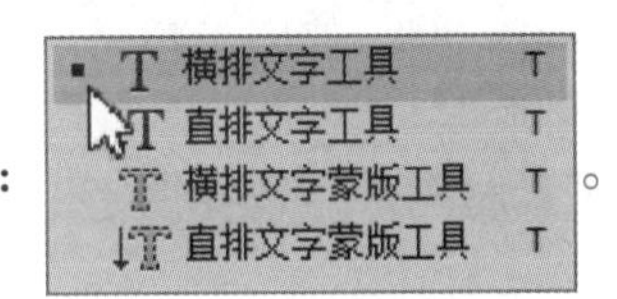

。

输入文字后，可移动、删除、更改文字的属性，创建点文字、垂直排列文字、路径文字等。下面通过几个案例来熟悉文字工具。

1. 创建沿路径排列文字

（1）打开一张图片，选择钢笔工具，设置创建模式为"路径"，沿着图片角色轮廓绘制一个路径，如图5－56所示。

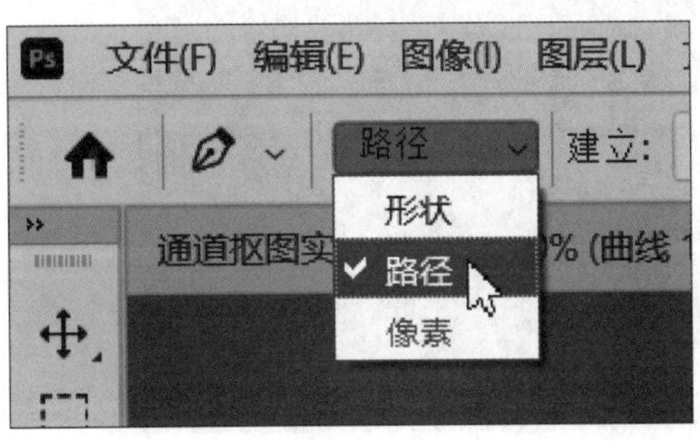

图5－56　绘制路径

（2）选择文字工具，将鼠标放至路径中单击，并输入文字，如图5－57所示。

（3）调整文字类型和大小等，按快捷键Ctrl＋H隐藏路径。最终文字沿着路径进行排版，如图5－58所示。

图5－57　并输入文字

图5－58　文字沿着路径排版

2. 创建区域文字

（1）打开一张素材图片，选择钢笔工具，并在图片中创建一个平行四边形路径，如图5－59所示。

图5－59　创建路径

（2）单击选择文字工具，将鼠标在路径区域内单击，并输入文字，即可发现，此处文字不同于段落文字，而是按照所建的路径区域进行文字排列，效果如图 5－60 所示。

图 5－60　路径文字排列

3. 创建变形文字

（1）打开一张素材图片，单击选择文字工具，在图片指定位置输入文字，如图 5－61 所示。

图 5－61　输入文字

（2）单击工具栏中的文字变形工具 ，弹出对话框，设置文字变形类型和相关参数来达到效果，如图 5－62 所示。

图 5－62　设置文字变形

（3）使用其他文字变形类型可达到不同效果，如图 5－63 所示。

图 5－63　不同的文字变形

4. 文字蒙版

（1）打开一张素材，单击选择文字工具中的横排文字蒙版工具 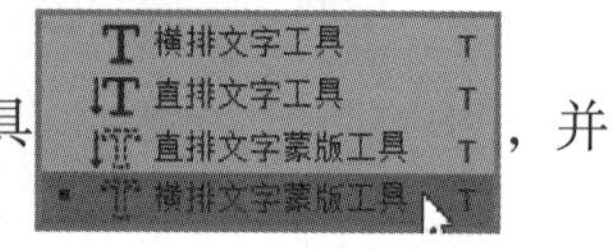

，并在图片恰当位置单击输入文字，如图 5－64 所示。

（2）形成文字选区后，新建一个图层，单击选择渐变工具，鼠标在选区中进行长按拉动，为它填充一个渐变色，如图 5－65 所示。

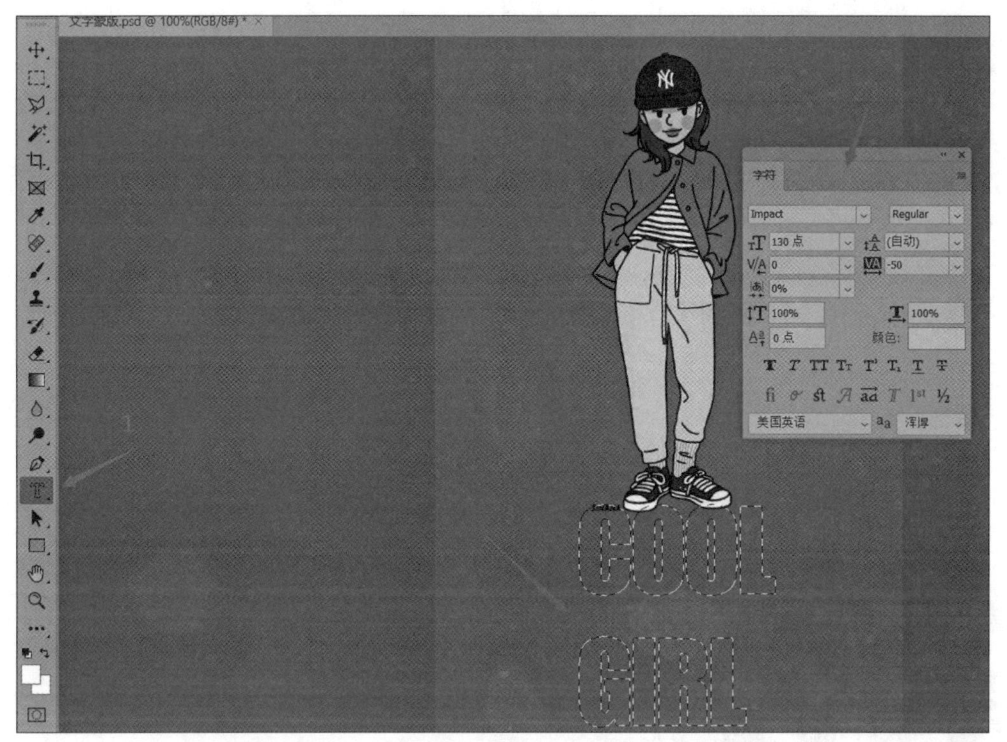

图 5－64 输入文字

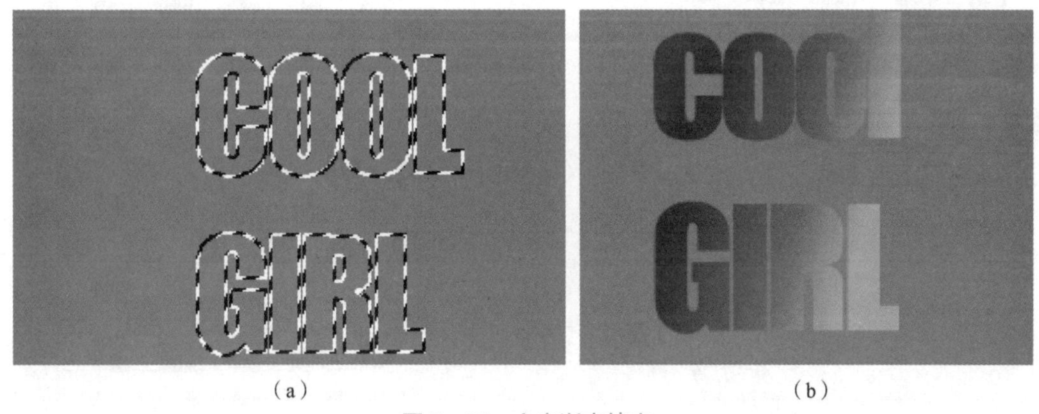

（a） （b）

图 5－65 文字渐变填充

（3）文字工具在使用的过程中还可以进行创建文字路径、文字形状、栅格化文字等操作，来满足文字的不同需求、变形和适配设计过程中的各种需求，如图 5－66 所示。

六、变形工具

1. 变换

选中素材，通过快捷键 Ctrl + T 可迅速调出变换框，鼠标右击，可看到多种变形工具，如图 5－67 所示。

编辑变换框的四个端点，可以自由缩放图形大小。若按 Shift 键，可进行等比例缩放；若按住 Alt 键，以参考中心为中心点缩放；同时按住 Shift + Ctrl 键，可进行围绕参考点的等比例缩放，如图 5－68 所示。

图 5－66　文字的变形

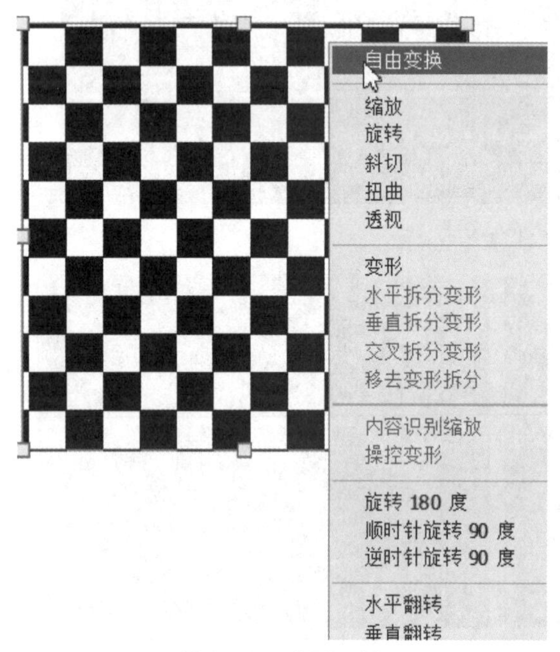

图 5－67　变形工具

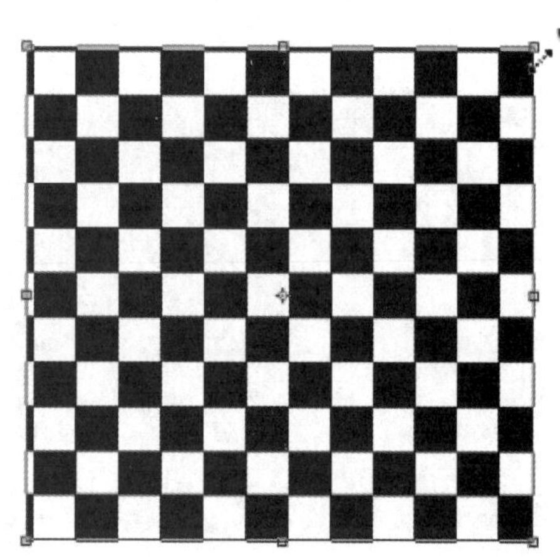

图 5－68　围绕参考点的等比例缩放

鼠标在变换框外围，围绕参考点进行自由旋转变形，如图 5－69 所示。

按住 Ctrl 键，鼠标放在端点处，变为白色箭头，选择四个端点，可自由扭曲，如图 5－70 所示。

同时按住 Shift + Alt + Ctrl 键，编辑四个端点，可以实现透视变形效果，如图 5－71 所示。

执行“菜单”→“编辑”→“变换”→“变形”命令，或者选择素材，按住快捷键 Ctrl + T 调出变换框后，鼠标右击，选择“变形”，可通过网格面改变图形，如图 5－72 所示。

“变换”下的“变形变换”是其中可操控性能最高的一个命令，它自带了一些变形方案，如扇形、拱门、鱼眼等。在进行各类海报设计时，常常会用到它来处理各种不可控素材，效果好，效率快，如图 5－73 所示。

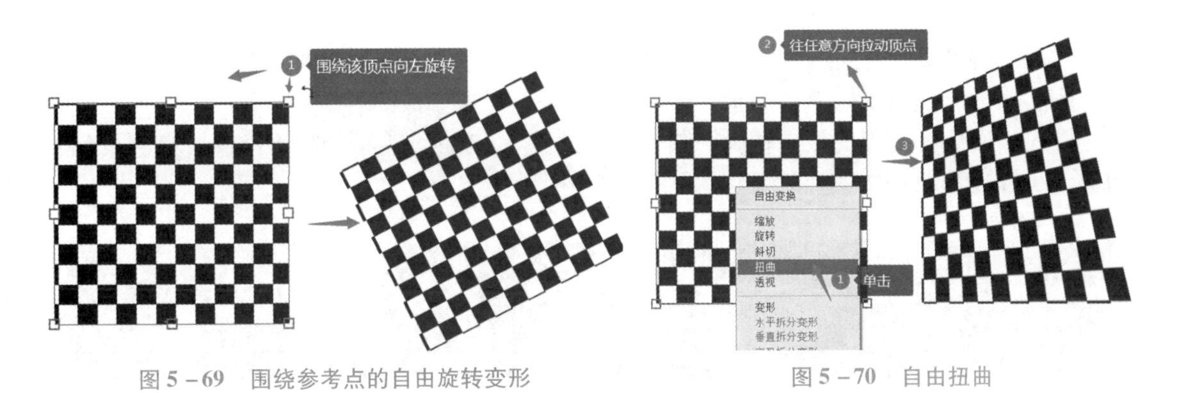

图 5－69　围绕参考点的自由旋转变形

图 5－70　自由扭曲

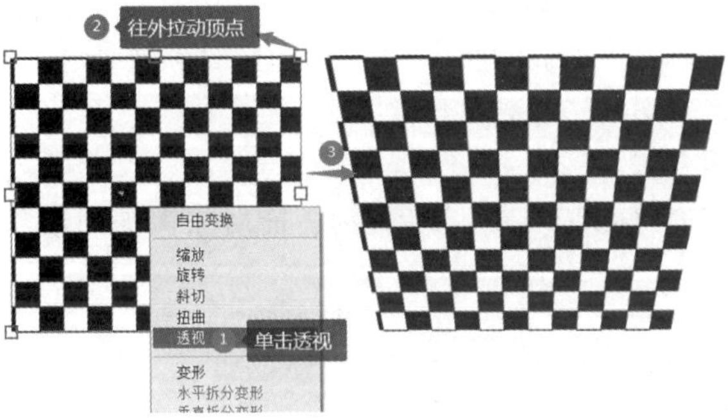

图 5－71　透视变形

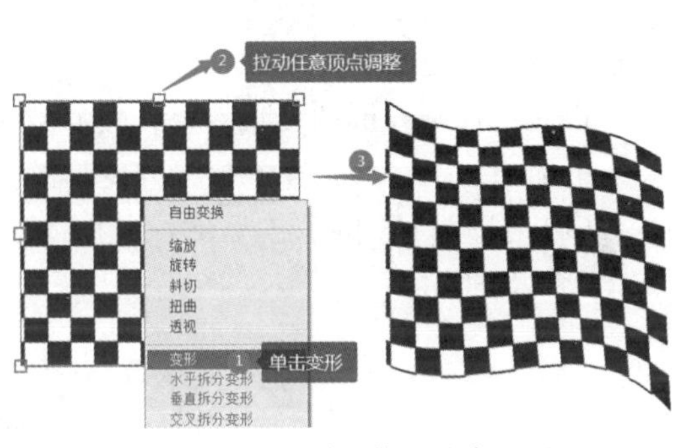

图 5－72　通过网格面改变图形

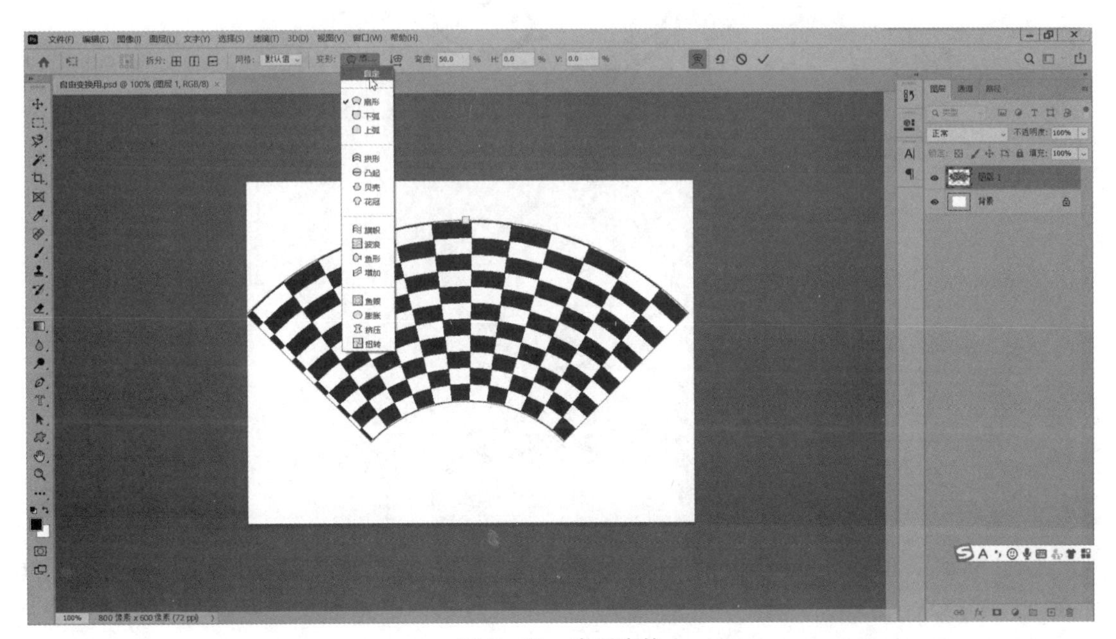

图 5－73　变形变换

2. 操控变形

操控变形可更大空间地对图形进行形状的改变，擅长改变条状物体，比如树枝或者人的四肢等。单击选择菜单栏中“编辑”→“操控变形”，主要参数如下。

模式：刚性（变形的效果精确，缺少柔和过渡）；正常（变形的效果准确，过渡柔和）；扭曲（可在变形时创造透视效果），如图 5－74 所示。

图 5－74　模式选项

密度：也有三个选项可以选择，即正常、减少点、较多点。密度主要控制的是网格点，网格点越多，变形的效果越自然。

扩展：控制变形的衰减效果，数值越大，变形的边缘越平滑。

下面通过一个案例来掌握操控变形的使用方法。

（1）打开一张卡通鸵鸟图片，在鸵鸟图层上右击，选择“转换为智能对象保护图形”，如图 5－75 所示。

图 5－75　转换为智能对象

（2）单击菜单栏中的“编辑”→“操控变形”，鸵鸟上形成很多网格，如图 5－76 所示。

（3）用鼠标在图形中几个重要关节点打上固定钉，如图 5－77 所示。

（4）通过移动钉子来改变鸵鸟的形态，如图 5－78 所示。

（5）继续调整其他形态，效果如图 5－79 所示。

图 5－76　操控变形

图 5－77　打上固定钉

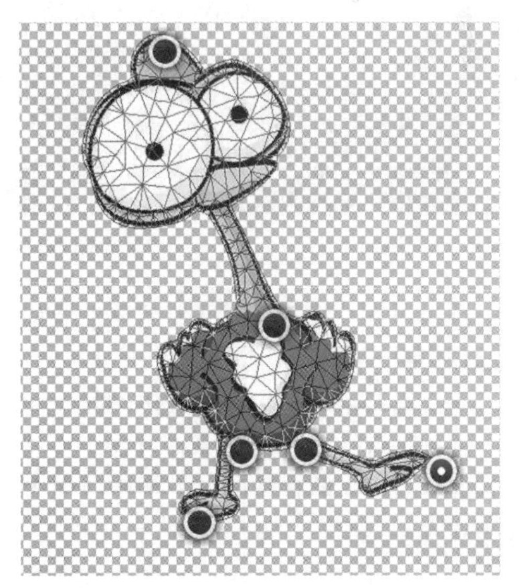

图 5－78　改变鸵鸟形态

图 5－79　调整形态

七、对齐形式和对齐命令

在 Photoshop 中，可以使用“对齐和分布”选项来轻松地排列并适当地间隔图像图层，通常用于创建全景图像。可以使用移动工具来对齐图层和组的内容。

1. 对齐多个图层

要对齐多个图层，则使用移动工具或在“图层”面板中选择图层，或者选择一个组，如图 5－80 所示。

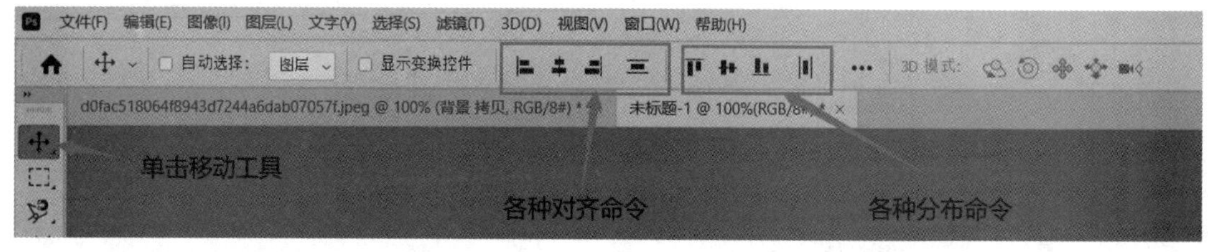

图 5－80　对齐多个图层

顶边对齐：将选定图层上的顶端像素与所有选定图层上最顶端的像素对齐，或与选区边框的顶边对齐。

垂直居中对齐：将每个选定图层上的垂直中心像素与所有选定图层的垂直中心像素对齐，或与选区边框的垂直中心对齐。

底边对齐：将选定图层上的底端像素与选定图层上最底端的像素对齐，或与选区边界的底边对齐。

左边对齐：将选定图层上的左端像素与最左端图层的左端像素对齐，或与选区边界的左边对齐。

水平居中对齐：将选定图层上的水平中心像素与所有选定图层的水平中心像素对齐，或与选区边界的水平中心对齐。

右边对齐：将链接图层上的右端像素与所有选定图层上的最右端像素对齐，或与选区边界的右边对齐。

2. 均匀分布图层和组

主要的分布方式有：

顶边分布：从每个图层的顶端像素开始，间隔均匀地分布图层。

垂直居中分布：从每个图层的垂直中心像素开始，间隔均匀地分布图层。

底边分布：从每个图层的底端像素开始，间隔均匀地分布图层。

左边分布：从每个图层的左端像素开始，间隔均匀地分布图层。

水平居中分布：从每个图层的水平中心像素开始，间隔均匀地分布图层。

右边分布：从每个图层的右端像素开始，间隔均匀地分布图层。

水平分布：在图层之间均匀分布水平间距。

垂直分布：在图层之间均匀分布垂直间距。

3. 自动对齐图层

单击菜单栏中的“编辑”→“自动对齐图层”命令，可以根据不同图层中的相似内容（如角和边）自动对齐图层。可以指定一个图层作为参考图层，也可以让 Photoshop 自动选择参考图层。其他图层将与参考图层对齐，以便匹配的内容能够自行叠加。

通过使用“自动对齐图层”命令，可以用下面几种方式组合图像：

（1）替换或删除具有相同背景的图像部分。

（2）将共享重叠内容的图像缝合在一起。

（3）对于针对静态背景拍摄的视频帧，可以将帧转换为图层，然后添加或删除跨越多个帧的内容。

任务实现

绘制母婴欢乐购 Banner

如图 5－81 所示，案例中的 Banner 是放置在页面上的一个表现商家广告内容的图片，当用户单击时，可以链接到广告页面。

图 5－81 Banner 示例

（1）新建一个 20 × 20 px，分辨率为 72 ppi，RGB 颜色模式，透明背景的文档，如图 5 - 82 所示。

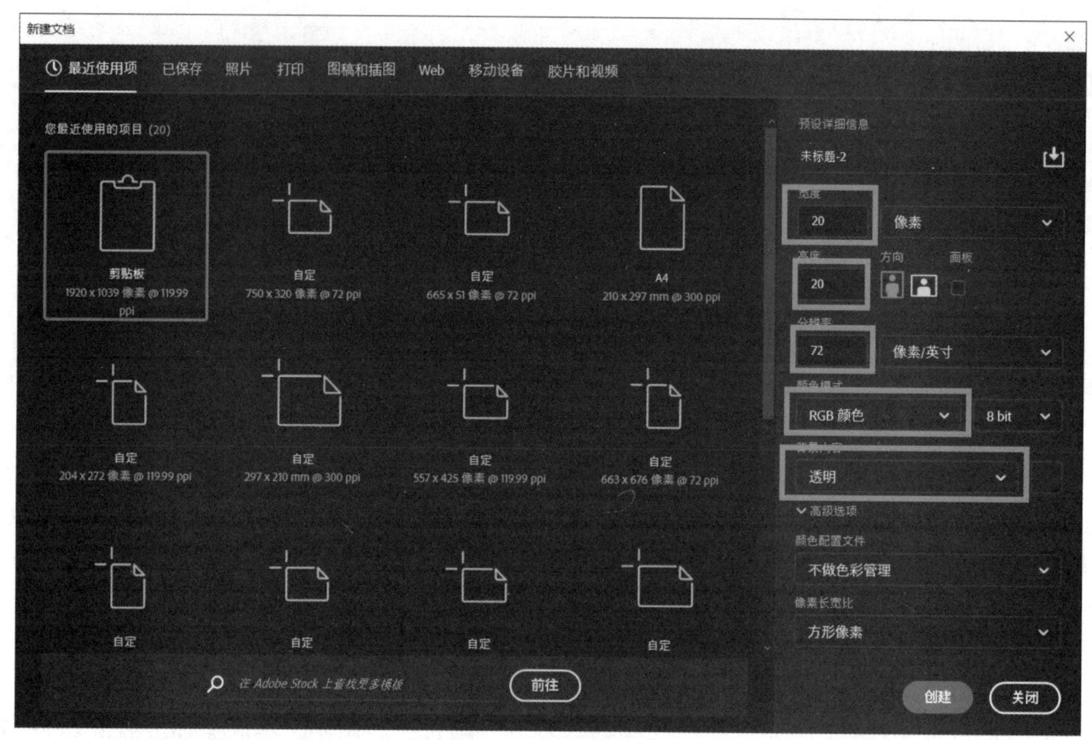

图 5 - 82　新建文档

（2）使用矩形工具绘制一个无边框，填色为黑色，高度为 1 px 的矩形，如图 5 - 83 所示。

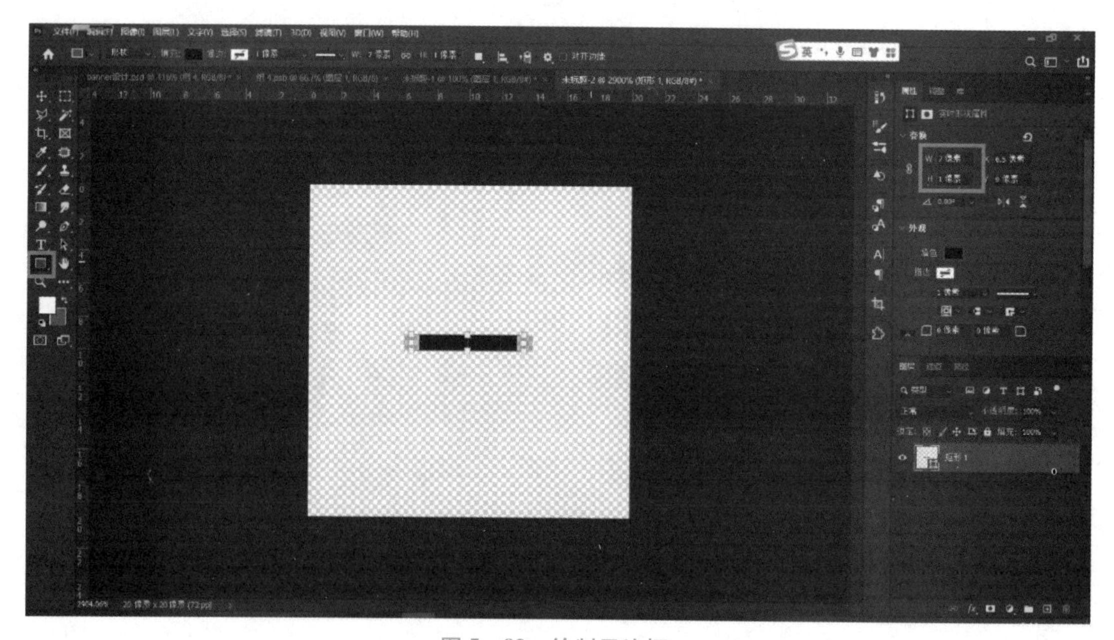
图 5 - 83　绘制无边框

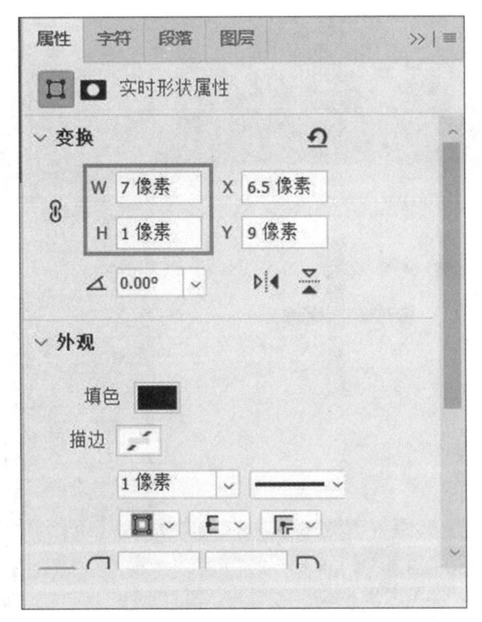

图5－83　绘制无边框（续）

（3）按下快捷键 Ctrl + J 复制图层，按下快捷键 Ctrl + T 任意变形，按住 Shift 键旋转90°，如图5－84所示。

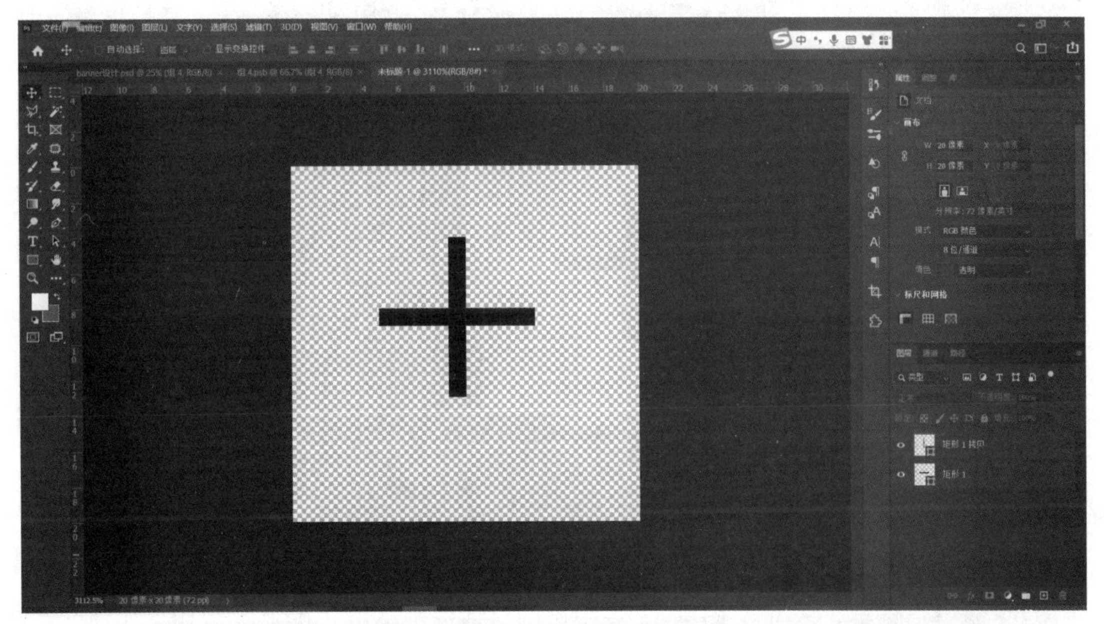

图5－84　图形变形

（4）按住 Shift 键选中两个图层，按下快捷键 Ctrl + E 合并图层，如图5－85所示。

（5）按下快捷键 Ctrl + J 复制3个图层，并使用移动工具调整位置，如图5－86所示。

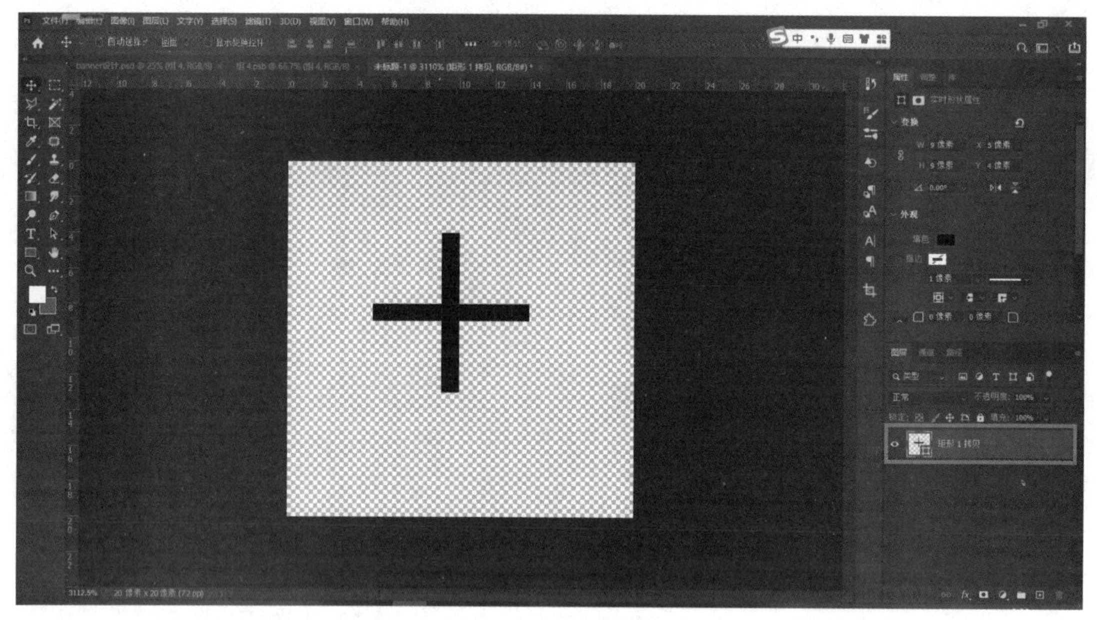
图 5－85　合并图层

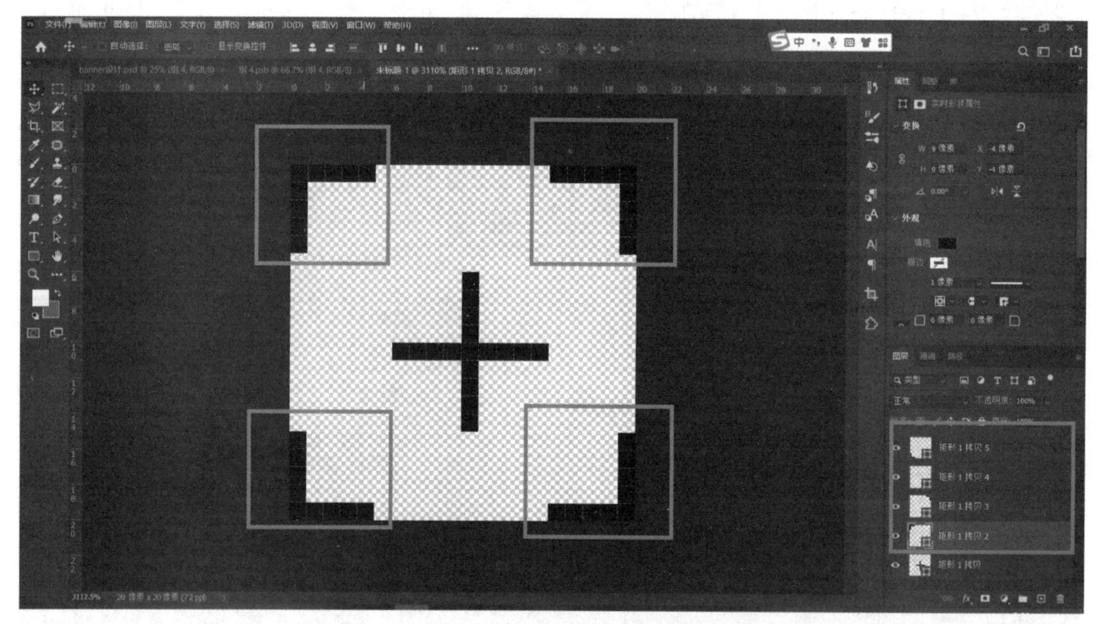
图 5－86　复制图层

（6）选择“编辑”→“定义图案”，在弹出的对话框中单击“确定”按钮，如图 5－87 所示。

（7）新建文档，建立 750×320 px，分辨率为 72 ppi，RGB 颜色模式的文档，如图 5－88 所示。

（8）使用矩形工具绘制一个无填色、无描边的矩形，如图 5－89 所示。

（9）选择矩形所在图层，单击“fx”按钮，选择“图案叠加”，如图 5－90 所示。

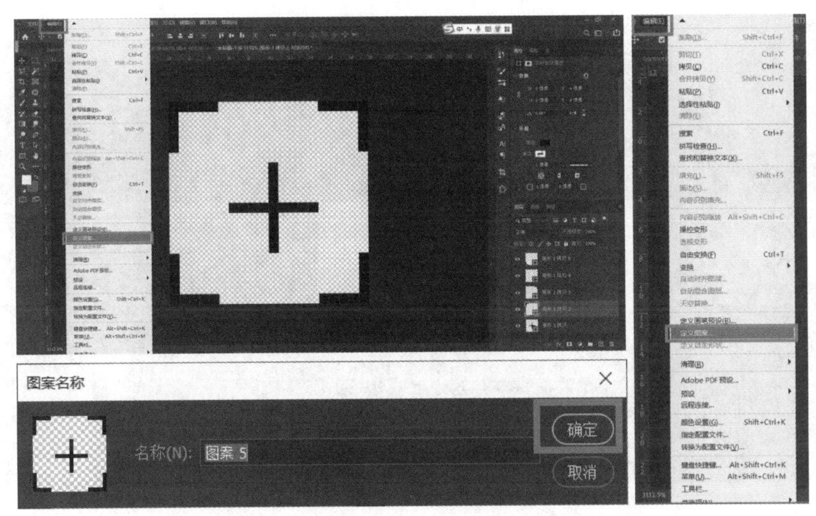

图 5－87　定义图案

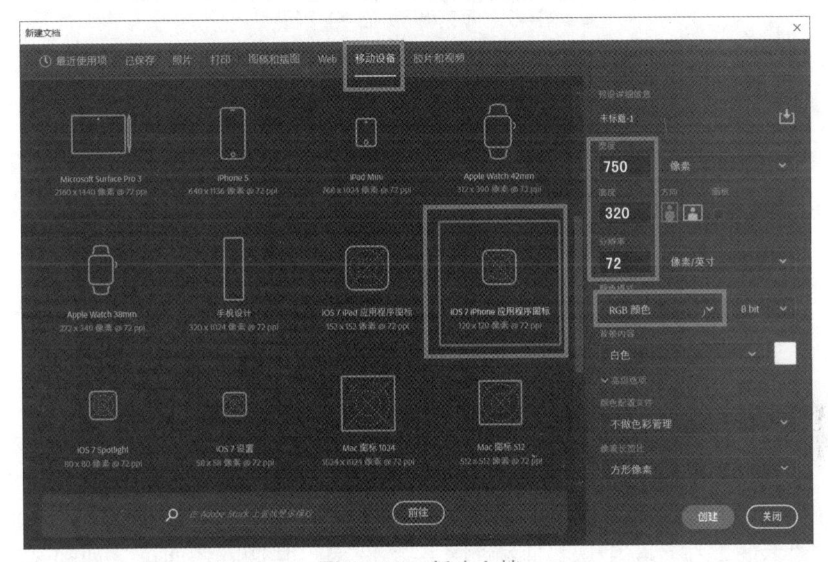

图 5－88　新建文档

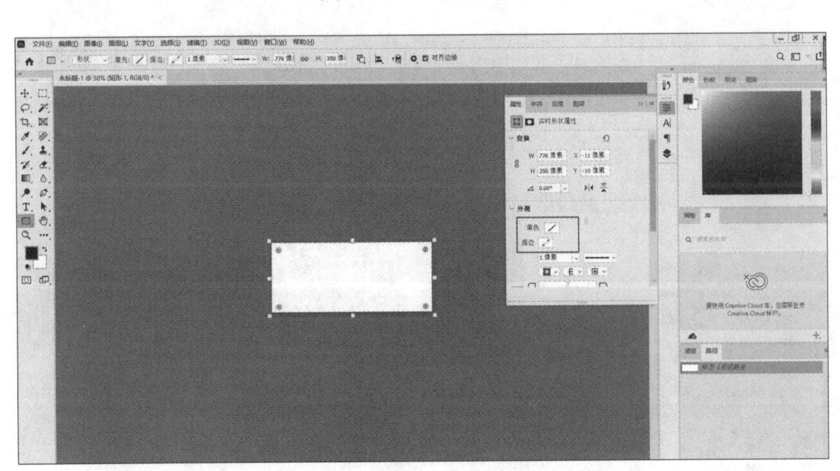

图 5－89　绘制矩形

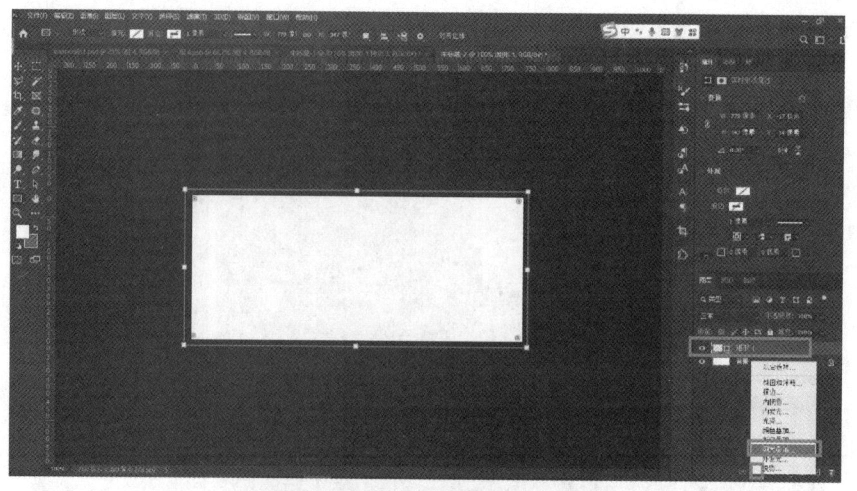

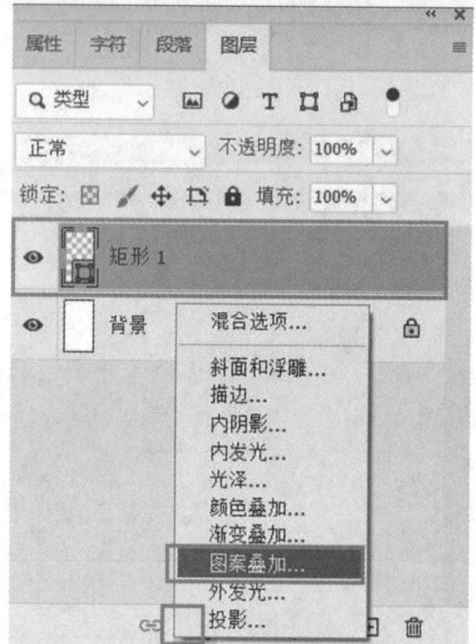

图 5－90　图案叠加

（10）在图案的下拉菜单中选择刚刚制作好的图案，并调整透明度，如图 5－91 所示。

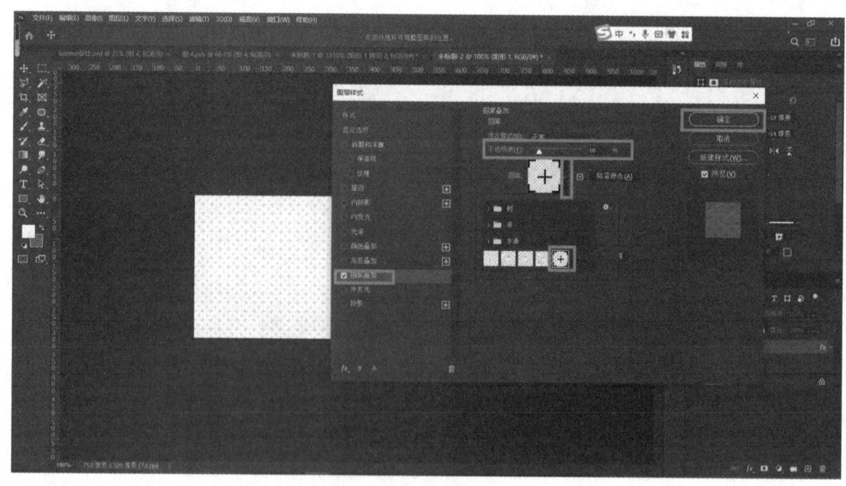

图 5－91　调整透明度

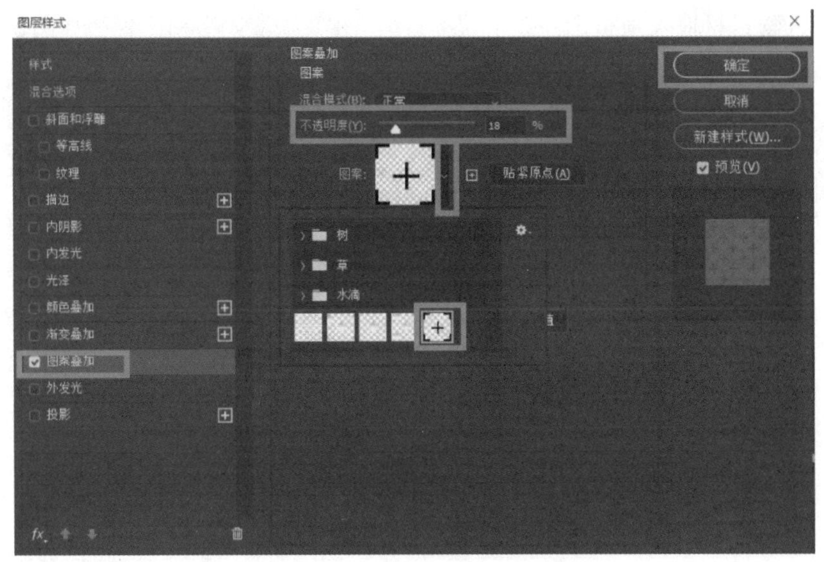

图 5－91　调整透明度（续）

（11）把心形素材拖入画布，并按下快捷键 Ctrl＋T 调整大小和位置，如图 5－92 所示。

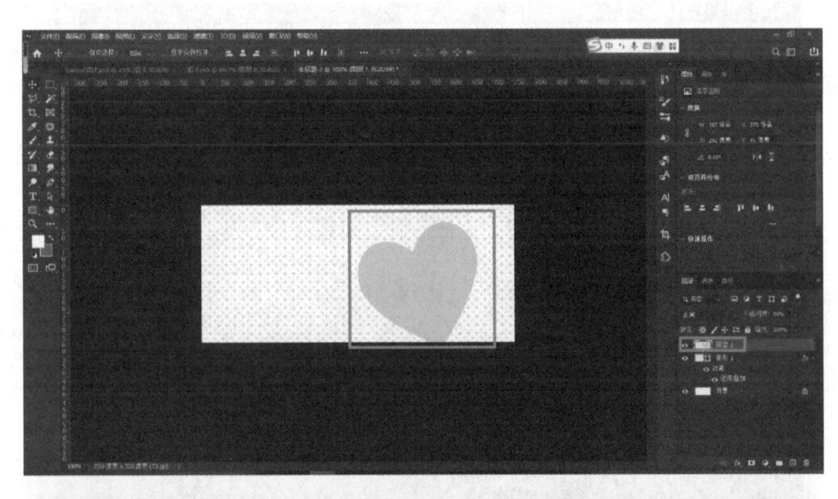

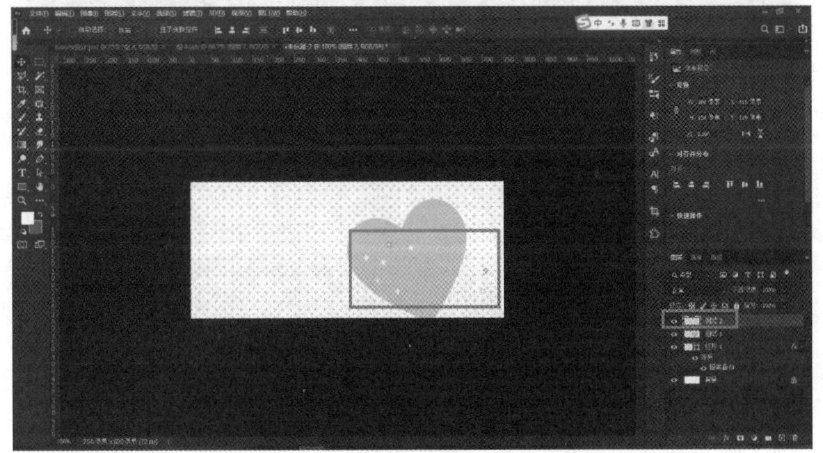

图 5－92　调整大小和位置

（12）把人物素材拖入画布，并按下快捷键 Ctrl + T 调整大小和位置，如图 5 - 93 所示。

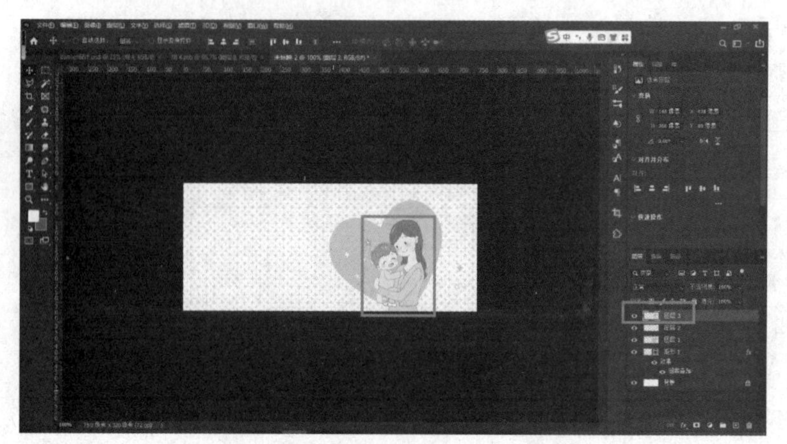

图 5 - 93　调整人物素材大小和位置

（13）把云朵素材拖入画布，并按下快捷键 Ctrl + T 调整大小和位置，选择“fx”→“颜色叠加”，叠加粉色，如图 5 - 94 所示。

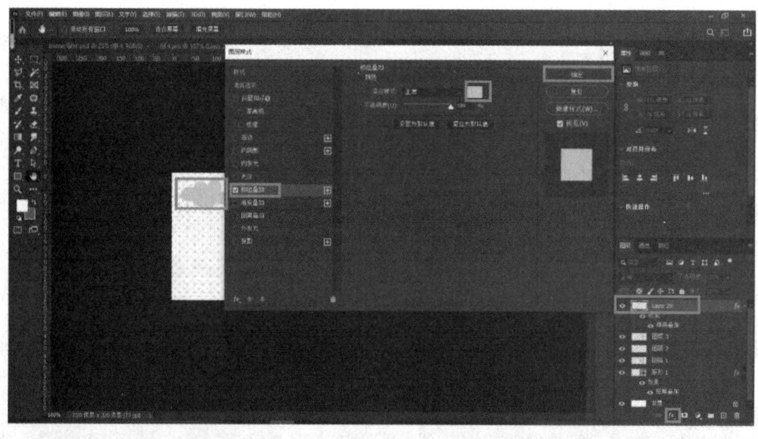

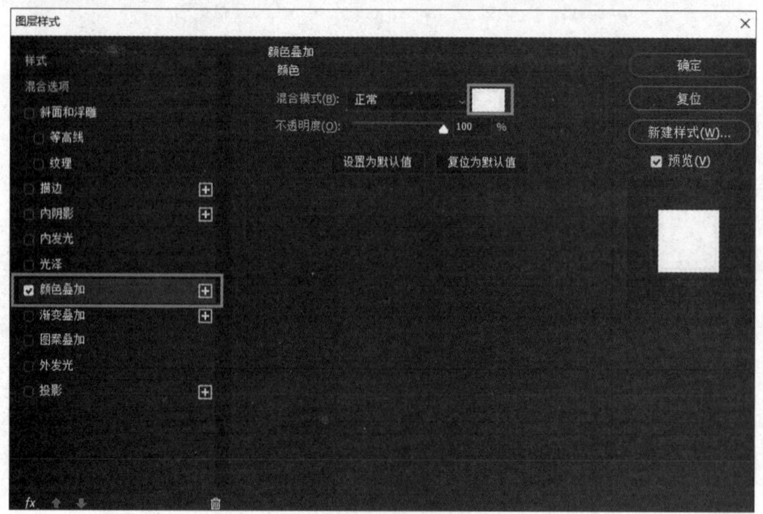

图 5 - 94　拖入云朵素材并调整

（14）分别把气球、棒棒糖等素材拖入画布，并按下快捷键 Ctrl + T 调整大小和位置，如图 5 – 95 所示。

图 5 – 95　拖入气球、棒棒糖素材并调整

（15）使用椭圆工具绘制一个填充为蓝色、无描边的正圆，并调整图层透明度，如图 5 – 96 所示。

图 5 – 96　绘制圆并调整

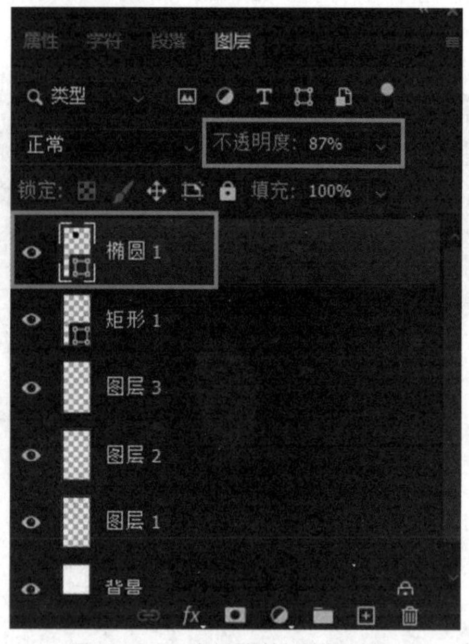

图 5-96　绘制圆并调整（续）

（16）使用矩形工具绘制一个深蓝色、无边框矩形，并旋转 45°，如图 5-97 所示。

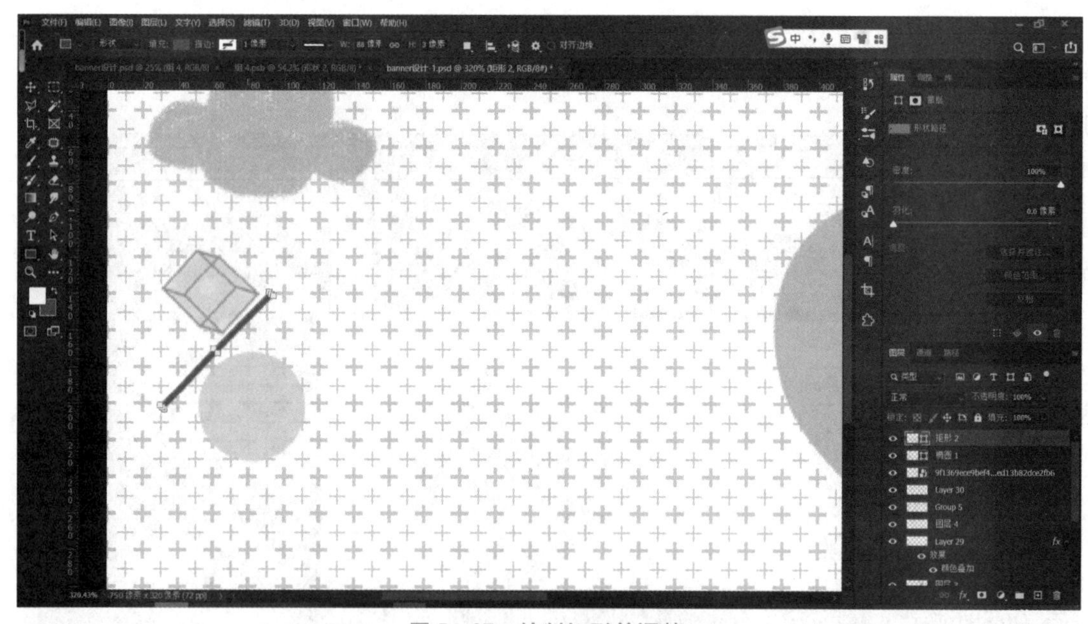
图 5-97　绘制矩形并调整

（17）使用路径选择工具选中矩形，按住 Alt 键复制几个，如图 5-98 所示。
（18）按住 Alt 键在矩形和圆形图层之间做剪切蒙版，如图 5-99 所示。

图 5－98　复制矩形

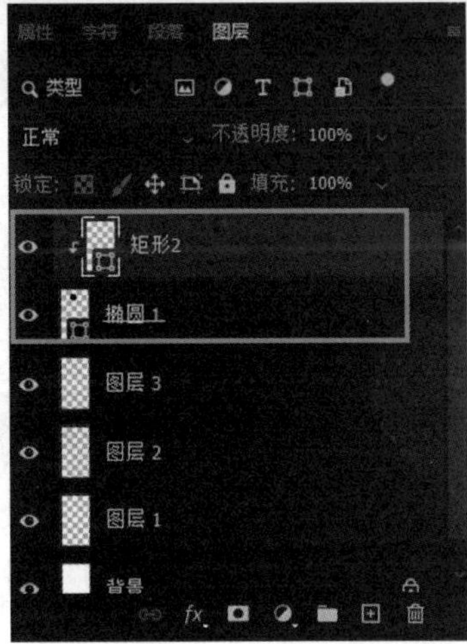

图 5－99　剪切蒙版

（19）使用文本工具输入 CHILDREN'S，设置一个合适的字体，按快捷键 Ctrl + T 或执行“变形”命令调整文字大小，如图 5－100 所示。

图 5－100 调整字体

（20）使用钢笔工具，无填充，深蓝色描边，绘制“母婴欢乐购”几个字，如图 5－101 所示。

图 5－101 绘制纹理

（21）新建图层，按住 Alt 键对底下的形状图层做剪切蒙版，如图 5－102 所示。使用画笔工具，笔头硬度为 0，透明度降低，在画面中涂抹。

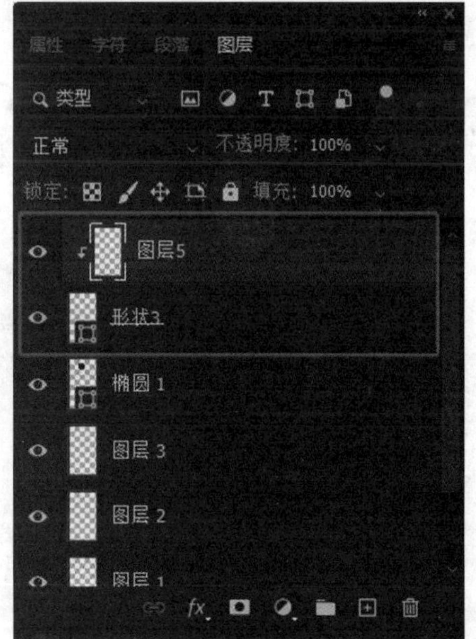

图 5－102　剪切蒙版

(22) 使用矩形工具，粉色填色，无边框，绘制矩形，如图 5－103 所示。

(23) 使用文本工具输入文字，并使用合适的字体，调整大小，如图 5－104 所示。

图 5－103　绘制矩形

图 5－104　输入文字

（24）使用矩形工具绘制一个无填色、黑色描边的矩形，如图 5－105 所示。

（25）使用文本工具输入文字，颜色为黑色，并调整大小，如图 5－106 所示。

（26）使用钢笔工具绘制箭头，无填色，黑色描边，如图 5－107 所示。完成后，选择主题文字部分，执行“居中对齐”命令，完成对齐。

（27）拖入皇冠素材，单击“fx”按钮，选择“颜色叠加”，叠加颜色为蓝色，并调整位置，如图 5－108 所示。

图 5－105　绘制矩形

图 5－106　输入文字

图 5－107　绘制箭头

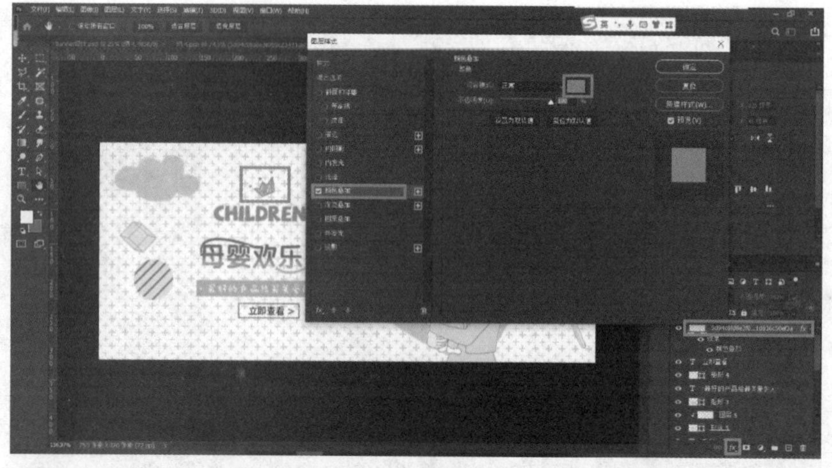

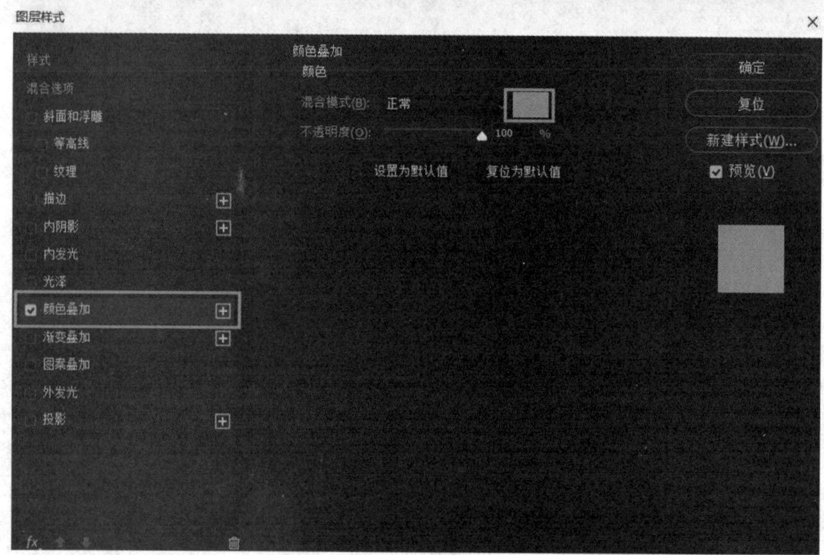

图 5－108　拖入皇冠素材

（28）使用钢笔绘制曲线，无填色，粉色描边，如图 5－109 所示。

图 5－109　绘制曲线

（29）按快捷键 Ctrl + J 复制两个图层，并使用移动工具调整位置，如图 5 – 110 所示。

图 5 – 110　复制图层

（30）使用钢笔绘制曲线，设置无填色，褐色描边，并调整描边为虚线，如图 5 – 111 所示。

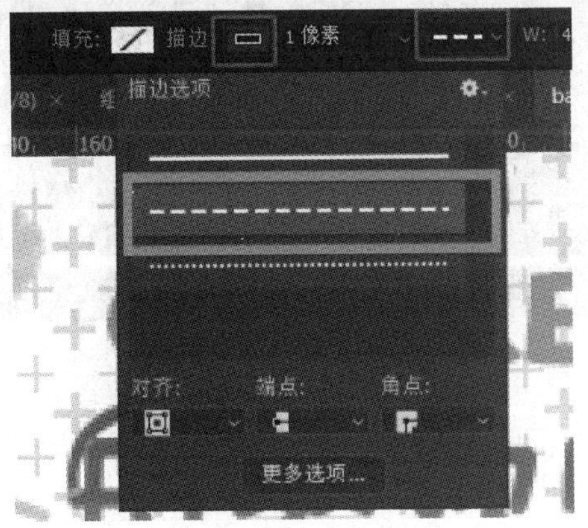

图 5 – 111　绘制曲线

（31）选择曲线图层，单击“fx”按钮增加图层样式，添加灰色投影，并调整数值，如图 5－112 所示。

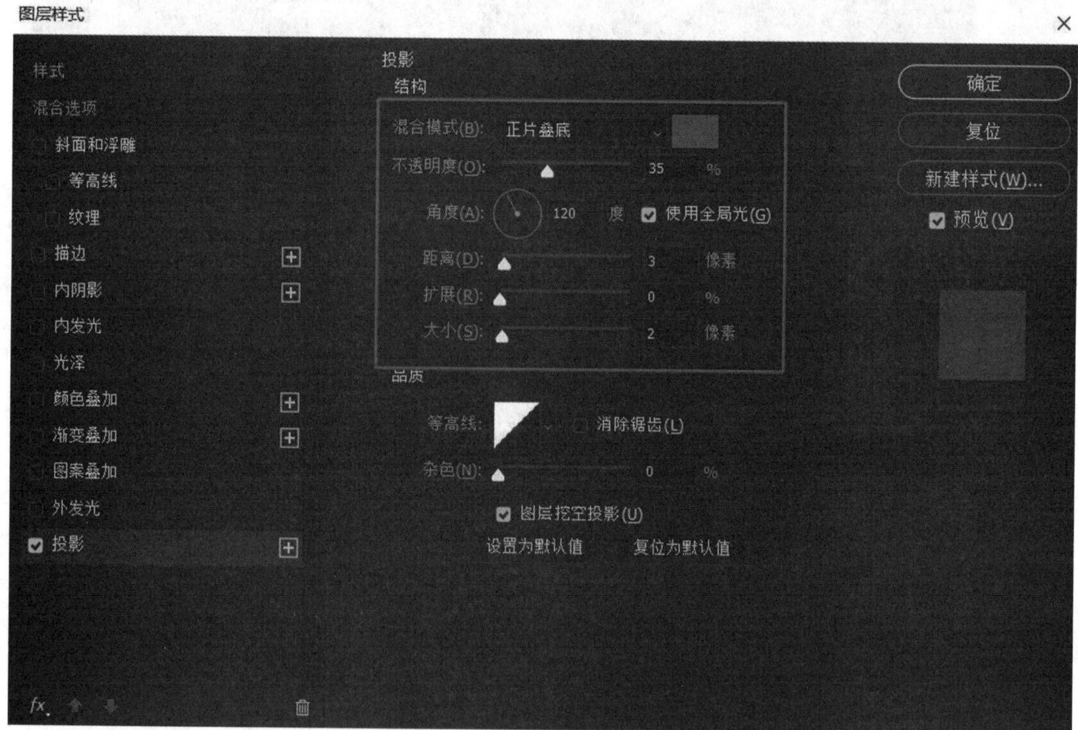

图 5－112　增加图层样式

（32）使用矩形工具绘制矩形，蓝色填色，无描边，如图 5－113 所示。

（33）使用钢笔工具任意加一些点，如图 5－114 所示。

（34）使用直接选择工具调整锚点，如图 5－115 所示。

图 5－113　绘制矩形

图 5－114　绘制点

图 5－115　调整锚点

（35）调整形状的填色为线性渐变，颜色为中蓝色到浅蓝色，如图 5－116 所示。

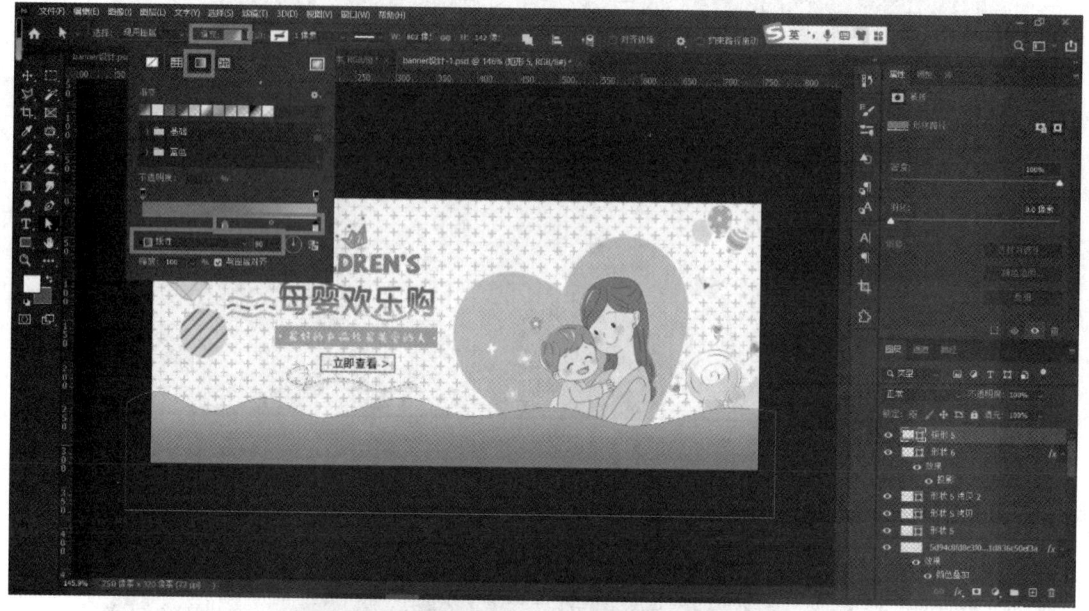

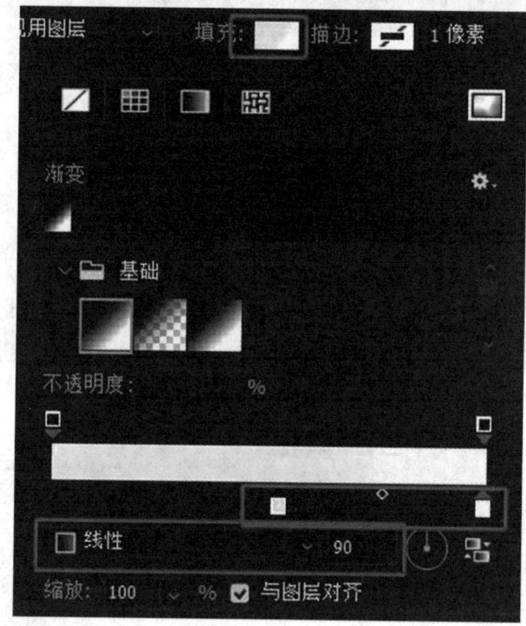

图 5－116　绘制线性渐变

（36）按下快捷键 Ctrl＋J 复制图层，使用移动工具调整位置，如图 5－117 所示。
（37）使用移动工具调整各个图层中元素的位置，如图 5－118 所示。

图 5-117　复制图层

图 5-118　调整元素位置

任务四　动态弹窗设计

任务说明

本任务主要完成 APP 首页设计中动态弹窗的设计，主要掌握 Photoshop 中时间轴的运用、帧动画的概念、制作动画以及导出动画的方法，并通过具体的任务实现过程进行实操性演练。

知识导入

在 Photoshop 中制作动画或者视频，首先要了解几个重要概念。

时间轴：广义上讲，时间轴是表示通过互联网技术，依据时间顺序，把一方面或多方面的事件串联起来，形成相对完整的记录体系，再运用图文的形式呈现给用户。在 Photoshop 中，时间轴是按照时间顺序，把不同图层效果按照一定的频率形成动画或者视频的过程。

帧：构成动画的一系列画面。在动画中，一帧代表一个画面。

关键帧：用于定义动画变化的帧。

帧频：动画中每秒播放的帧数。

图层：对于图层面板中的图层，每个图层包含不同的内容，对某个图层内容的设置不影响其他图层。Photoshop 中有 5 种类型的图层，按顺序依次为像素图层、调整图层、文字图层、形状图层以及智能对象。而对应的时间轴里面，各种类型的图层都有对应时间轴的动作属性，如图 5－119 所示。

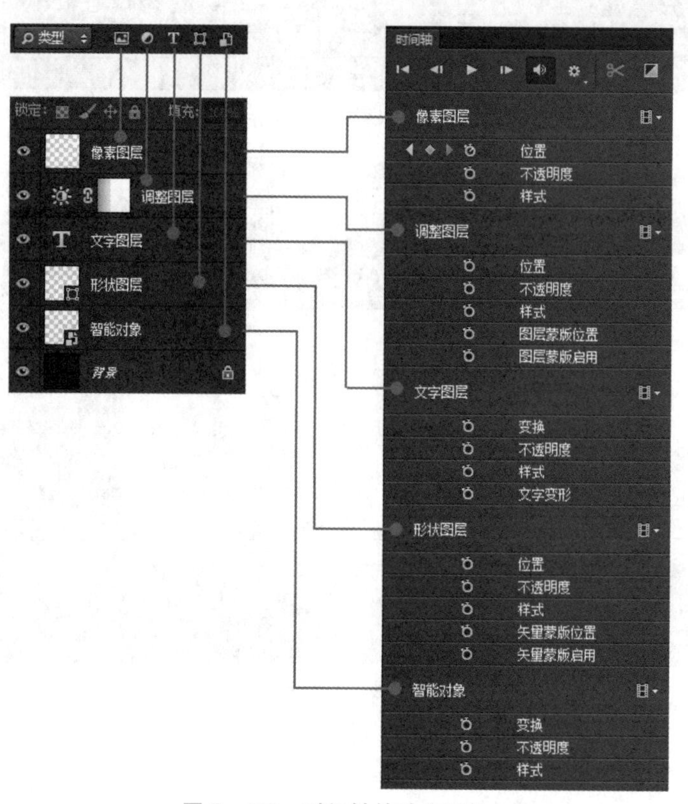

图 5－119　时间轴的动作属性

一、时间轴

在 Photoshop 的菜单栏中，新建一个文档，单击“窗口－时间轴”即可打开“时间轴”面板，如图 5－120 所示。

图 5－120　“时间轴”面板

单击面板中“创建视频时间轴”后面的倒三角按钮，可以设置是创建帧动画还是创建视频时间轴两种类型：

。

1. 创建视频时间轴

单击选择“创建视频时间轴”选项，进入视频时间轴面板，如图5－121所示。

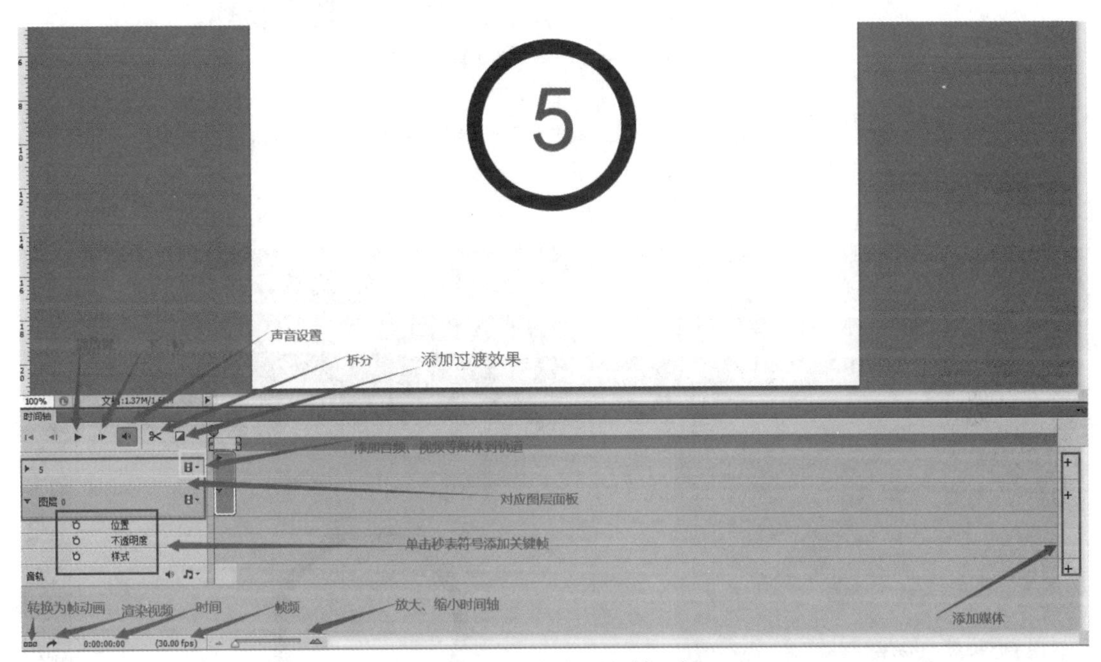

图5－121　视频时间轴面板

2. 创建帧动画

单击选择“创建帧动画”选项，进入帧动画时间轴面板，如图5－122所示。

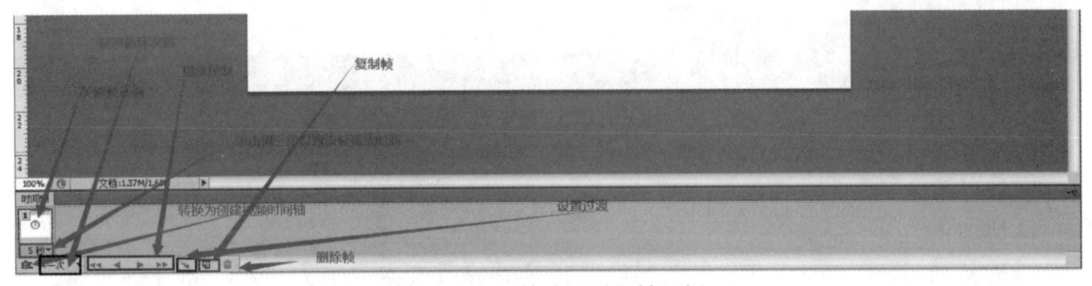

图5－122　帧动画时间轴面板

时间轴案例1：用视频时间轴制作5秒倒计时动画

（1）新建一个800×600 px空白文档。

（2）单击时间轴面板中的“创建视频时间轴”按钮 创建视频时间轴 ，显示如图5－123所示窗口。

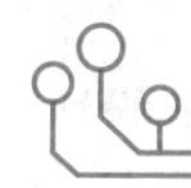

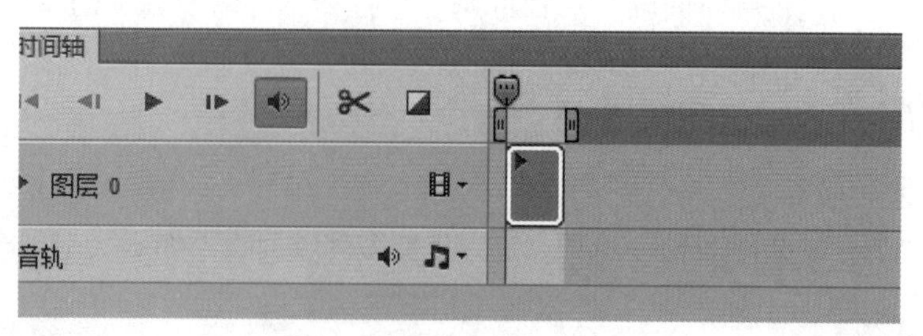

图 5－123　创建视频时间轴

（3）新建一个图层，单击选择椭圆工具，按住 Shift 键画一个正圆，无填充，描边为深蓝色，描边大小为 15 像素点，如图 5－124 所示。

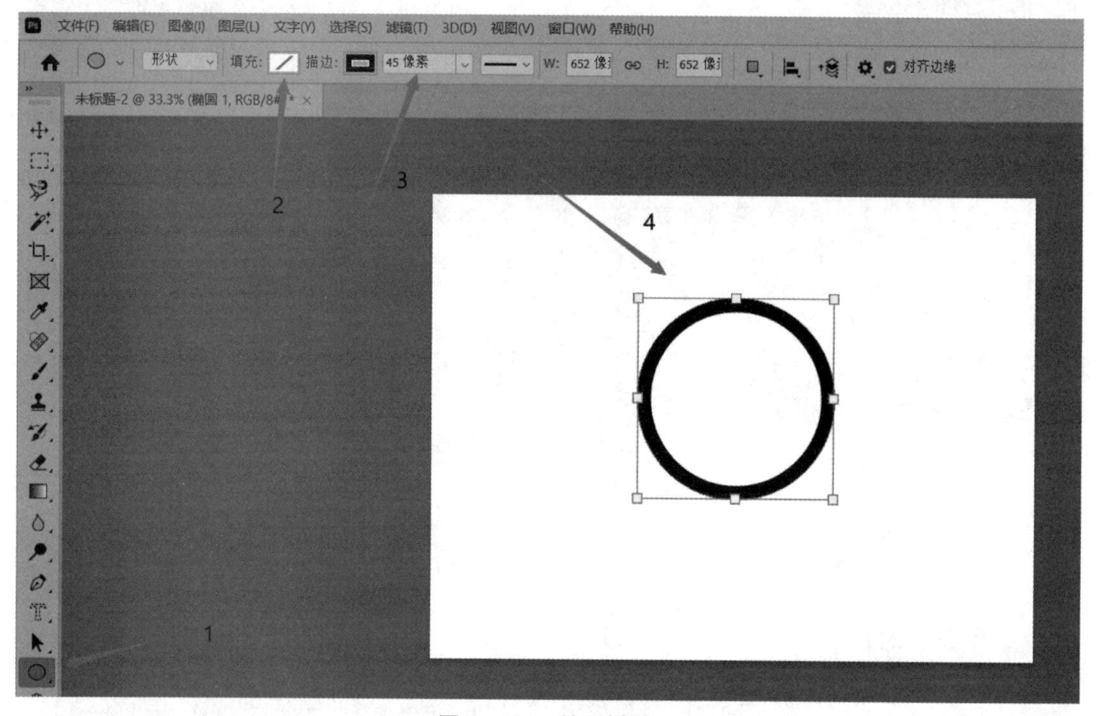

图 5－124　绘制椭圆

（4）单击文字工具，在椭圆中输入“5”，并设置文字的大小、颜色，调整位置，如图 5－125 所示。

（5）复制文字图层 5，重命名图层为“4”，并修改文本数字为“4”。重复该步骤，直到设置完其他数字图层，如图 5－126 所示。

（6）暂时隐藏 1～4 数字文字图层，单击时间轴中“5”图层的倒三角符号，展开图层动作属性，在第 0 秒，设置该图层不透明度为 100%。单击 ⏱ 图标，添加不透明度关键帧，拖动时间到 1 秒位置，修改图层的不透明为 0%，添加关键帧，如图 5－127 所示。

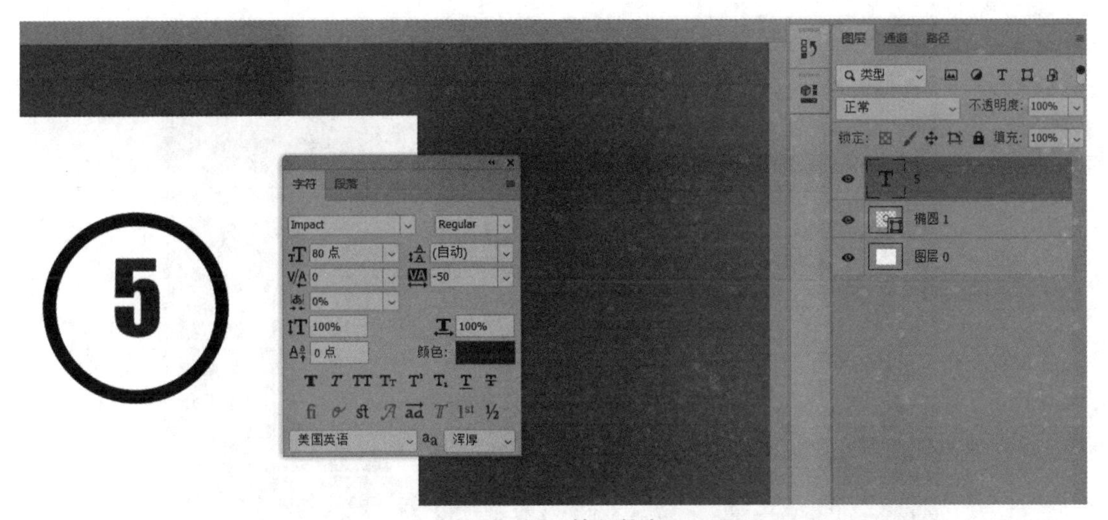

图 5－125　输入数字

图 5－126　设置数字图层

（7）显示“4”图层，在视频时间轴 4 图层轨道拖动图层从第 1 秒开始播放，参照步骤（6），在第 1 秒设置 4 图层的不透明度为 100%，第 2 秒设置 4 图层的不透明度为 0%。

（8）显示“3”图层，在视频时间轴 3 图层轨道拖动图层从第 2 秒开始播放，参照步骤（6），在第 2 秒设置 3 图层的不透明度为 100%，第 3 秒设置 4 图层的不透明度为 0%。

（9）显示“2”图层，在视频时间轴 2 图层轨道拖动图层从第 3 秒开始播放，参照步骤（6），在第 3 秒设置 2 图层的不透明度为 100%，第 4 秒设置 4 图层的不透明度为 0%。

（10）显示“1”图层，在视频时间轴 1 图层轨道拖动图层从第 4 秒开始播放，参照步骤（6），在第 4 秒设置 1 图层的不透明度为 100%。

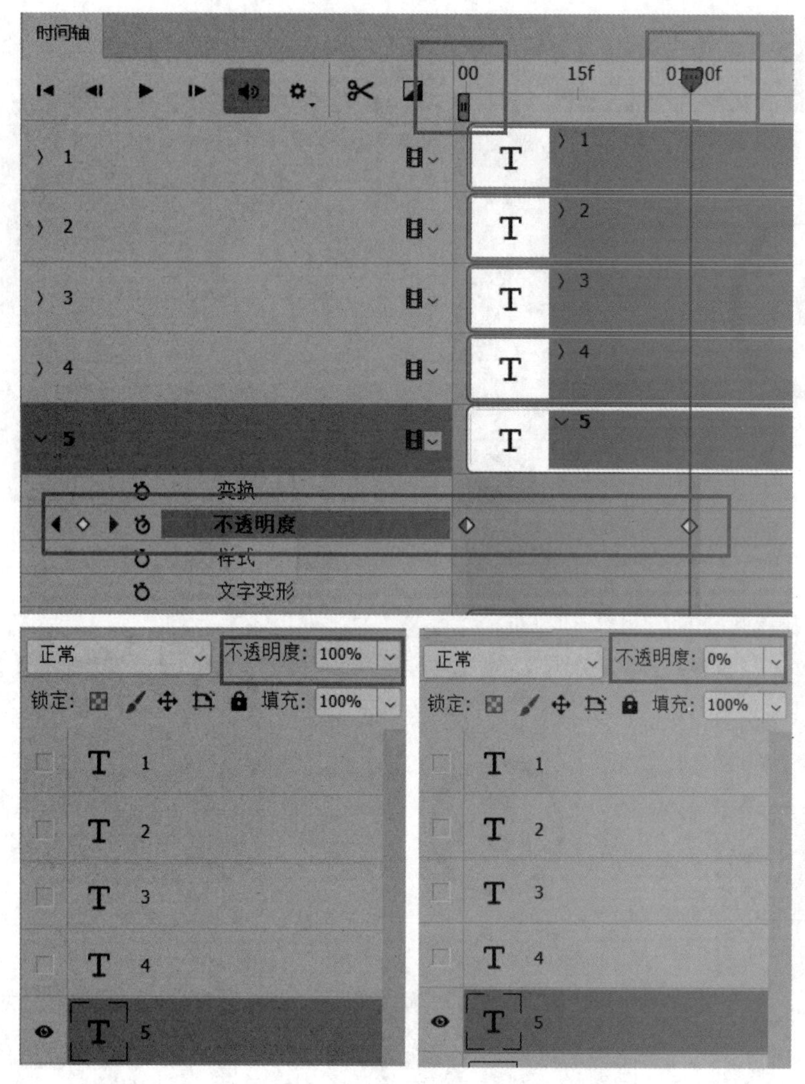

图 5－127　添加关键帧

（11）调整各图层播放时长，如图 5－128 所示。

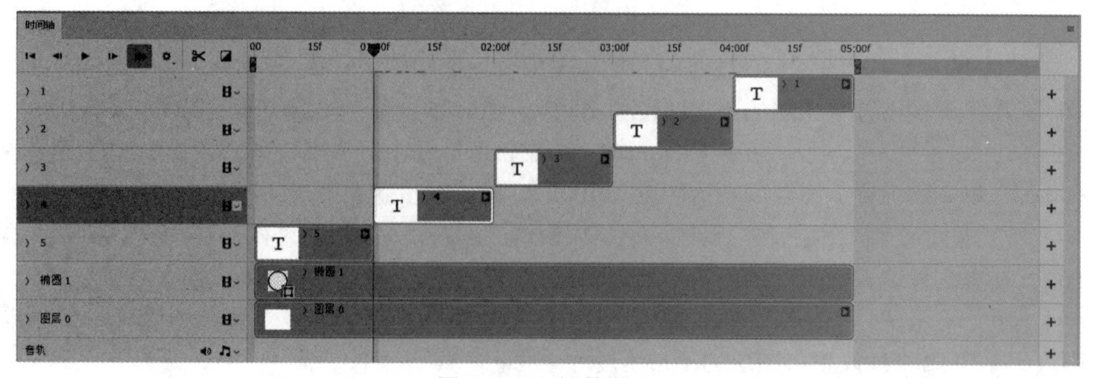

图 5－128　调整图层

（12）测试播放动画，并将倒计时导出 GIF 动画，如图 5 – 129 所示。

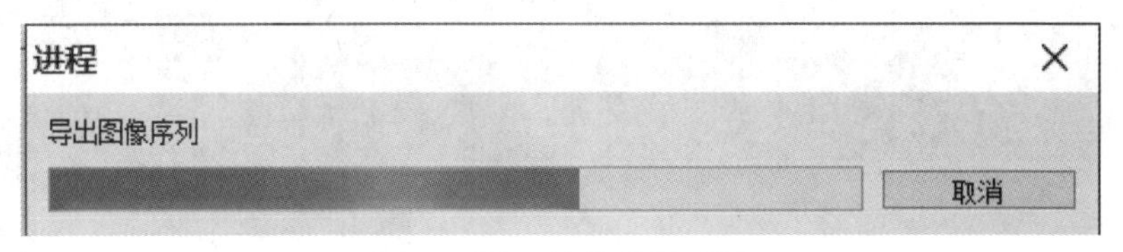

图 5 – 129　导出 GIF 动画

（13）单击选择“文件”→“导出”→“存储为 Web 所用格式（旧版）”，弹出对话框，如图 5 – 130 所示，设置参数、存储路径，单击“完成”按钮，形成 GIF 动画。

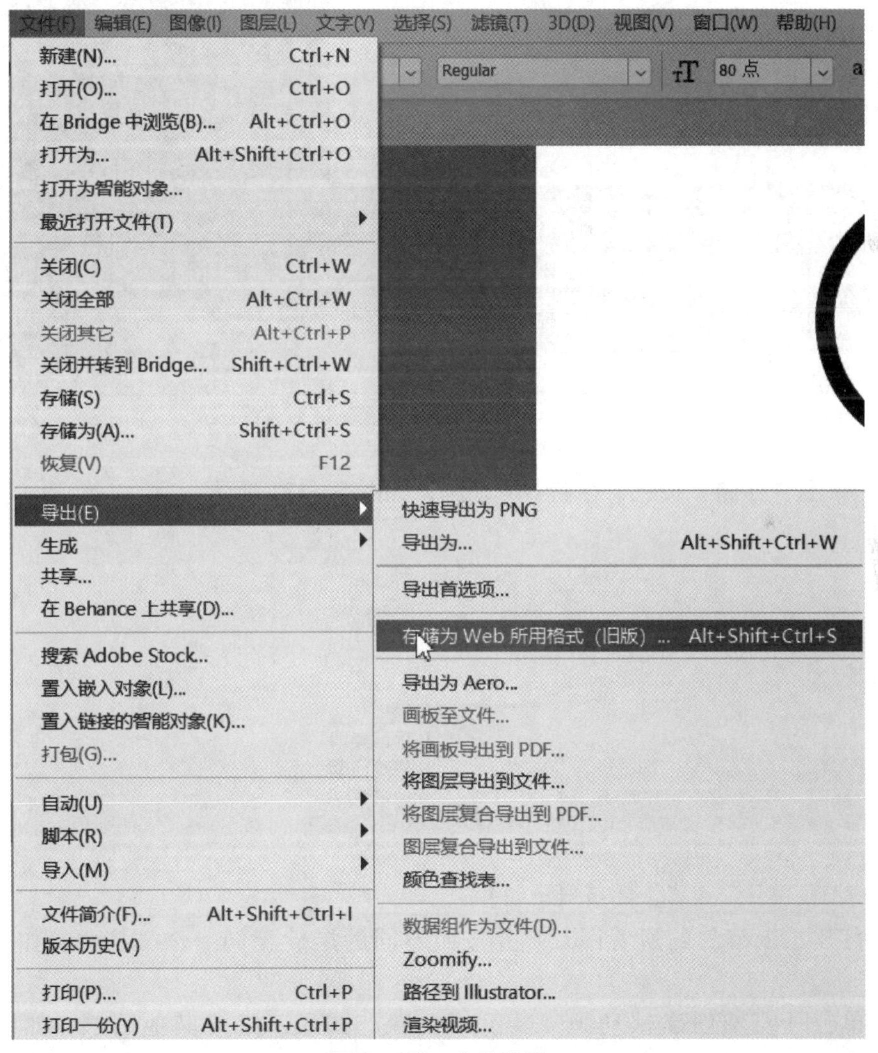

图 5 – 130　存储设置

图 5－130　存储设置（续）

（14）单击“存储”按钮，存储 GIF 动画，如图 5－131 所示。

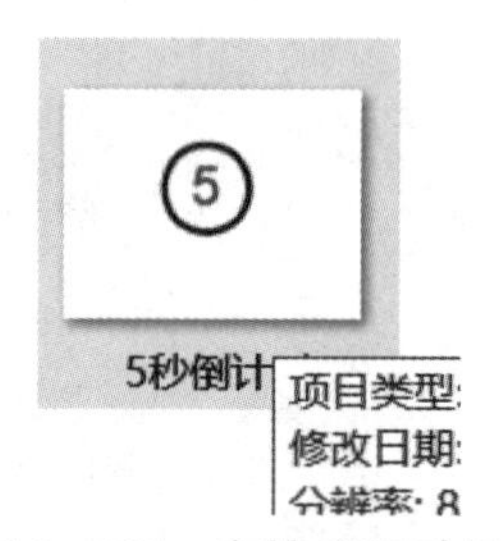

图 5－131　存储 GIF 动画

创建帧动画案例 2：二十四节气更替

（1）打开二十节气的所有图片，并按照不同的层放至同一个文档中，如图 5－132 所示。

（2）单击时间轴创建帧动画。显示“立春”图层，隐藏其他图层，如图 5－133 所示。

（3）单击“复制所选帧”按钮，隐藏“立春”图层，显示“雨水”图层，如图 5－134 所示。

（4）参照步骤（3）的做法，将二十四节气的二十四张图按照顺序创建帧。

图 5－132　打开图片

图 5－133　图层显隐

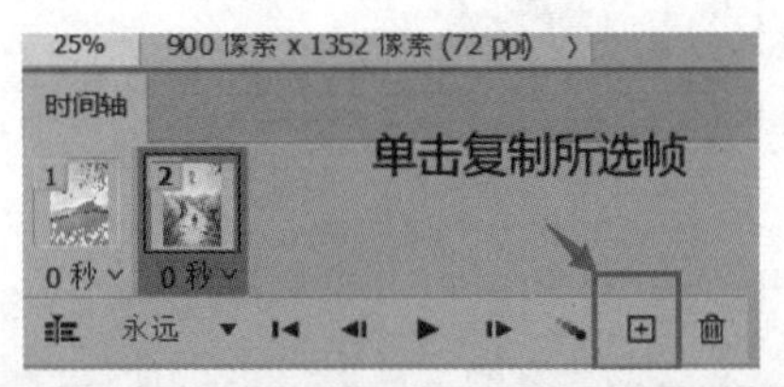

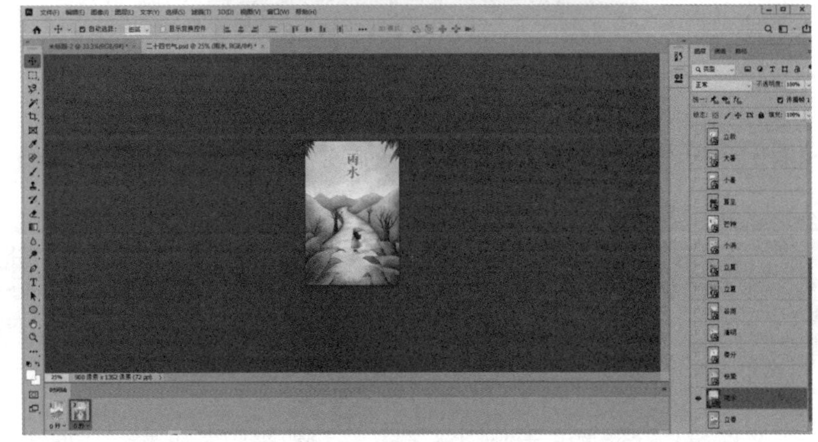

图 5－134　设置图层

（5）选中所有帧，设置每帧播放时间为0.5秒，如图5－135所示。

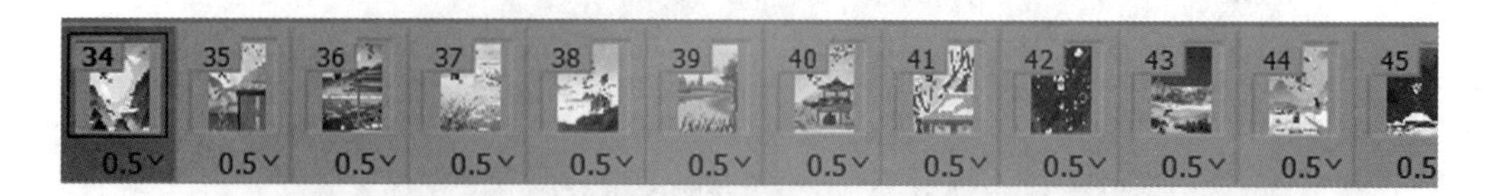

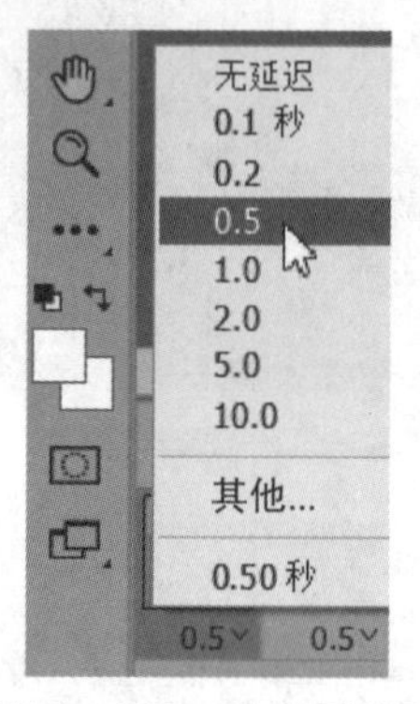

图5－135　设置播放时间

（6）选中第一帧，单击“过渡”按钮，设置过渡参数和效果，如图5－136所示。

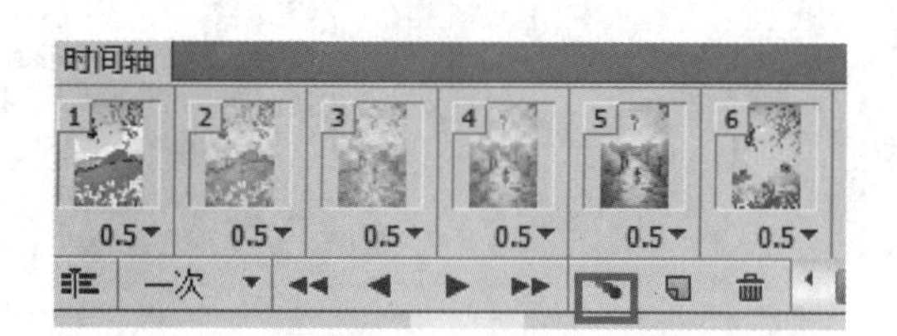

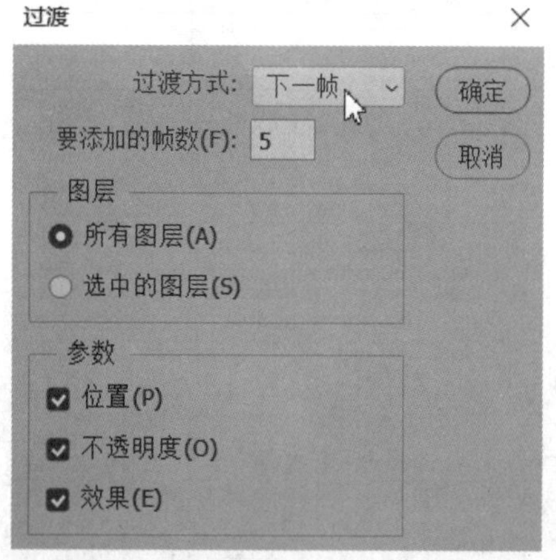

图5－136　设置过渡参数和效果

（7）单击“文件”→“存储为Web所用格式”，渲染出视频，如图5－137所示。

图 5－137　存储视频

二、帧动画与视频动画的转换

当时间轴处于帧动画面板时，单击图标 转换为视频动画，如图 5－138 所示。

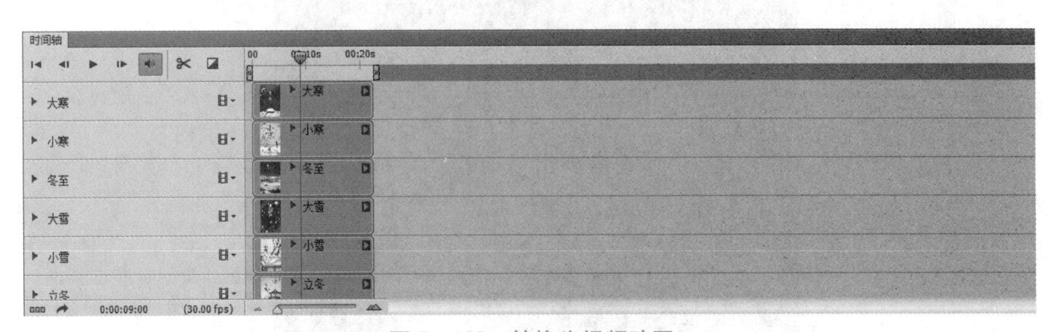

图 5－138　转换为视频动画

当时间轴处于视频动画面板时，单击图标 转换为帧动画。

将上述“二十四节气”帧动画转换为视频动画后，可在音轨中插入音乐，再一次存储为 Web 所用格式，导出 GIF 动画。

三、设置导出动画

在“存储为 Web 所用格式”对话框中设置视频动画或者帧动画，如图 5－139 所示。

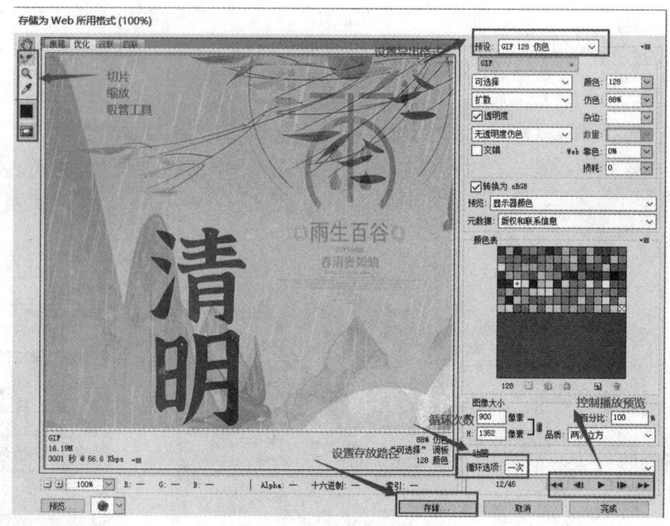

图 5-139 设置导出动画

任务实现

设计动态弹窗

动态弹窗是指打开网页、软件、手机 APP 等的时候自动弹出的窗口。动态弹窗多数以一种广告推广的形式出现，可以为网站获取流量，为网页游戏取得更多人气，如图 5-140 所示。

图 5-140 动态弹窗示例

（1）打开PS软件，拖入弹窗源文件，对源文件图层进行整理。将需要做动态的图层单独置放一个组，并做好命名。其余图层编组置于底层，如图5－141所示。

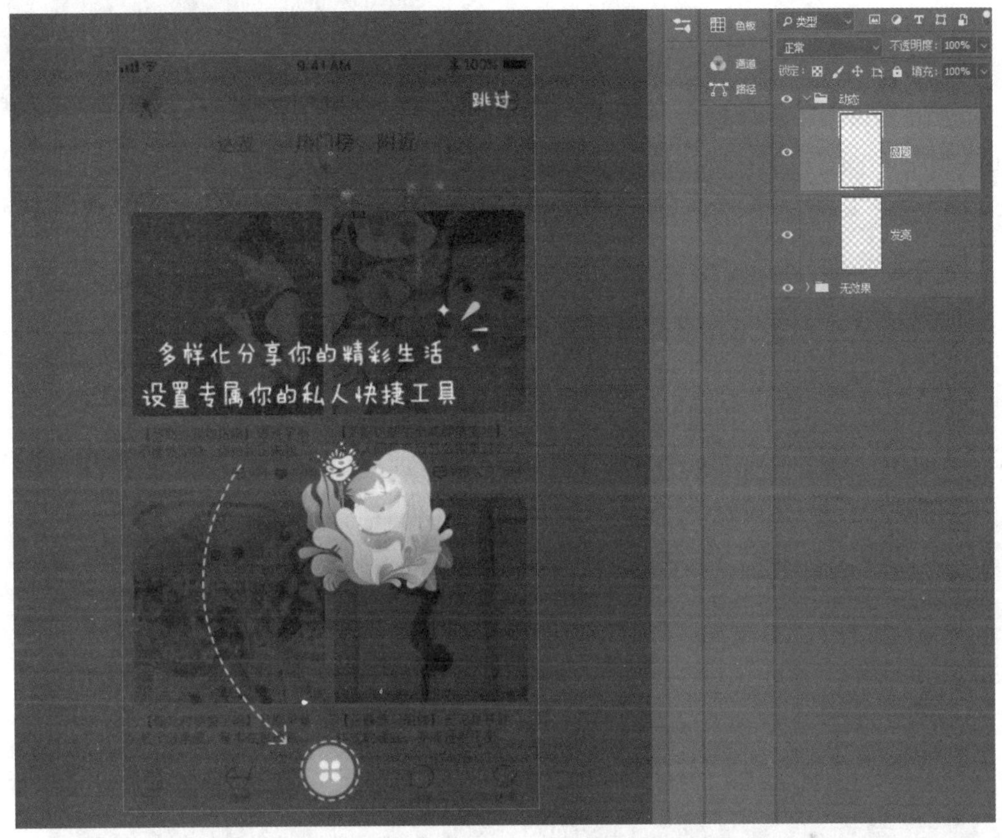

图5－141　图层整理

（2）本案例弹窗动效集中在右上角亮片区域、底部导航虚线圆圈区域，分别做放大缩小、旋转的循环动效。

（3）在“窗口”菜单下找到“时间轴”，单击三角按钮，可选择“创建视频时间轴”或者“创建帧动画”，此处选择“创建帧动画”，进入帧动画编辑界面，如图5－142所示。

图5－142　创建帧动画

（4）此时系统已默认创建一帧画面，为界面默认视觉样式，如图5－143所示。

图5－143　默认帧

（5）进入图层，复制当前“动态”组，按快捷键 Ctrl + J 复制两次，进行组命名，如图 5－144 所示。

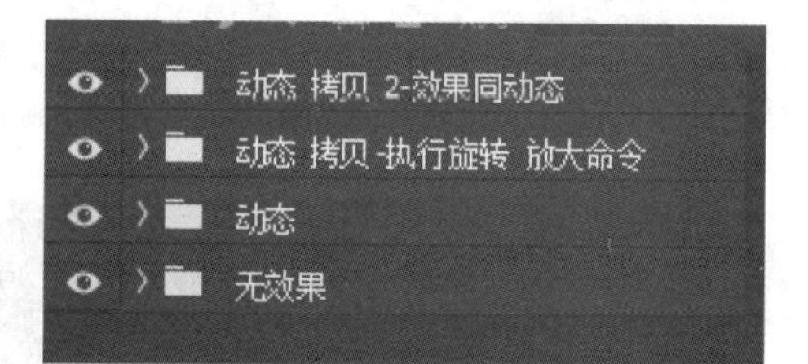

图 5－144　复制组

（6）单击第一个复制动态组“动态 拷贝－执行旋转 放大命令”里面的图层“圆圈”，按快捷键 Ctrl + T 并旋转 180°，对图层“发亮”，按快捷键 Ctrl + T，等比放大至 125%，第二个复制的动态组“动态 拷贝 2－效果同动态”效果不变，如图 5－145 所示。

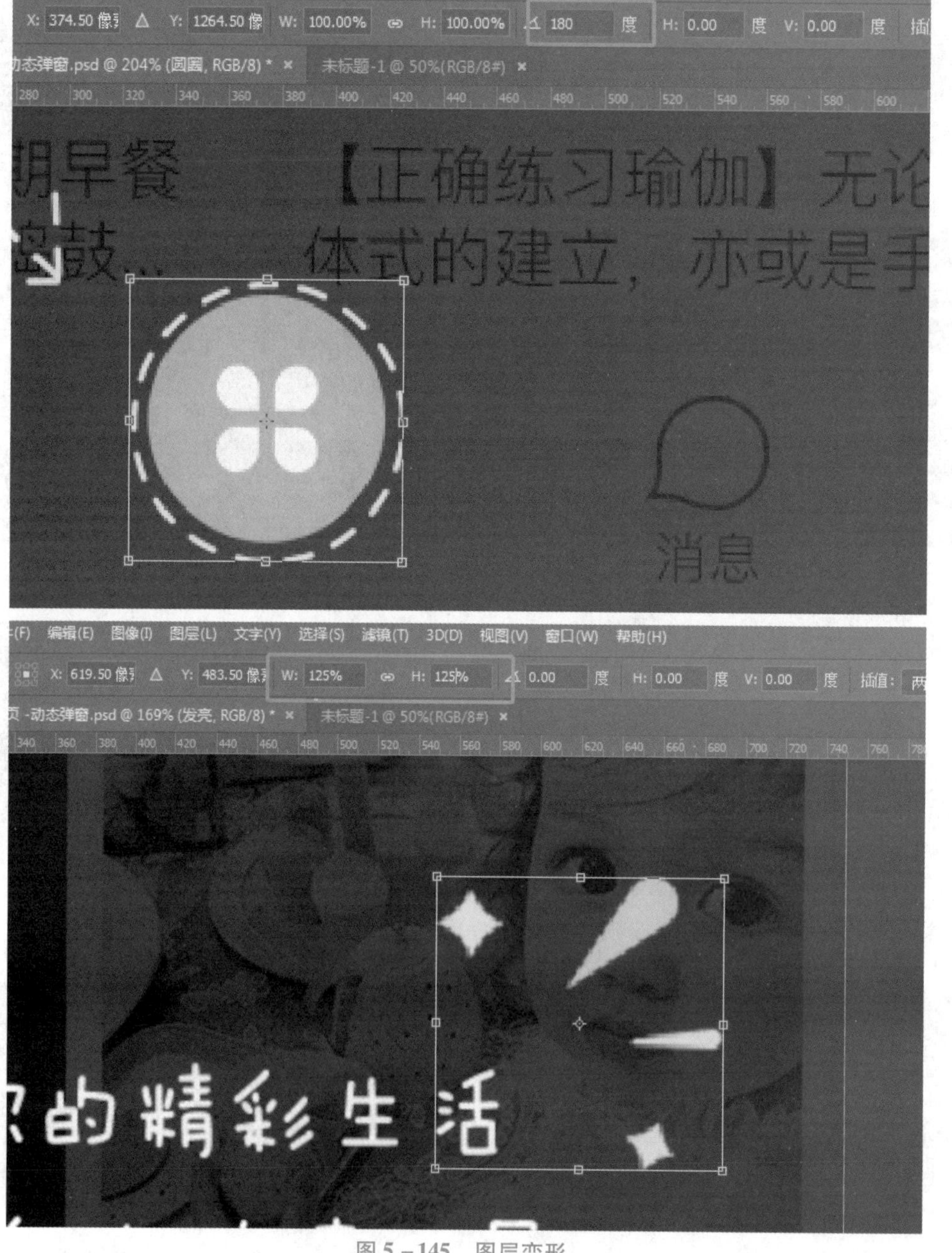

图 5－145　图层变形

(7) 完成以上操作后，回到帧动画编辑界面，单击“复制所选帧”，得到3帧界面，此时3帧画面效果相同，如图5-146所示。

图5-146 复制所选帧

(8) 选择帧动画第一帧，并回到图层上，将“无效果”和“动态”图层眼睛打开，其余图层眼睛关闭，完成第一帧设置，如图5-147所示。

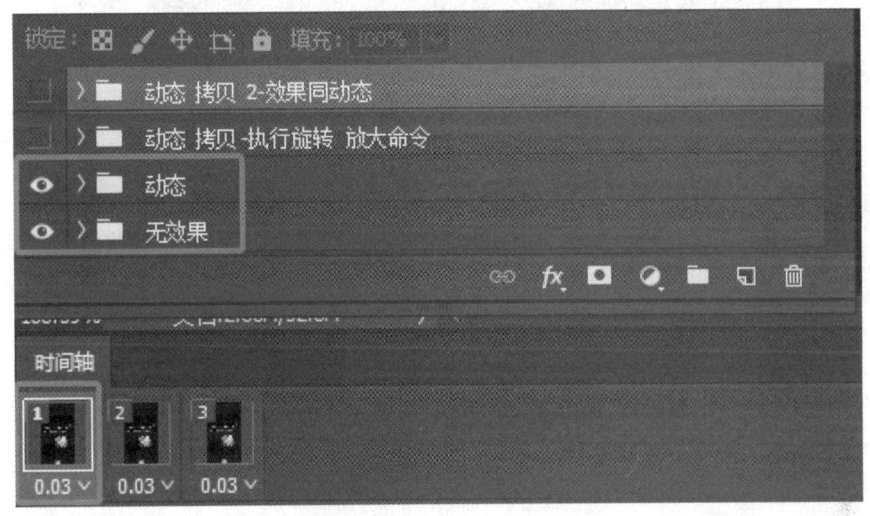

图5-147 第一帧设置

(9) 选择帧动画第二帧，并回到图层上，将“无效果”和“动态 拷贝-执行旋转 放大命令”图层眼睛打开，其余图层眼睛关闭，完成第二帧设置，如图5-148所示。按相同方法，完成第三帧设置。

(10) 设置完成后，全选时间轴里面的三帧画面，单击帧画面的三角箭头，将每帧的时间设置为0.1 s，如图5-149所示。

(11) 紧接着选中第一帧，单击时间轴上的过渡帧，设置如图5-150所示，完成第一帧到第二帧的过渡。

(12) 选中原来时间轴上的第二帧（现在时间轴上的第七帧），单击时间轴上的过渡帧，设置如图5-151所示，完成到最后一帧的过渡。

(13) 按快捷键Ctrl+Alt+Shift+S或者单击“文件”→“导出”→“存储为Web所用格式”，保存格式选择GIF格式，动画循环选项选择“永远”，如图5-152所示。

(14) 将文件存储至桌面或者文件夹中，如图5-153所示。

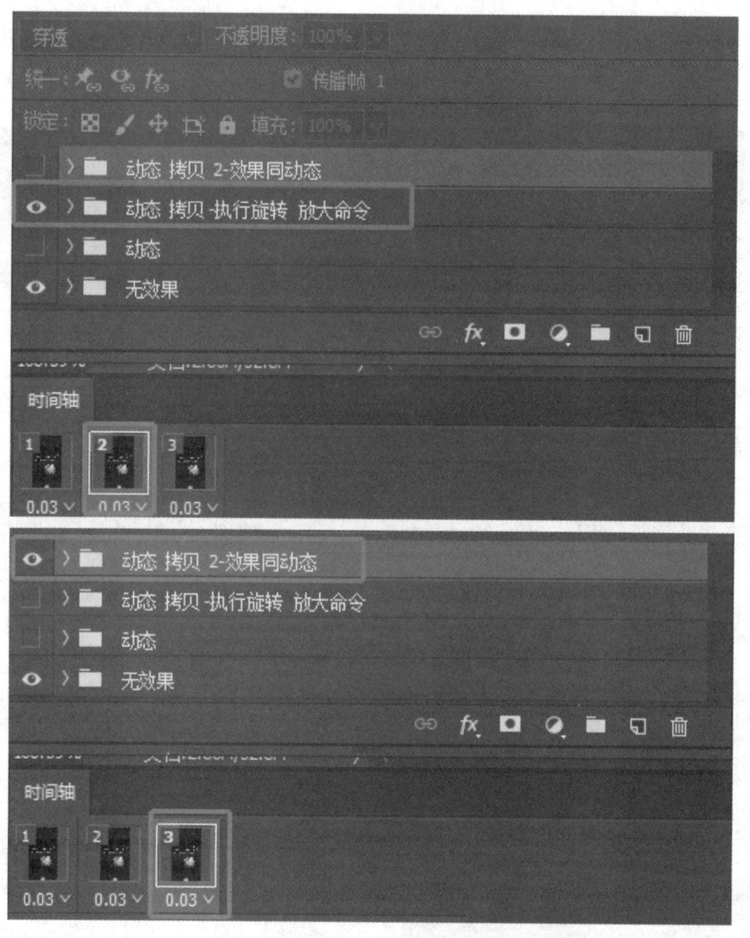

图 5－148　第二帧设置

图 5－149　时间设置

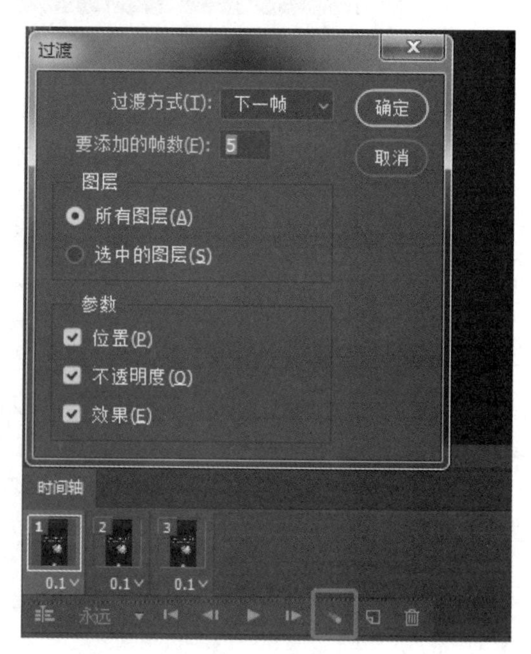

图 5－150　第一帧到第二帧的过渡

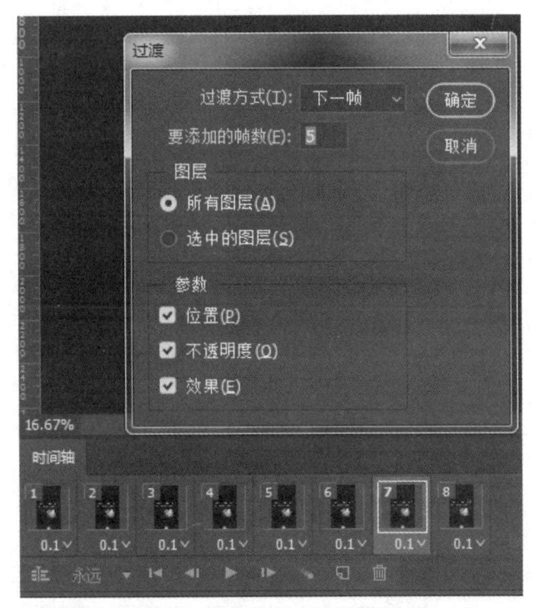

图5－151　最后一帧的过渡

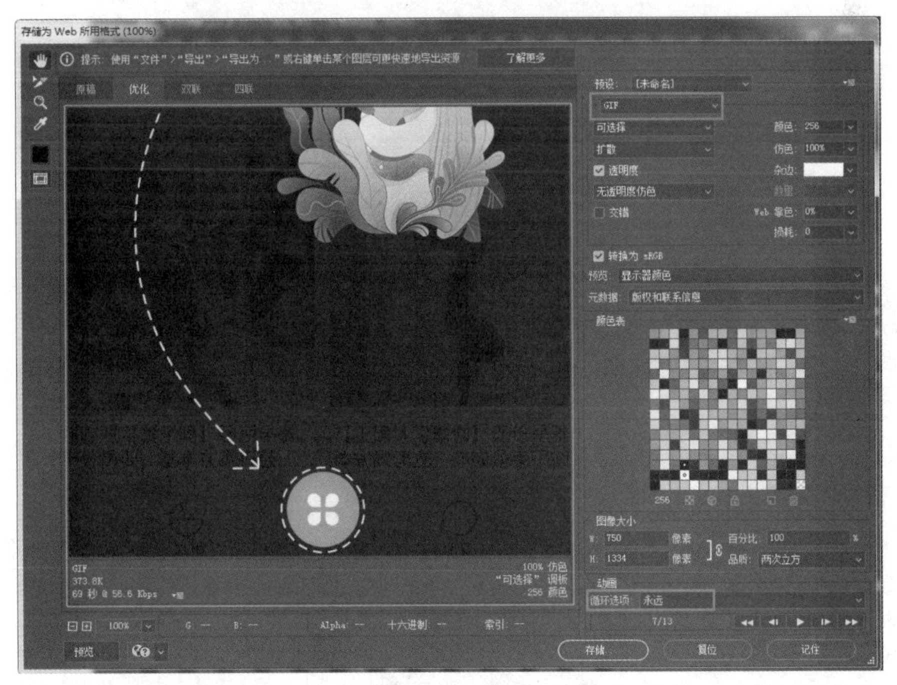

图5－152　导出

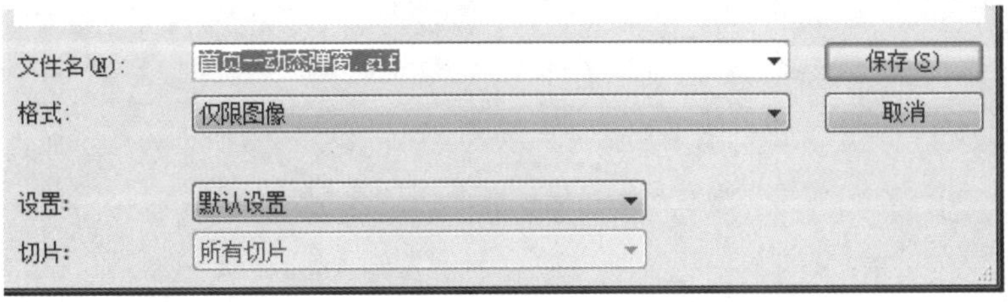

文件名(N): 首页--动态弹窗.gif　保存(S)

格式: 仅限图像　取消

设置: 默认设置

切片: 所有切片

图5－153　存储

项目六

APP 列表页设计

项目描述

本项目主要针对 APP 列表页设计中的列表内容设计进行讲解，对卡片式设计表现方法、消息列表、瀑布流等内容进行知识性的导入，并通过具体的任务实现过程进行实操性演练，如图 6－1 所示。

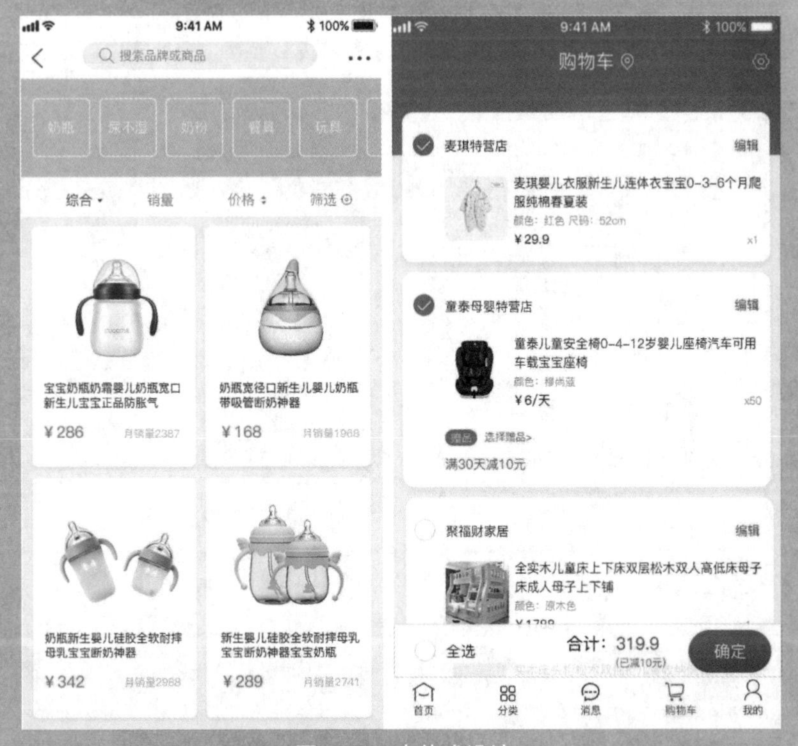

图 6－1　卡片式设计

学习目标

（1）掌握卡片式设计、颜色搭配设计的相关理论知识；

（2）掌握卡片式设计、颜色搭配设计的各单项内容的设计实操技能；

（3）能够对单项内容设计进行整合，设计出完整、合理、美观的卡片式设计；

（4）能够以精益求精的工匠精神，严格对待每一个设计细节，遵循设计规范，符合产品需求，符合岗位要求；

（5）能够基于用户体验对设计内容进行创新，深度思考如何才能设计得更好，具备优化再设计的能力。

任务一　卡片式设计

任务说明

本任务主要针对 APP 列表页设计中的列表内容设计进行讲解，对卡片式设计表现方法、消息列表、瀑布流等内容进行知识性的导入，并通过具体的任务实现过程进行实操性演练。

知识导入

一、卡片式设计的表现方法

卡片式设计是栅格的一种形式，将整个页面的内容切割为多个区域，如图 6－2 所示。每个区域内包含不同大小、不同媒介形式的内容单元。通过卡片式设计，以统一的方式进行混合呈现。卡片式设计不仅能给人很好的视觉一致性的感受，而且更易于设计上的迭代。

二、卡片式设计应用——瀑布流

瀑布流是比较流行的一种页面布局。这种布局适用于小数据块，每个模块内容相近且没有侧重，每个模块的高度也不一样，视觉表现为参差不齐的多栏布局。通常，随着页面向下滚动，这种布局还会不断加载数据块并附加至当前尾部。所以，给这样的布局起了一个形象的名字，叫瀑布流布局，目前其大量运用在看图类应用中，如图 6－3 所示。

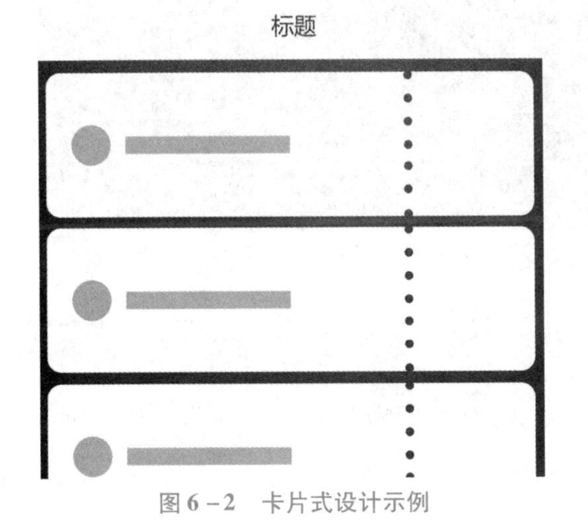

图 6－2　卡片式设计示例

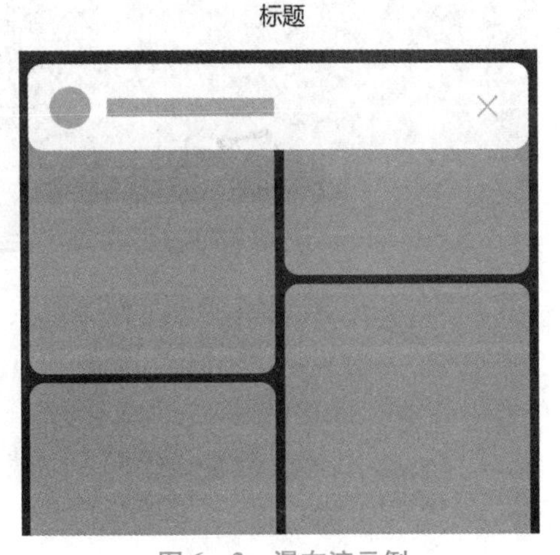

图 6－3　瀑布流示例

三、卡片式设计应用——消息列表

消息列表是最常见的列表展示形式，是辅助说明型表格，用来展示一列列看起来差不多，但用户需要利用额外的辅助信息来区分的项目。一般来说，在主标题下面会有补充说明的副标题，如图6－4所示。副标题字号较小，颜色较灰。

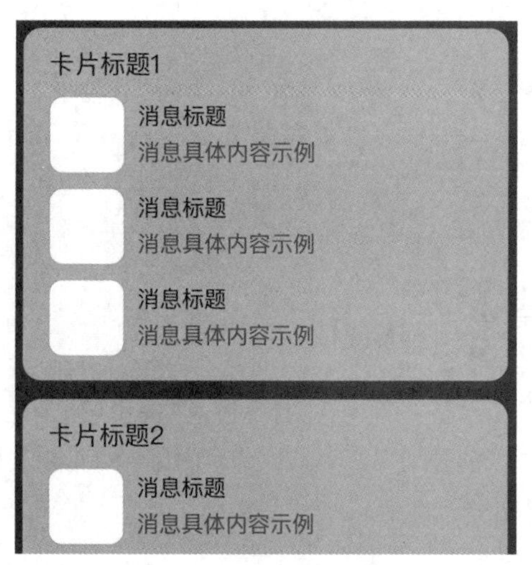

图6－4　消息列表示例

任务实现

一、设计瀑布流卡片

（1）新建文档，选择移动设备 iPhone 8/7/6，分辨率为72 ppi，RGB 颜色模式，白色背景，如图6－5所示。

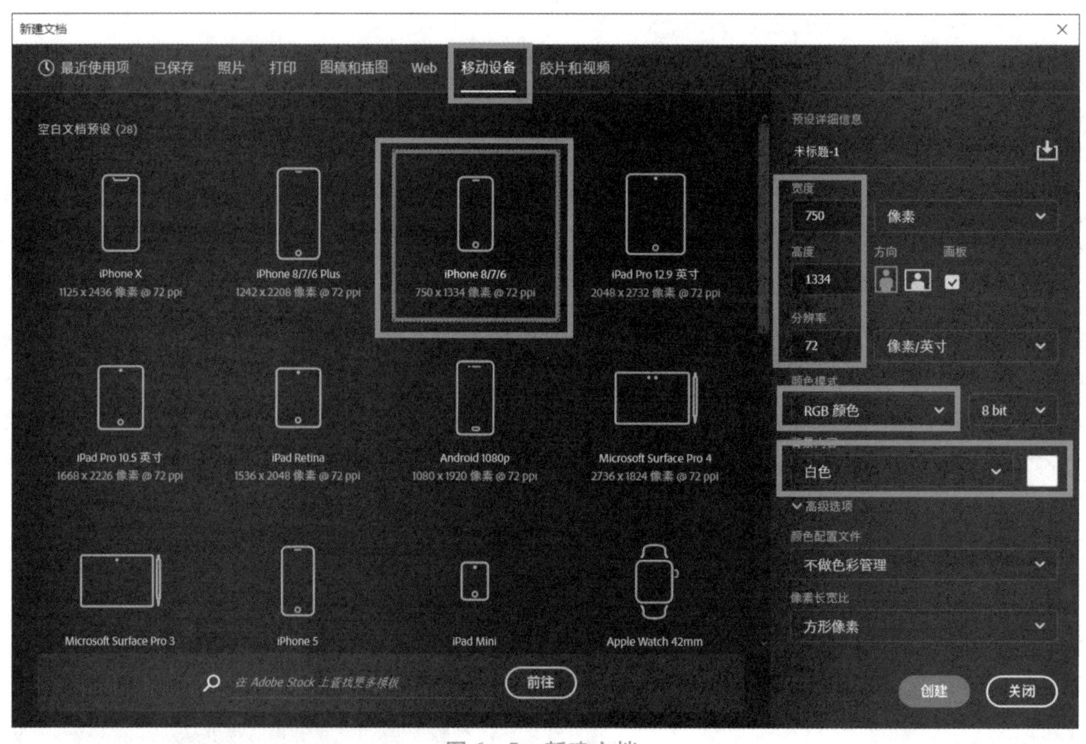

图6－5　新建文档

（2）使用矩形工具绘制一个任意填色、无边框、尺寸为750×40 px的矩形，并调整好位置，如图6－6和图6－7所示。

（3）使用矩形工具再度绘制一个填色为灰色、无边框的750×88 px的矩形，如图6－8和图6－9所示。

图 6－6　绘制矩形

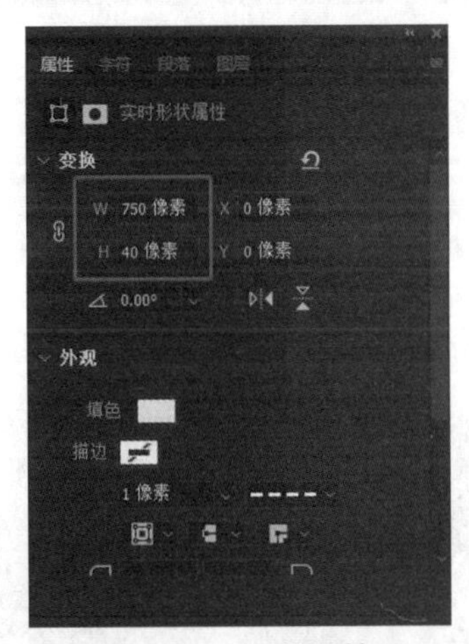

图 6－7　形状属性

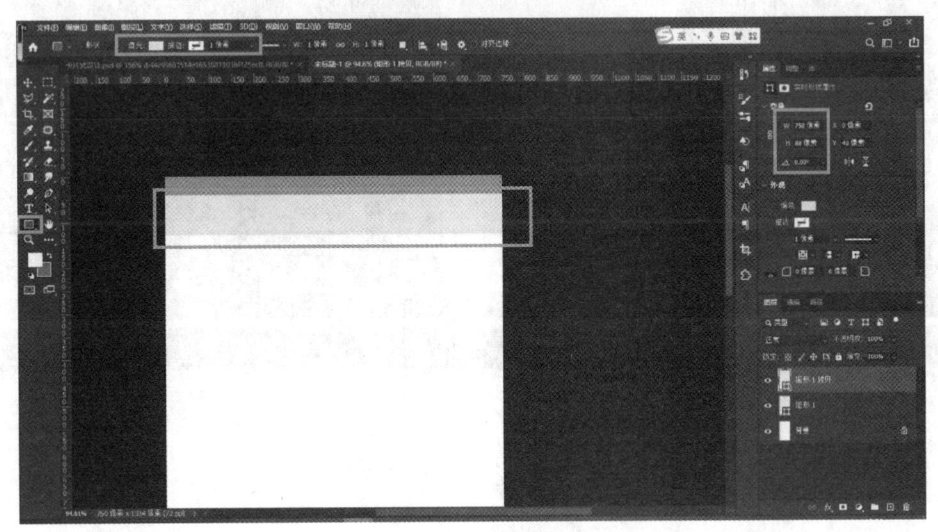

图 6－8　绘制矩形

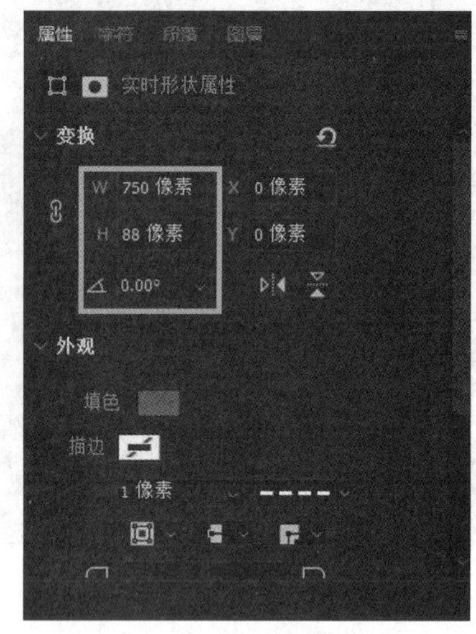

图 6－9　形状属性

（4）使用矩形工具绘制一个填色为蓝色、无边框的 750×200 px 的矩形，如图 6－10 和图 6－11 所示。

（5）使用矩形工具绘制一个填色为灰色、无边框的 750×80 px 的矩形，如图 6－12 和图 6－13 所示。

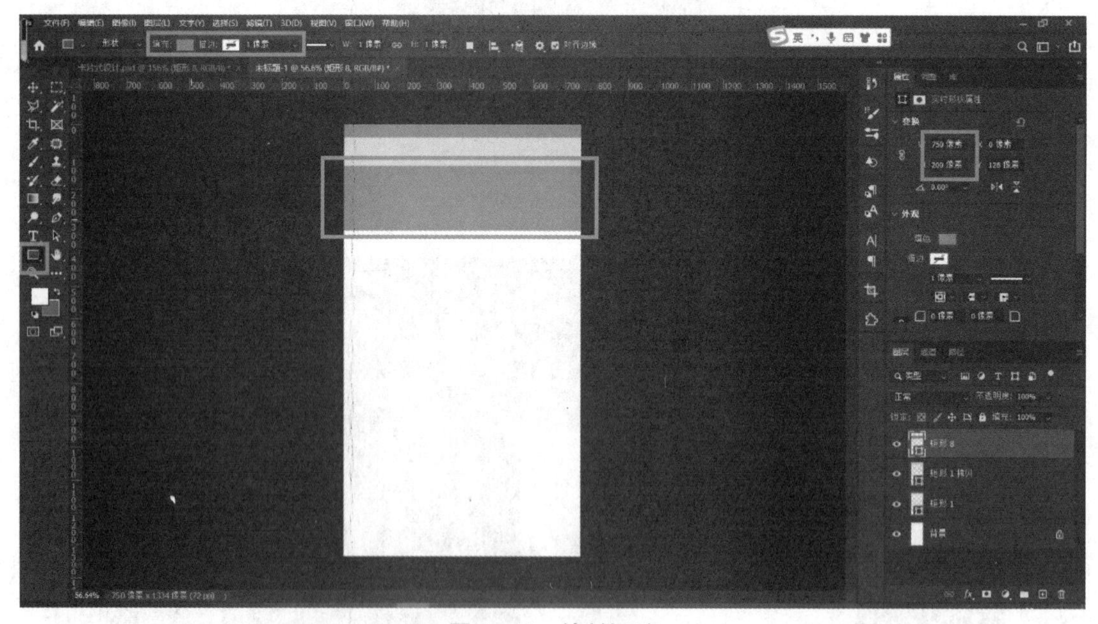

图 6－10　绘制矩形

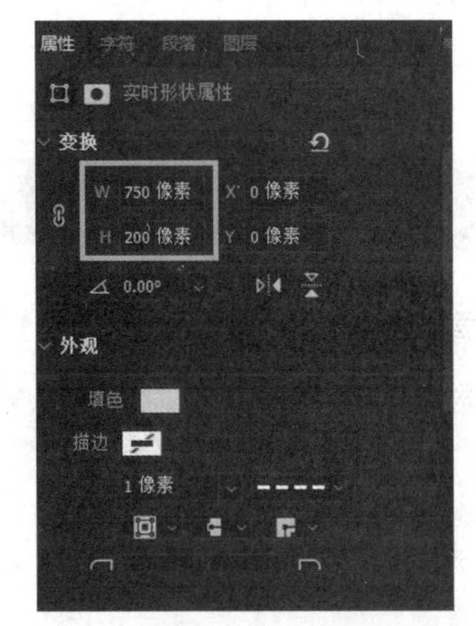

图 6－11　形状属性

图 6－12　绘制矩形

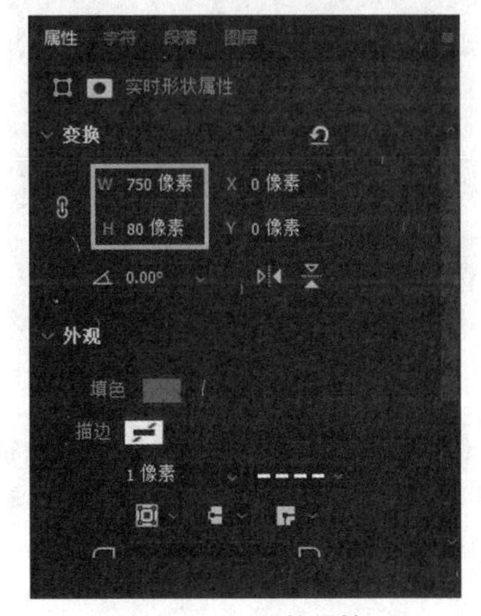

图 6－13　形状属性

（6）使用矩形工具绘制一个填色为黑色、无边框的 20×20 px 的矩形，如图 6－14 和图 6－15 所示。

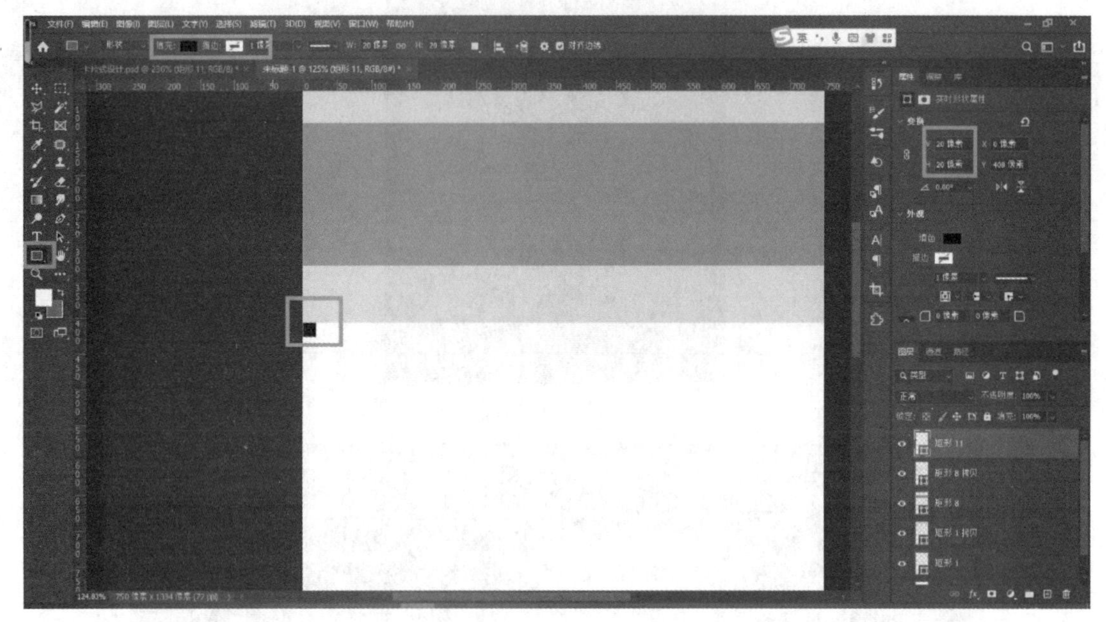

图 6－14　绘制矩形

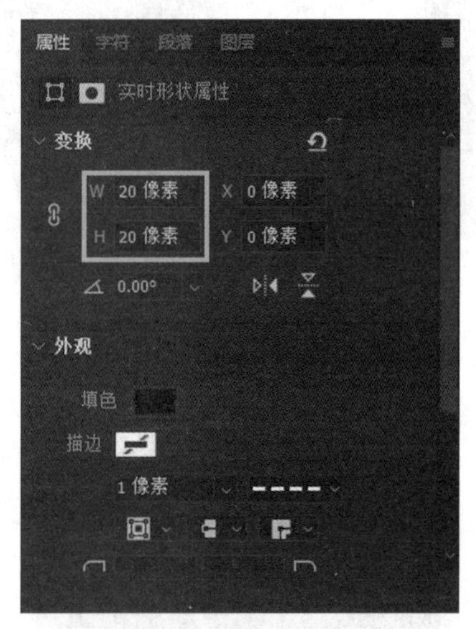

图 6－15　形状属性

（7）按下快捷键 Ctrl＋R 打开标尺，分别拖出横、竖两条辅助线，如图 6－16 所示。

（8）使用移动工具选中矩形，打开“对齐”面板，选择对齐画布，水平居中对齐，并拖出横、竖辅助线，如图 6－17 和图 6－18 所示。

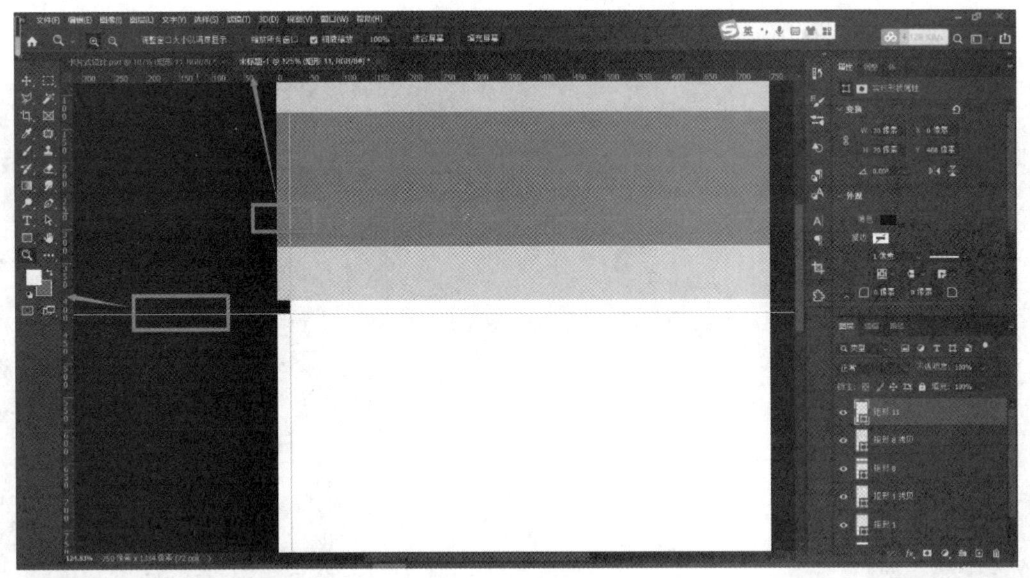

图 6-16　辅助线（1）

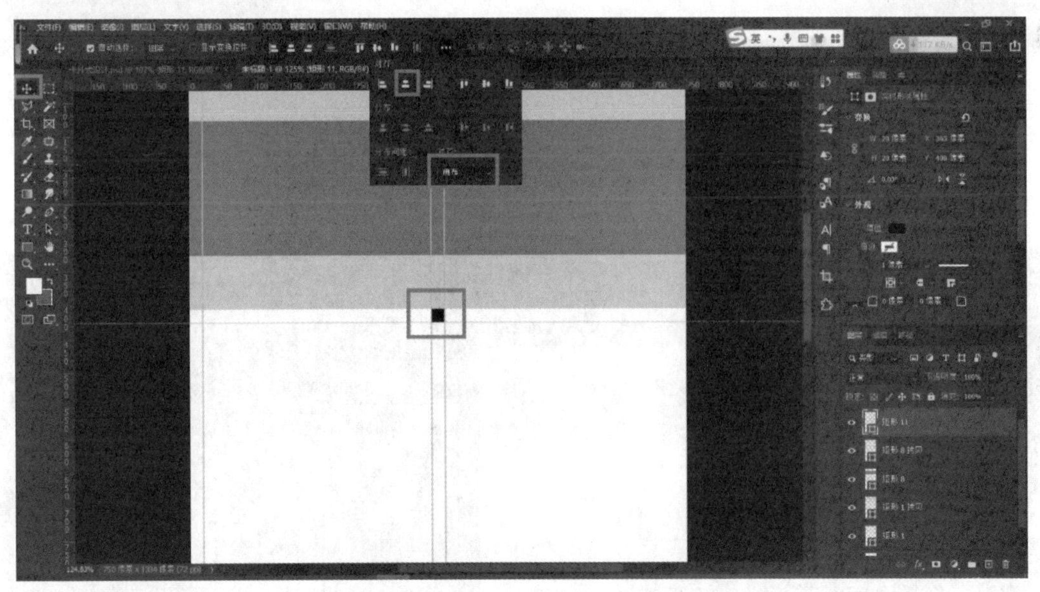

图 6-17　辅助线（2）

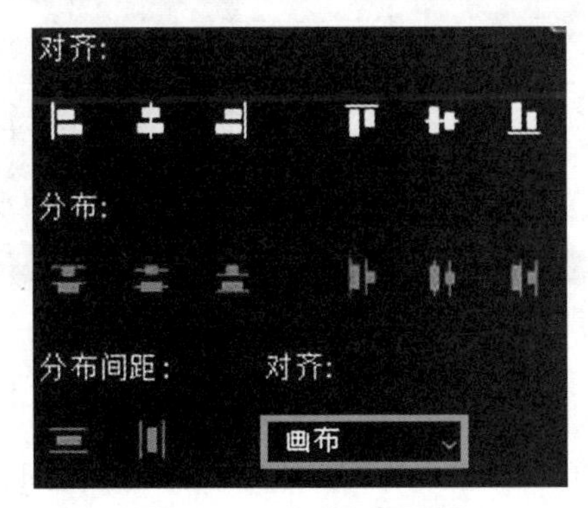

图 6-18　“对齐”面板

(9) 单击“右对齐”按钮，拖出横、竖辅助线，如图 6 - 19 所示。

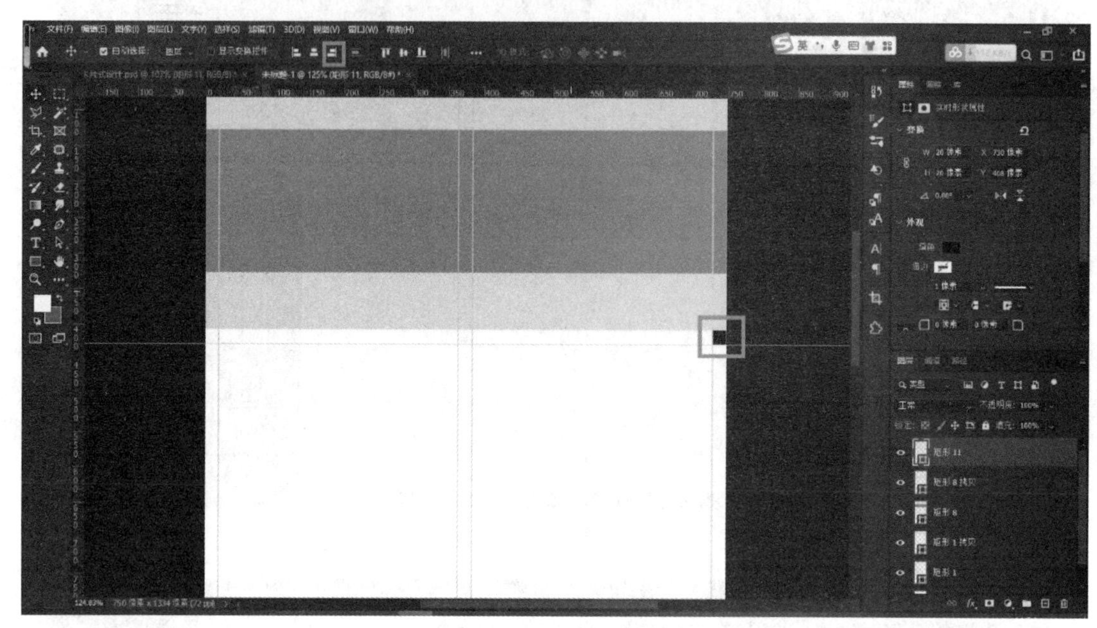

图 6 - 19　辅助线（3）

(10) 使用圆角矩形工具绘制填色为蓝色、无边框的圆角矩形，如图 6 - 20 和图 6 - 21 所示。

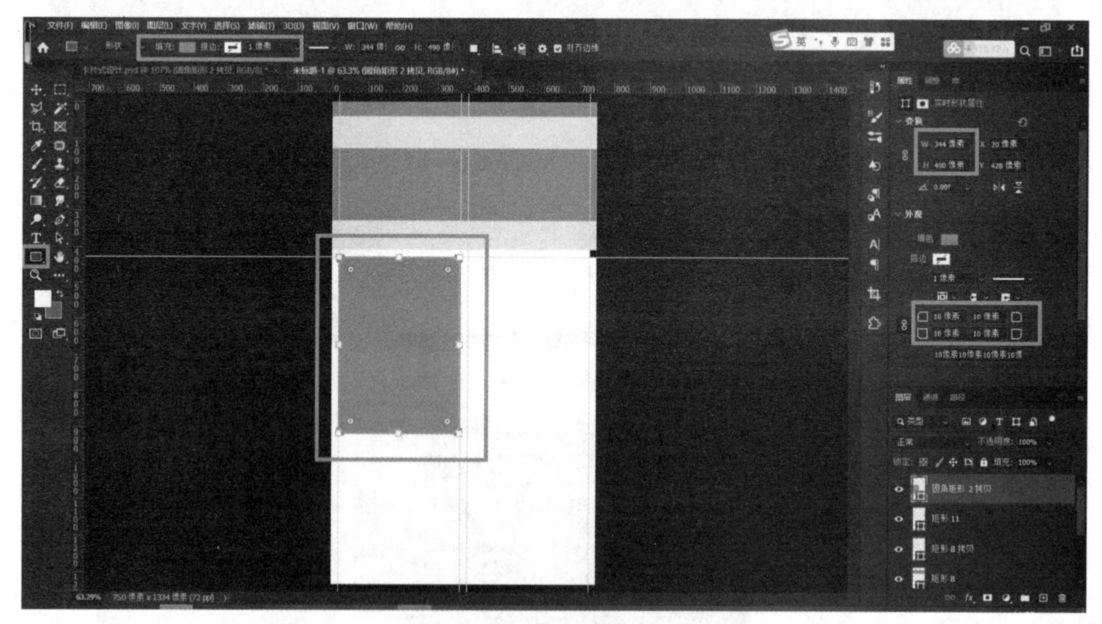

图 6 - 20　绘制圆角矩形

(11) 使用移动工具，按住 Alt 键复制第二个圆角矩形，如图 6 - 22 所示。

(12) 使用移动工具移动黑色矩形，并拖出横向辅助线，如图 6 - 23 所示。

(13) 使用移动工具，按住 Alt 键分别复制底下两个圆角矩形，如图 6 - 24 所示。

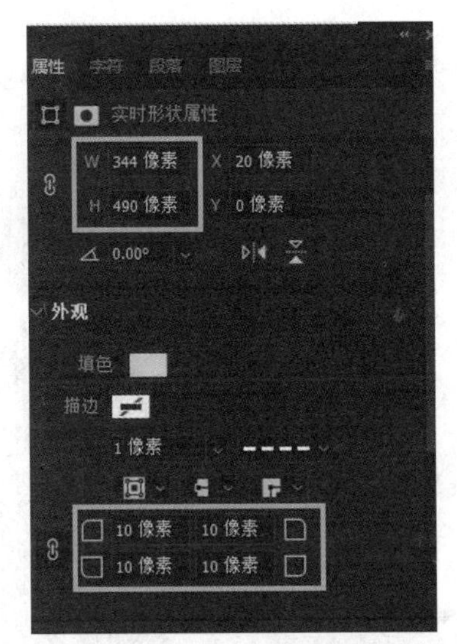

图 6－21　形状属性

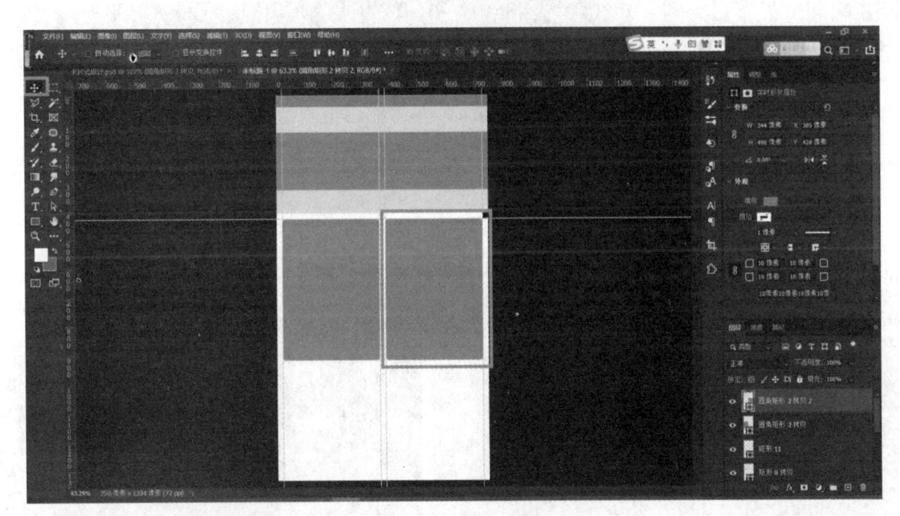

图 6－22　复制圆角矩形（1）

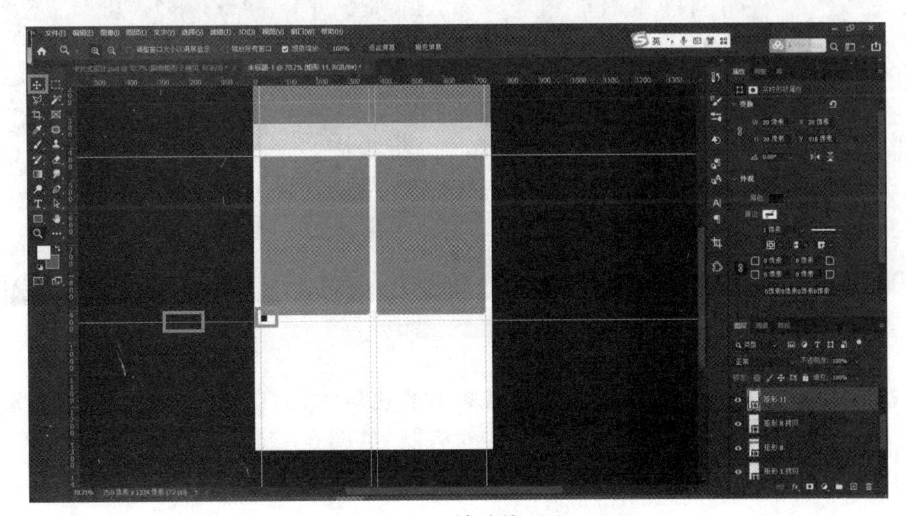

图 6－23　辅助线（4）

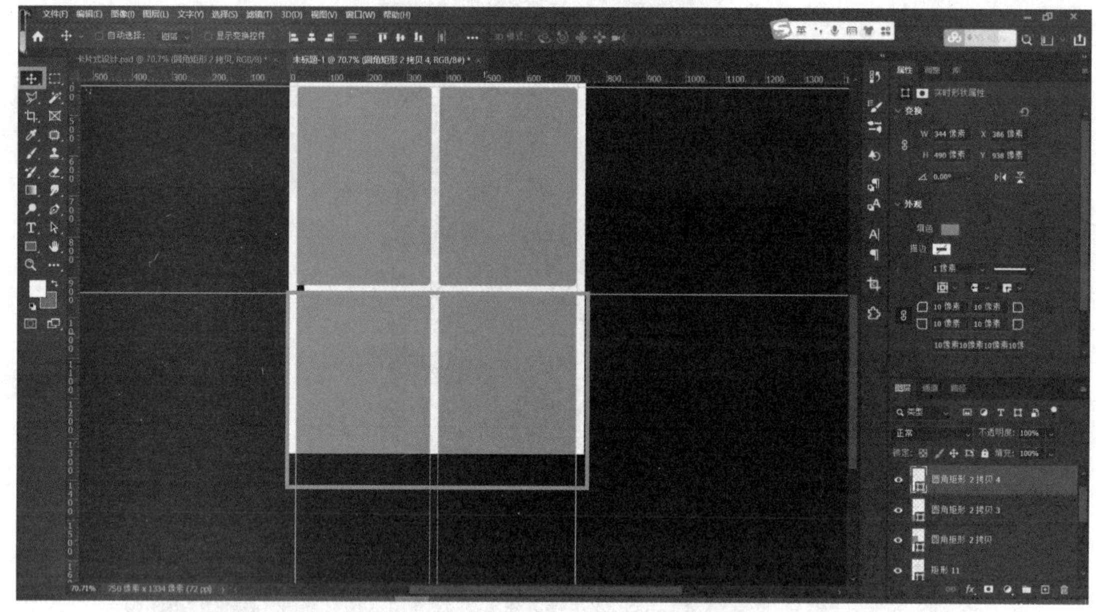

图 6－24　复制圆角矩形（2）

（14）使用裁切工具，调整画布高度，并使用移动工具移动黑色矩形，如图 6－25 所示。

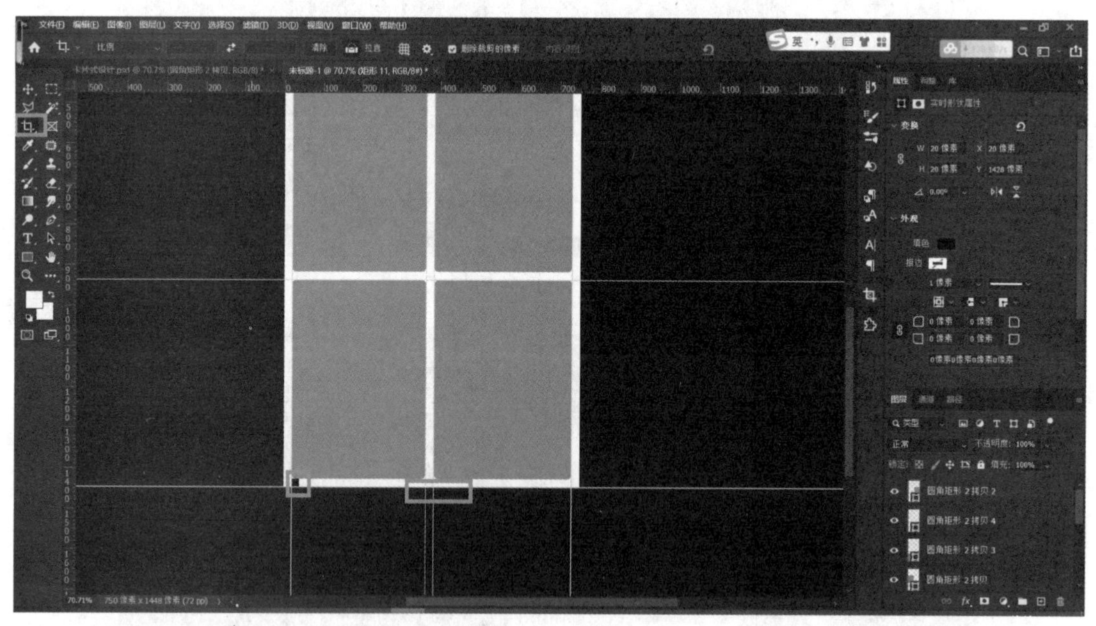

图 6－25　裁切

（15）拖入状态栏，并按住 Shift 键加选底下蓝色矩形，打开“对齐”面板，选择选区对齐方式为“垂直居中对齐”和“水平居中对齐”，如图 6－26 和图 6－27 所示。

（16）使用路径选择工具选择顶栏矩形，调整填色为白色，如图 6－28 所示。

图 6－26　对齐

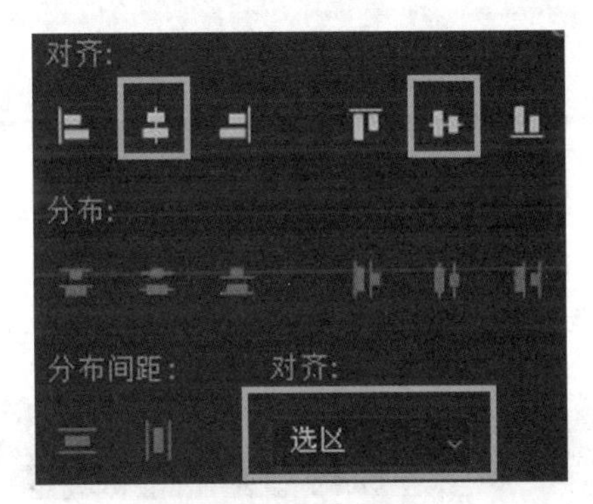

图 6－27　对齐面板

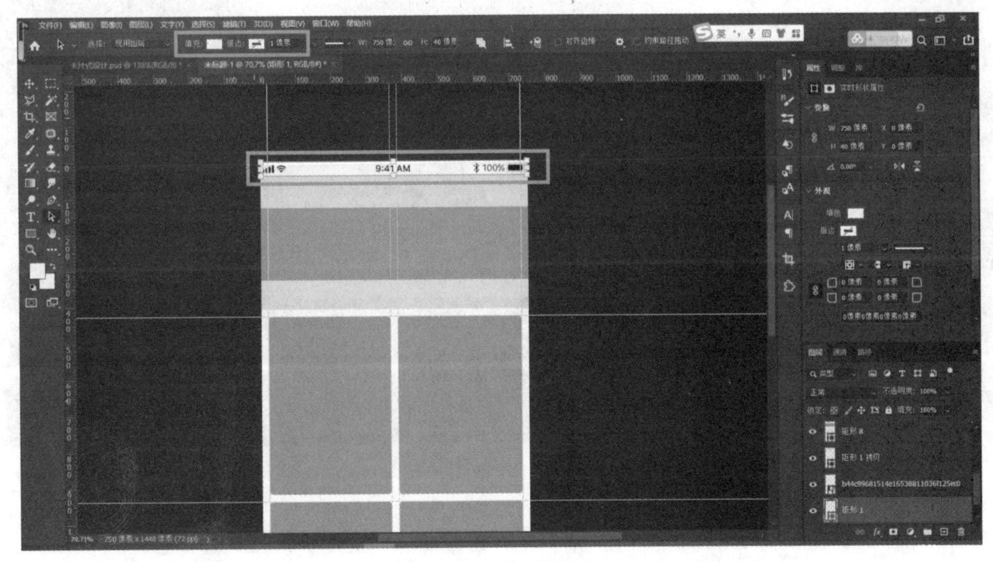

图 6－28　调整颜色

（17）使用移动工具，选择“自动选择图层”，单击灰色矩形，拖入“返回”图标，并单击“垂直居中对齐”按钮，如图 6－29 所示。

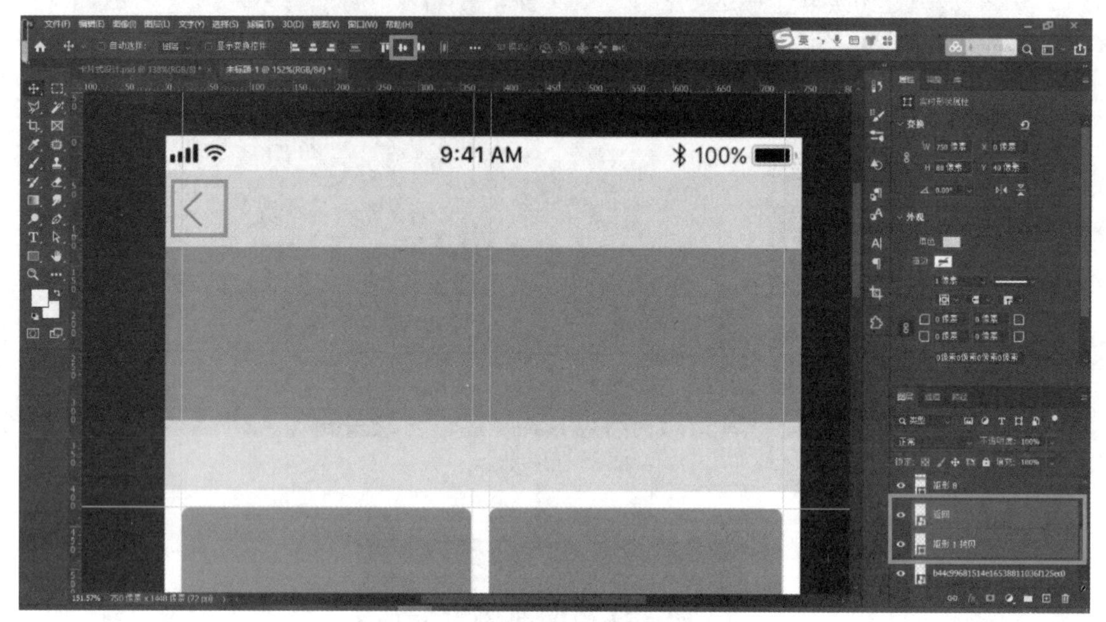

图 6－29　对齐

（18）使用圆角矩形工具绘制一个 490 × 56 px、圆角为 28 px 的圆角矩形，调整居中对齐，并调整底下深灰色矩形为白色，如图 6－30 和图 6－31 所示。

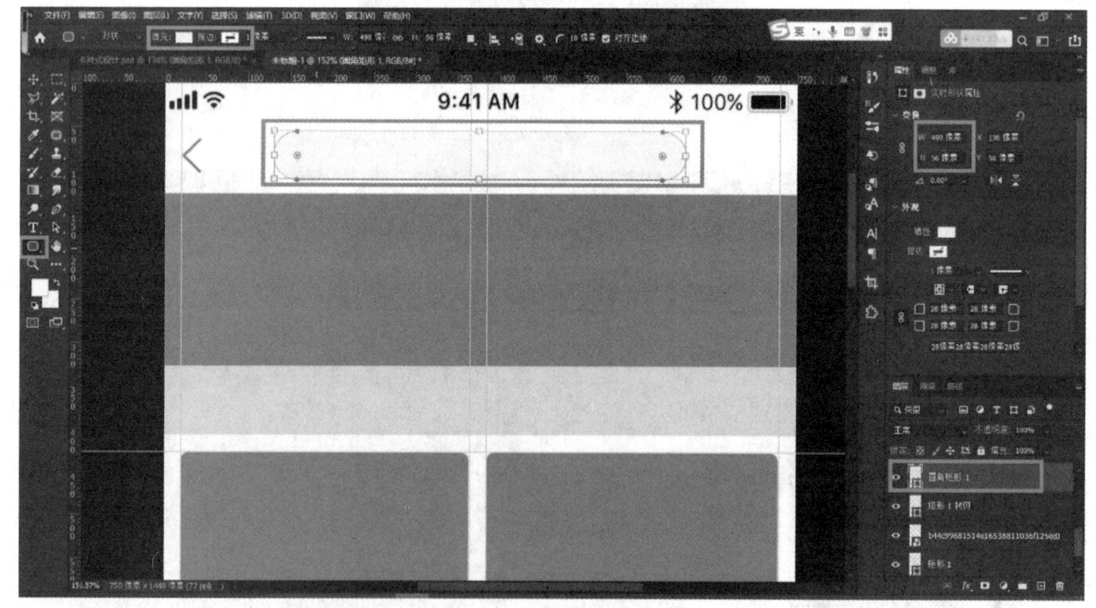

图 6－30　绘制圆角矩形

（19）使用椭圆工具绘制三个 8 × 8 px 的灰色正圆，调整好位置，如图 6－32 所示。

（20）拖入“搜索”图标，调整好位置，如图 6－33 所示。

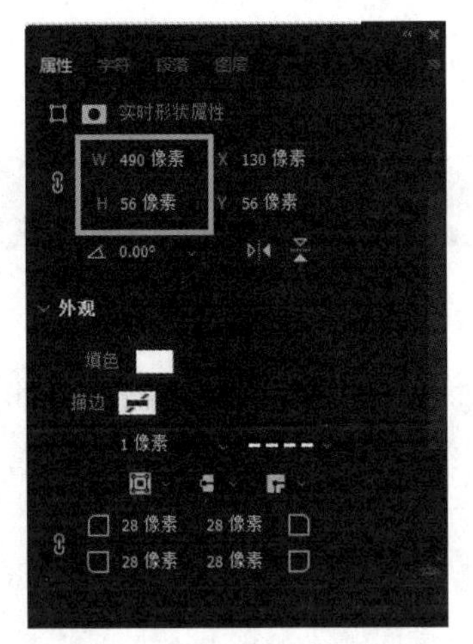

图 6－31　圆角矩形属性

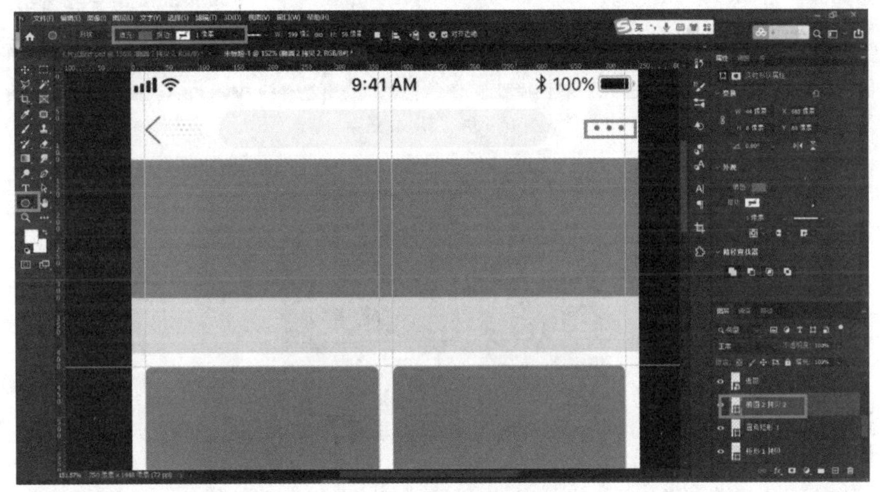

图 6－32　绘制正圆

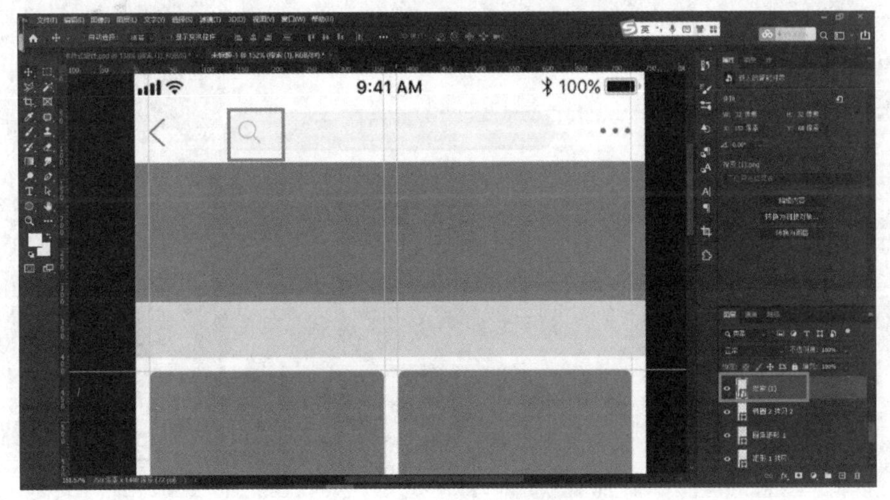

图 6－33　拖入搜索图标

（21）使用文字工具输入文字，调整字体为苹方字体，颜色为浅灰色，大小为26点，如图6－34和图6－35所示。

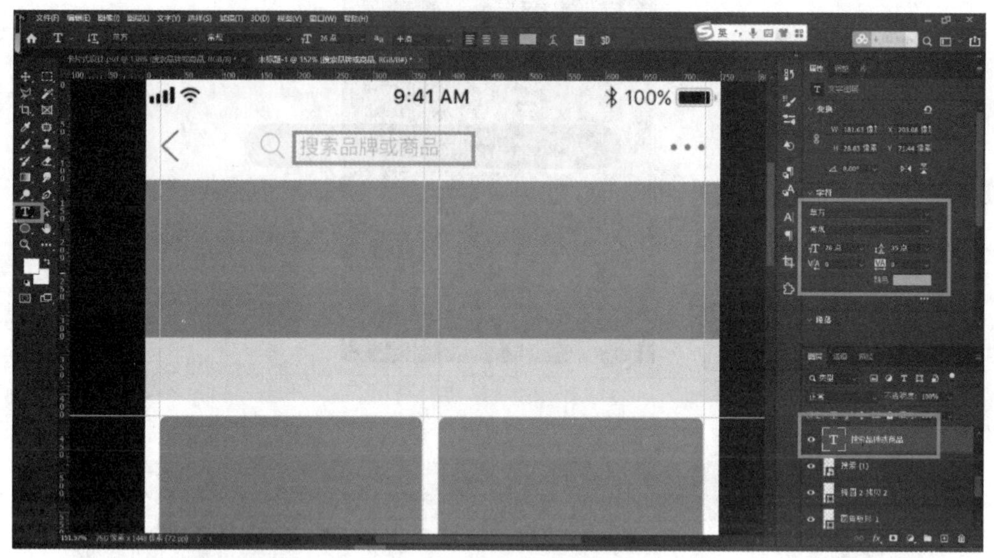

图6－34　输入文字

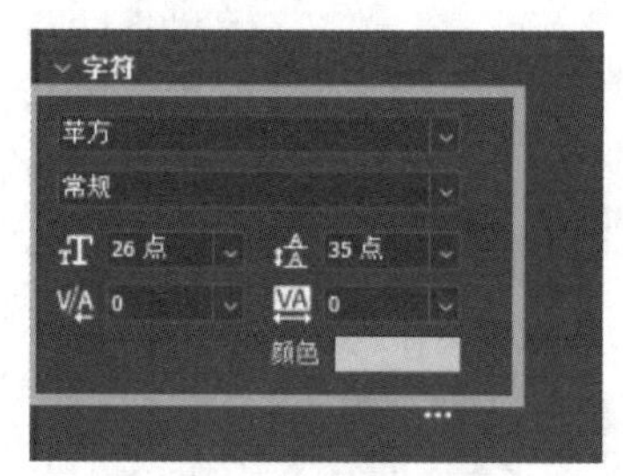

图6－35　文字属性

（22）调整下方蓝色矩形颜色为粉色，参数为“ffc9c9”，如图6－36所示。

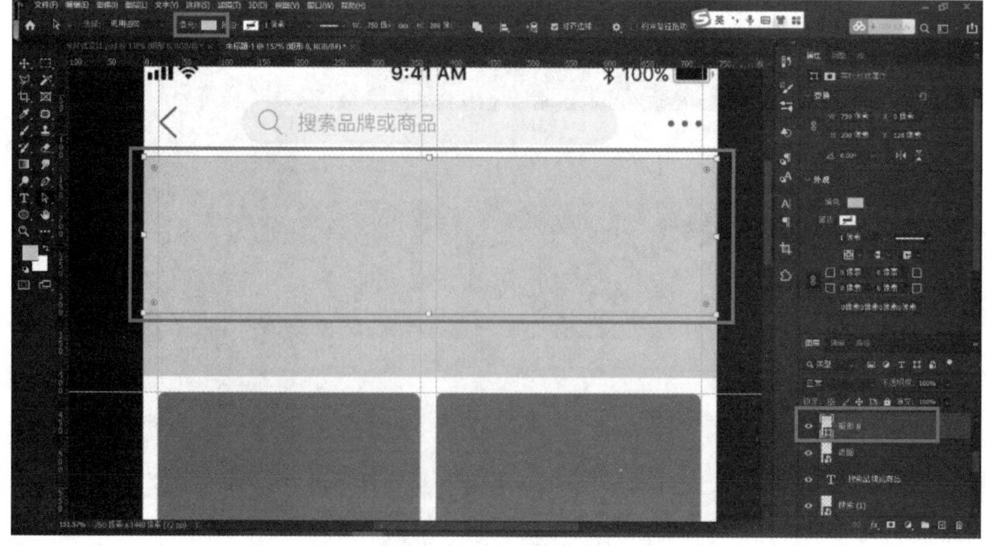

图6－36　调整颜色

（23）使用圆角矩形工具绘制一个 120×120 px 的圆角矩形，无填色，2 px 朝内描边的白色边框，圆角为 10 px，如图 6－37 和图 6－38 所示。

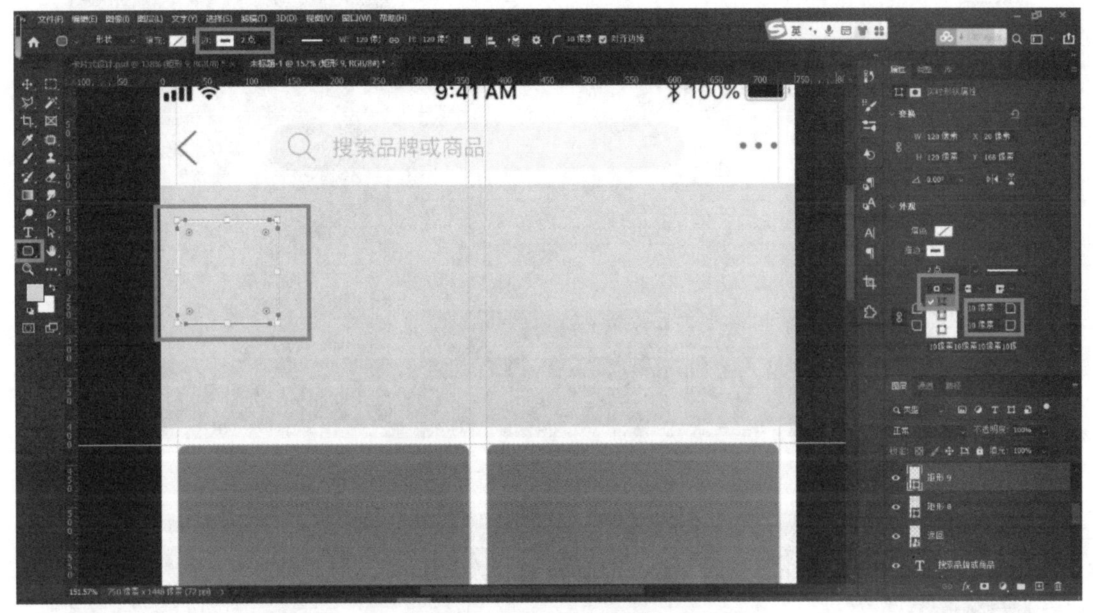

图 6－37　绘制矩形

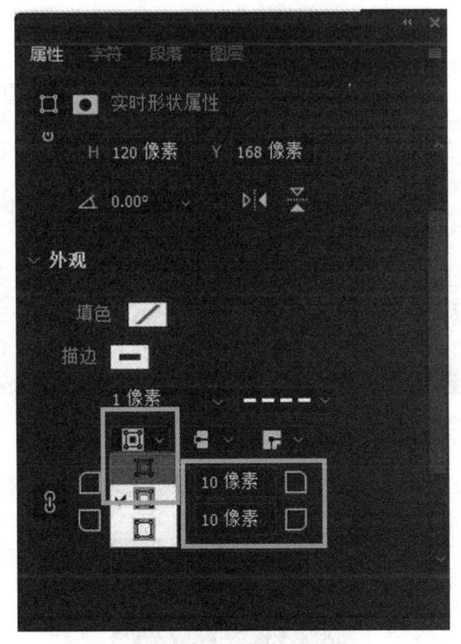

图 6－38　形状属性

（24）使用移动工具按住 Alt 键复制 5 个圆角矩形，将黑色 20×20 px 的矩形作为每个圆角矩形之间的间隔，如图 6－39 所示。

（25）使用文本工具输入文字，白色填色，苹方字体，大小为 28 点，并调整好每个文字和圆角矩形对齐，如图 6－40 和图 6－41 所示。

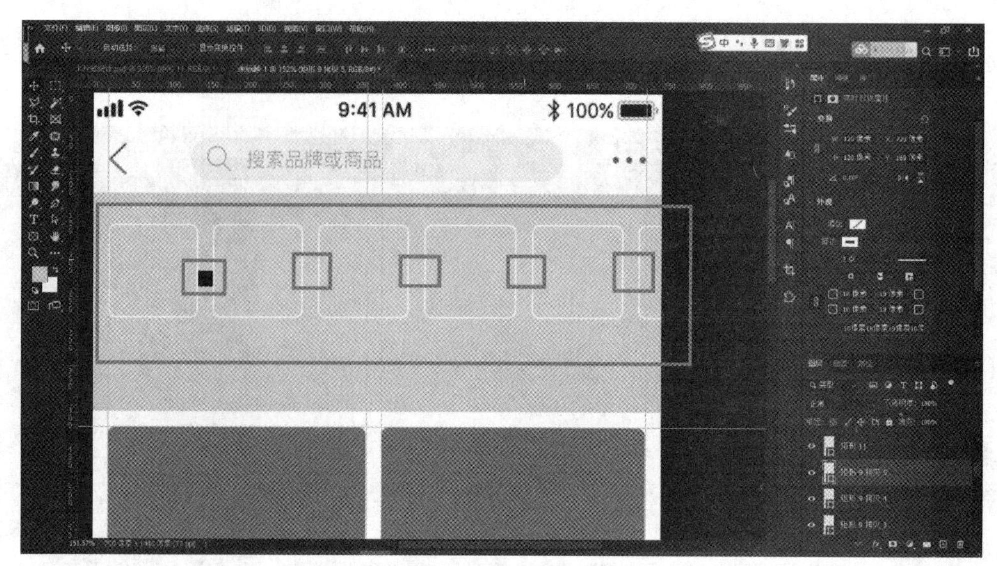

图 6－39　复制矩形

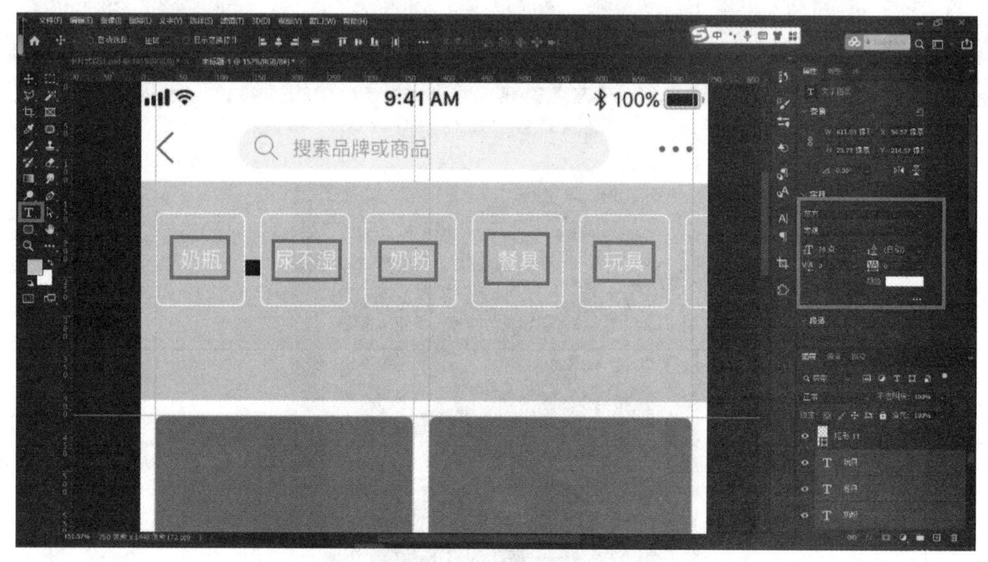

图 6－40　文字输入

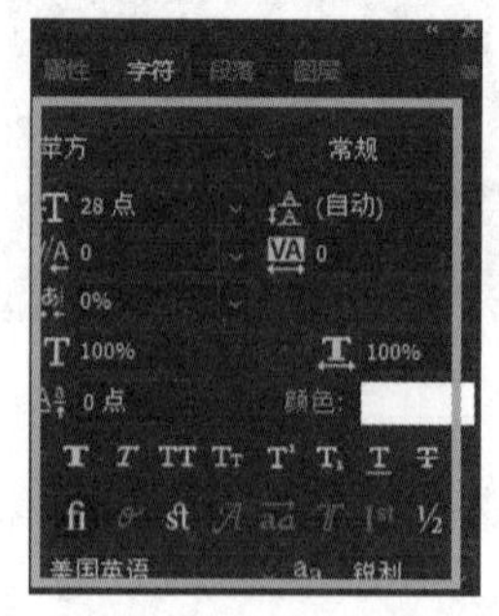

图 6－41　字符属性

（26）使用移动工具，勾选“自动选择图层”，选择底下的灰色矩形，调整为白色，如图 6－42 所示。

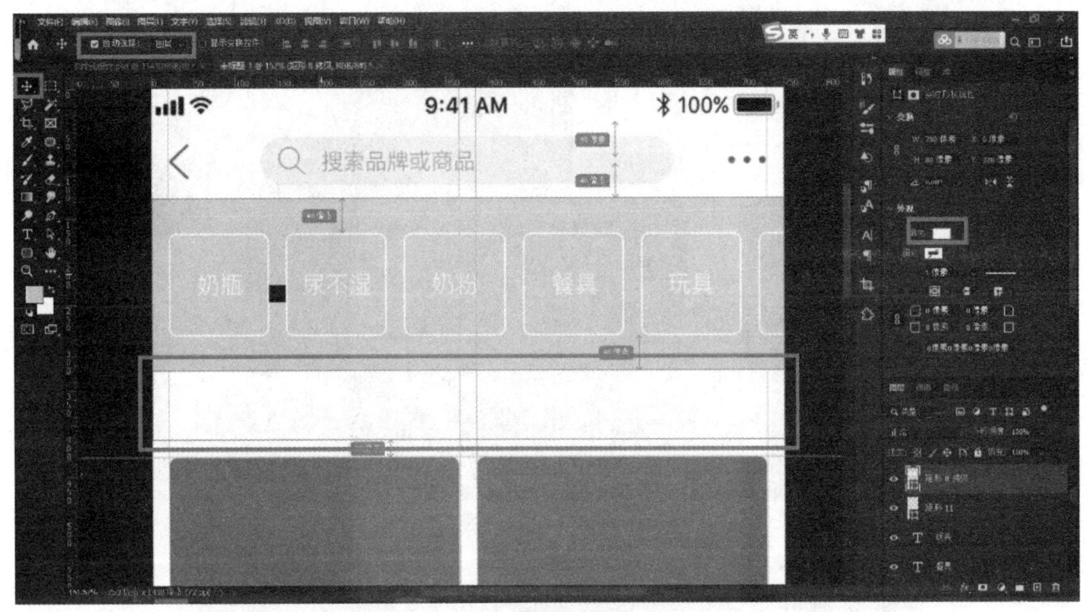

图 6－42　调整颜色

（27）使用文本工具输入文字，文字参数为“28 pt，苹方，常规，#333333，#999999”，除了第一个“综合”为黑色外，其余都为灰色，如图 6－43 所示。

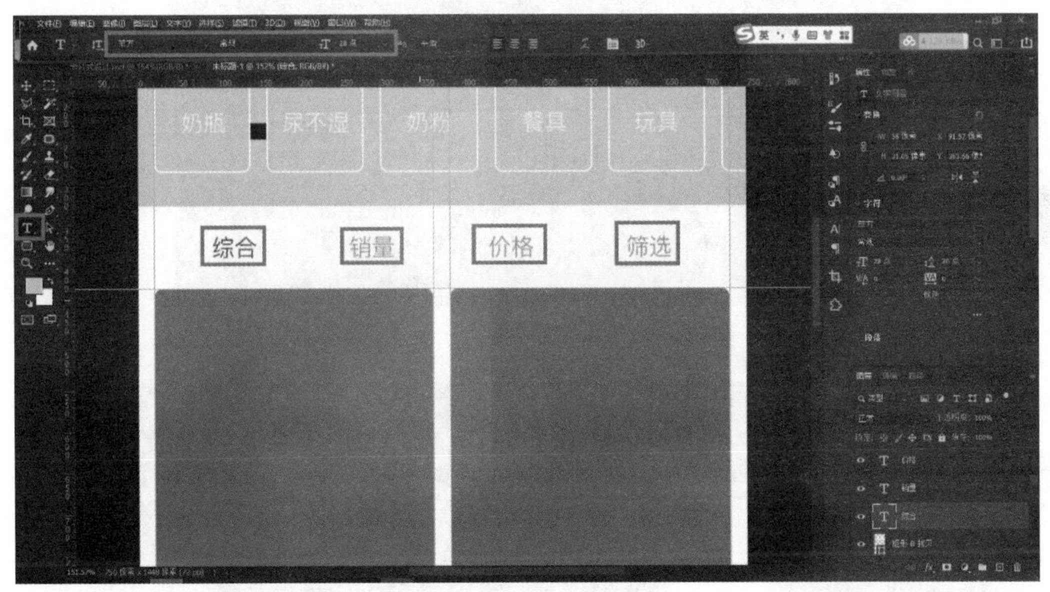

图 6－43　输入文字

（28）使用移动工具选择底下的蓝色圆角矩形，调整填色为白色，单击“fx”按钮增加图层样式，勾选“投影”，调整投影为灰色，调整透明度和数值，如图 6－44 和图 6－45 所示。

（29）右击，选择“拷贝图层样式”，如图 6－46 和图 6－47 所示。

（30）依次选择剩下的三个圆角矩形，调整填色为白色，右击，选择“粘贴图层样式”，如图 6－48 和图 6－49 所示。

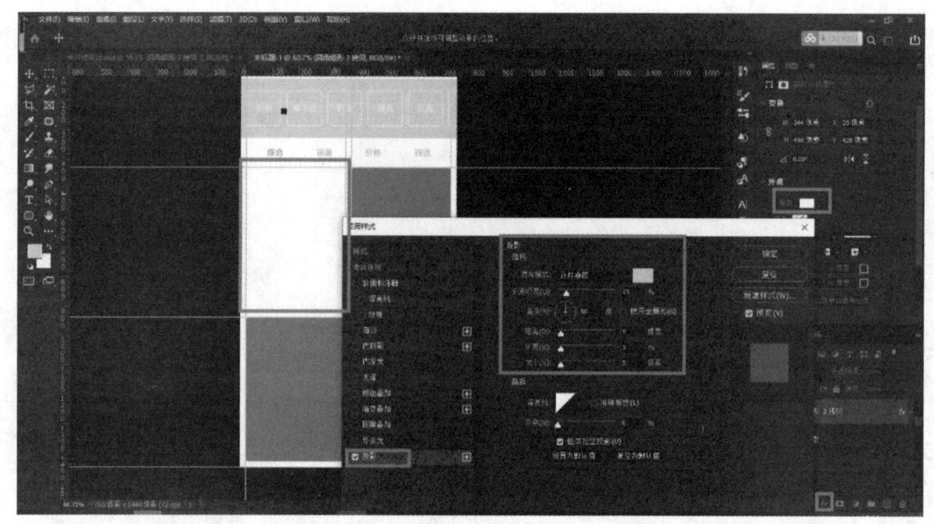

图 6－44　图层样式

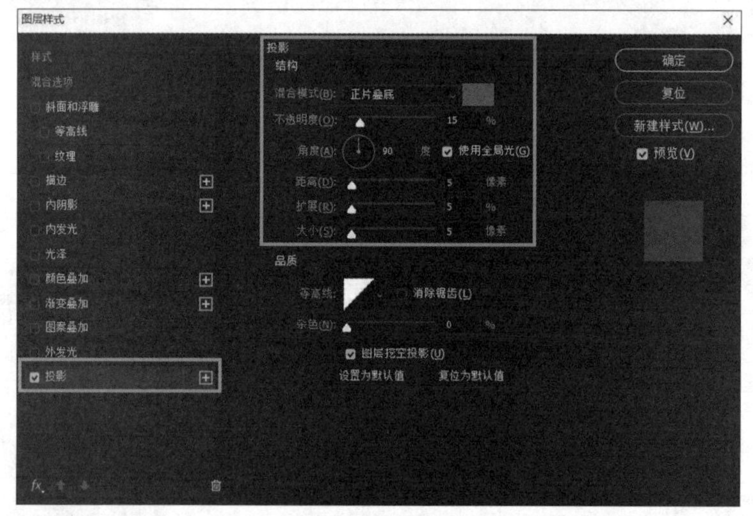

图 6－45　投影

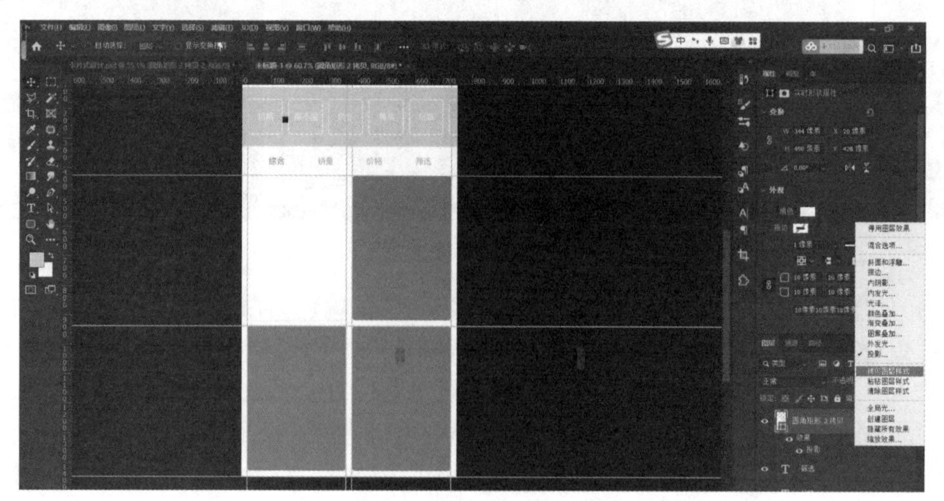

图 6－46　拷贝图层样式（1）

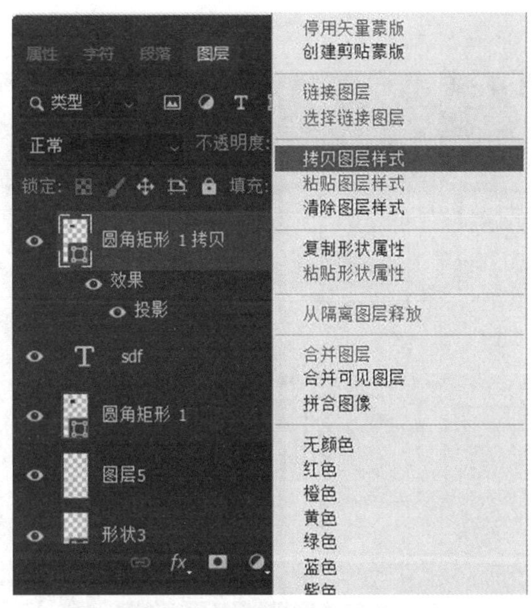

图 6－47　拷贝图层样式（2）

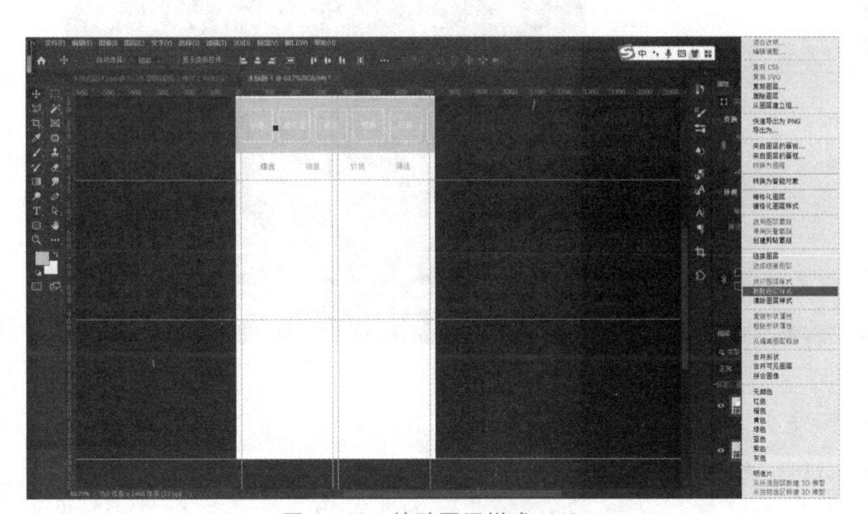

图 6－48　粘贴图层样式（1）

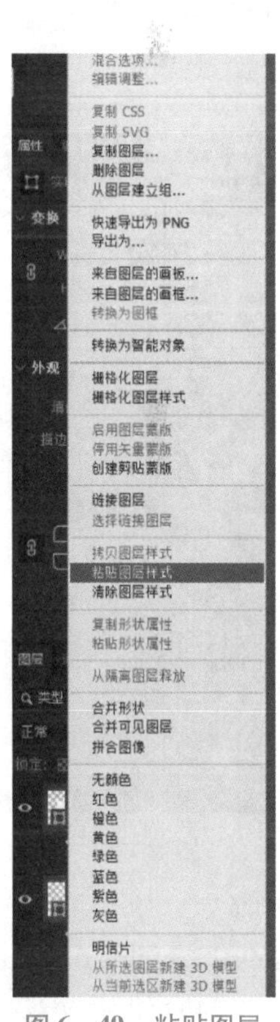

图 6－49　粘贴图层样式（2）

（31）拖入素材，调整位置，并分别和底下的圆角矩形对齐，如图 6－50 所示。

（32）使用文字工具输入文字，文字参数为“24 pt，苹方，中等，行距，30 pt，

#333333”，如图 6 – 51 所示。

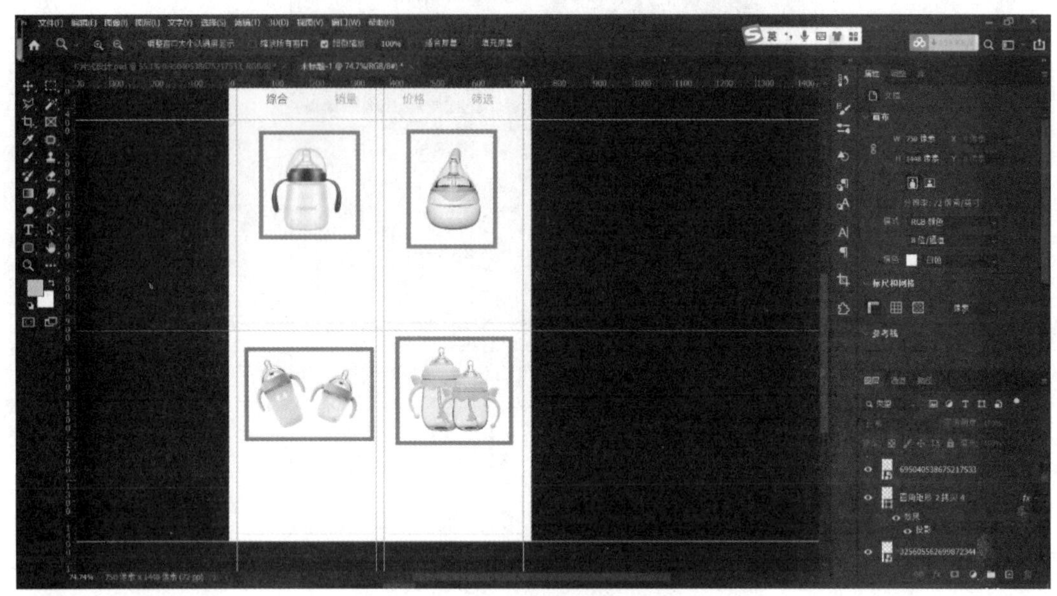

图 6 – 50　对齐素材

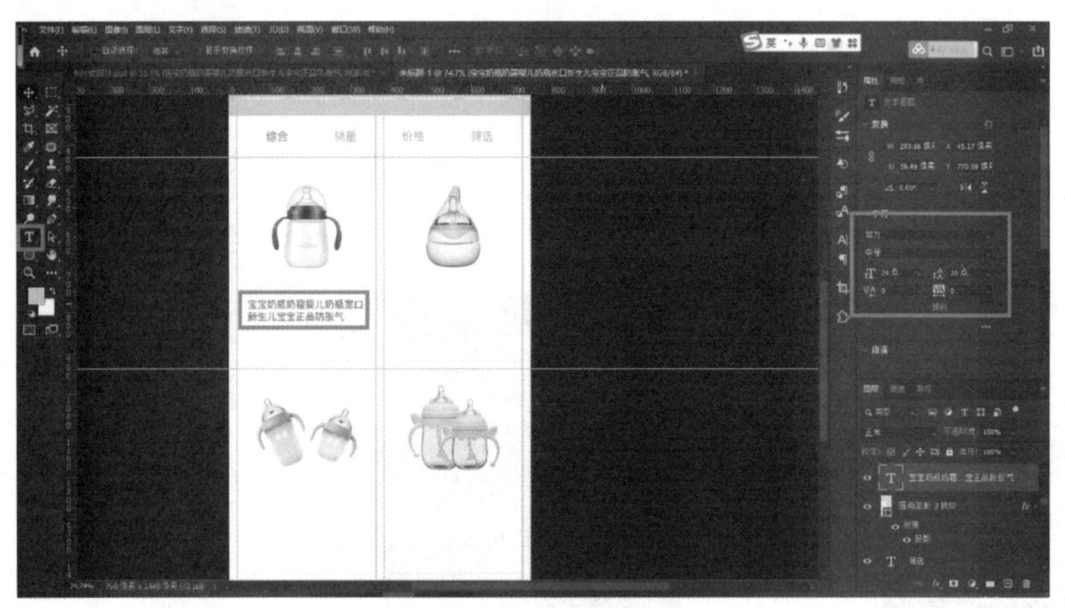

图 6 – 51　输入文字

（33）使用文字工具输入文字，文字参数为“32 pt，苹方，中等，行距 35 pt，#ff69ad”，如图 6 – 52 和图 6 – 53 所示。

（34）使用文字工具输入文字，文字参数为“22 pt，苹方，中等，行距 35 pt，#cccccc”，如图 6 – 54 和图 6 – 55 所示。

（35）使用移动工具，按住 Shift 键加选三个文字图层，按住 Alt 键复制出剩下三组文字，并调整位置，注意和底下圆角矩形对齐，如图 6 – 56 所示。

（36）使用文字工具分别修改文字内容，如图 6 – 57 所示。

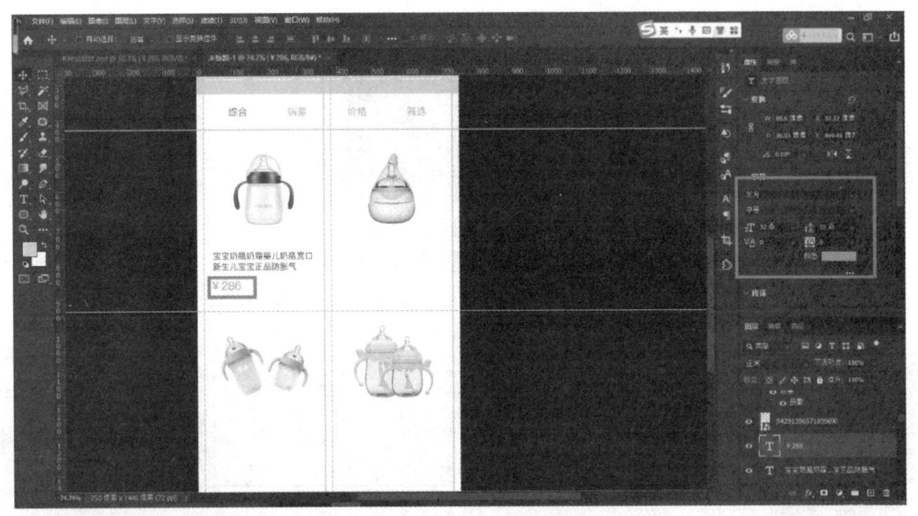

图 6－52　文字参数调整

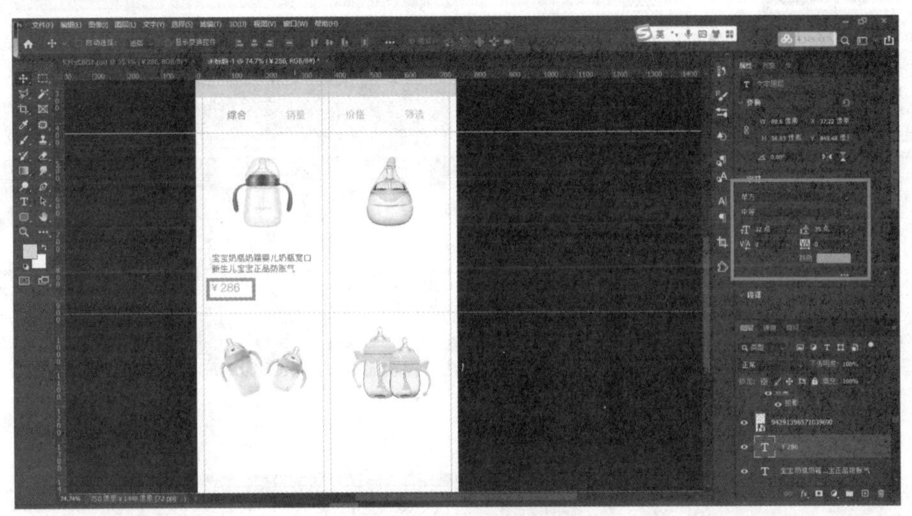

图 6－53　字符属性

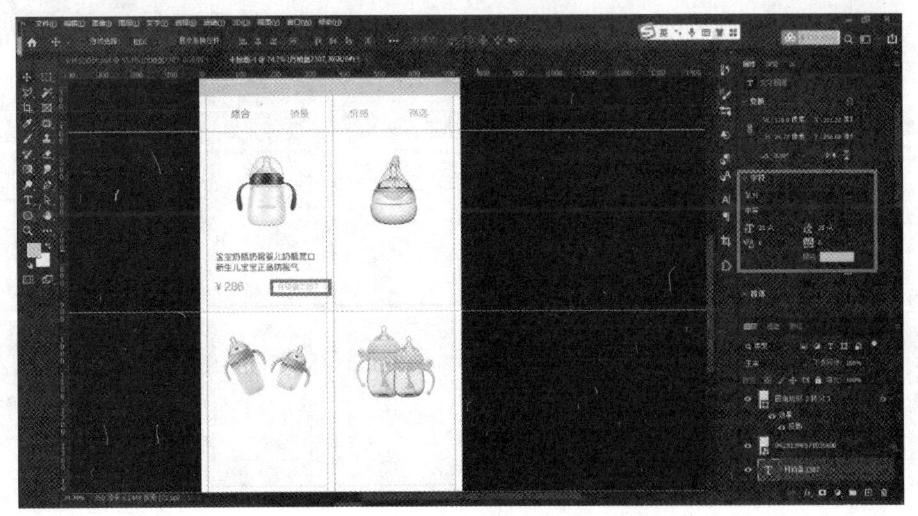

图 6－54　输入文字

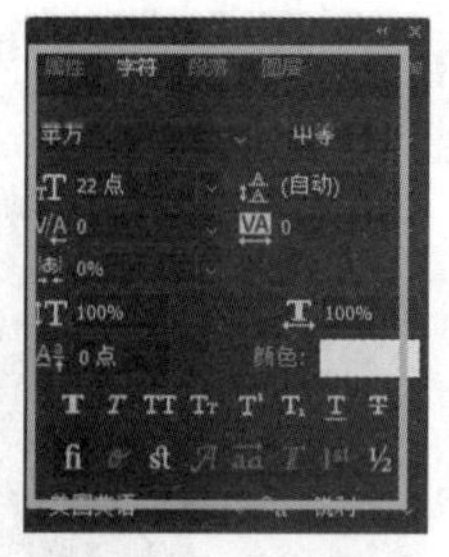

图 6－55　字符属性

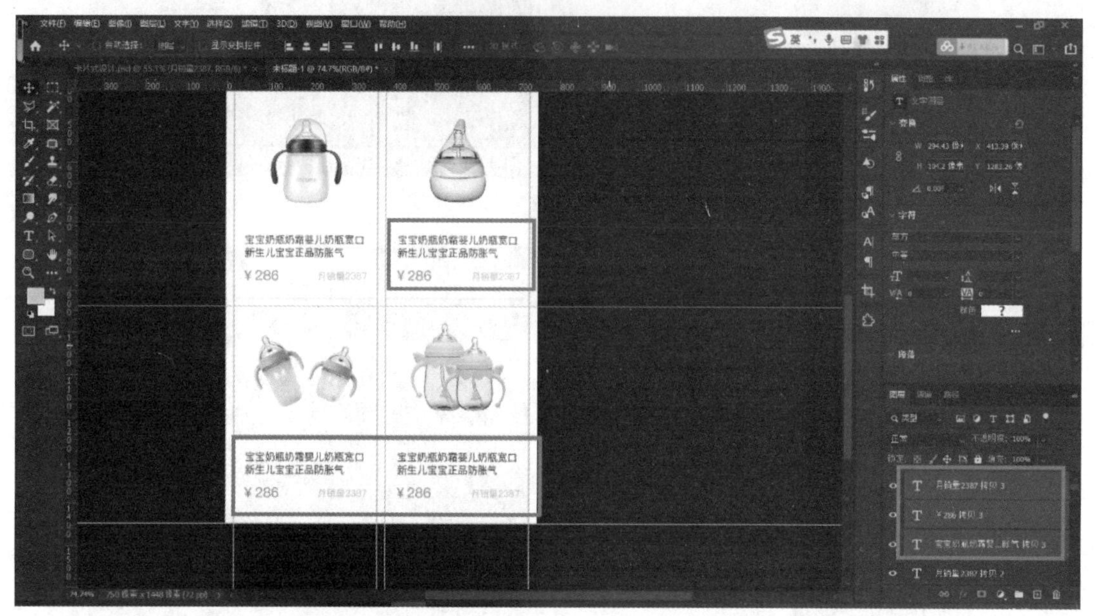

图 6－56　复制文字

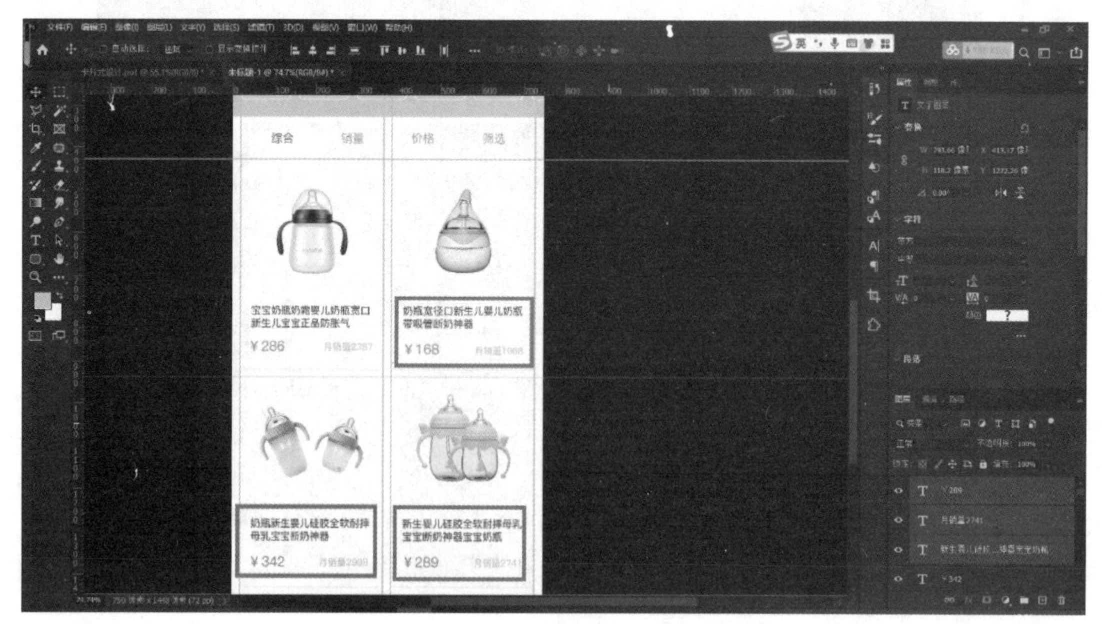

图 6－57　修改文字

（37）最终完成效果如图 6－58 所示。

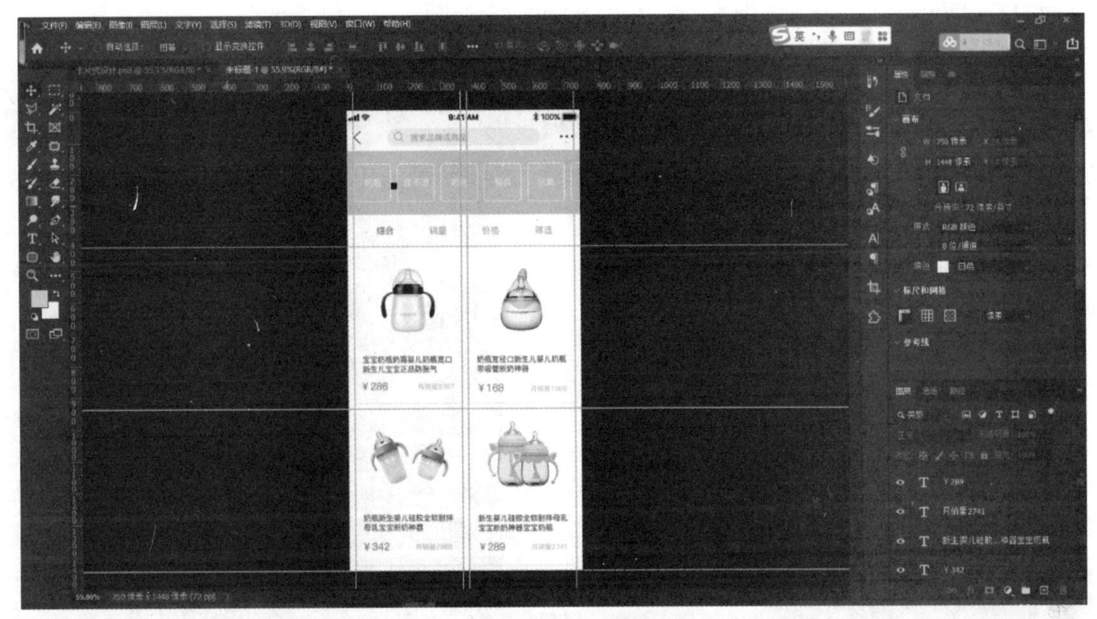

图 6－58　完成效果

二、设计列表流卡片

（1）新建文档，选择移动设备 iPhone 8/7/6，分辨率为 72 ppi，RGB 颜色模式，白色背景，如图 6－59 所示。

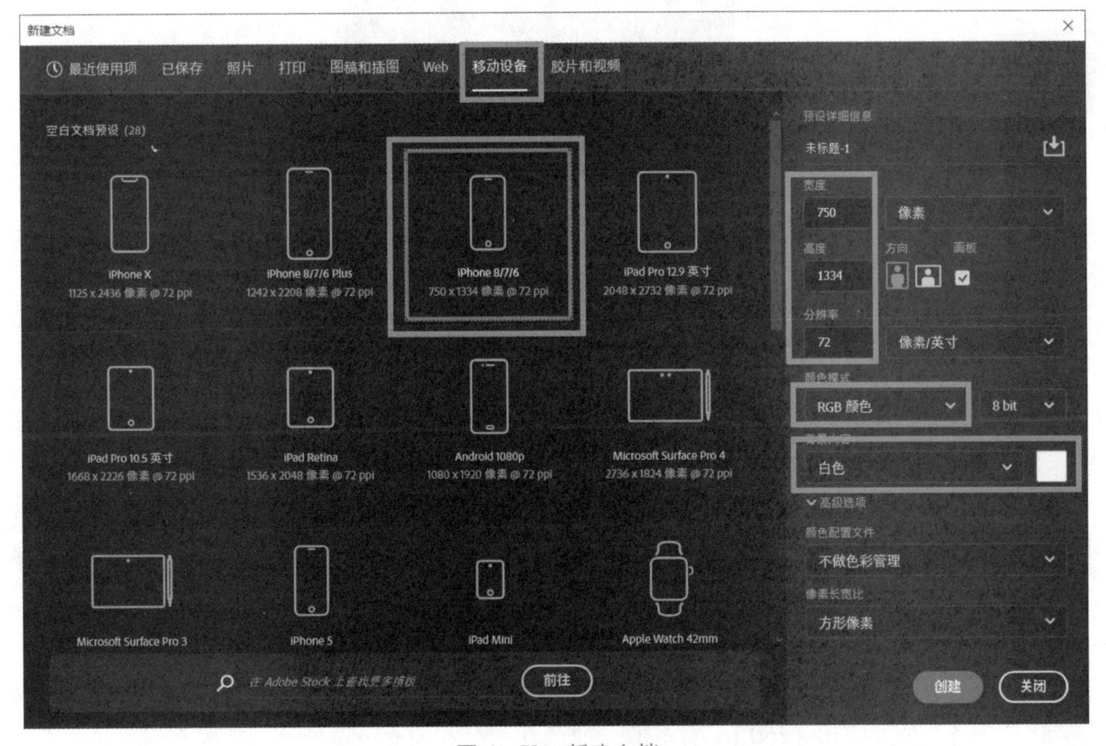

图 6－59　新建文档

（2）使用矩形工具绘制一个粉色填色，参数为“ff70e4”，无边框，尺寸为 750 × 40 px 的矩形，并调整好位置，如图 6 - 60 和图 6 - 61 所示。

图 6 - 60　绘制矩形

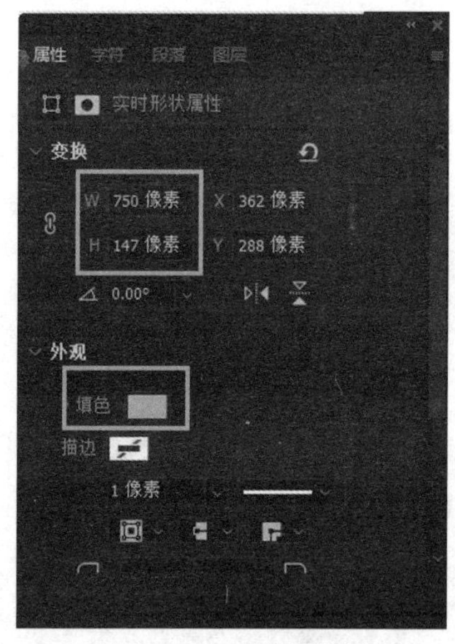

图 6 - 61　形状属性

（3）拖入状态栏素材，单击“fx”按钮，选择“颜色叠加”，填充色为白色，透明度为 100%，调整位置，如图 6 - 62 和图 6 - 63 所示。

（4）使用矩形工具绘制一个填充色为浅灰色，无边框的 750 × 1 334 px 的矩形，调整图层顺序，如图 6 - 64 和图 6 - 65 所示。

（5）使用矩形工具绘制一个填充色为粉色渐变，渐变参数为“ff70e4，ff679c，fe7883”，无边框的 750 × 260 px 的矩形，如图 6 - 66 和图 6 - 67 所示。

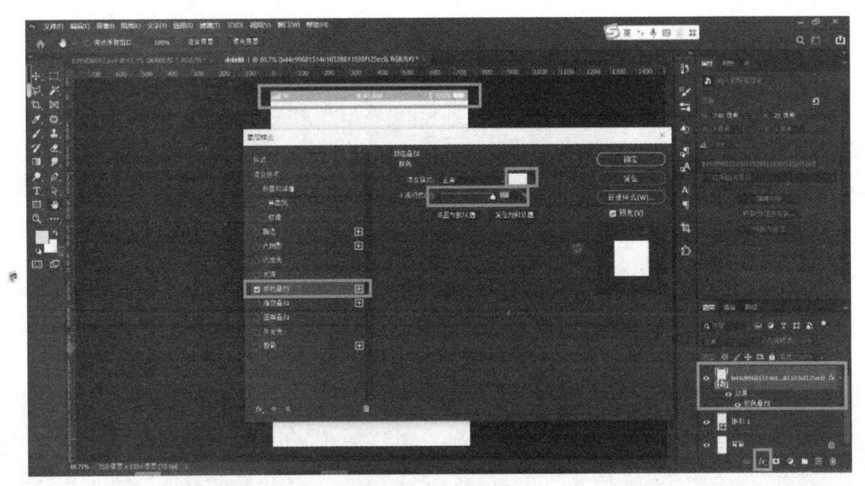

图 6－62　导入素材

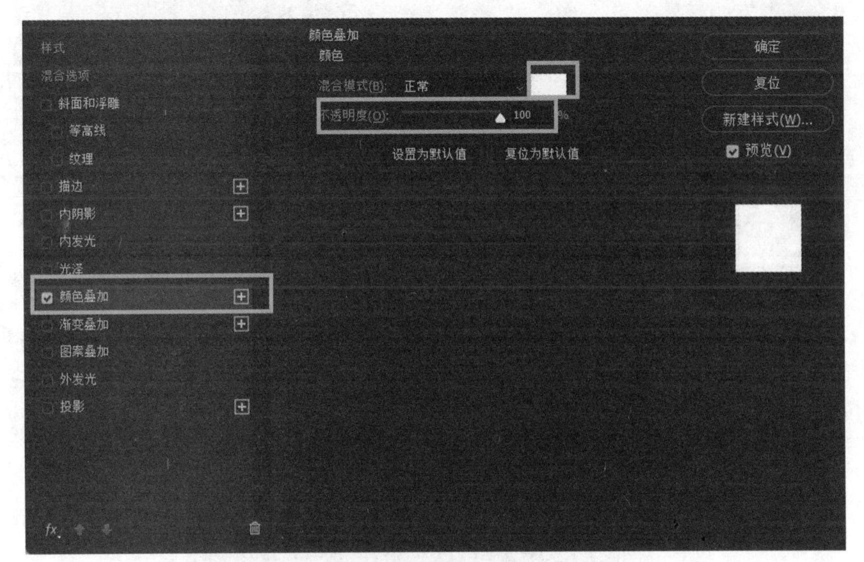

图 6－63　颜色叠加

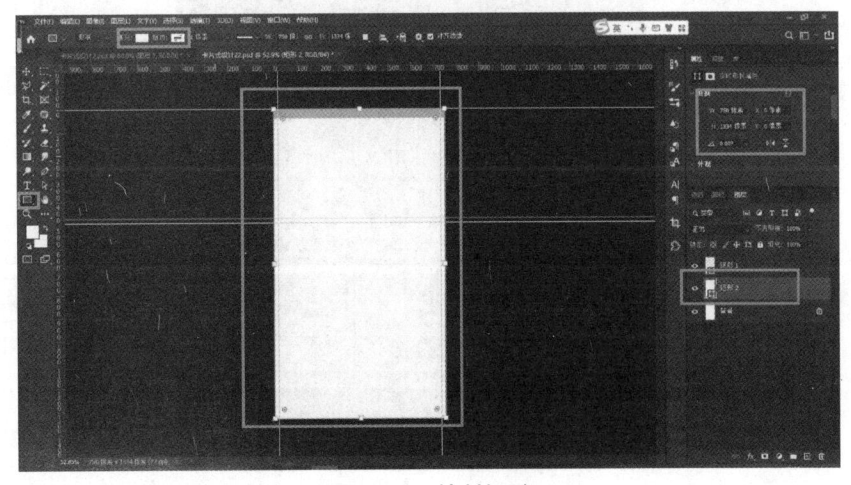

图 6－64　绘制矩形

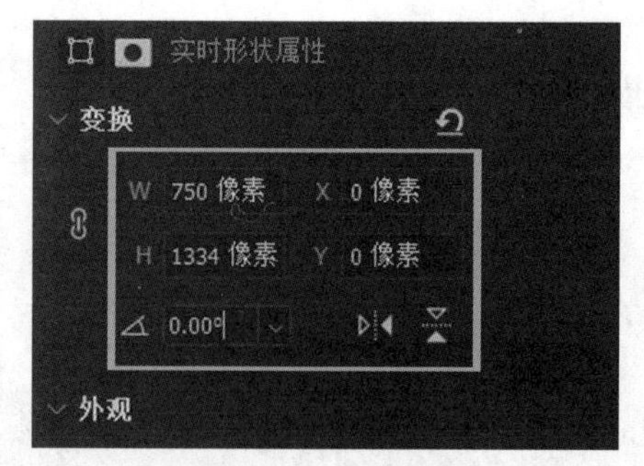

图 6－65　形状属性

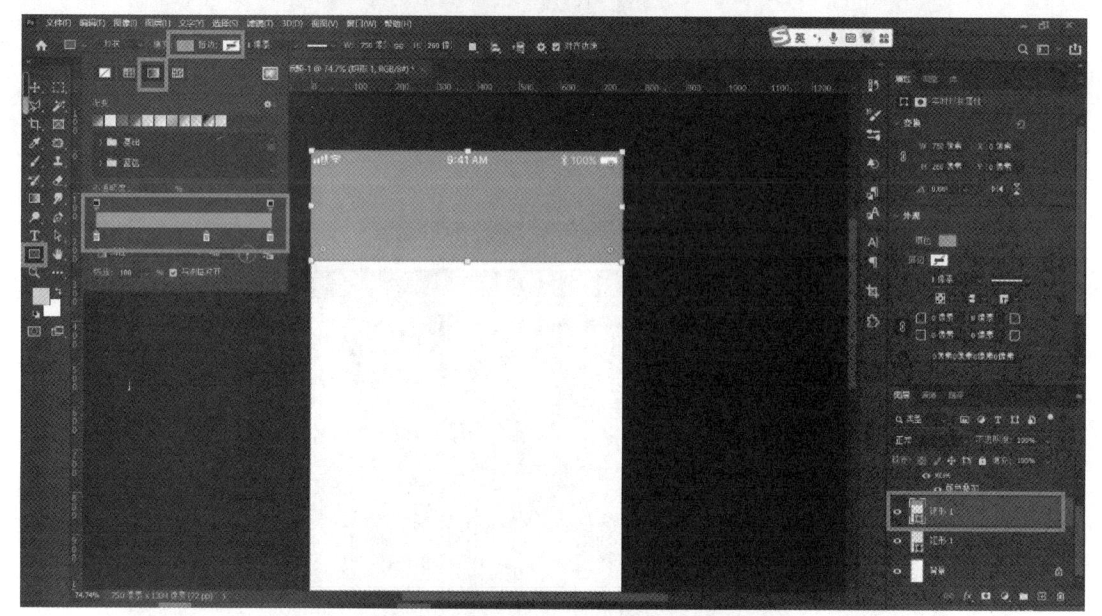

图 6－66　绘制矩形

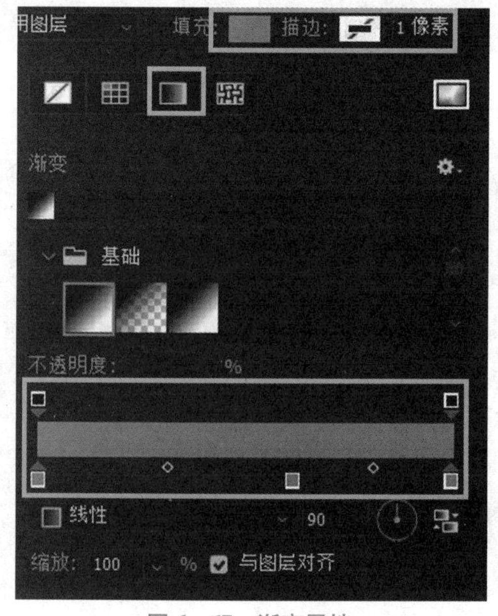

图 6－67　渐变属性

（6）使用圆角矩形工具绘制一个填色为白色，无边框的 710 × 280 px 的矩形，并单击“fx”按钮增加灰色投影，如图 6－68 和图 6－69 所示。

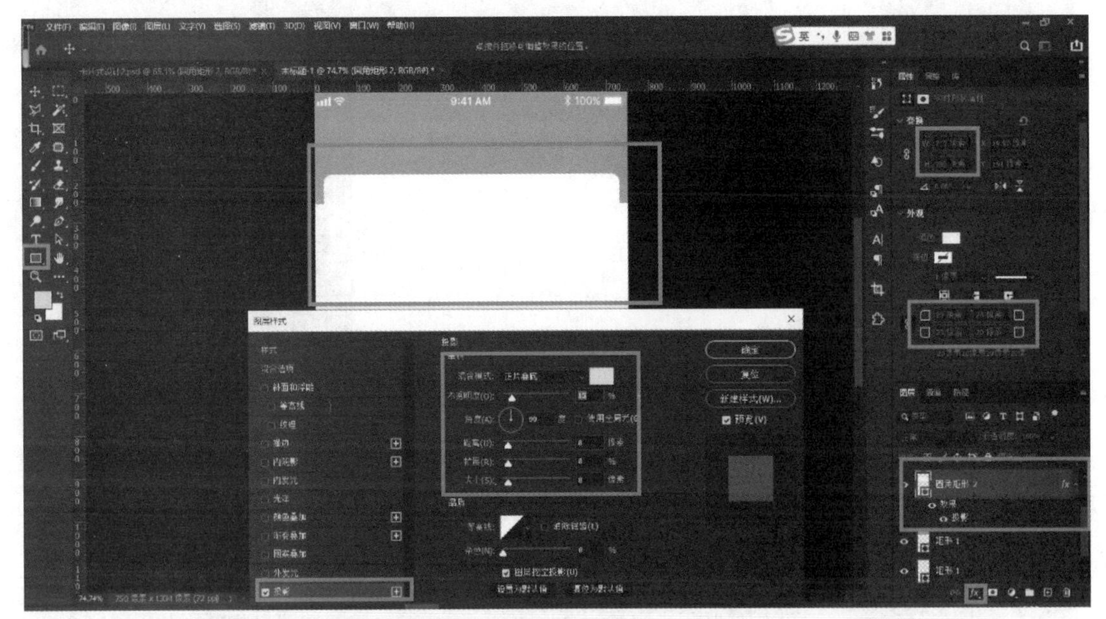

图 6－68　绘制矩形

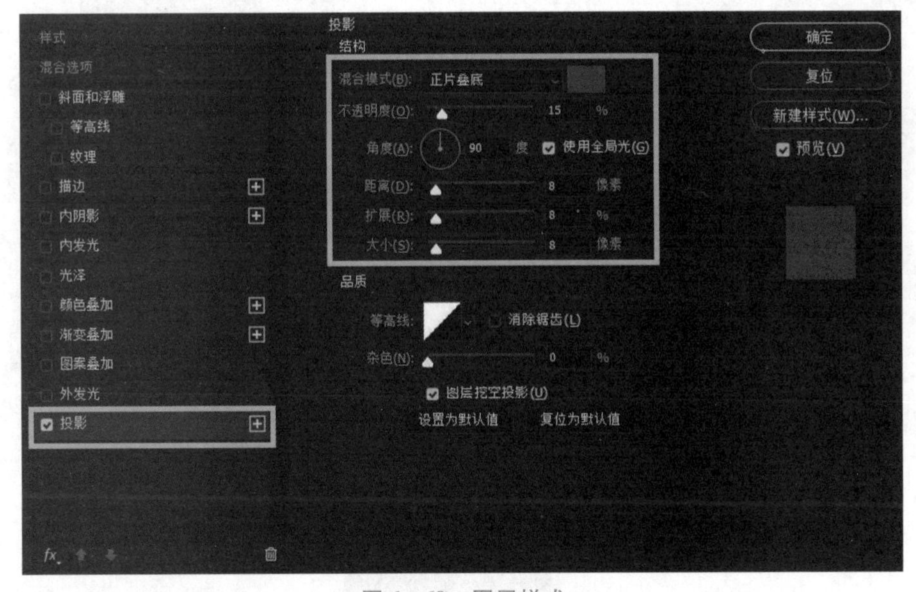

图 6－69　图层样式

（7）使用矩形工具绘制一个填色为黑色，无边框的 20 × 20 px 的矩形，并复制其余两个，对齐位置拉出辅助线，如图 6－70 所示。

（8）使用文本工具输入文字，文字参数为“36 pt，苹方，中等，行距 35 pt，#ffffff”，拖入定位和管理的素材图标，调整位置，如图 6－71 和图 6－72 所示。

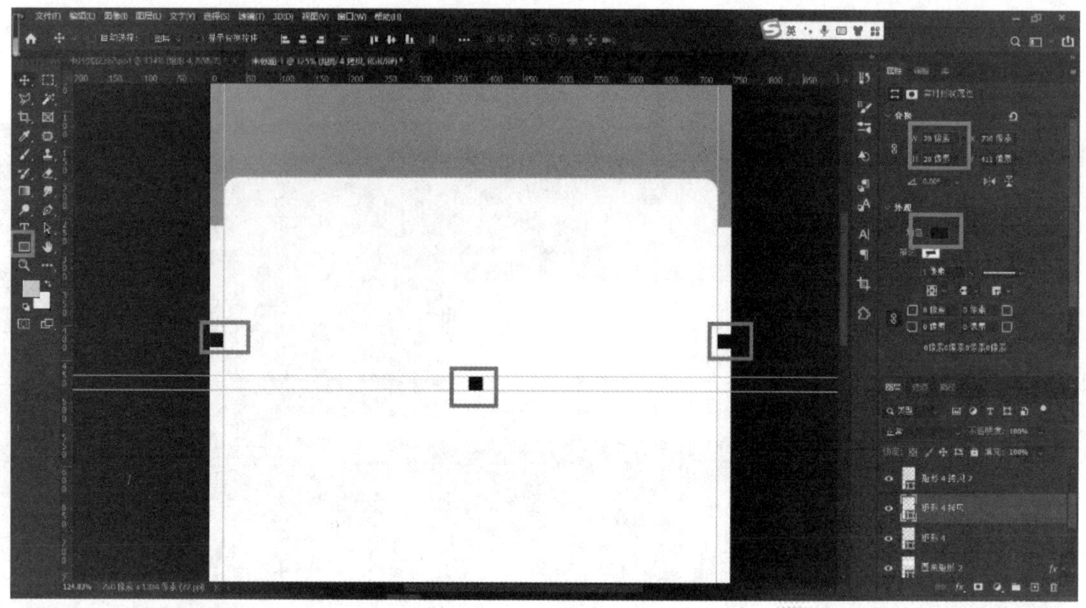

图 6－70　绘制矩形

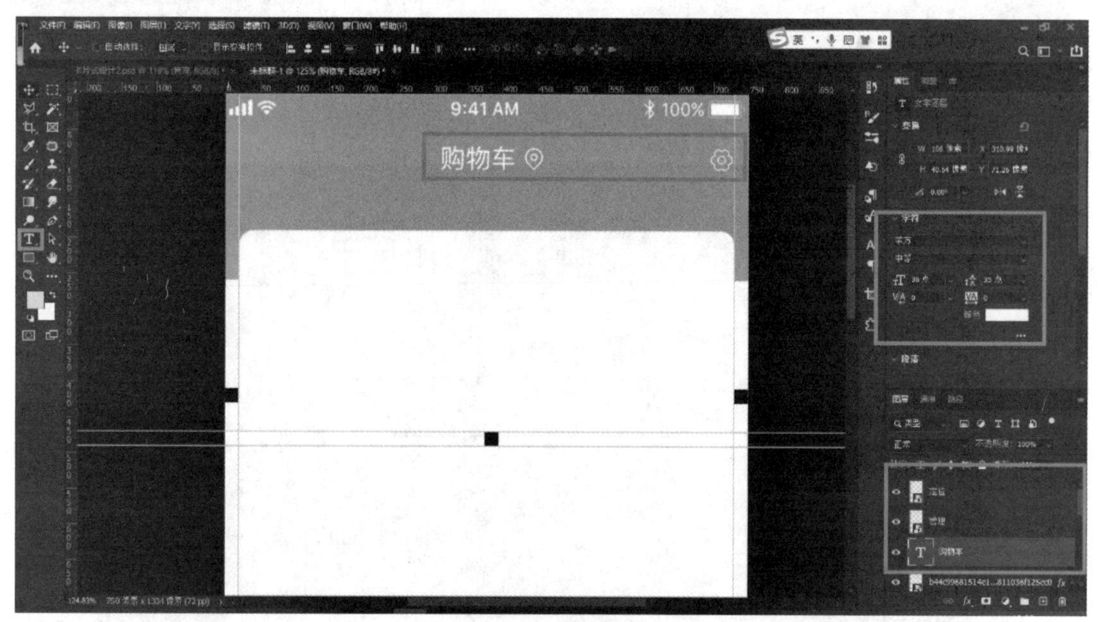

图 6－71　输入文字

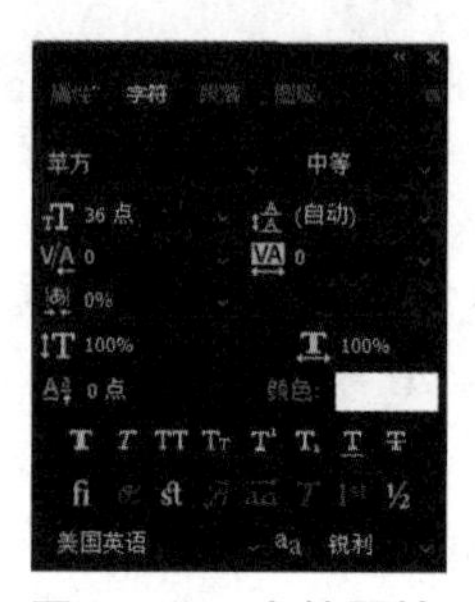

图 6－72　字符属性

（9）使用圆角矩形工具绘制尺寸为 120 × 120 px，圆角为 10 px，黑色填色，无边框的圆角矩形，如图 6 – 73 和图 6 – 74 所示。

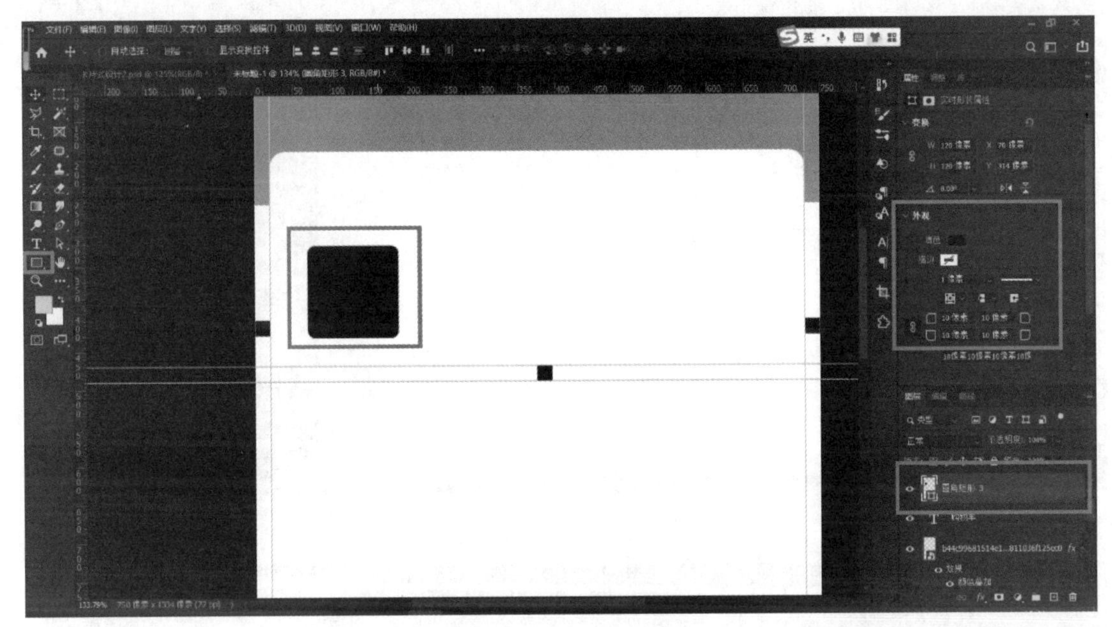

图 6 – 73　绘制矩形

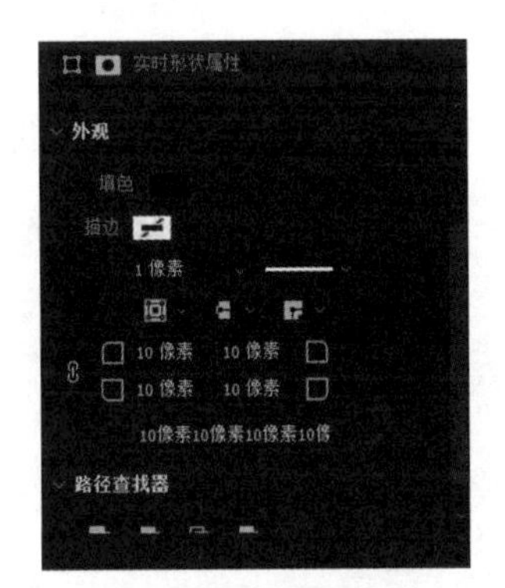

图 6 – 74　形状属性

（10）拖入素材，按住 Alt 键和底下的圆角矩形做剪切蒙版，并调整好位置，如图 6 – 75 所示。

（11）使用文本工具输入文字，文字参数为“24 pt，苹方，常规，行距 35 pt，#1e0e0e”，如图 6 – 76、图 6 – 77 所示。

（12）使用文本工具输入文字，文字参数为“20 pt，苹方，常规，行距 35 pt，#999999”，如图 6 – 78、图 6 – 79 所示。

（13）使用文本工具输入文字，文字参数为“24 pt，苹方，中等，行距 35 pt，#1e0e0e”，如图 6 – 80、图 6 – 81 所示。

（14）使用文本工具输入文字，文字参数为“20 pt，苹方，常规，行距 35 pt，#999999”，如图 6 – 82、图 6 – 83 所示。

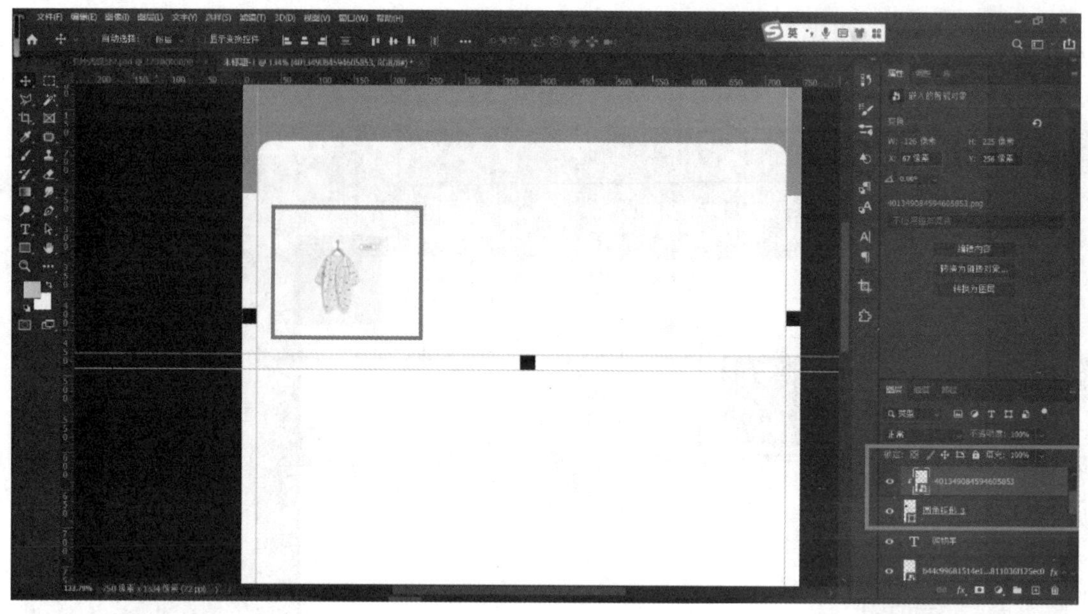

图 6－75　剪切蒙版

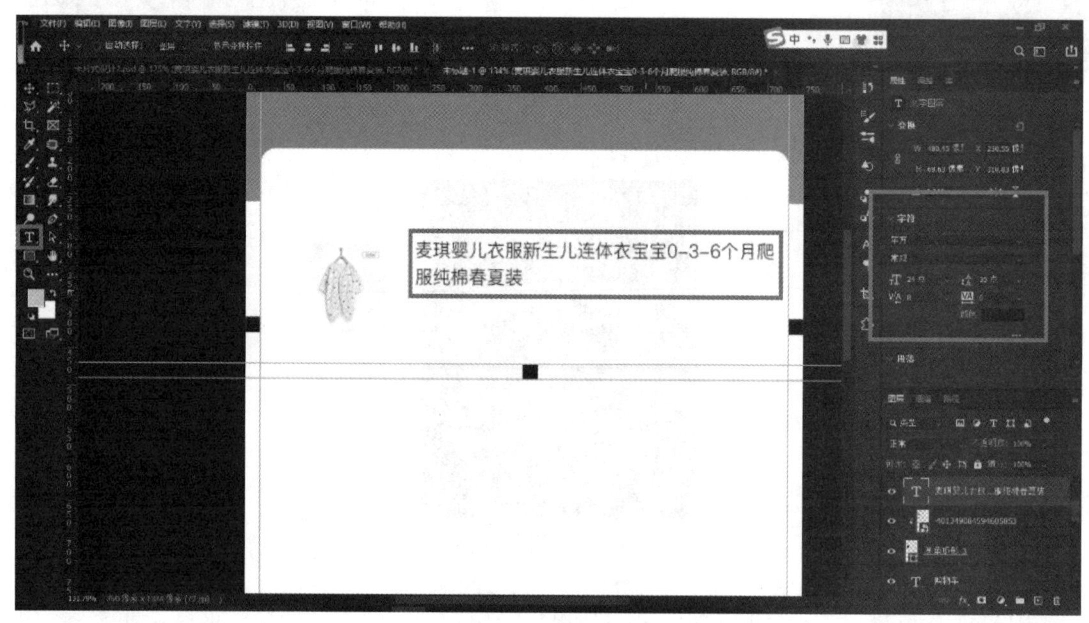

图 6－76　输入文字

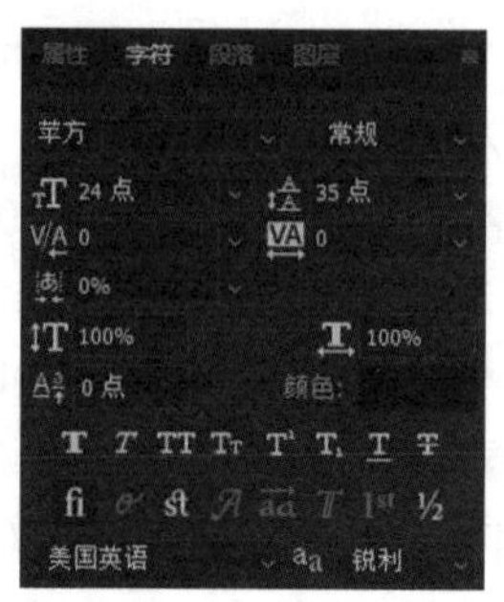

图 6－77　字符属性

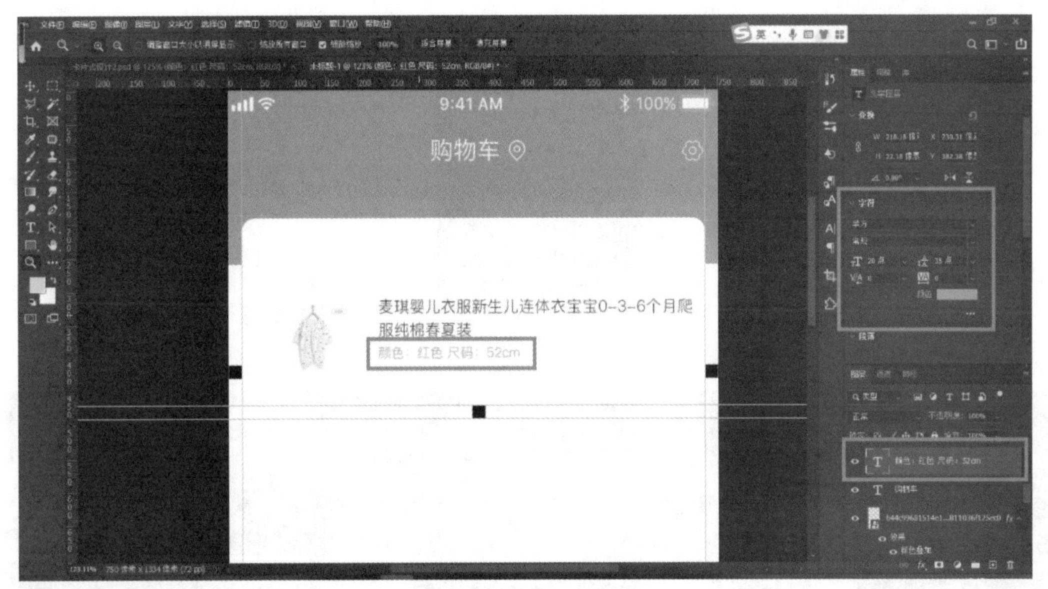

图 6－78　输入文字

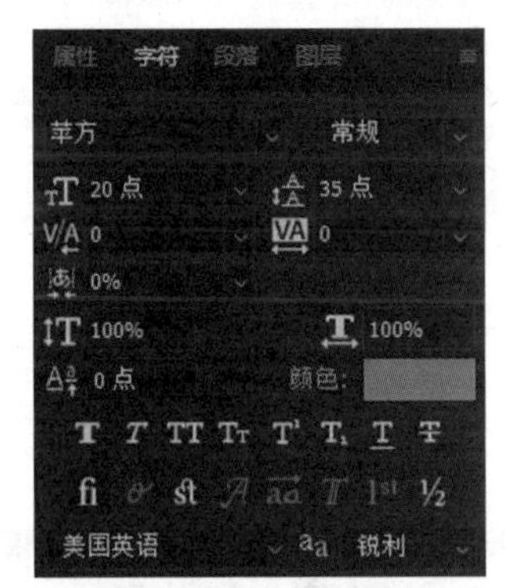

图 6－79　字符属性

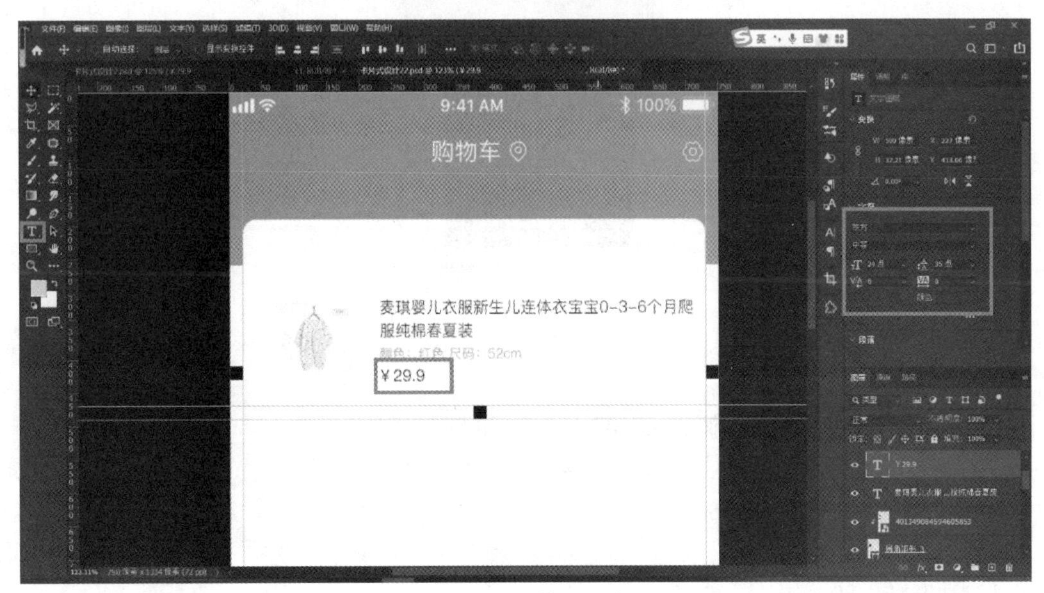

图 6－80　输入文字

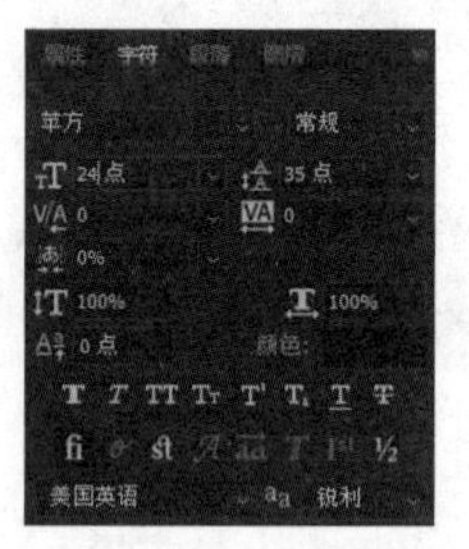

图 6-81　字符属性

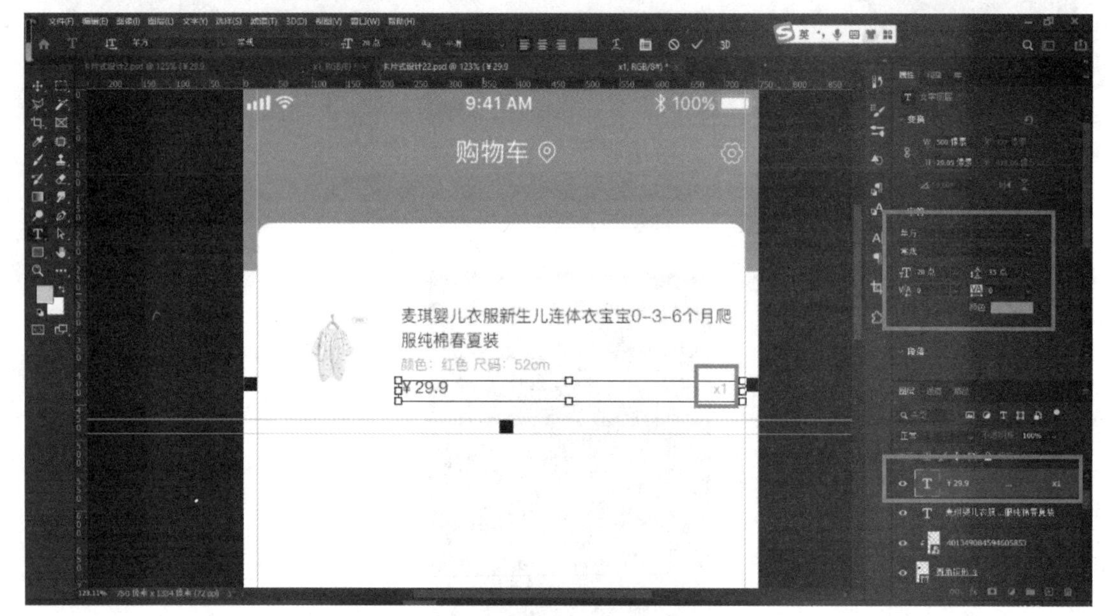

图 6-82　输入文字

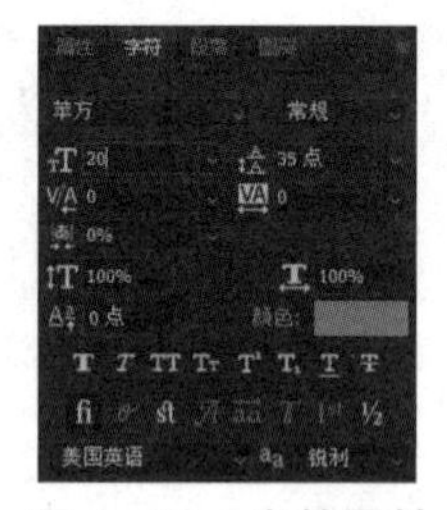

图 6-83　字符属性

（15）使用椭圆工具，绘制粉色填色，参数为“ff6699”，40 × 40 px 的正圆，调整位置，如图 6-84、图 6-85 所示。

（16）拖入素材“正确”，调整大小和位置，如图 6-86 所示。

（17）使用文本工具输入文字，文字参数为“24 pt，苹方，常规，行距 35 pt，#1e0e0e”，如图 6-87、图 6-88 所示。

（18）使用文本工具输入文字，文字参数为“24 pt，苹方，常规，行距 35 pt，#ff3366”，如图 6-89、图 6-90 所示。

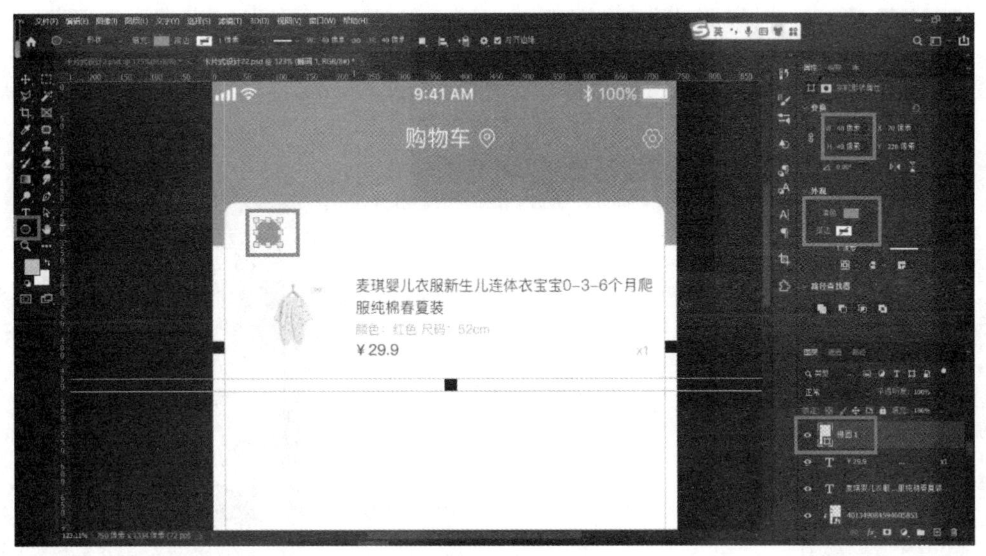

图6－84　绘制正圆

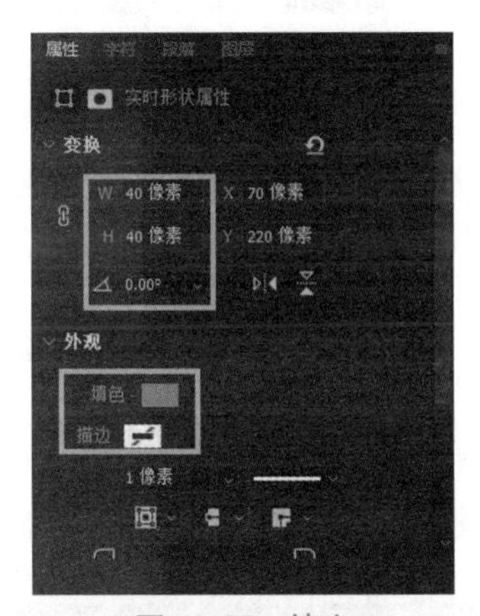

图6－85　填充

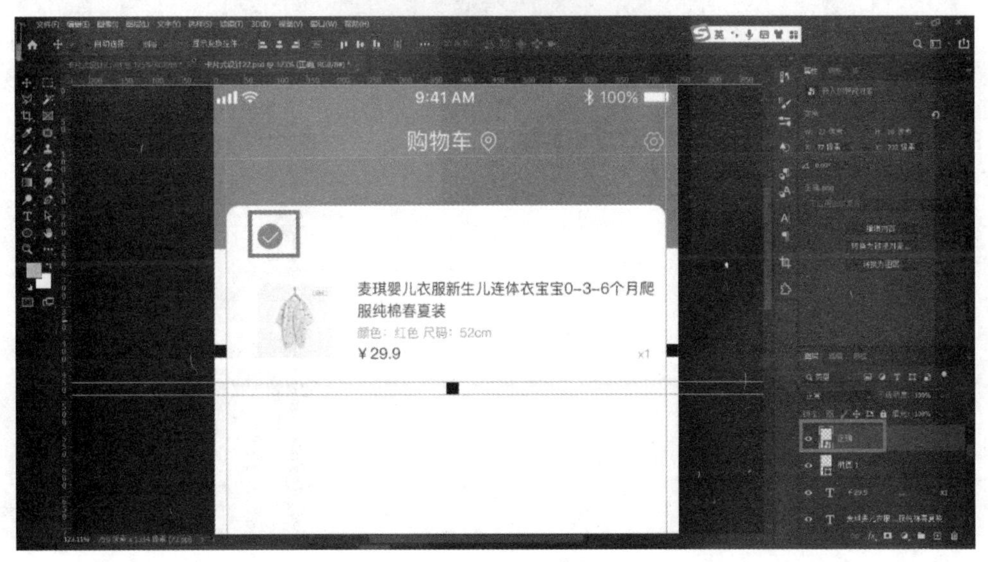

图6－86　导入素材

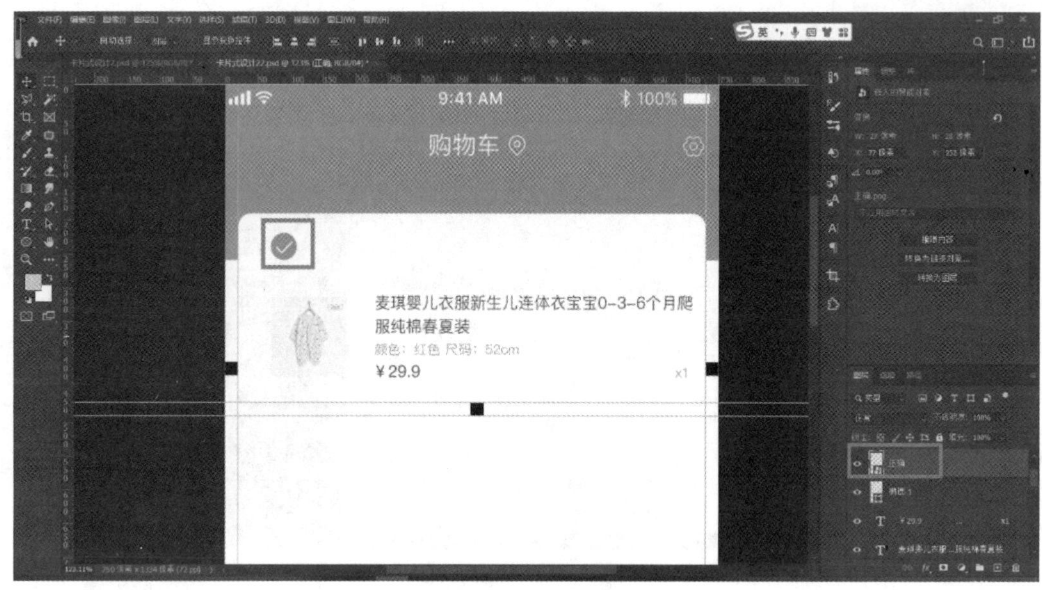

图 6-87　输入文字

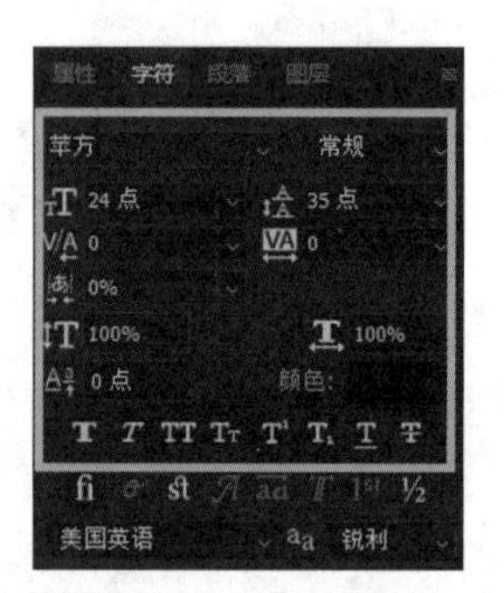

图 6-88　字符属性

图 6-89　输入文字

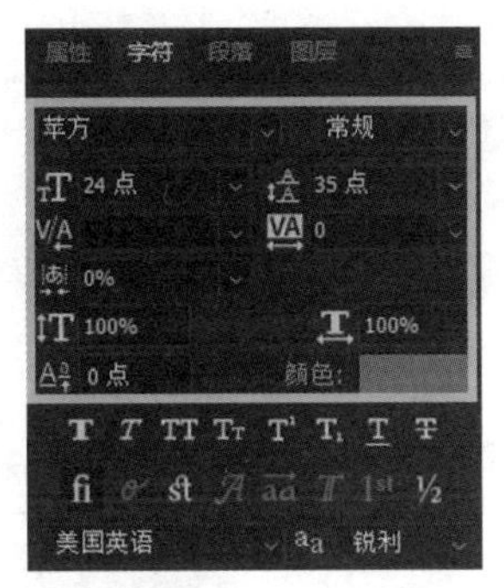

图 6－90　字符属性

（19）按住 Shift 键加选白色圆角矩形内的所有图层，按下快捷键 Ctrl＋G 建立组，如图 6－91、图 6－92 所示。

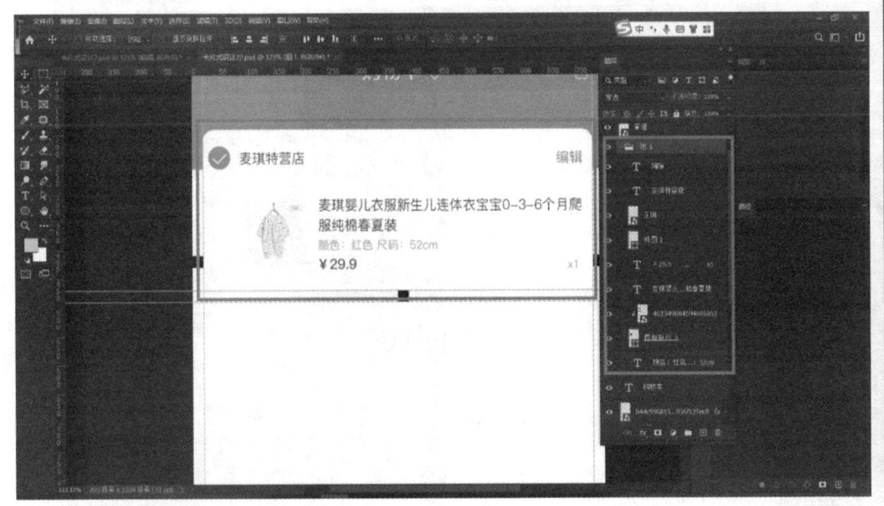

图 6－91　建立群组（1）

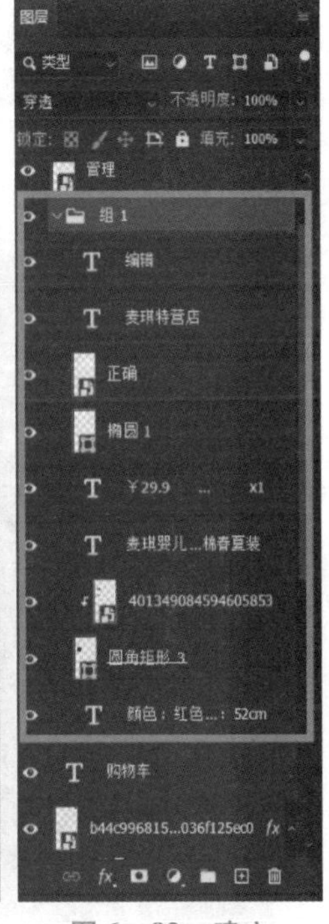

图 6－92　建立群组（2）

（20）按下快捷键 Ctrl＋J 复制组，使用移动工具调整好位置，如图 6－93 所示。

（21）使用移动工具选择圆角矩形，调整尺寸为 710×400 px，如图 6－94、图 6－95 所示。

（22）修改文字和图片，如图 6－96 所示。

（23）使用圆角矩形绘制一个 60×30 px，粉色线性渐变，渐变参数为“ff70e4，ff679c，fe7883”，圆角为 15 px 的圆角矩形，如图 6－97、图 6－98 所示。

（24）使用文本工具输入文字，文字参数为“20 pt，苹方，常规，行距 35 pt，#ffffff”，如图 6－99、图 6－100 所示。

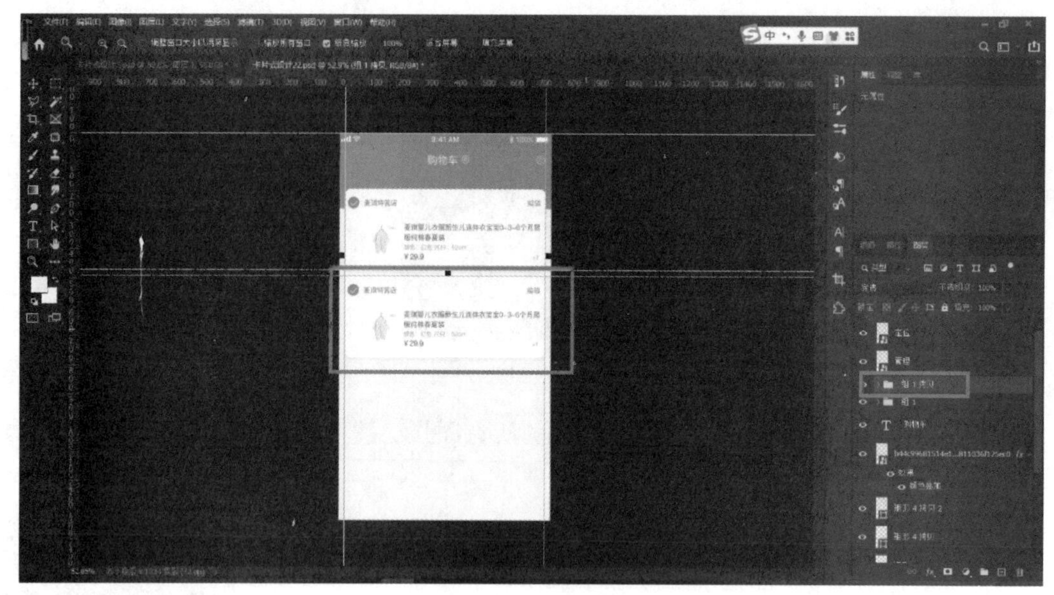

图 6－93　复制群组

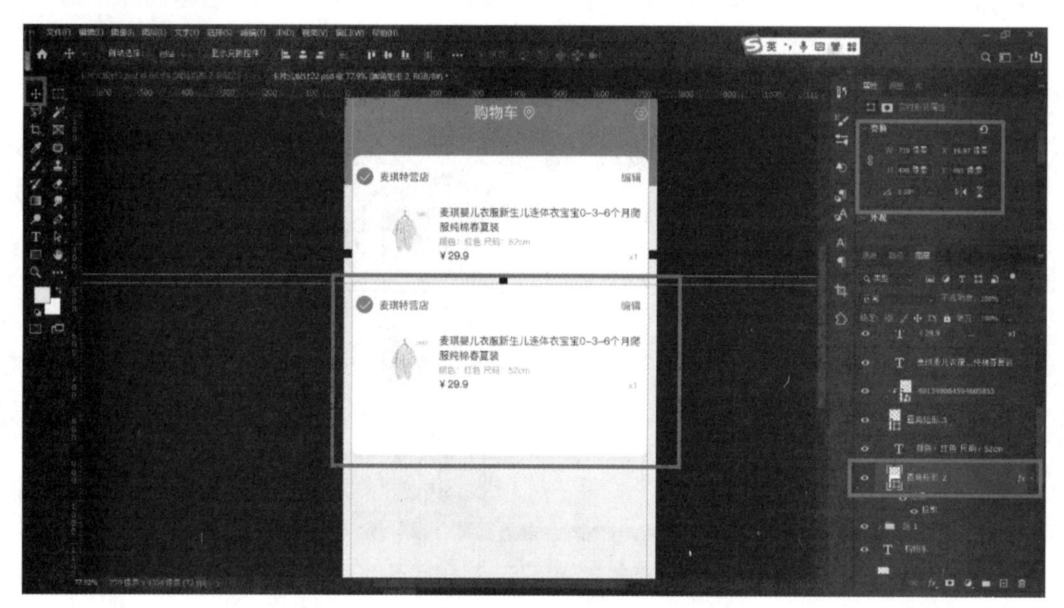

图 6－94　调整尺寸

图 6－95　形状属性

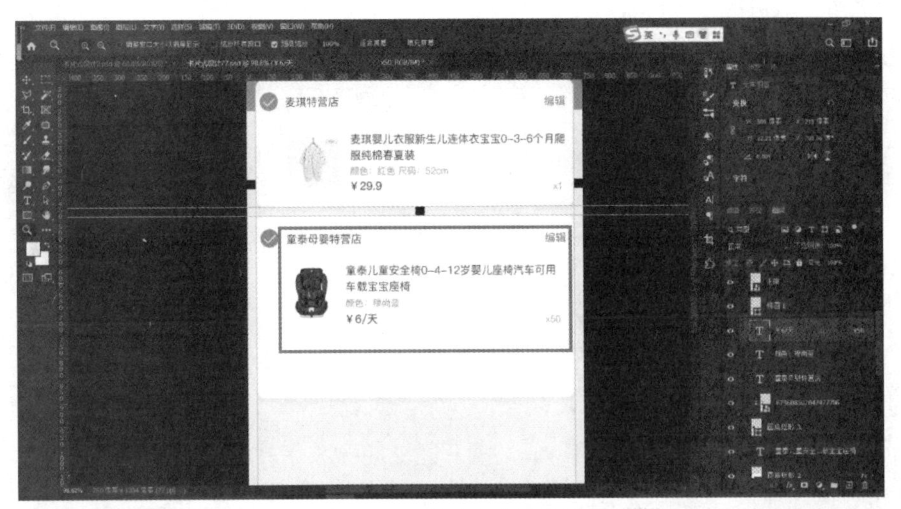

图 6－96　修改文字和图片

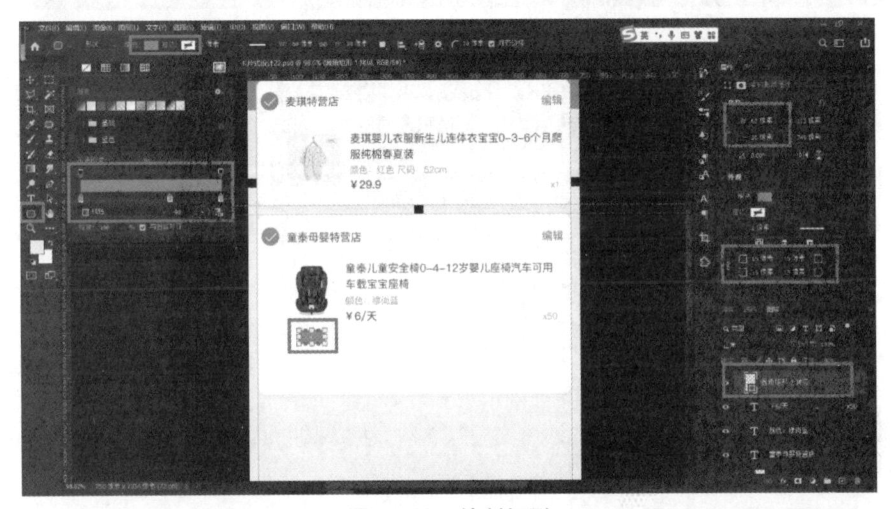

图 6－97　绘制矩形

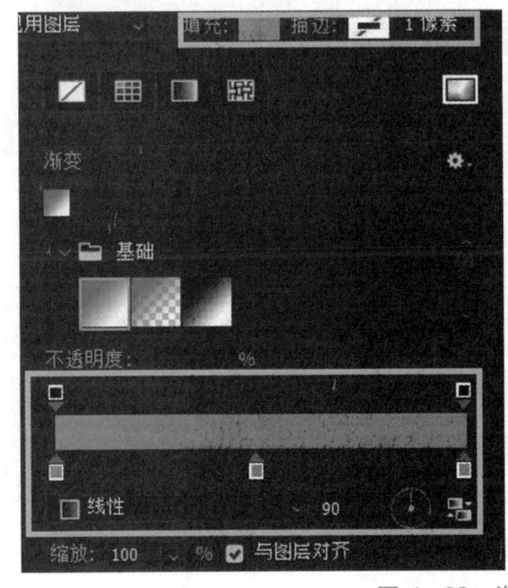

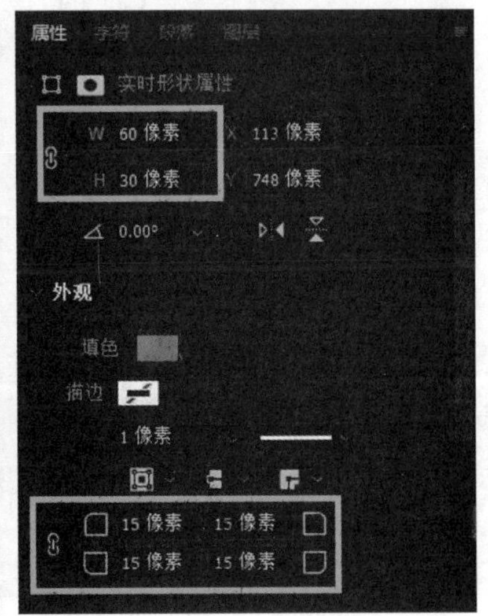

图 6－98　渐变属性

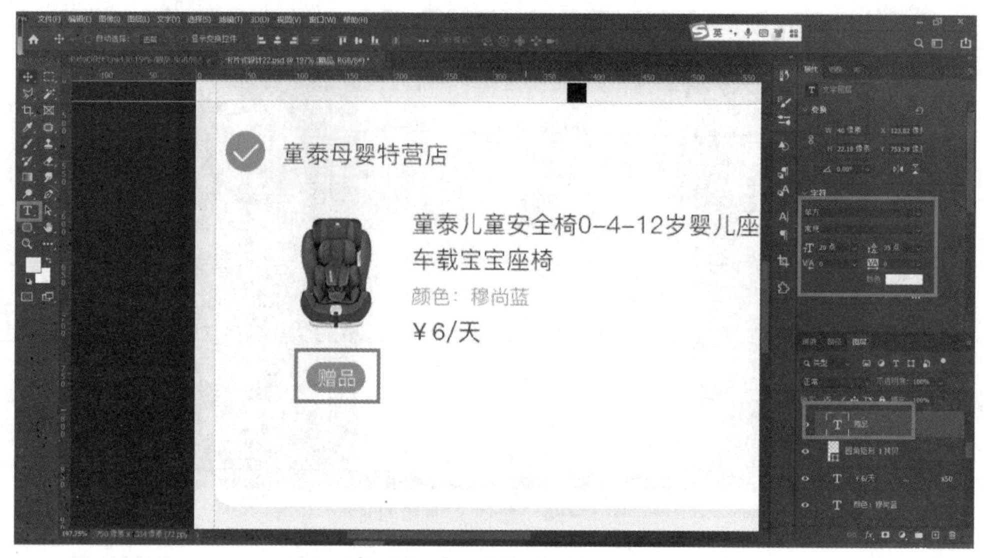

图 6-99　输入文字

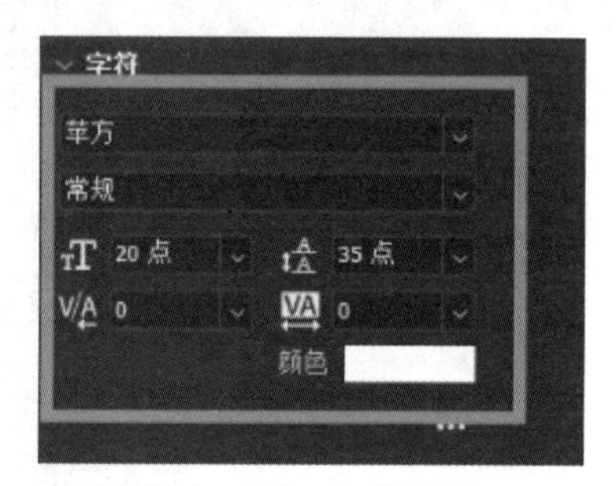

图 6-100　字符属性

(25) 使用文本工具输入文字，文字参数为“20 pt，苹方，常规，行距 35 pt，#ff3366”，如图 6-101、图 6-102 所示。

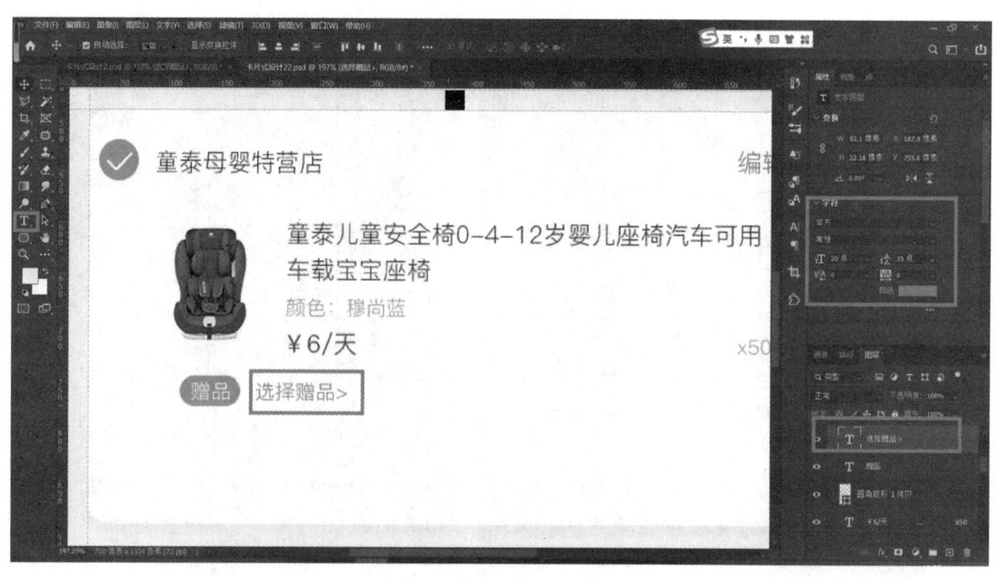

图 6-101　输入文字

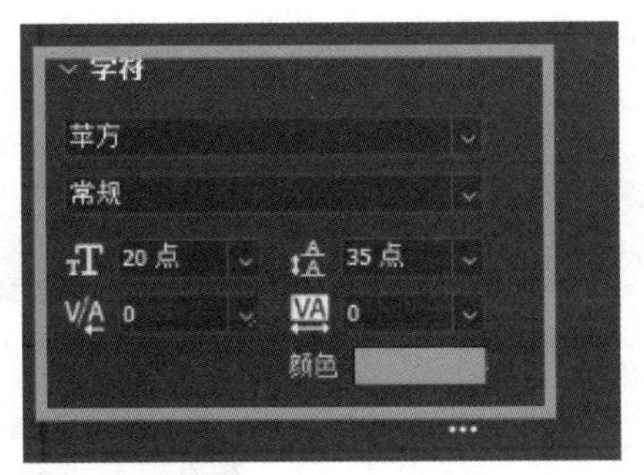

图 6 - 102　字符属性

（26）使用文本工具输入文字，文字参数为“24 pt，苹方，常规，行距 35 pt，#ff3366”，如图 6 - 103、图 6 - 104 所示。

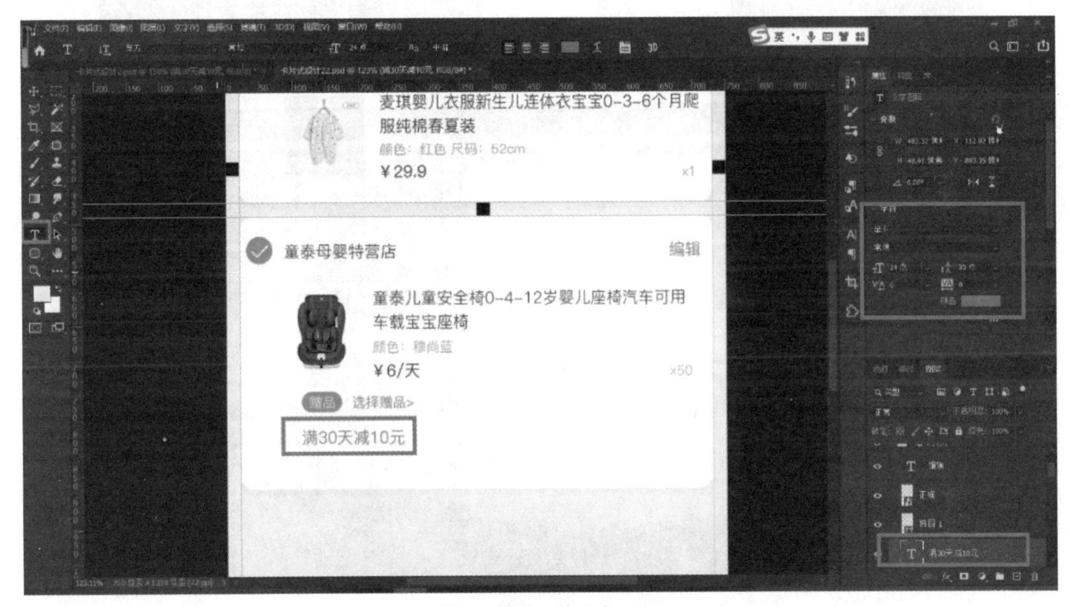

图 6 - 103　输入文字

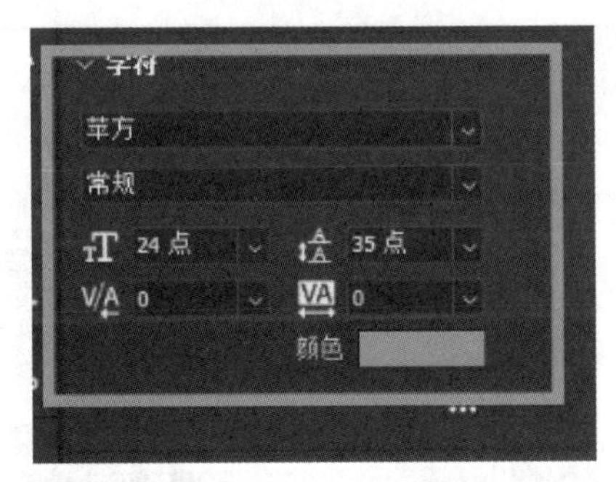

图 6 - 104　字符属性

（27）使用移动工具，按住 Alt 键复制黑色矩形块，并拖出辅助线，如图 6 - 105 所示。

（28）按下快捷键 Ctrl + J 复制组，调整好位置，如图 6 - 106 所示。

（29）修改文字和图片，如图 6 - 107 所示。

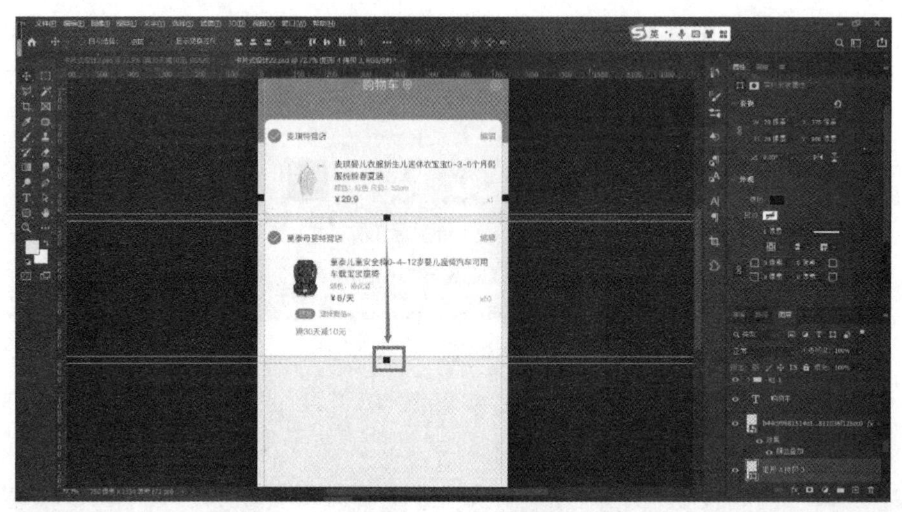

图 6－105　复制矩形

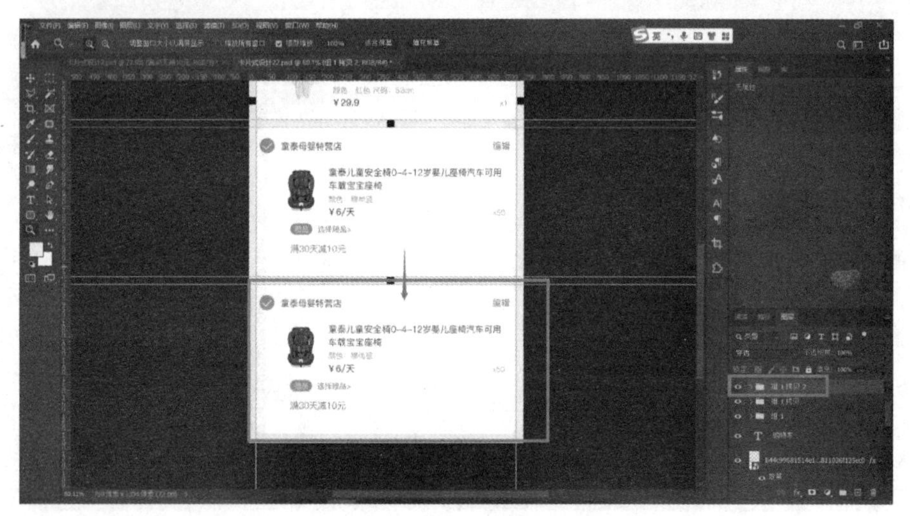

图 6－106　复制组

图 6－107　修改文字和图片

（30）使用矩形工具绘制一个 750 × 98 px 的白色无边框矩形，调整位置，如图 6 – 108、图 6 – 109 所示。

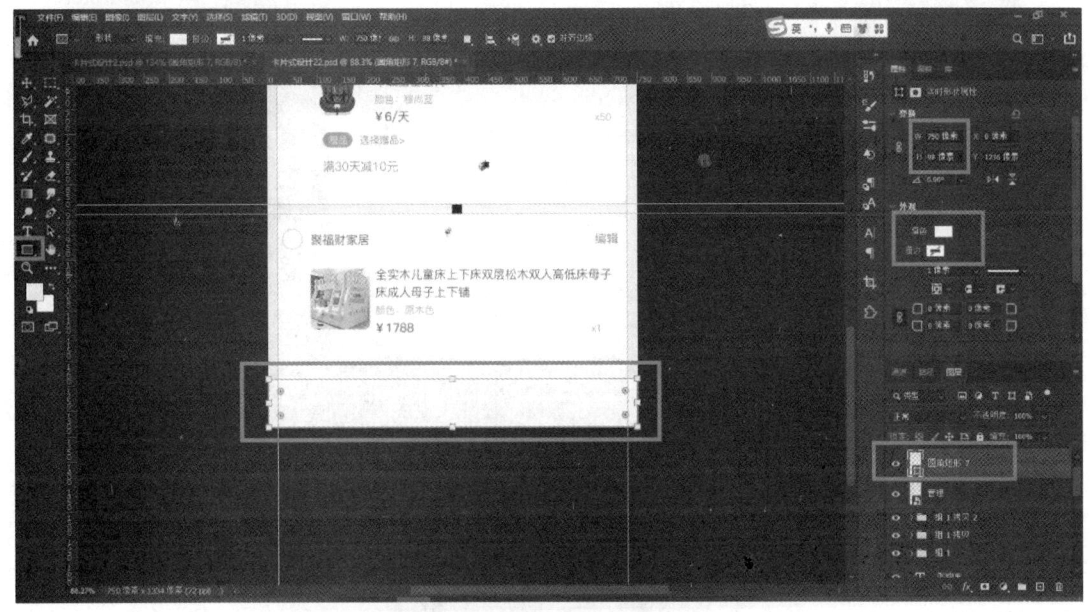

图 6 – 108　绘制矩形

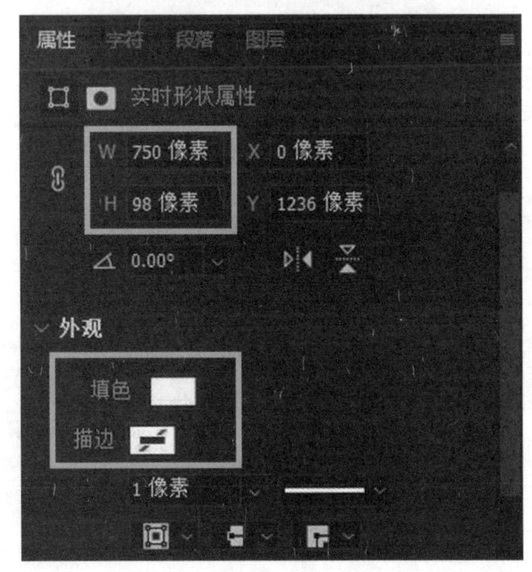

图 6 – 109　形状属性

（31）使用矩形工具绘制一个白色，灰色 1 px 描边矩形，调整图层透明度为 93% 左右，调整位置，如图 6 – 110、图 6 – 111 所示。

（32）使用移动工具，按住 Alt 键复制上方的椭圆并调整位置，如图 6 – 112 所示。

（33）使用文字工具输入文字，文字参数为“28 pt，苹方，常规，行距 35 pt，#1e0e0e”，如图 6 – 113、图 6 – 114 所示。

（34）使用圆角矩形工具绘制尺寸为 160 × 80 px，圆角为 40 px，粉色渐变填充，渐变参数为“ff3366，ff66cc”，无边框的圆角矩形，调整位置，如图 6 – 115、图 6 – 116 所示。

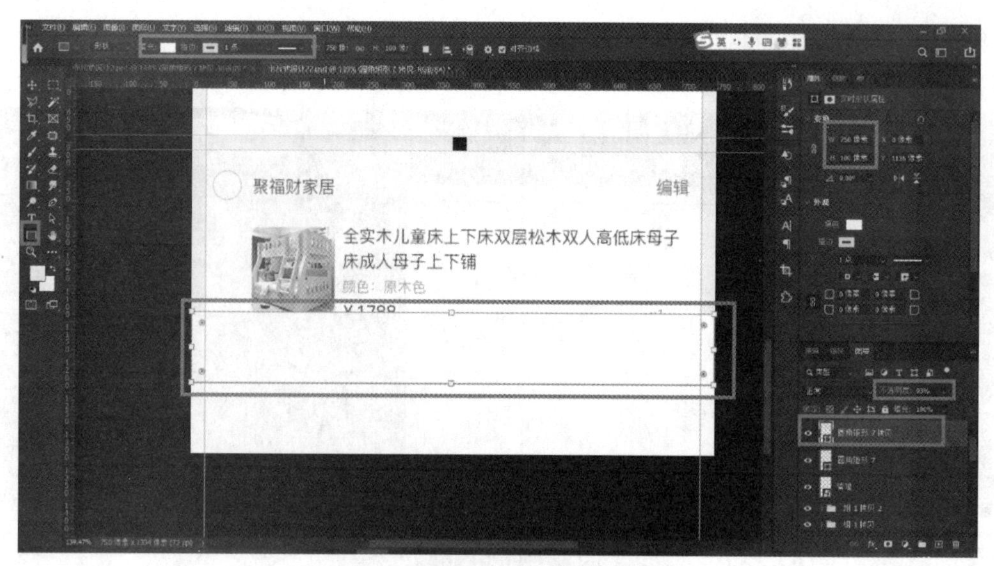

图 6－110　绘制矩形

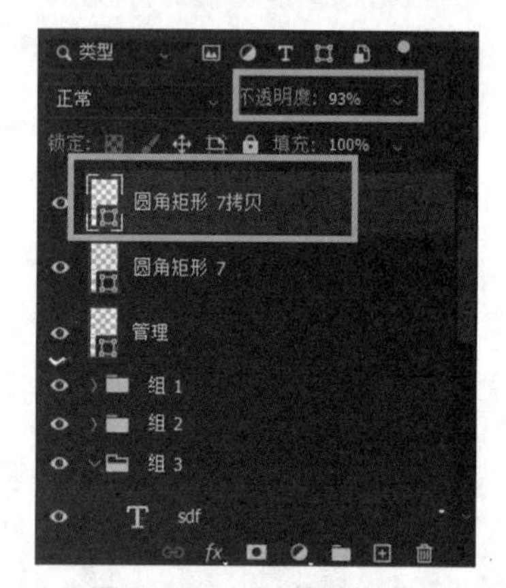

图 6－111　调整透明度

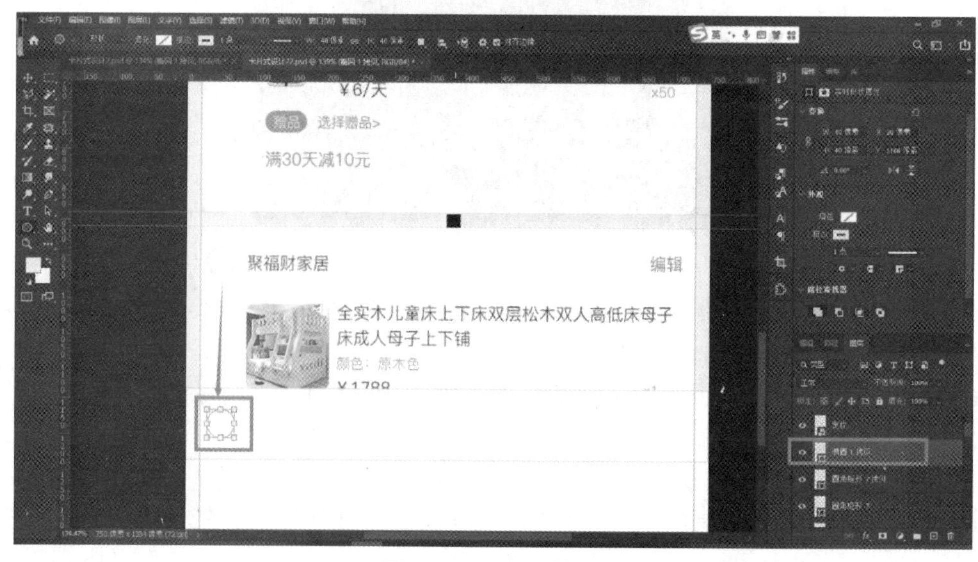

图 6－112　复制椭圆

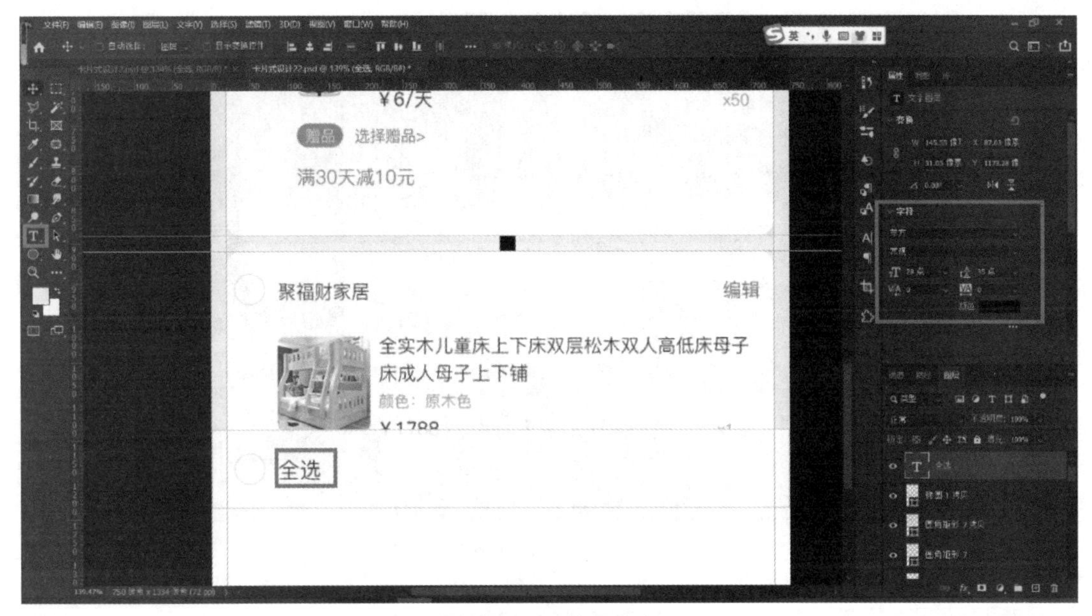

图 6－113　输入文字

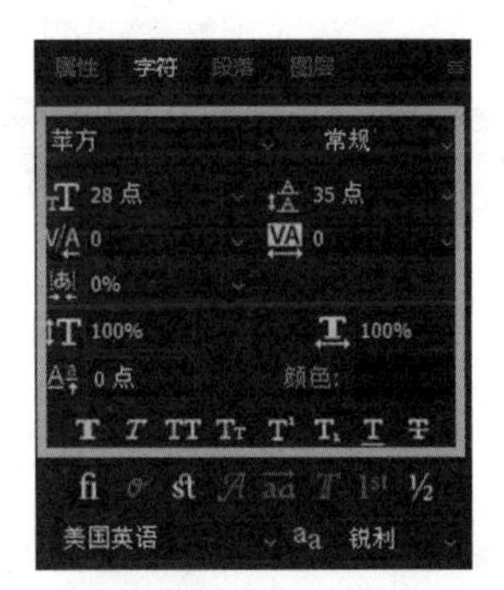

图 6－114　字符属性

图 6－115　绘制矩形

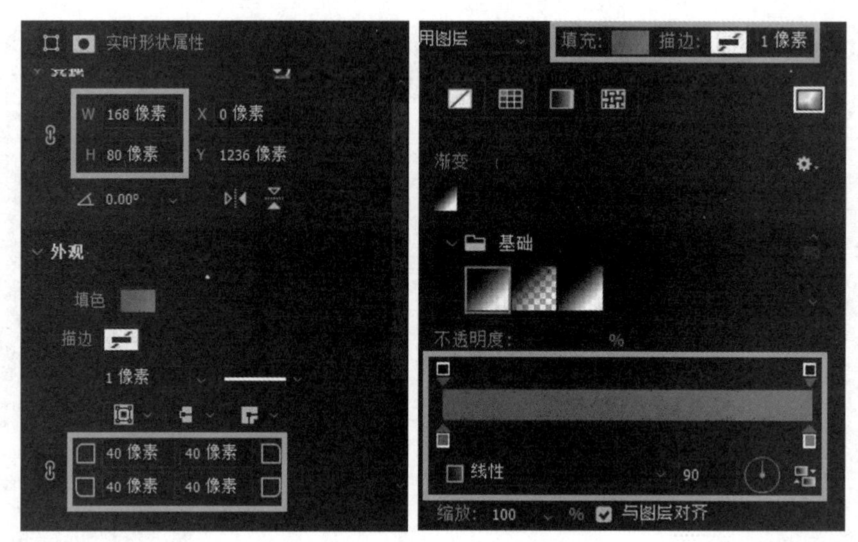

图 6－116　渐变属性

（35）使用文字工具输入文字，文字参数为“32 pt，苹方，中等，行距 35 pt，#ffffff”，如图 6－117、图 6－118 所示。

图 6－117　输入文字

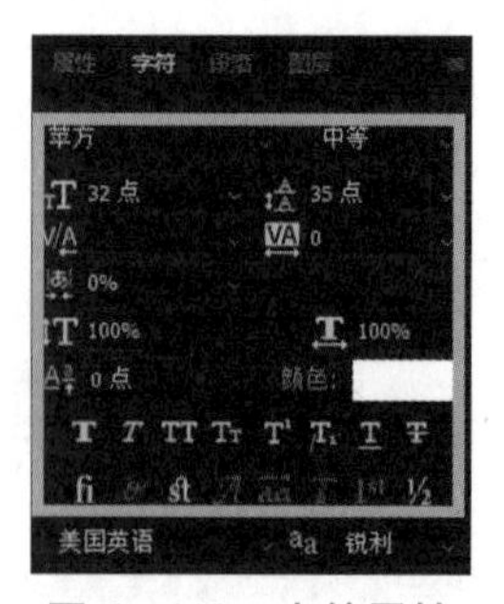

图 6－118　字符属性

（36）使用文本工具输入文字，调整前面为黑色，后面为粉色，文字参数为“32 pt，苹方，中等，行距 35 pt，#1e0e0e，#ff3366”，如图 6－119、图 6－120 所示。

图 6－119　输入文字

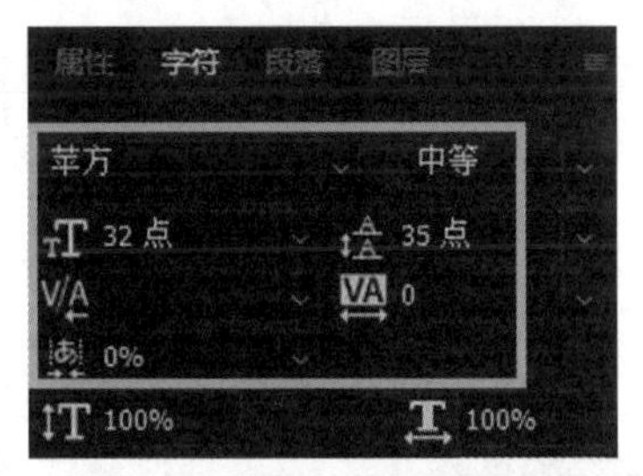

图 6－120　字符属性

（37）使用文字工具输入文字，文字参数为“20 pt，苹方，常规，行距 35 pt，#ff3366”，如图 6－121、图 6－122 所示。

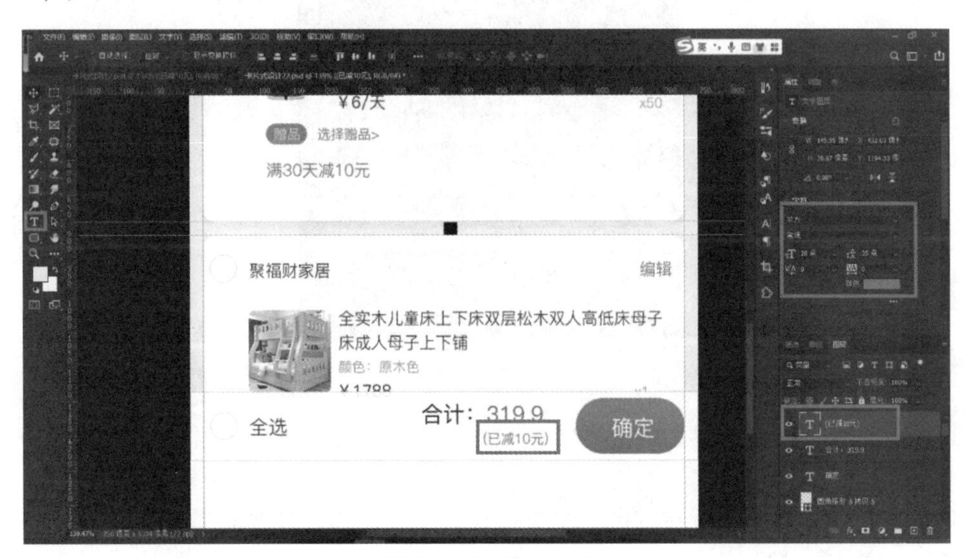

图 6－121　输入文字

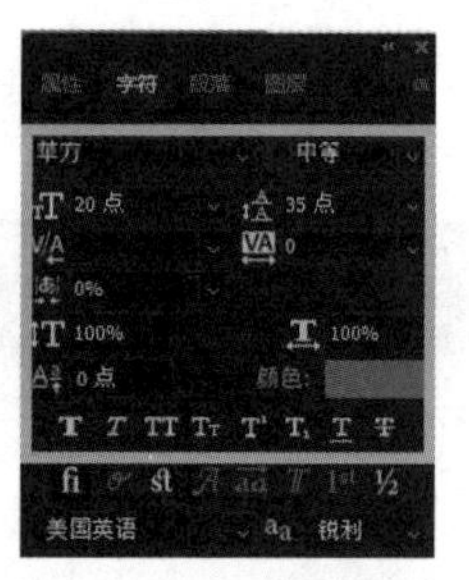

图 6－122　字符属性

（38）分别拖入图标素材，选择对齐方式，如图 6－123、图 6－124 所示。

图 6－123　导入素材

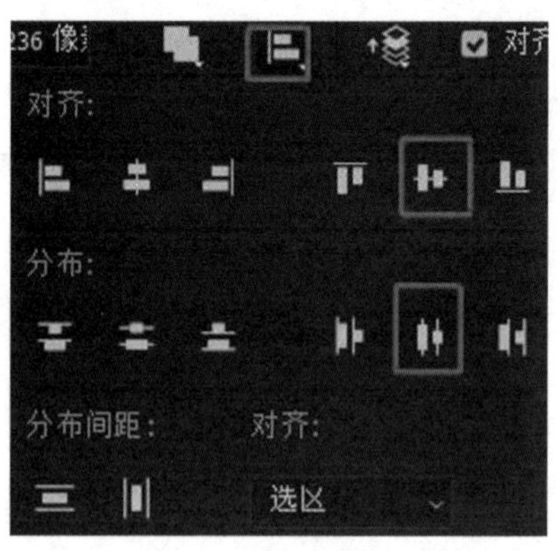

图 6－124　对齐

（39）选择首页图标图层，单击“fx”按钮，选择“颜色叠加”，重灰色，如图 6－125、图 6－126 所示。

（40）选择购物车图标所在图层，单击“fx”按钮，选择“颜色叠加”，粉色，参数为“#ff3366”，如图 6－127、图 6－128 所示。

图 6－125　图层样式

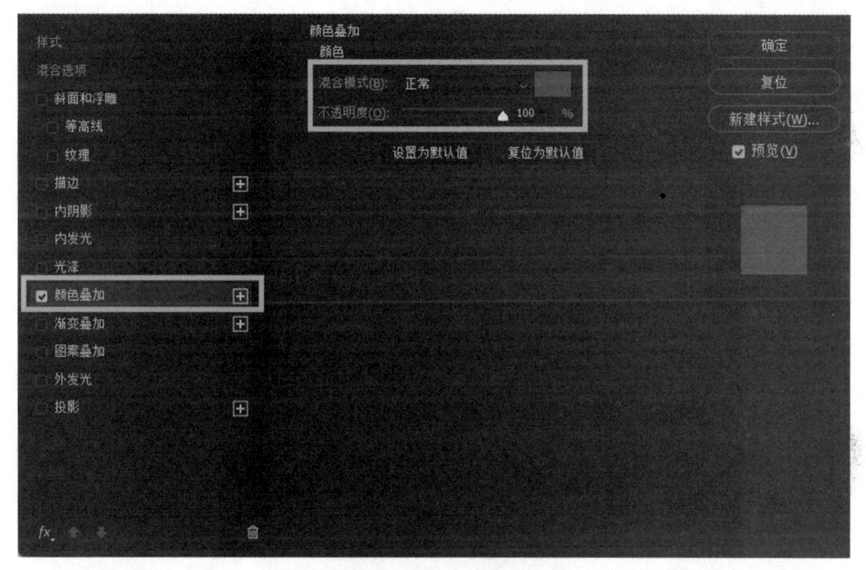

图 6－126　颜色叠加（1）

图 6－127　颜色叠加（2）

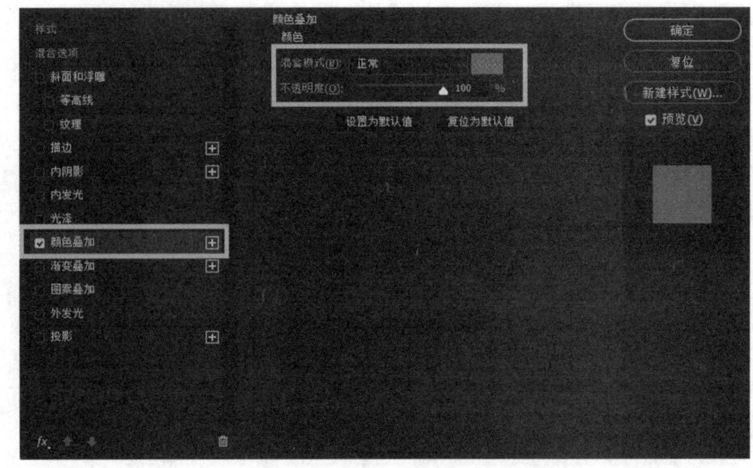

图6－128　图层样式

（41）使用文本工具输入文字，文字参数为“20 pt，苹方，常规，行距 35 pt，#333333”，购物车填色为粉色，参数为“#ff3366”，如图6－129所示。

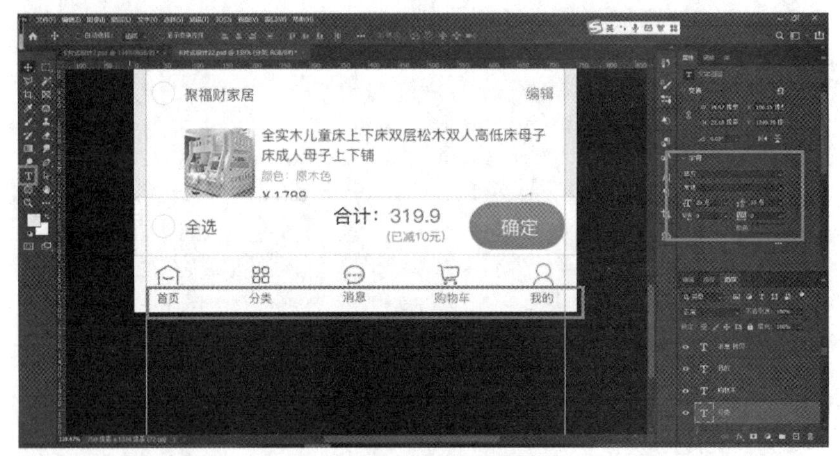

图6－129　输入文字

（42）删除黑色矩形块，清除辅助线，完成效果如图6－130所示。

图6－130　完成效果

任务二　选项卡设计

任务说明

本任务主要针对 APP 列表页设计中的选项卡设计进行讲解，对顶部选项卡、底部选项卡、固定选项卡、滚动选项卡等内容进行知识性的导入，并通过具体的任务实现过程进行实操性演练。

知识导入

一、顶部选项卡

顶部选项卡，顾名思义，就是出现在页面顶部的可单击选择的选项卡。其设计形式比较多样，按需要进行变化，一般会放置比较重要的内容，也会出现在产品的诸多页面上，供用户进行单击跳转到相应页面上，如图 6－131 所示。

图 6－131　顶部选项卡示例

二、底部选项卡

当前也有众多 APP 会选择底部选项卡，该选项卡出现在页面底部。相对于顶部选项卡，底部选项卡在用户单手握持手机的时候也容易操作到，有较好的用户体验。设计的表现形式也比较多样，但整体都遵循让用户更好识别、更好操作的原则，如图 6－132 所示。

图 6－132　底部选项卡示例

三、固定选项卡

固定选项卡是相对于滚动选项卡而言的，是指页面中选项位置固定，不可进行左右上下滚动的操作，一般适用于选项内容较少的情况。如图 6－133 所示，选项内容较少，都可以显示在画面内，此时就可以做固定选项卡。

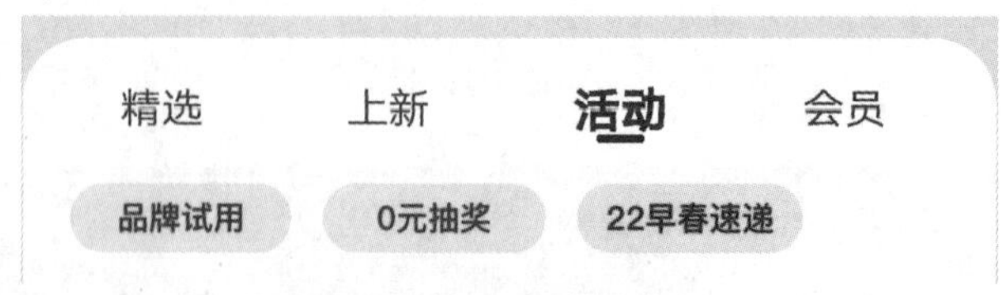

图 6－133　固定选项卡示例

四、滚动选项卡

滚动选项卡是指选项内容较多，超出页面显示范围，此时需要能够对其进行滚动操作，以便显示画面外的内容。如图 6－134 所示，可以通过手指左右滑动操作显示更多选项，底部还有滚动条示意。

图 6－134　滚动选项卡示例

任务实现

一、设计分类商城的底部选项卡和固定选项卡

（1）新建文档，选择移动设备 iPhone 8/7/6，分辨率为 72 ppi，RGB 颜色模式，白色背景，如图 6－135 所示。

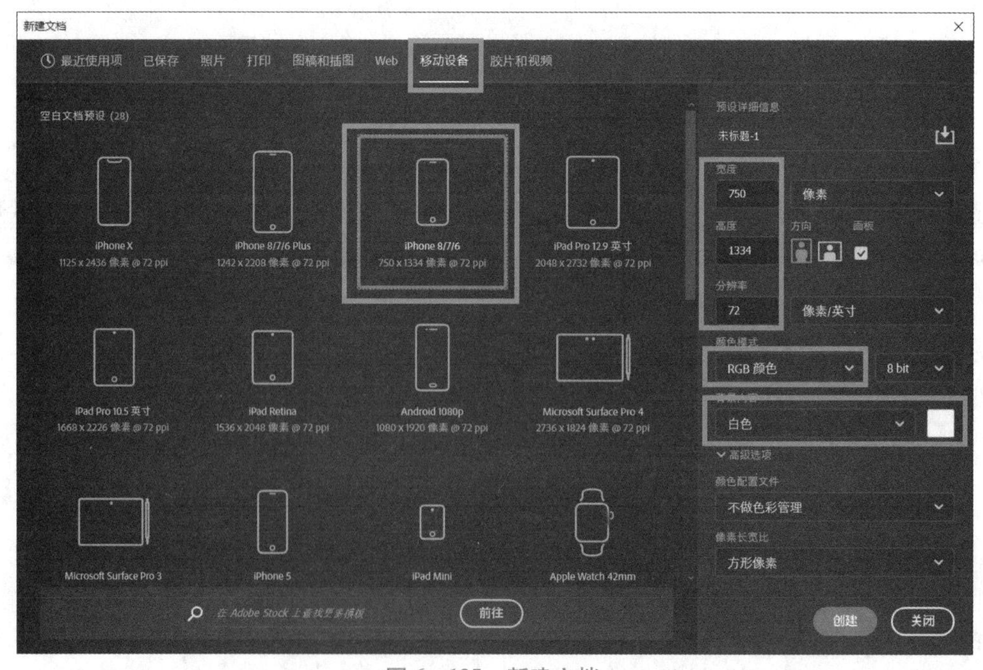

图 6－135　新建文档

使用矩形工具绘制一个任意填色，无边框，尺寸为 750 × 40 px 的矩形，并调整好位置，如图 6 – 136 和图 6 – 137 所示。

图 6 – 136　绘制矩形

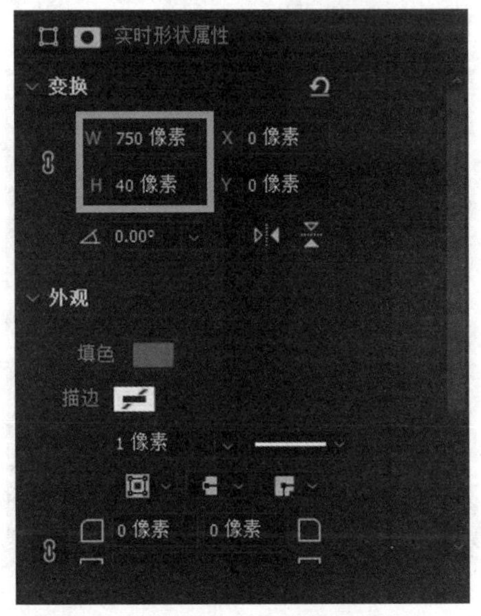

图 6 – 137　矩形属性

（2）使用矩形工具再度绘制一个填色为灰色，无边框的 750 × 88 px 的矩形，如图 6 – 138 和图 6 – 139 所示。

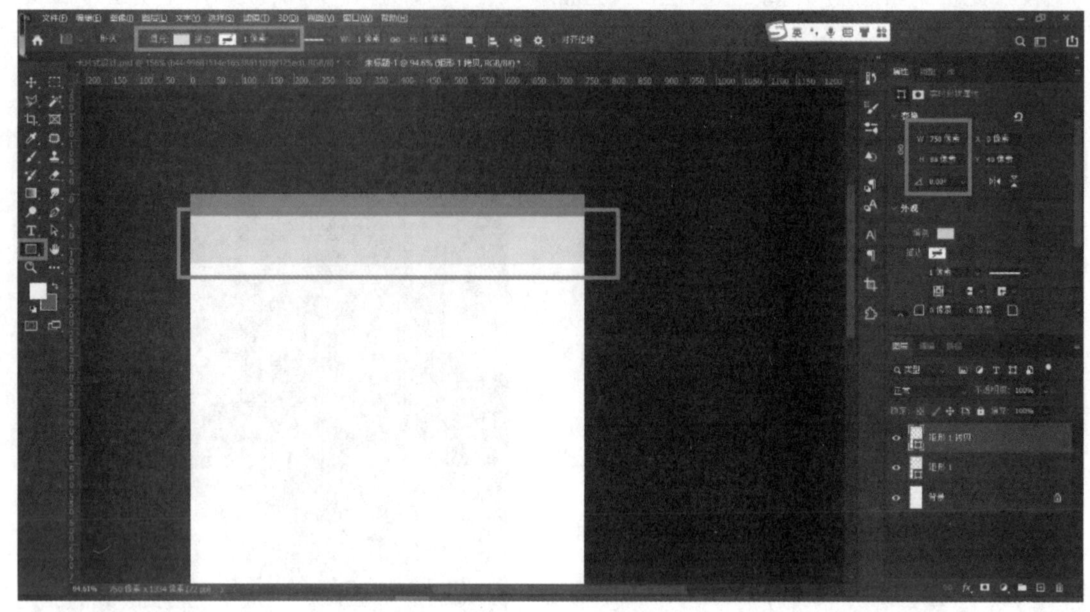

图 6－138　绘制矩形

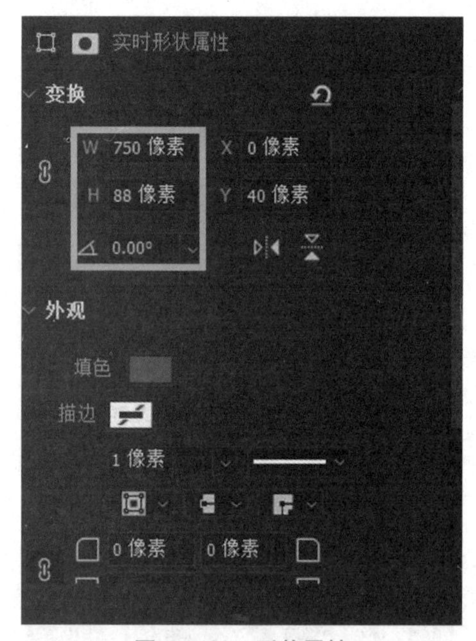

图 6－139　形状属性

（3）使用矩形工具绘制一个填色为蓝色，无边框的 168×120 px 的矩形，如图 6－140 和图 6－141 所示。

（4）按住 Alt 键复制 9 个矩形，全选 9 个矩形后，按下快捷键 Ctrl＋G 建立组，如图 6－142 所示。

（5）复制某个蓝色矩形，修改为 562×500 px 的矩形，如图 6－143 和图 6－144 所示。

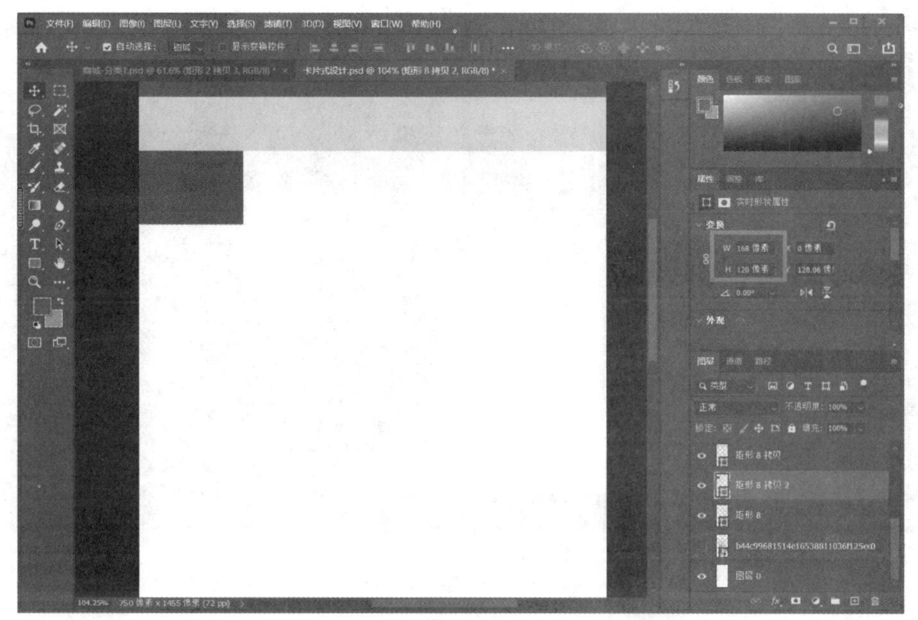

图 6－140　绘制矩形

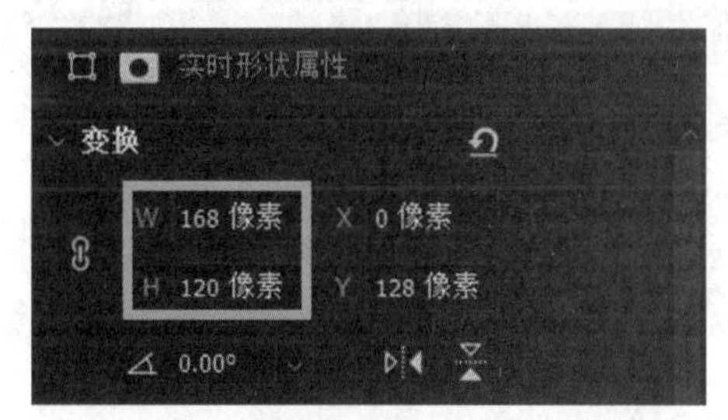

图 6－141　形状属性

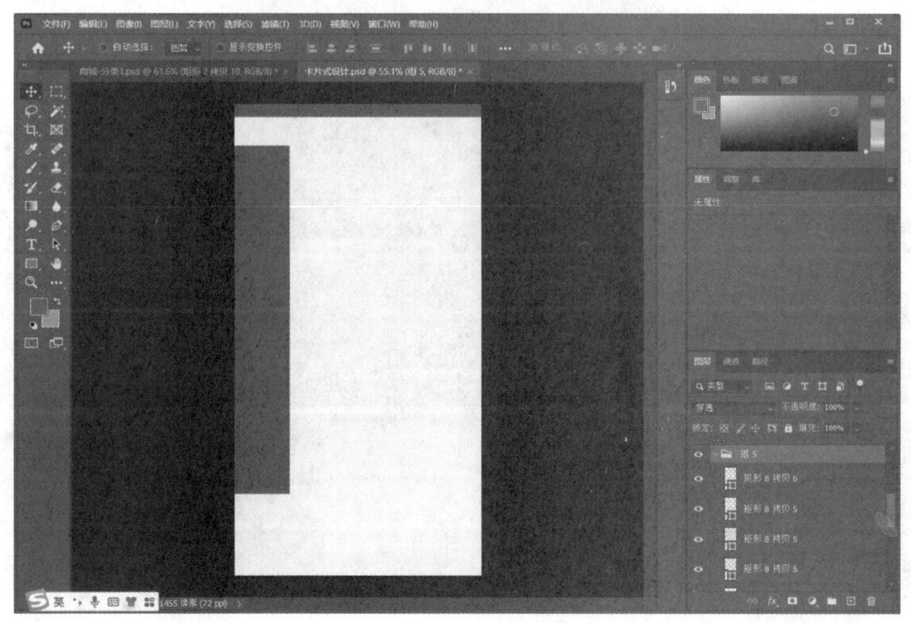

图 6－142　复制矩形

图 6－143　修改矩形

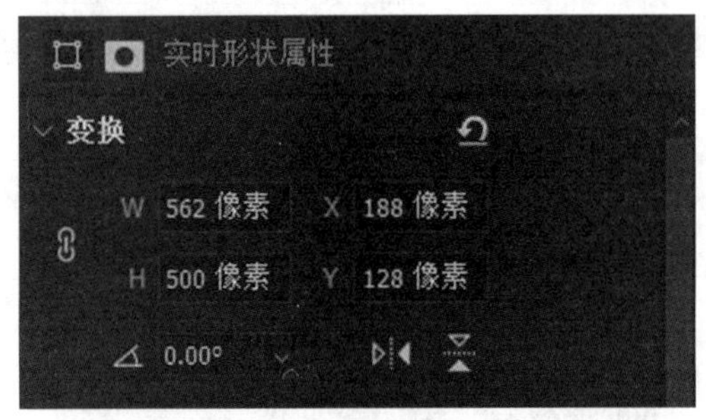

图 6－144　形状属性

（6）绘制一个 20×20 px，黑色填色，无边框的矩形，并调整位置，如图 6－145 和图 6－146 所示。

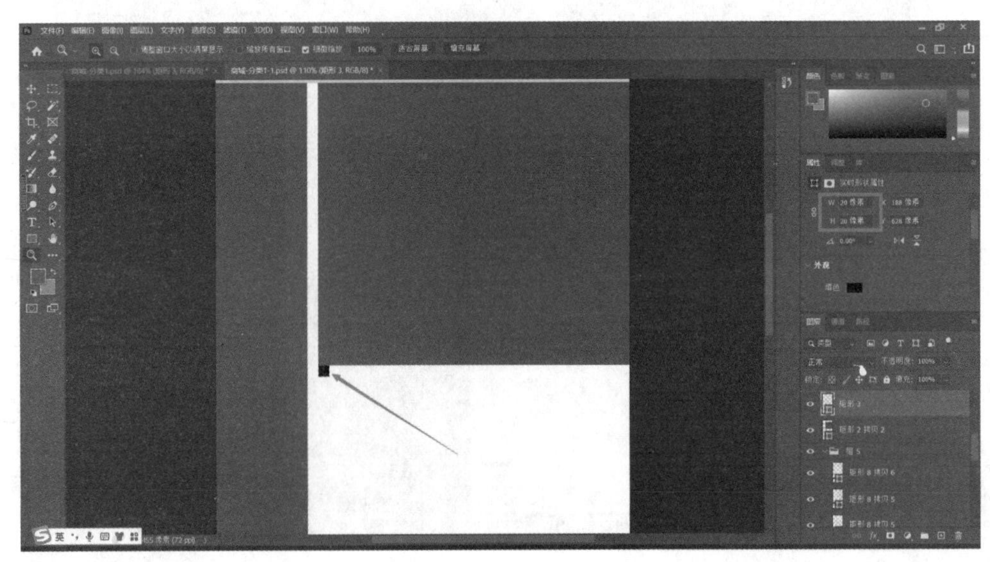

图 6－145　绘制矩形

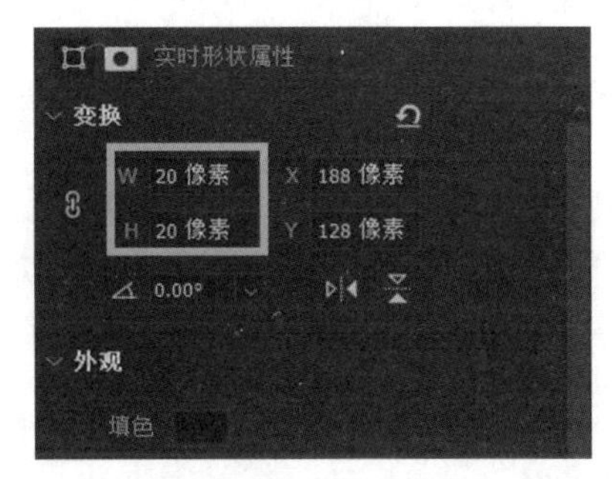

图 6－146　形状属性

（7）按住 Alt 键复制上方矩形到如图 6－147 所示位置。

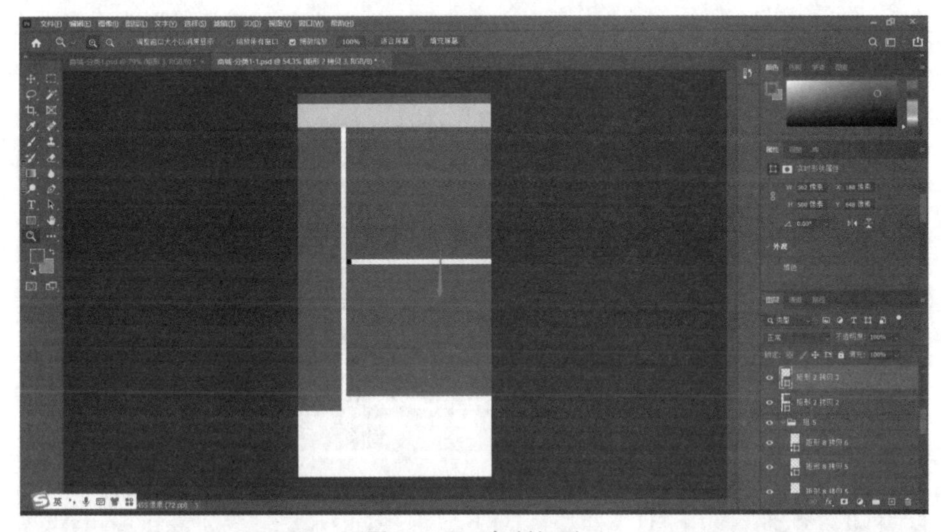

图 6－147　复制矩形

（8）绘制一个 750 × 98 px，灰色填色，无边框的矩形，调整位置，如图 6－148 和图 6－149 所示。

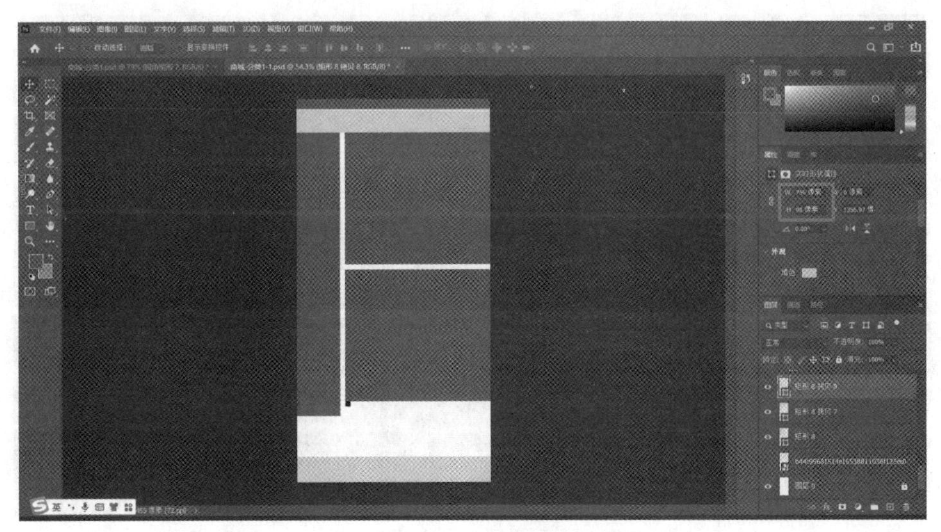

图 6－148　绘制矩形

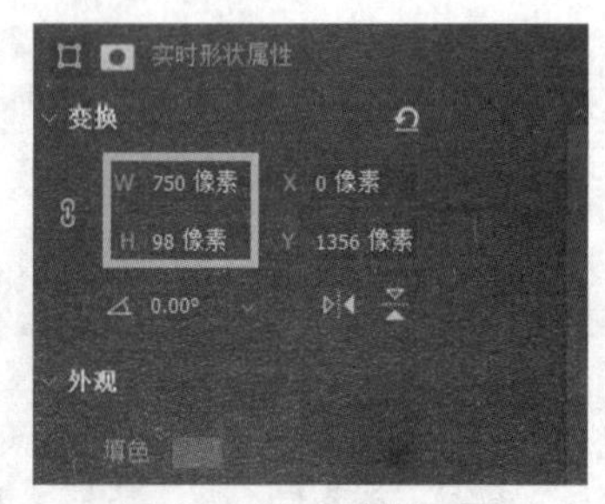

图 6-149　形状属性

（9）按住 Alt 键复制蓝色矩形，调整位置和图层顺序，如图 6-150 所示。

（10）拖入状态栏，并按住 Shift 键加选底下蓝色矩形，打开“对齐”面板，选择选区对齐方式为“垂直居中对齐”和“水平居中对齐”，并调整底下蓝色矩形为白色，如图 6-151 所示。

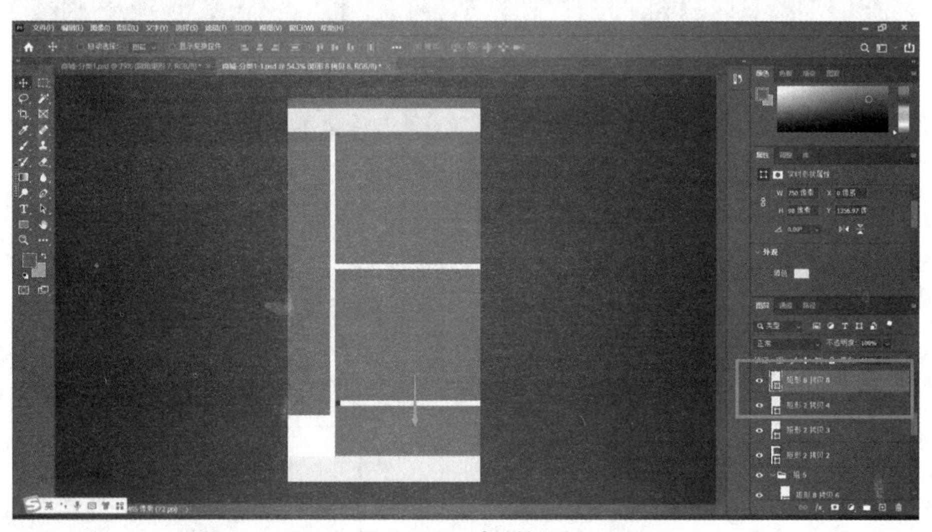
图 6-150　复制矩形

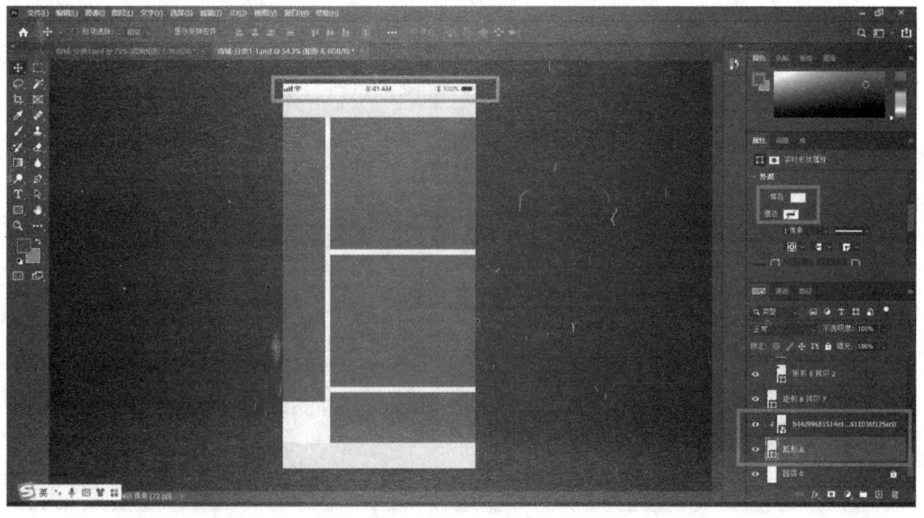
图 6-151　导入素材

（11）使用圆角矩形工具绘制一个尺寸为 490 × 56 px、圆角为 28 px 的圆角矩形，参数为“#f7f6f7”，调整为居中对齐，并调整底下重灰色矩形为白色，如图 6 – 152 和图 6 – 153 所示。

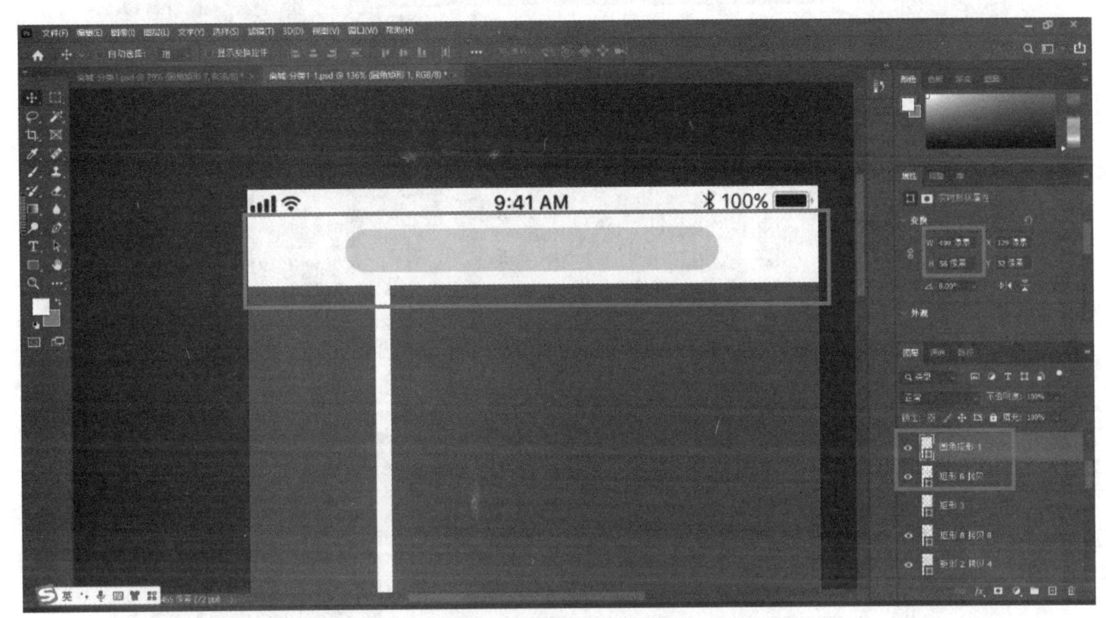

图 6 – 152　绘制矩形

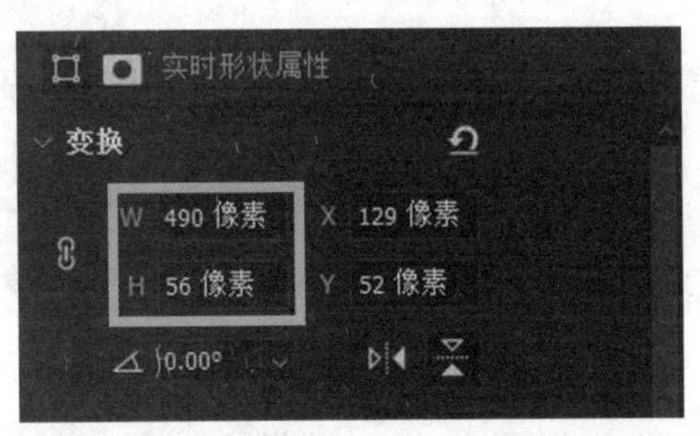

图 6 – 153　形状属性

（12）拖入搜索图标，调整好位置，如图 6 – 154 所示。

（13）按下快捷键 Ctrl + R 打开标尺，把原来黑色的矩形拖到合适的位置并拖出辅助线，如图 6 – 155 所示。

（14）把原来黑色的矩形拖到合适的位置并拖出辅助线，如图 6 – 156 所示。

（15）使用椭圆工具绘制三个 8 × 8 px 的灰色正圆，调整好位置后建立成组，如图 6 – 157 和图 6 – 158 所示。

（16）使用文本工具输入文字，文字参数为“32 pt，苹方，常规，行距 35 pt，#666666”，如图 6 – 159 所示。

（17）选择背景图层，填充为灰色，参数为“#666666”，如图 6 – 160 所示。

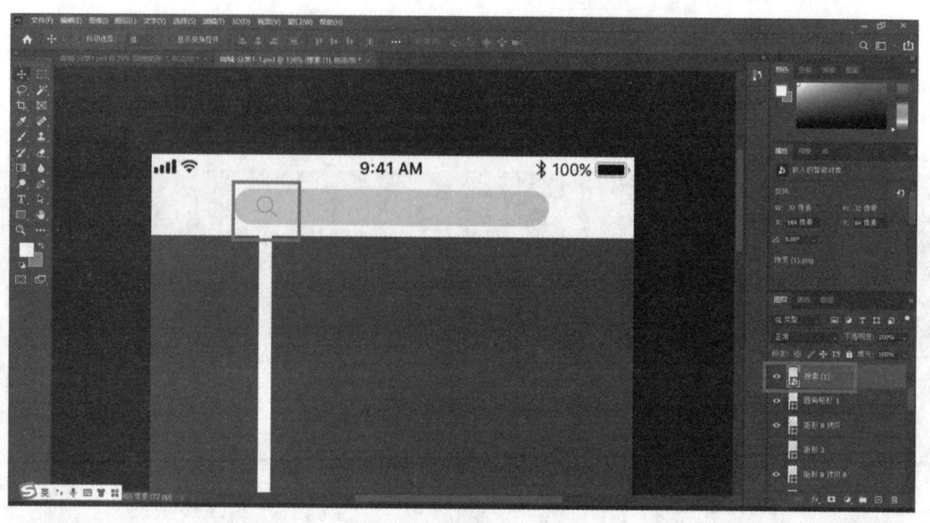

图 6－154　导入素材

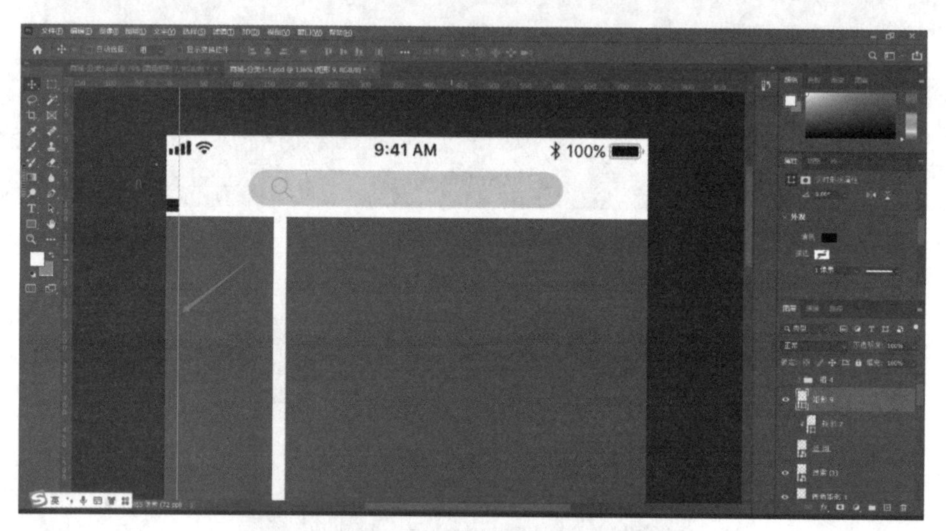

图 6－155　辅助线（1）

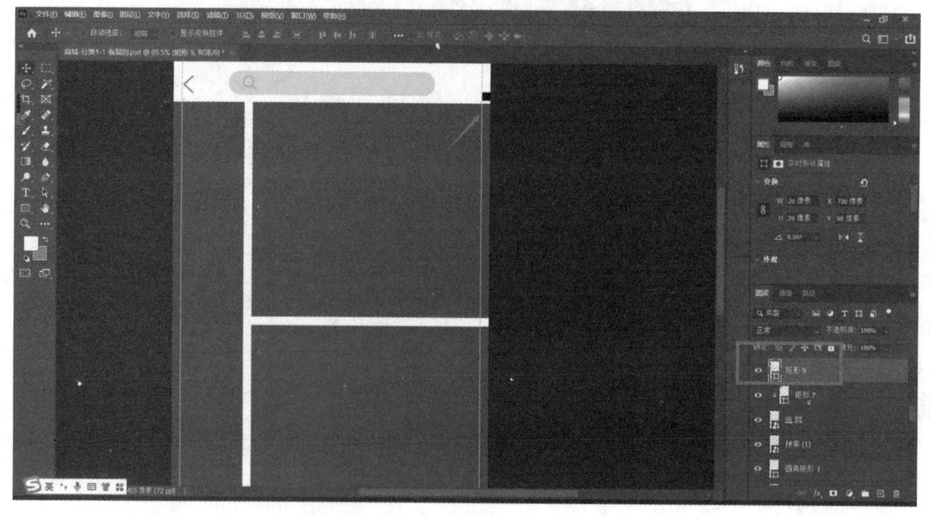

图 6－156　辅助线（2）

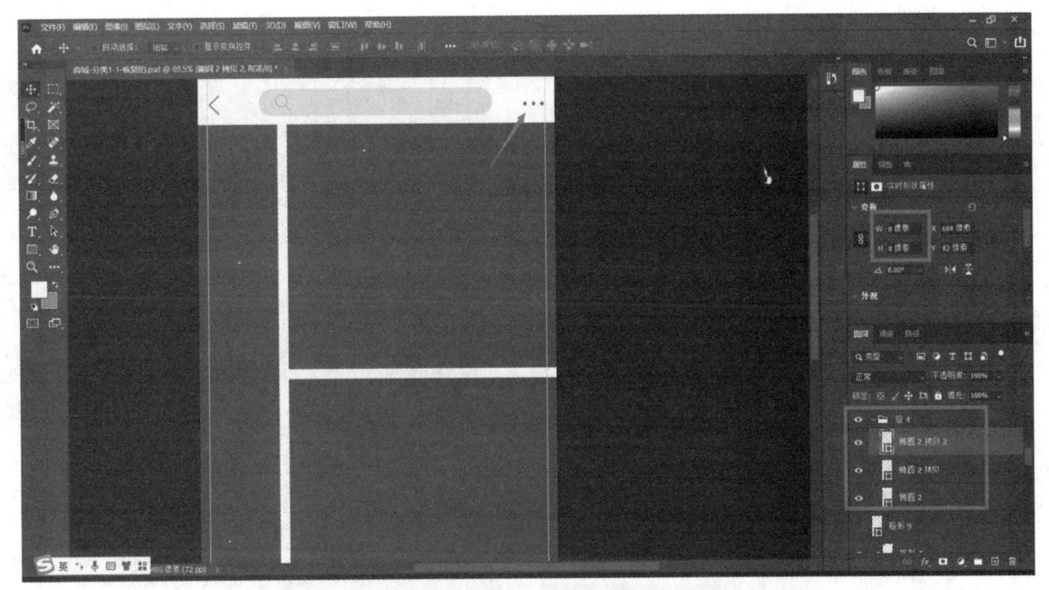

图 6－157　绘制正圆

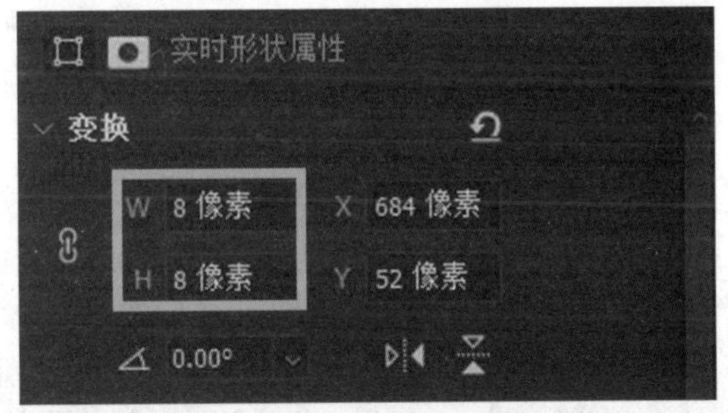

图 6－158　形状属性

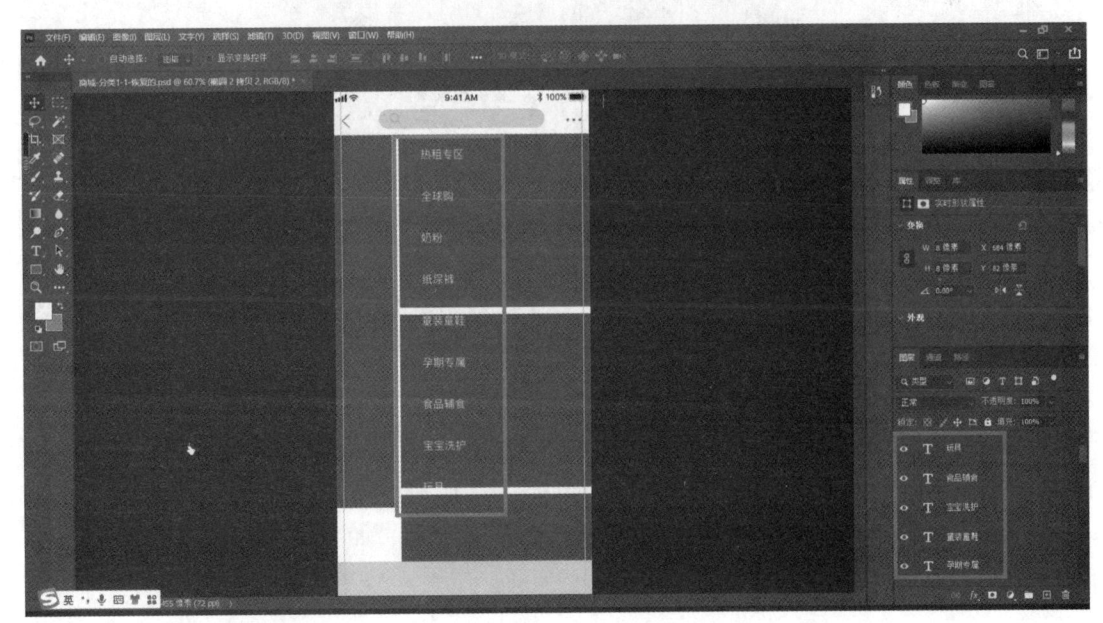

图 6－159　输入文字

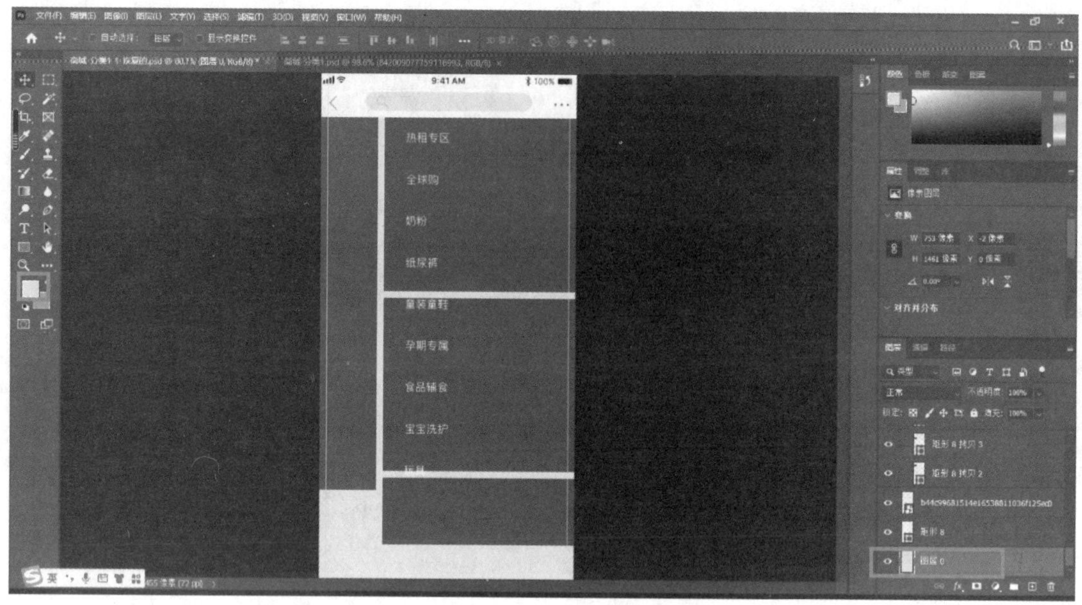

图 6 – 160　填充颜色

（18）选择文字“热租专区”，修改填色为紫红色，参数为“#ff3366”，并选择底下的蓝色矩形，调整为白色，进行居中对齐，如图 6 – 161 所示。

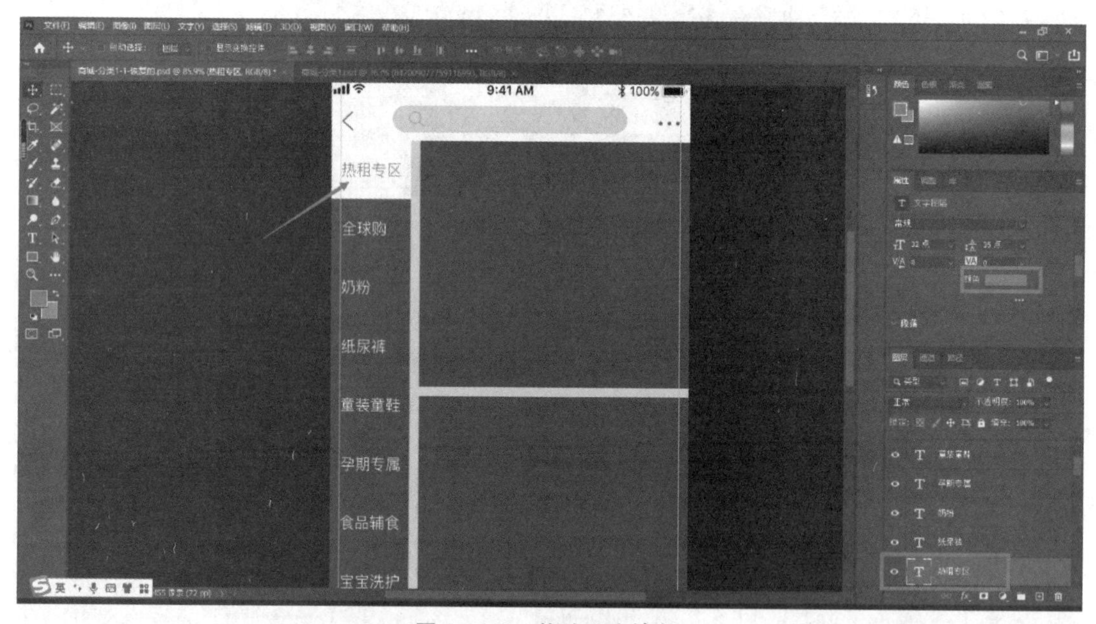

图 6 – 161　修改文字填色

（19）选择文字“全球购”，修改填色为灰色，参数为“#666666”，选择底下蓝色矩形，调整为白色，调整文字和矩形居中对齐，如图 6 – 162 所示。

（20）用同样的方法修改剩余的文字和矩形颜色并对齐，如图 6 – 163 所示。

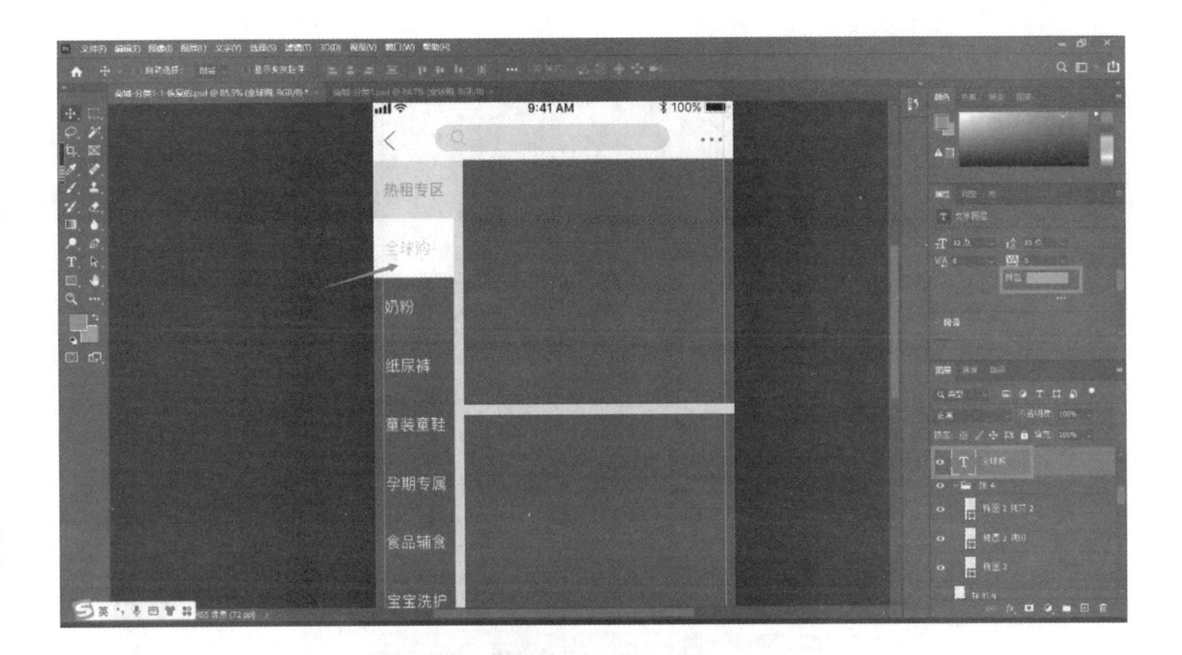

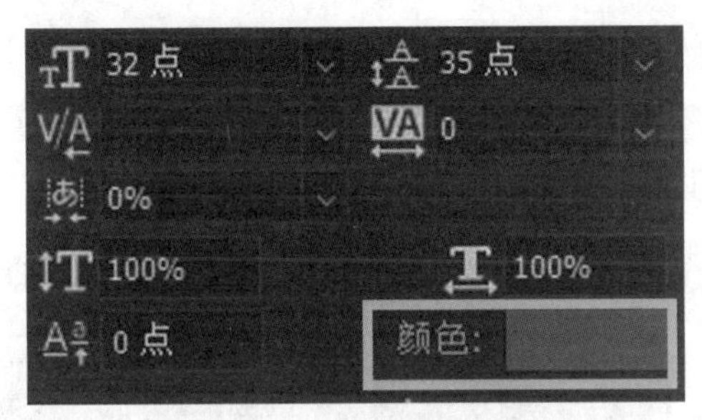

图 6-162　设置文字属性

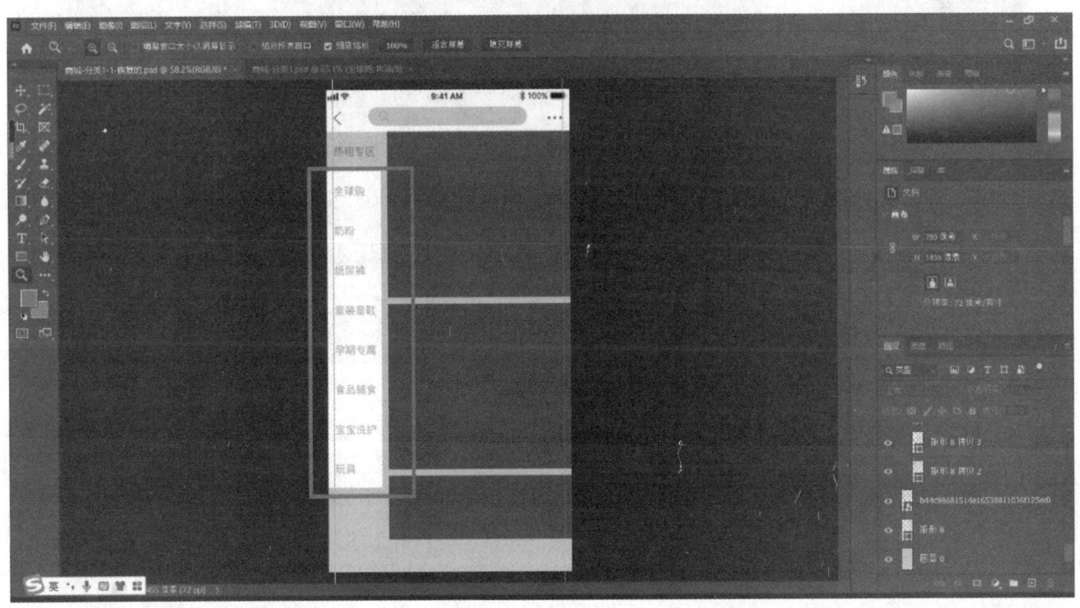

图 6-163　对齐

（21）拖入底栏图标，并调整大小和间距，如图 6 – 164 所示。

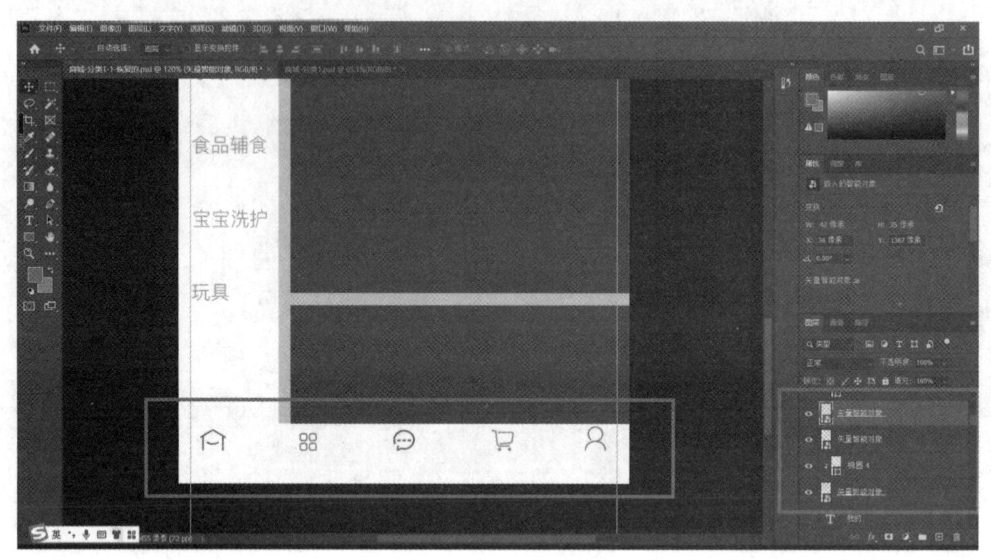

图 6 – 164　导入素材

（22）输入“首页”等文字，文字参数为“20 pt，苹方，常规，行距 35 pt，#333333”，调整分类文字为紫红色，参数为“#ff3366”，调整文字和图标的间距、文字与文字之间的间距，如图 6 – 165 和图 6 – 166 所示。

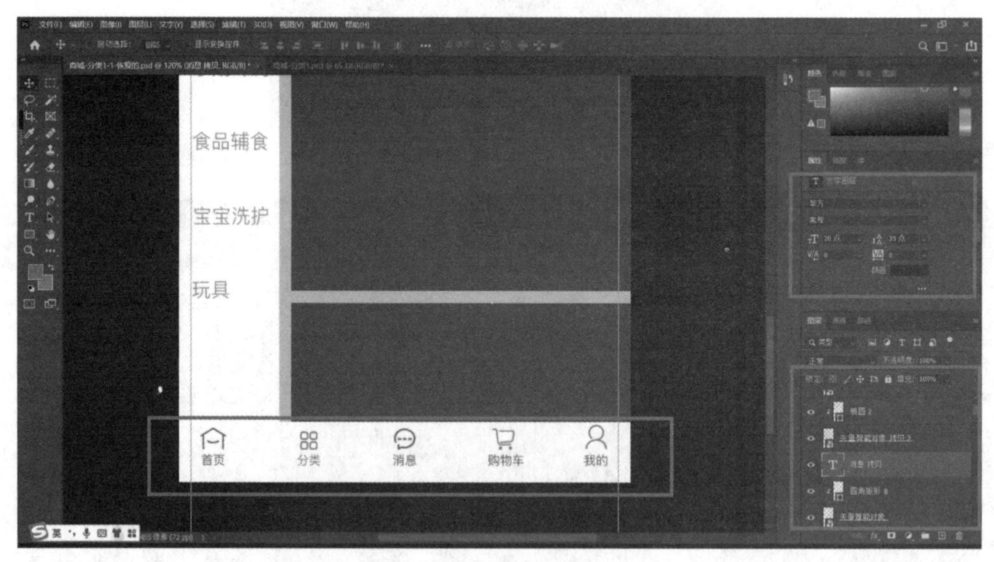

图 6 – 165　输入文字

（23）绘制一个 4 × 120 px 的矩形，调整颜色为紫红色的渐变，渐变参数为“#ff70e4，#ff679c，#fe7883”，并调整位置，如图 6 – 167 和图 6 – 168 所示。

（24）使用文本工具输入文字，灰色填色，苹方字体，文字参数为“26 pt，苹方，常规，行距 35 pt，#999999”，并调整好和圆角矩形对齐，如图 6 – 169 和图 6 – 170 所示。

（25）使用移动工具，勾选“自动选择图层”，选择剩下的蓝色矩形，调整为白色，如图 6 – 171 所示。

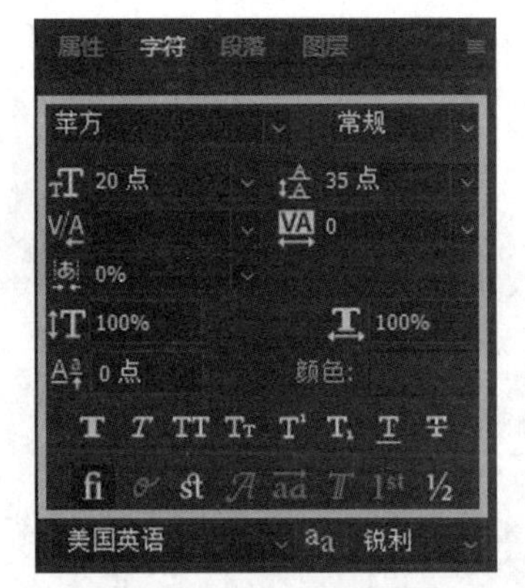

图6-166　文字属性

图6-167　绘制矩形

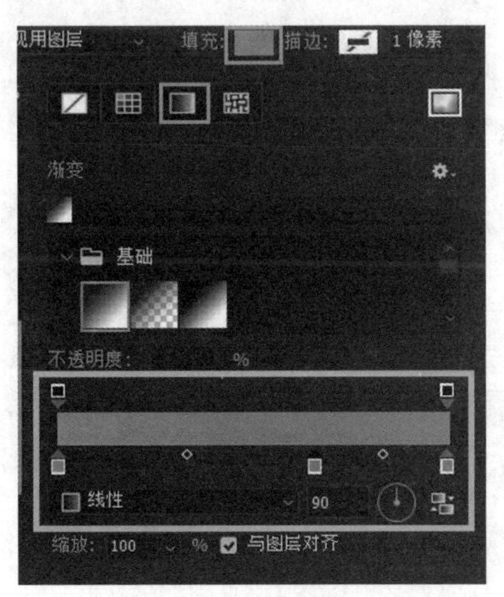

图6-168　渐变属性

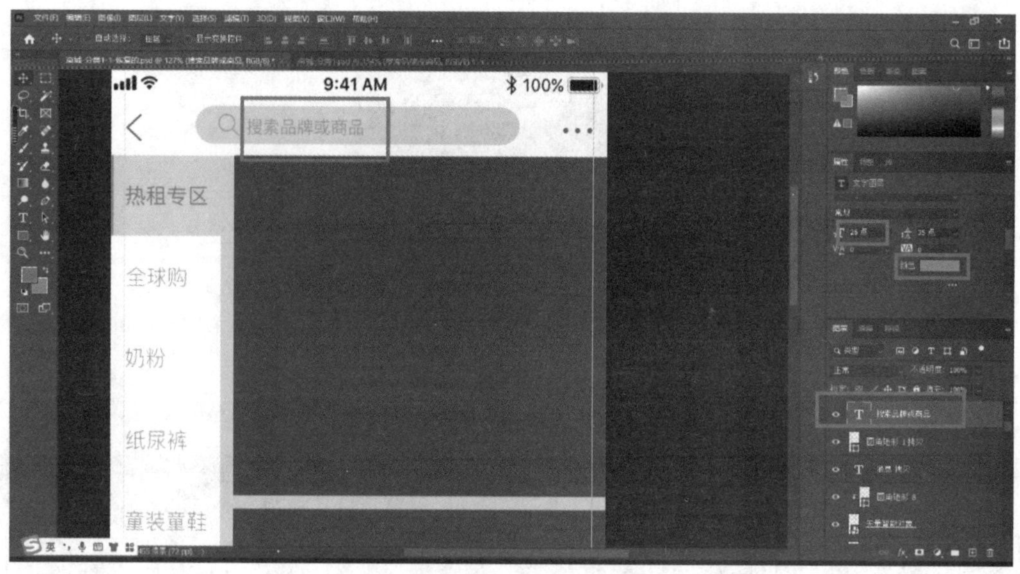

图 6－169　输入文字

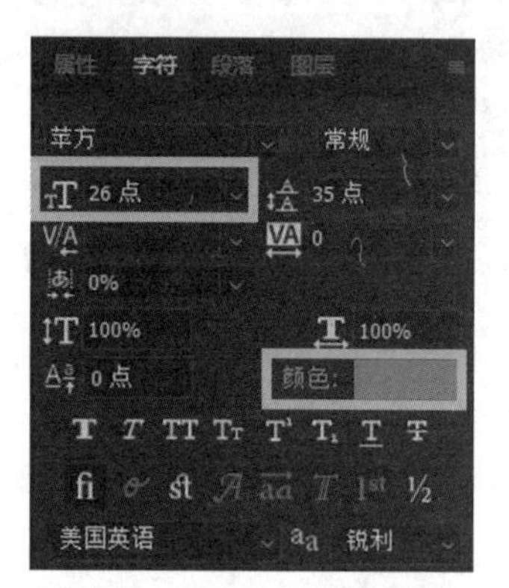

图 6－170　文字属性

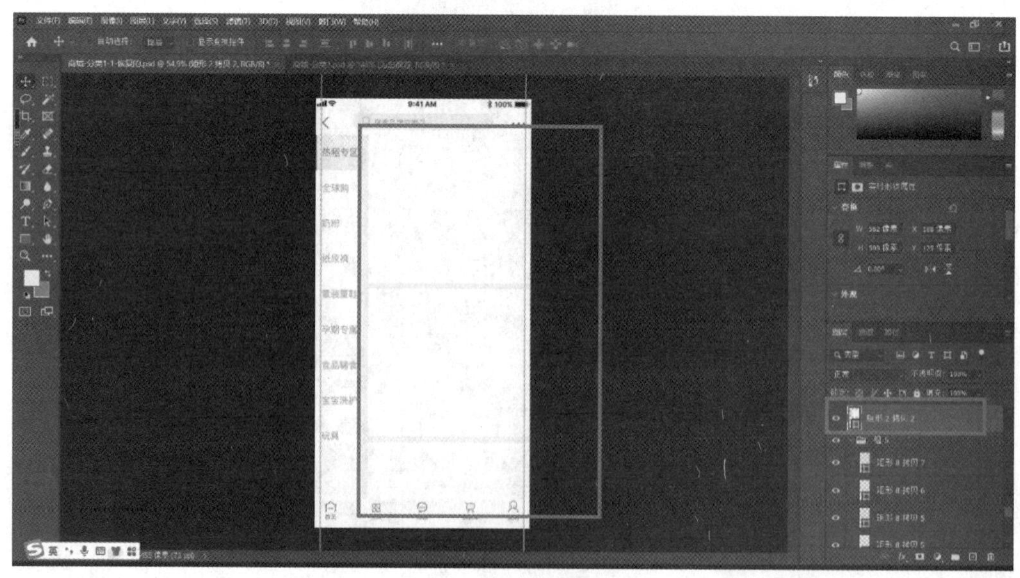

图 6－171　调整颜色

(26) 使用文本工具输入文字，文字参数为“28 pt，苹方，常规，行距 35 pt，#333333”，如图 6－172 和图 6－173 所示。

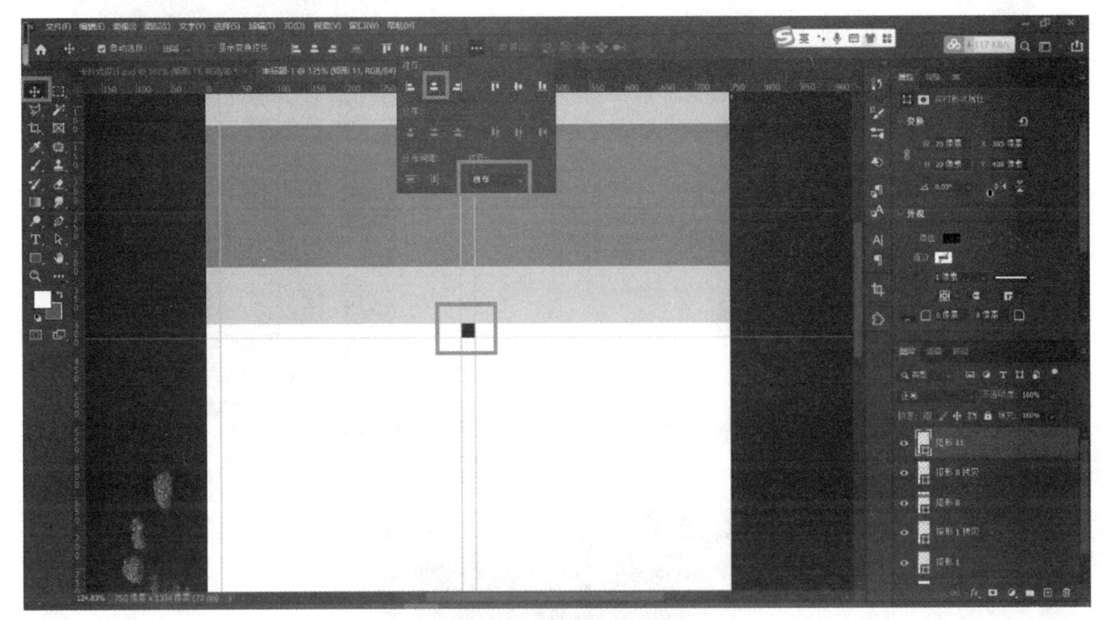

图 6－172　输入文字

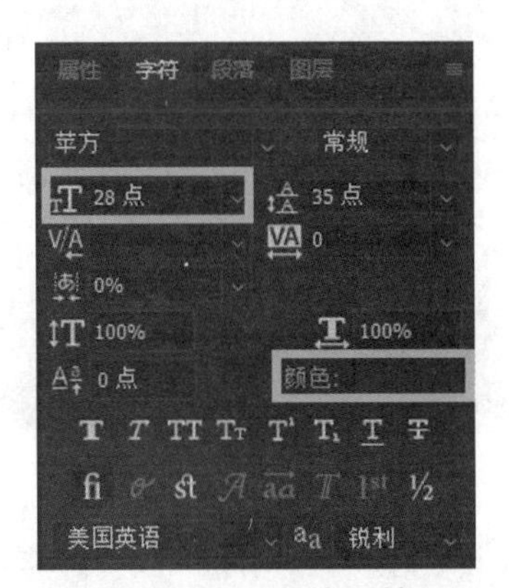

图 6－173　文字属性

(27) 绘制一个 1 px 的无边框的矩形，调整填色为紫色到透明的渐变，渐变参数为“#ff70e4，#ff679c，#fe7883”，如图 6－174 和图 6－175 所示。

(28) 复制另外一边并调整位置，如图 6－176 所示。

(29) 绘制一个 180 × 210 px 的粉色矩形，调整位置，并拉出辅助线，如图 6－177 和图 6－178 所示。

(30) 拖入素材，使用文本工具输入文字，文字参数为“24 pt，苹方，常规，行距 35 pt，#333333”，分别和底下的粉色矩形对齐，如图 6－179 所示。

(31) 复制粉色矩形文字，修改文字，并拖入相应的图片，调整位置，如图 6－180 所示。

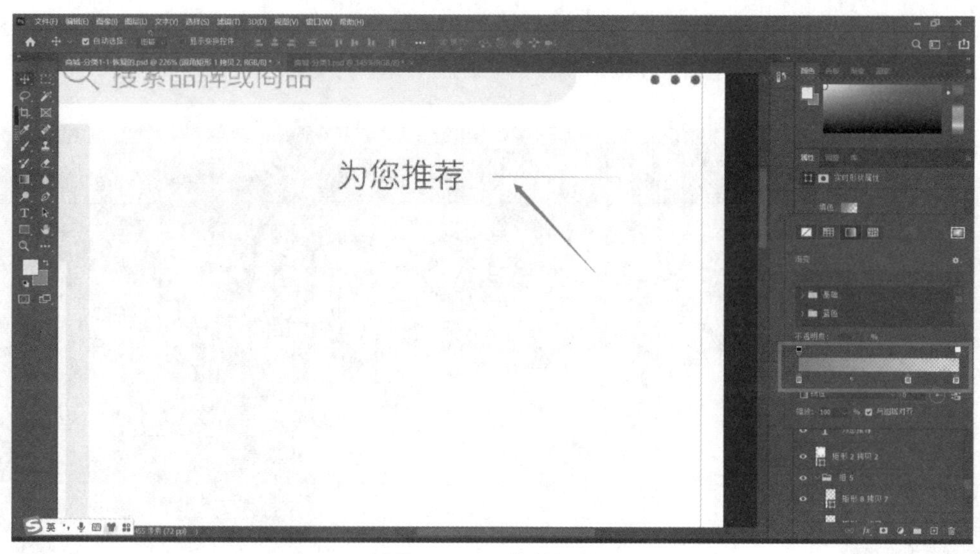

图 6－174　绘制矩形

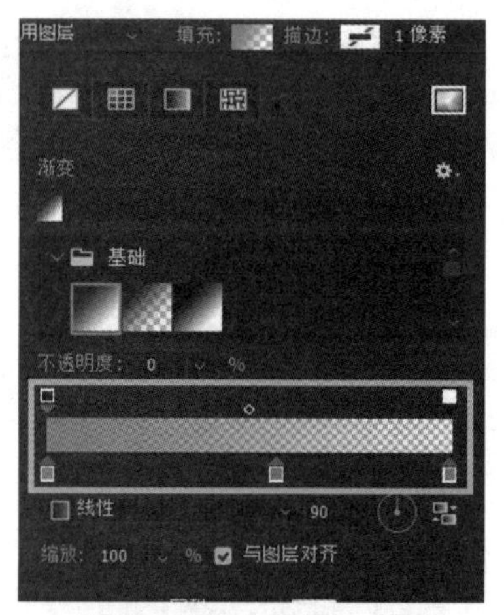

图 6－175　“渐变”面板

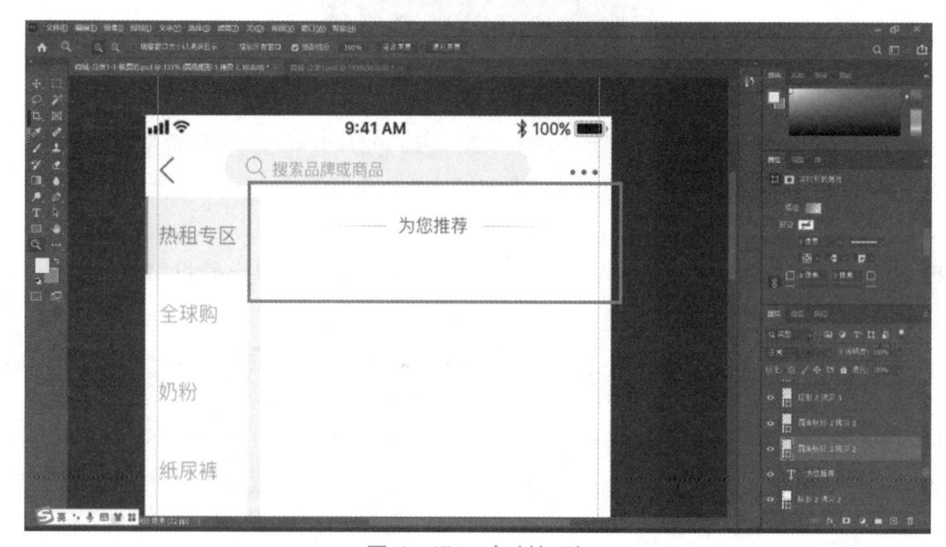

图 6－176　复制矩形

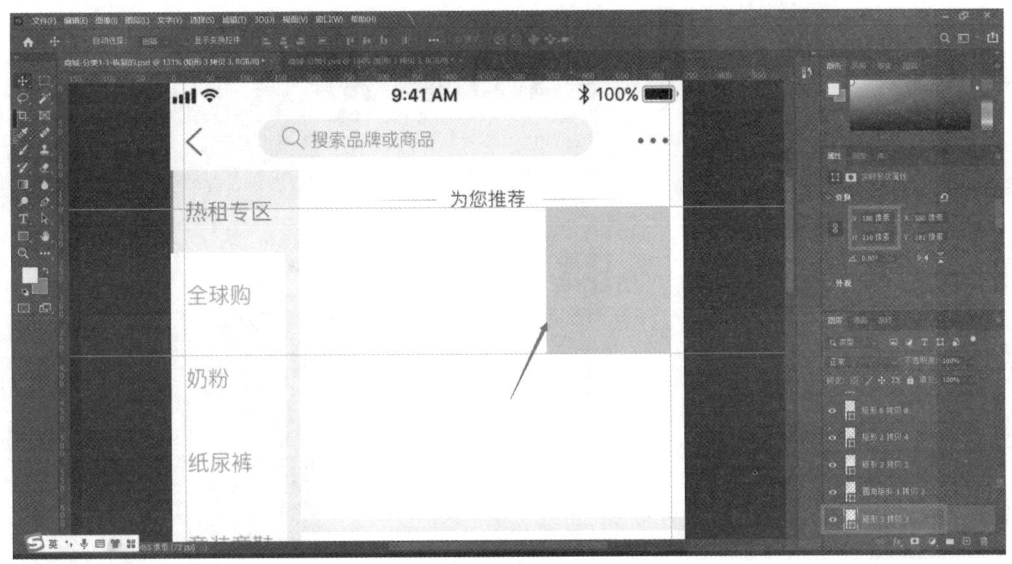

图 6－177　绘制矩形

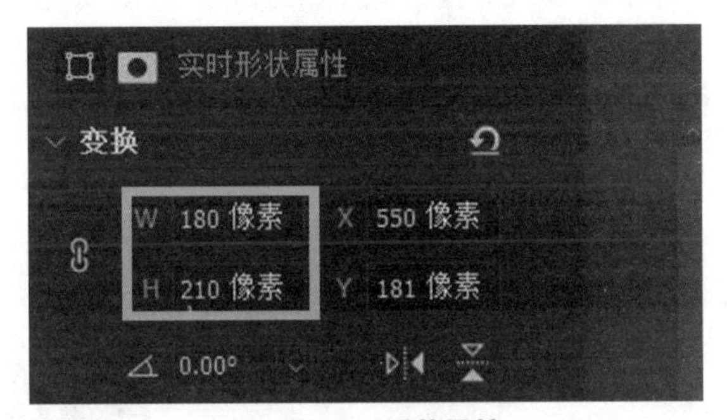

图 6－178　形状属性

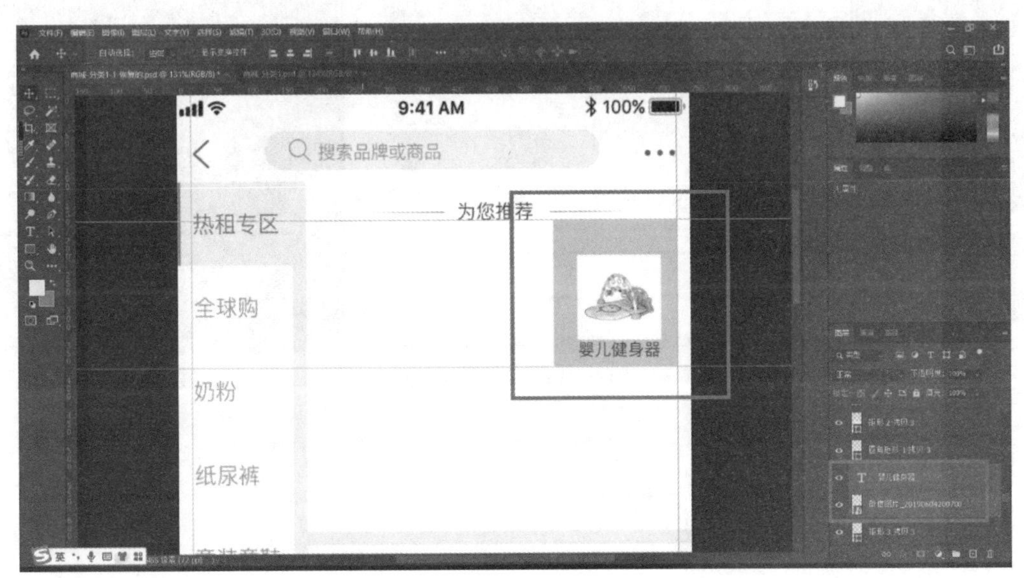

图 6－179　导入素材

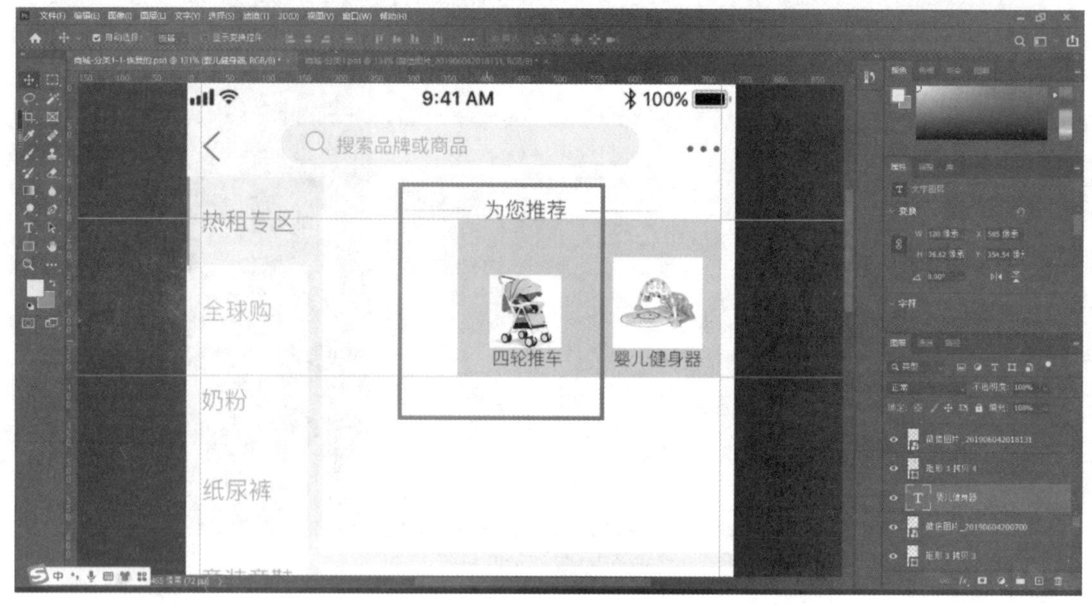

图 6－180　复制

（32）用相同的办法完成其他图片和文字的修改，并最终删除所有的粉色矩形，如图 6－181 所示。

图 6－181　复制并修改

（33）用同样的方法完成底下两栏的图片和文字，如图 6－182 所示。

（34）最终完成效果如图 6－183 所示。

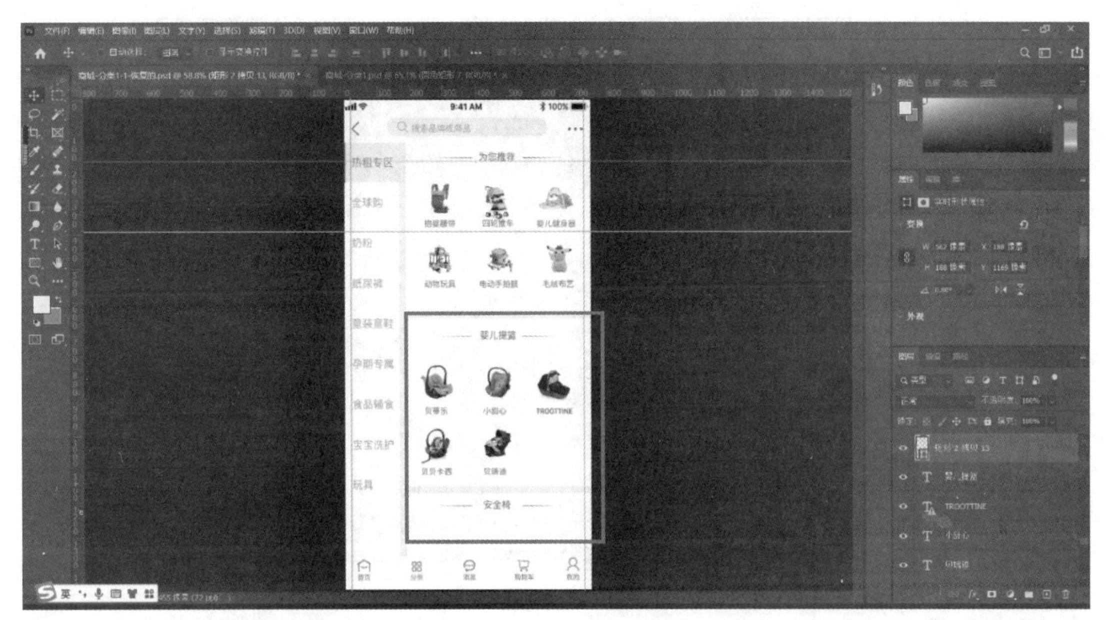

图 6－182　复制并修改

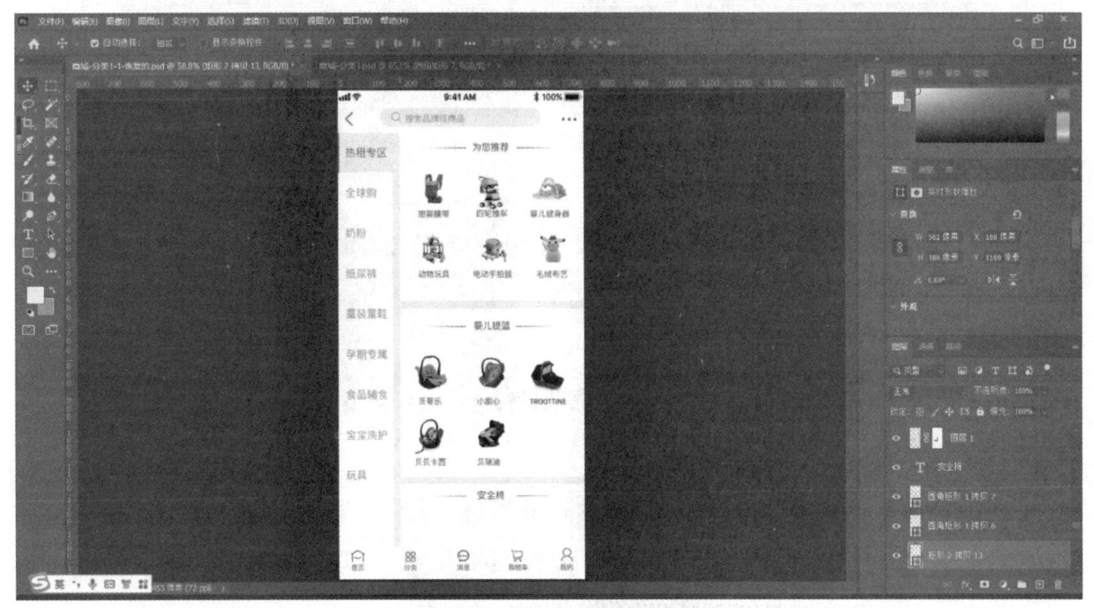

图 6－183　最终完成效果

二、设计首页的顶部选项卡和滚动选项卡

（1）新建文档，选择移动设备 iPhone 8/7/6，分辨率为 72 ppi，RGB 颜色模式，白色背景，如图 6－184 所示。

（2）使用矩形工具绘制一个任意填色，无边框，尺寸为 750 × 40 px 的矩形，并调整好位置，如图 6－185 和图 6－186 所示。

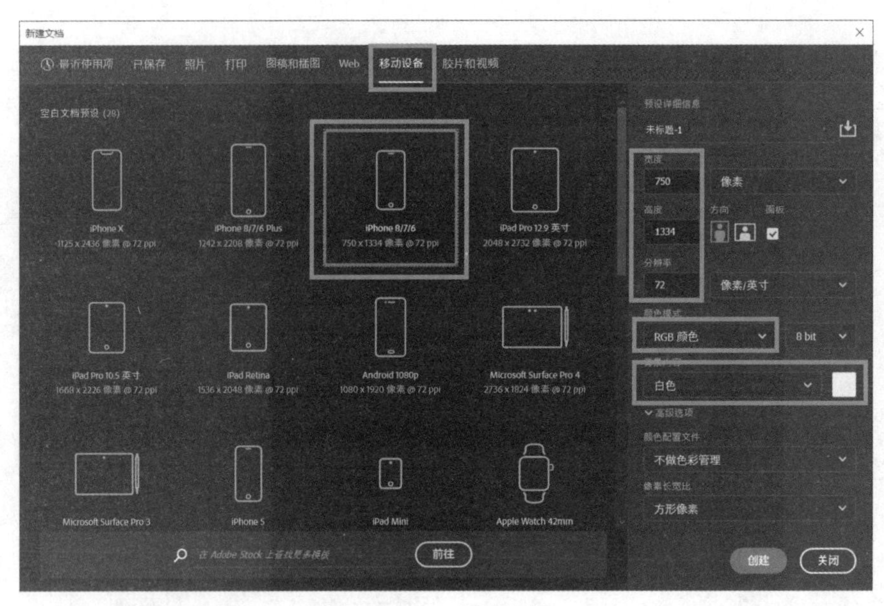

图 6-184 新建文档

图 6-185 绘制矩形

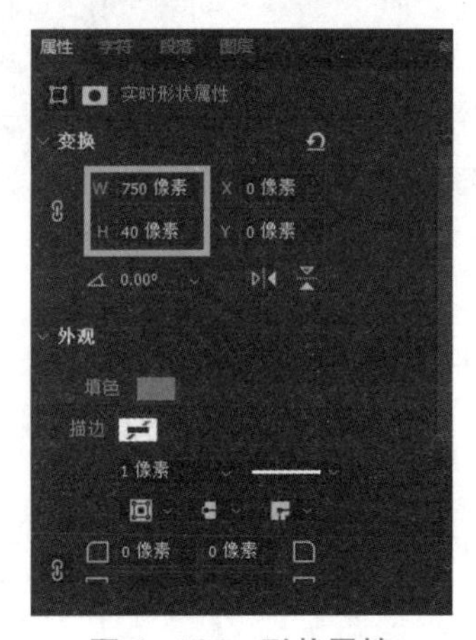

图 6-186 形状属性

（3）使用矩形工具再度绘制一个填色为灰色，无边框的 750 × 88 px 的矩形，如图 6 – 187 和图 6 – 188 所示。

图 6 – 187　绘制矩形

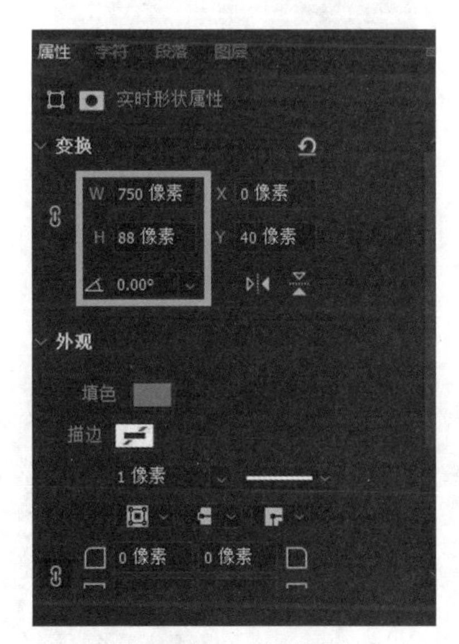

图 6 – 188　形状属性

（4）使用矩形工具绘制一个填色为蓝色，无边框的 750 × 200 px 的矩形，如图 6 – 189 和图 6 – 190 所示。

（5）使用矩形工具绘制一个填色为灰色，无边框的 750 × 80 px 的矩形，如图 6 – 191 和图 6 – 192 所示。

（6）使用矩形工具绘制一个填色为黑色，无边框的 20 × 20 px 的矩形，如图 6 – 193 和图 6 – 194 所示。

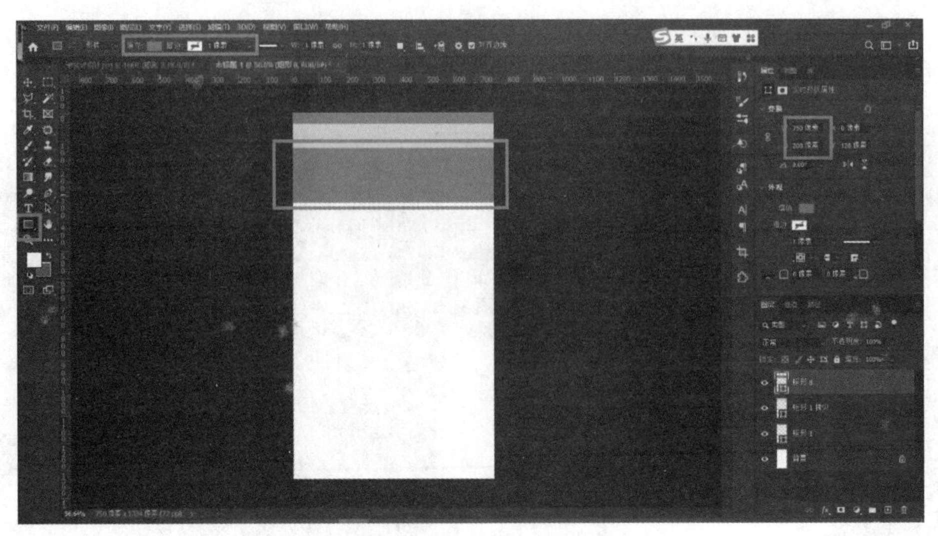

图 6－189　绘制矩形

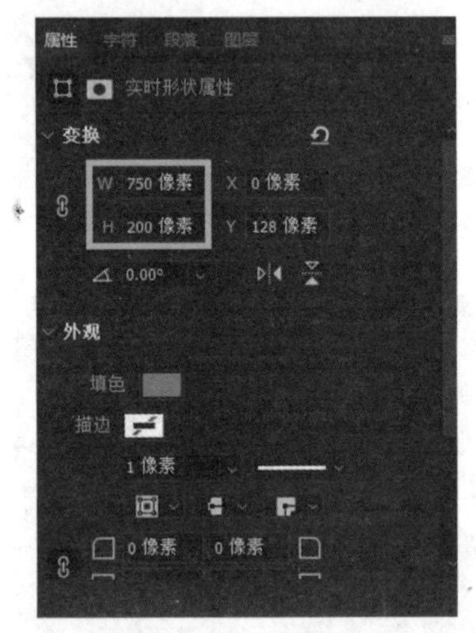

图 6－190　形状属性

图 6－191　绘制矩形

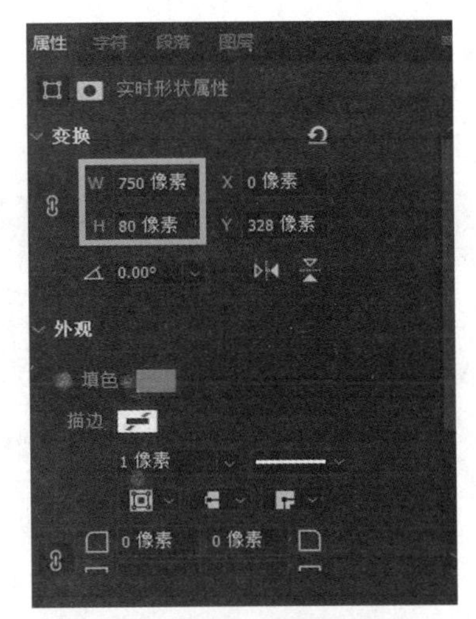

图 6－192　形状属性

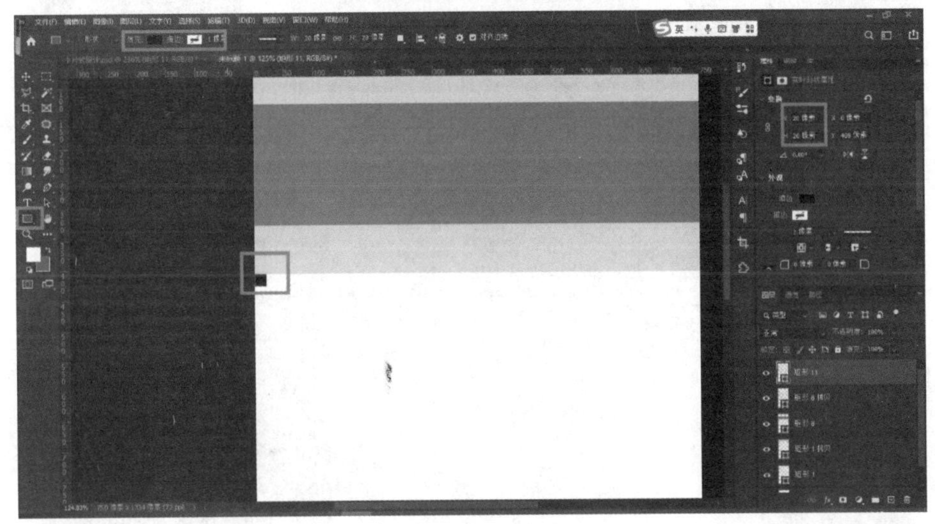

图 6－193　绘制矩形

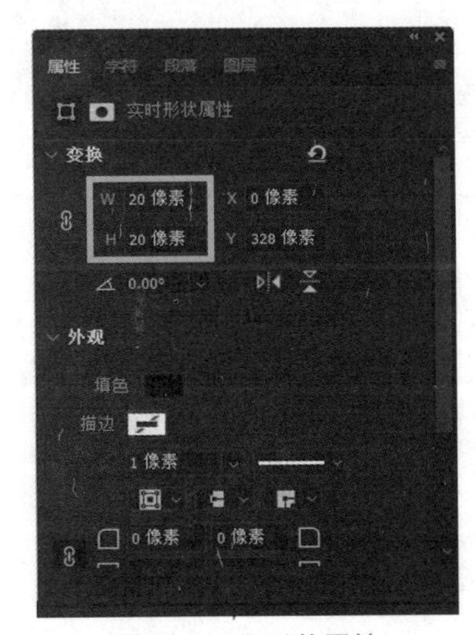

图 6－194　形状属性

（7）按下快捷键 Ctrl + R 打开标尺，分别拖出横、竖两条辅助线，如图 6 – 195 所示。

（8）使用移动工具选中矩形，打开“对齐”面板，选择对齐画布，水平居中对齐，并拖出横、竖辅助线，如图 6 – 196 和图 6 – 197 所示。

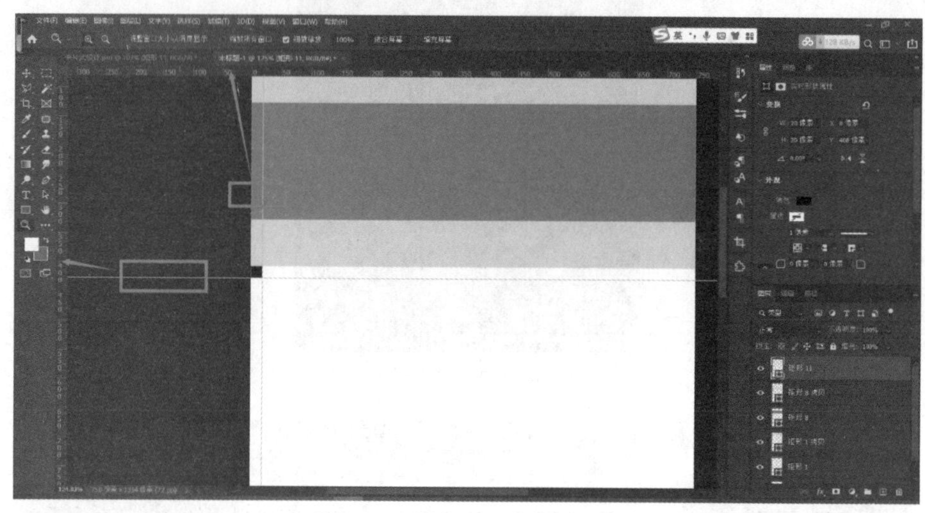

图 6 – 195　辅助线（1）

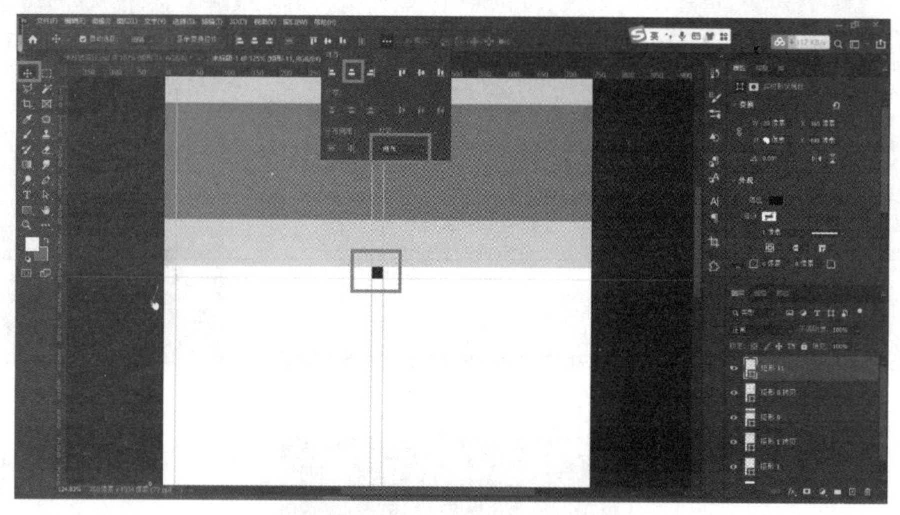

图 6 – 196　辅助线（2）

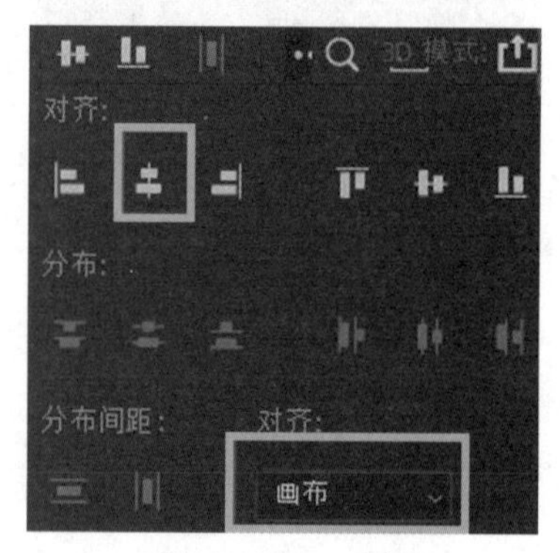

图 6 – 197　对齐

（9）单击“右对齐”，拖出横、竖辅助线，如图 6－198 所示。

图 6－198　辅助线

（10）使用圆角矩形工具绘制填色蓝色，无边框，如图 6－199 和图 6－200 所示。

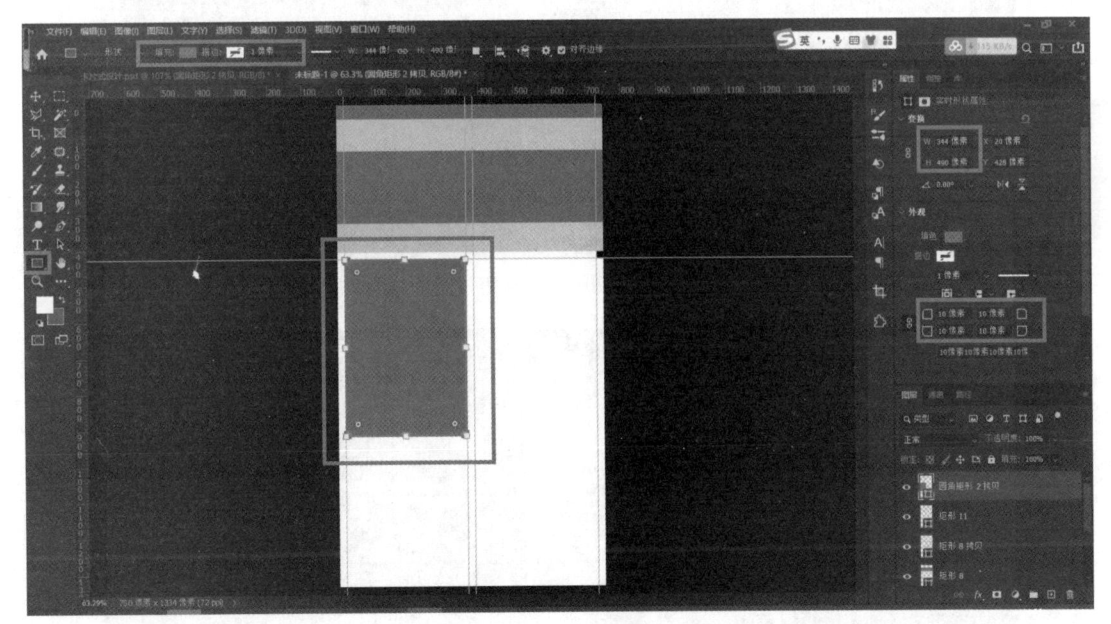

图 6－199　绘制矩形

（11）使用移动工具，按住 Alt 键复制第二个矩形，如图 6－201 所示。

（12）使用移动工具移动黑色矩形，并拖出横的辅助线，如图 6－202 所示。

（13）使用移动工具，按住 Alt 键，分别复制底下两个矩形，如图 6－203 所示。

（14）使用裁切工具，调整画布高度，并使用移动工具移动黑色矩形，如图 6－204 所示。

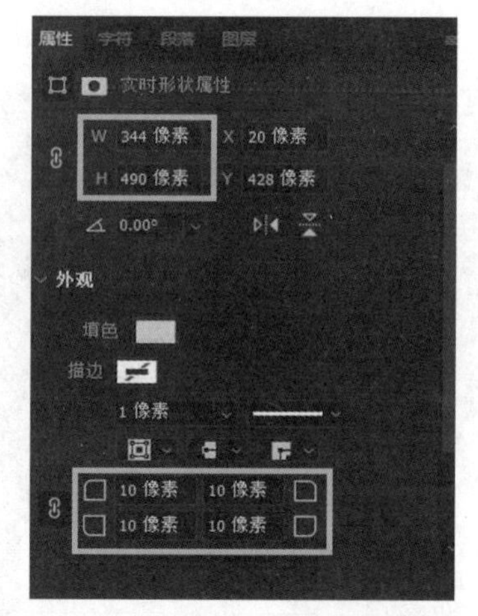

图 6 – 200　形状属性

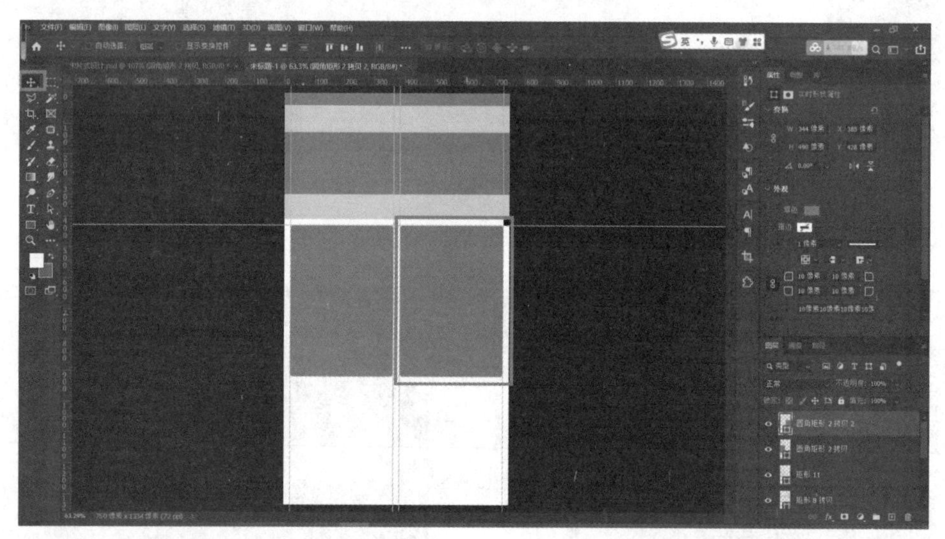

图 6 – 201　复制矩形

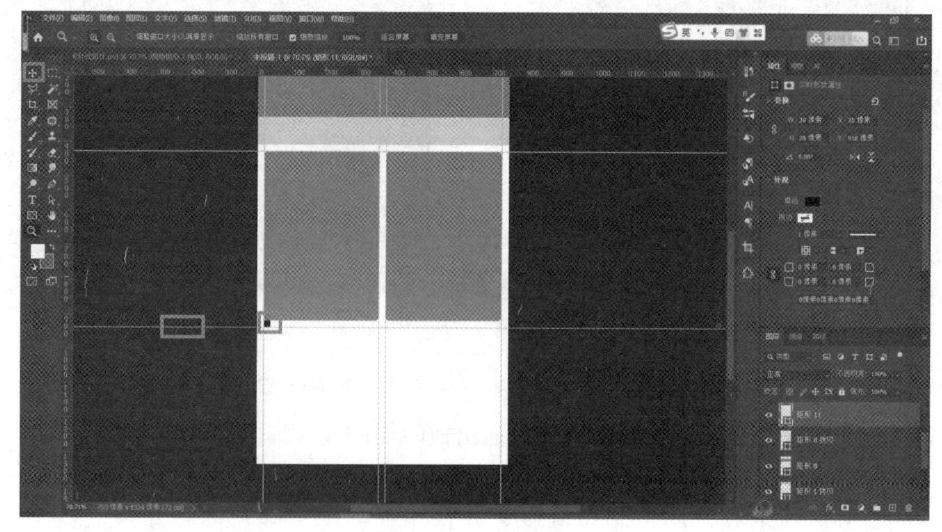

图 6 – 202　辅助线

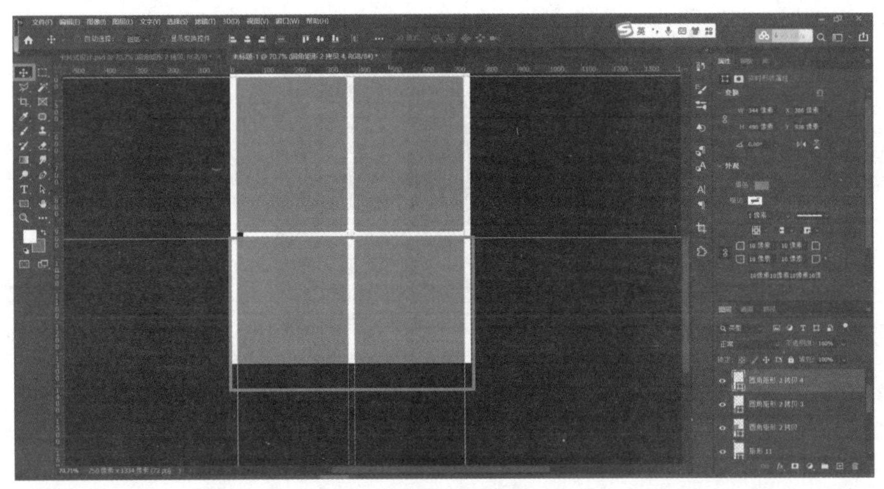

图 6-203　复制矩形

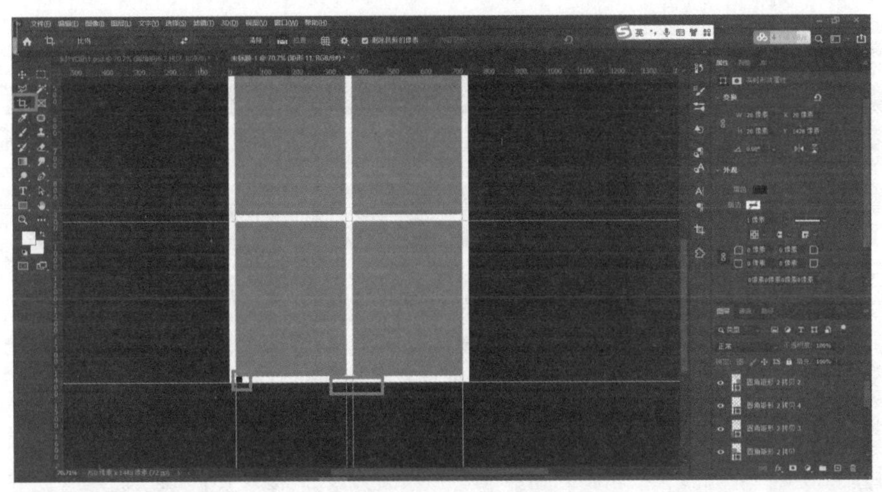

图 6-204　裁切

(15) 拖入状态栏，并按住 Shift 键加选底下蓝色矩形，打开“对齐”面板，选择选区对齐方式为“垂直居中对齐”和“水平居中对齐”，如图 6-205 和图 6-206 所示。

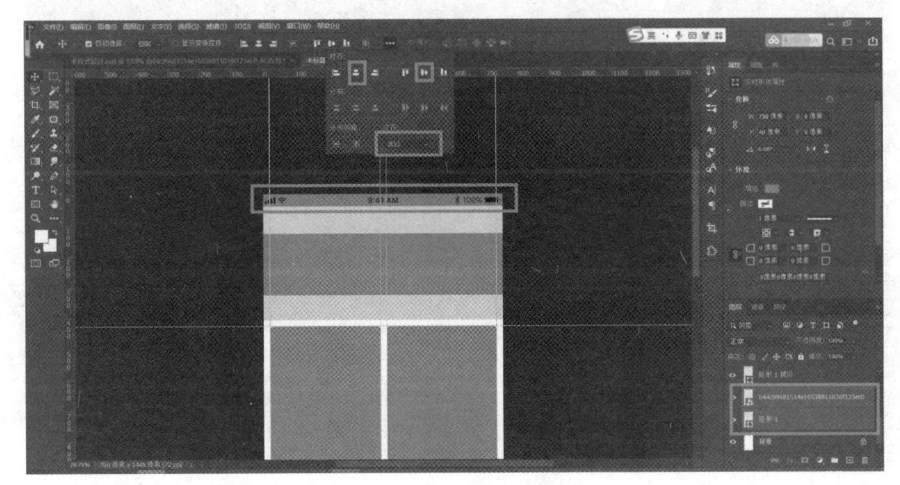

图 6-205　导入素材

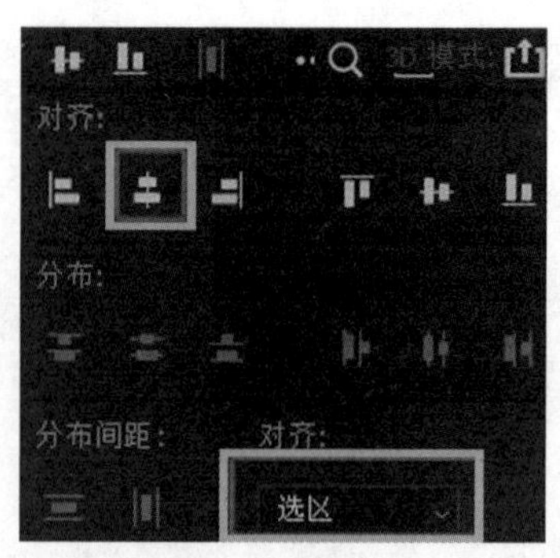

图 6－206　对齐

（16）使用路径选择工具选择顶栏矩形，调整填色为白色，如图 6－207 所示。

（17）使用移动工具，选择“自动选择图层”，单击灰色矩形，拖入“返回”图标，并单击“垂直居中对齐”，如图 6－208 所示。

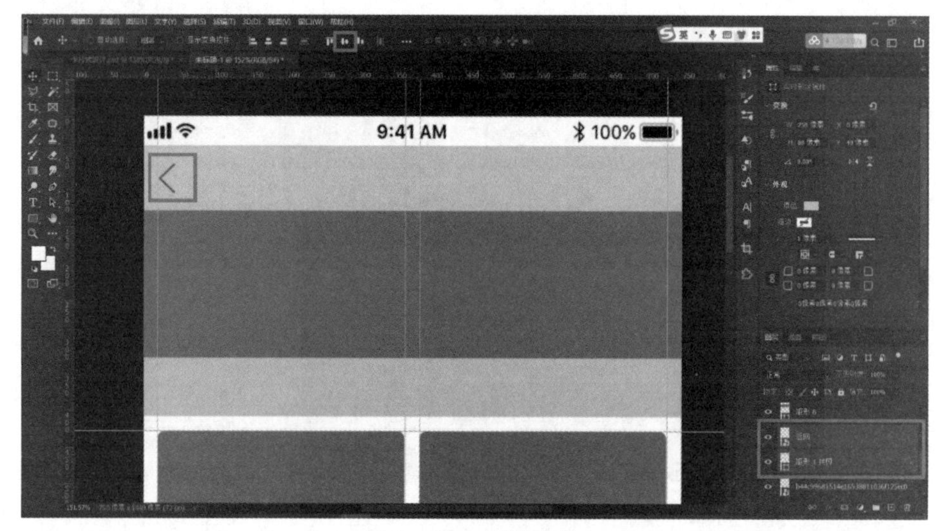

图 6－207　修改颜色

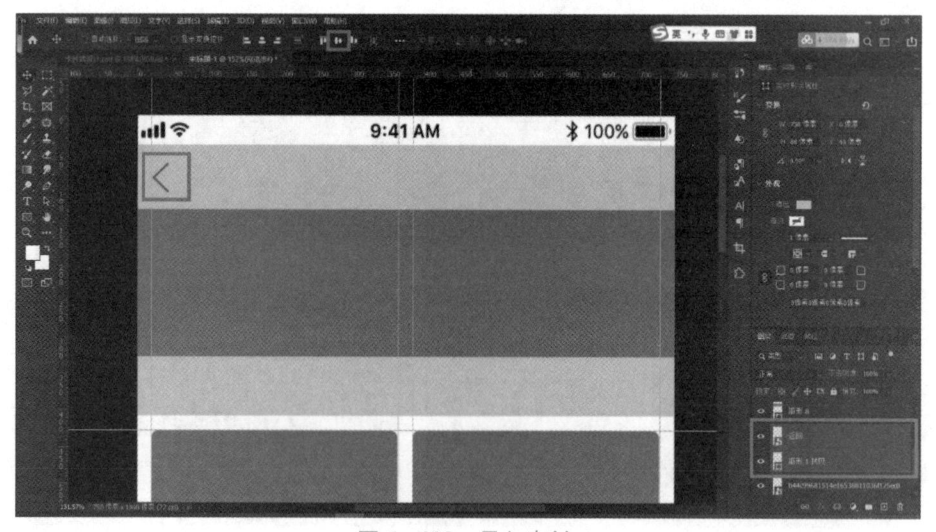

图 6－208　导入素材

（18）使用圆角矩形工具绘制一个尺寸为 490 × 56 px，圆角为 28 px 的圆角矩形，调整为居中对齐，并调整底下重灰色矩形为白色，如图 6 – 209 和图 6 – 210 所示。

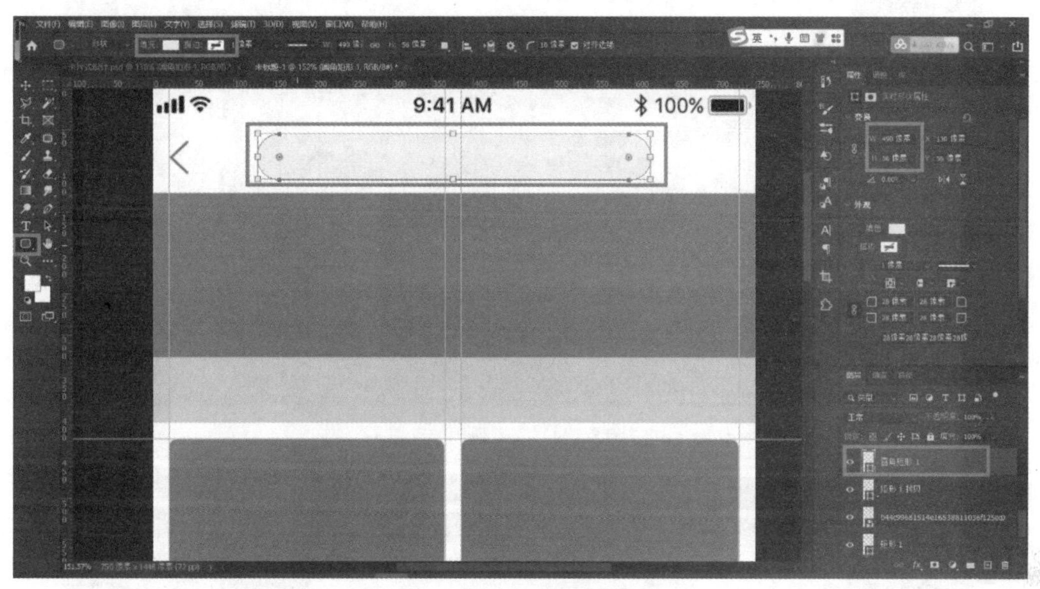

图 6 – 209　绘制矩形

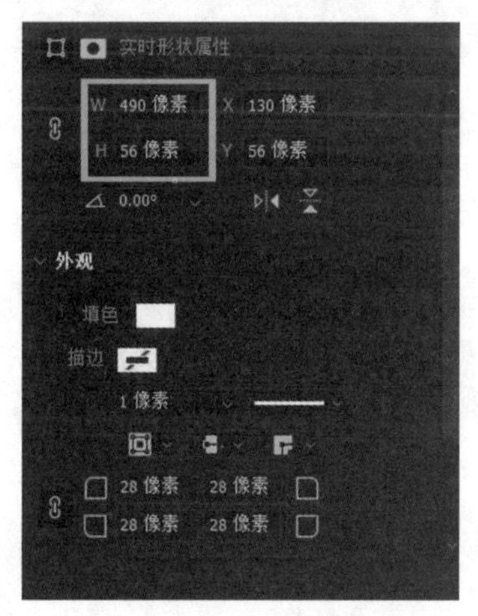

图 6 – 210　形状属性

（19）使用椭圆工具绘制三个 8 ×8 px 的灰色正圆，调整好位置，如图 6 – 211 所示。

（20）拖入“搜索”图标，调整好位置，如图 6 – 212 所示。

（21）使用文字工具输入文字，文字参数为“26 pt，苹方，常规，#999999”，如图 6 – 213 和图 6 – 214 所示。

（22）调整下方蓝色矩形颜色为粉色，参数为“#ffc9c9”，如图 6 – 215 所示。

（23）使用圆角矩形工具绘制一个 120 × 120 px 的圆角矩形，无填色，2 px 朝内描边的白色边框，圆角为 10 px，如图 6 – 216 和图 6 – 217 所示。

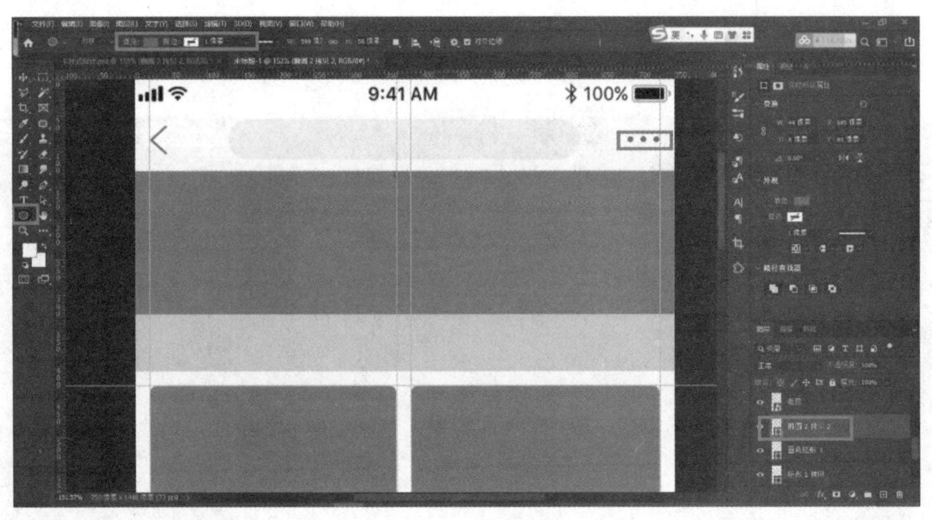

图 6－211　绘制正圆

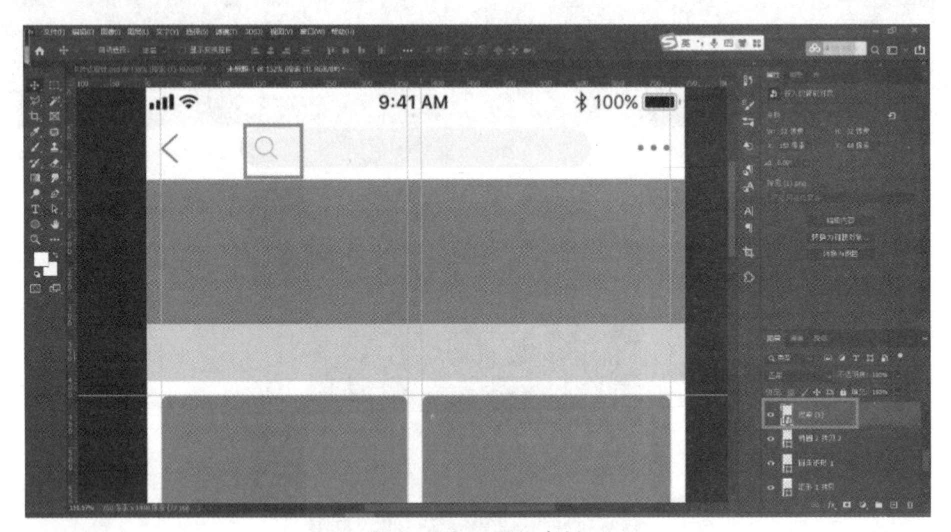

图 6－212　导入素材

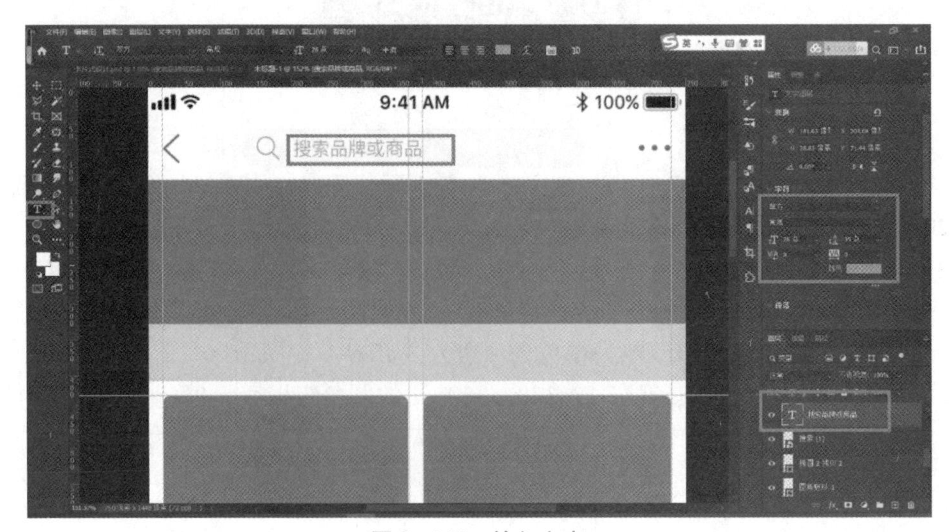

图 6－213　输入文字

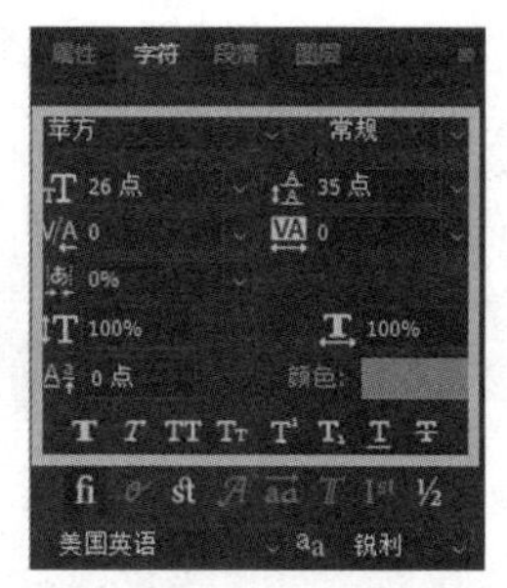

图 6－214　文字属性

图 6－215　调整颜色

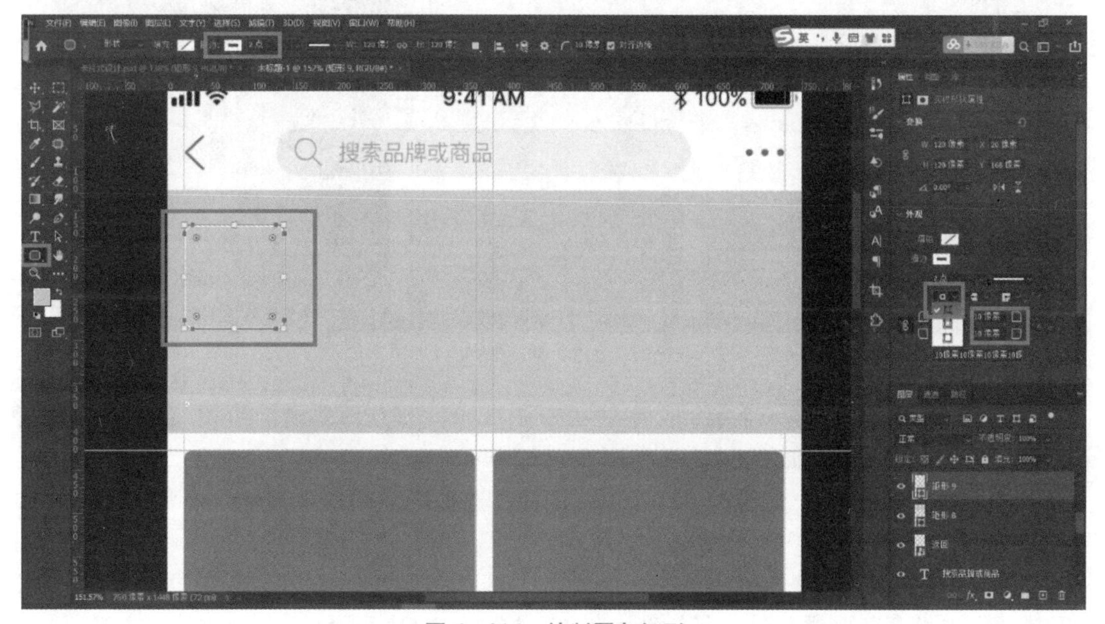

图 6－216　绘制圆角矩形

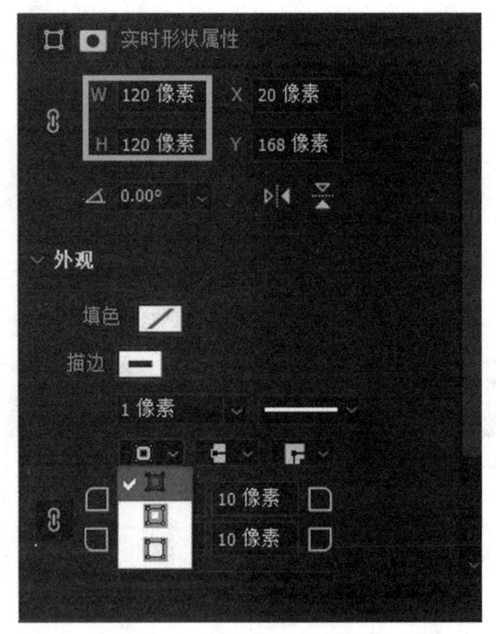

图6-217　形状属性

（24）使用移动工具，按住Alt键复制5个圆角矩形，将黑色20×20 px的矩形作为每个圆角矩形之间的间隔，如图6-218所示。

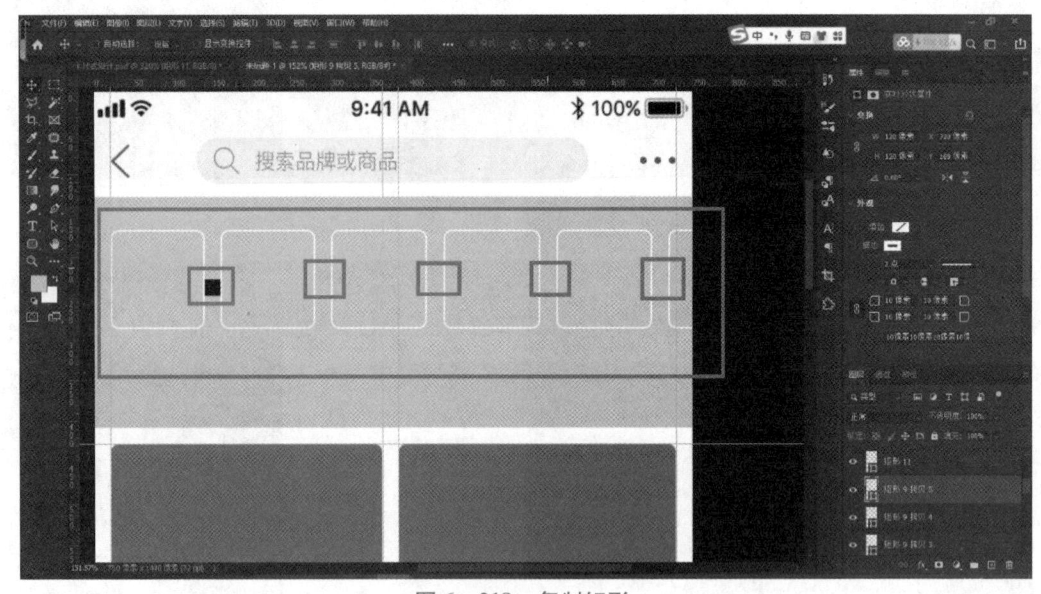

图6-218　复制矩形

（25）使用文本工具输入文字，文字参数为“28 pt，苹方，常规，#ffffff”，并调整好每个文字和圆角矩形对齐，如图6-219和图6-220所示。

（26）使用移动工具，勾选“自动选择图层”，选择底下的灰色矩形，调整为白色，如图6-221所示。

（27）使用文本工具输入文字，文字参数为“28 pt，苹方，常规，#333333，#999999”，除了第一个“综合”为黑色外，其余都为灰色，如图6-222所示。

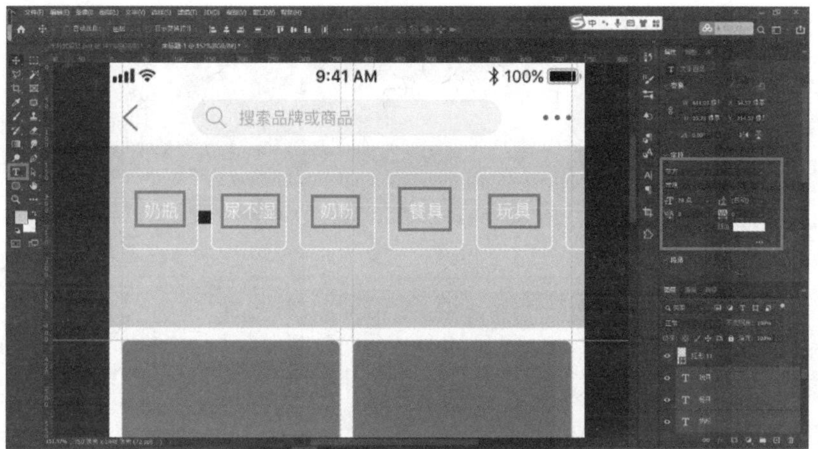

图6-219　输入文字

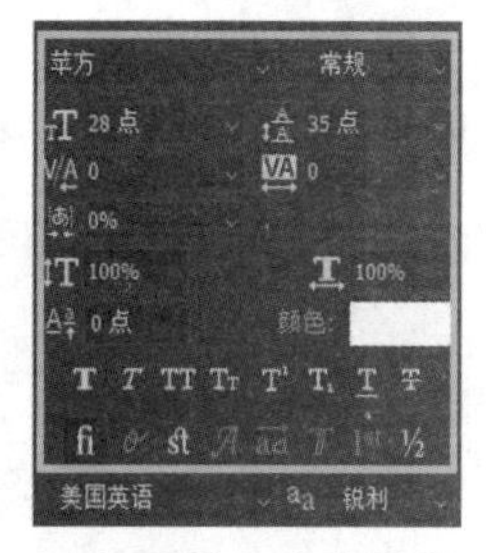

图6-220　文字属性

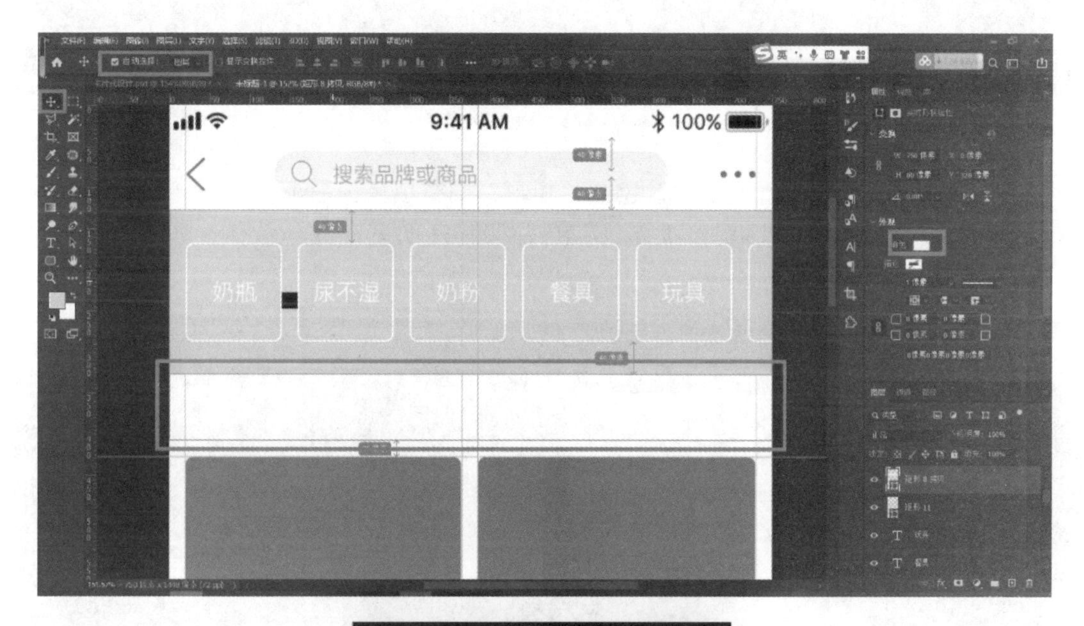

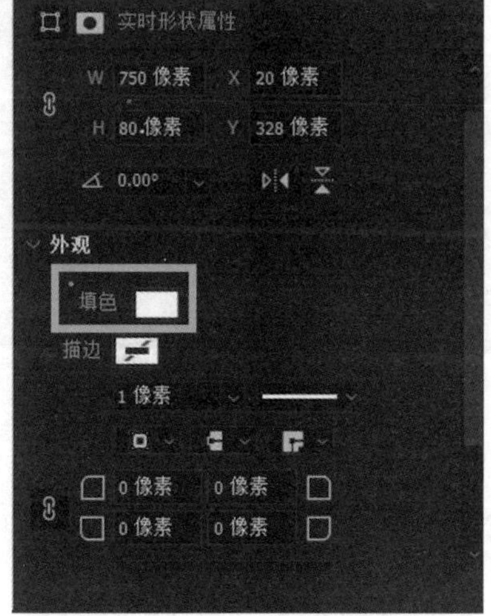

图6-221　形状属性

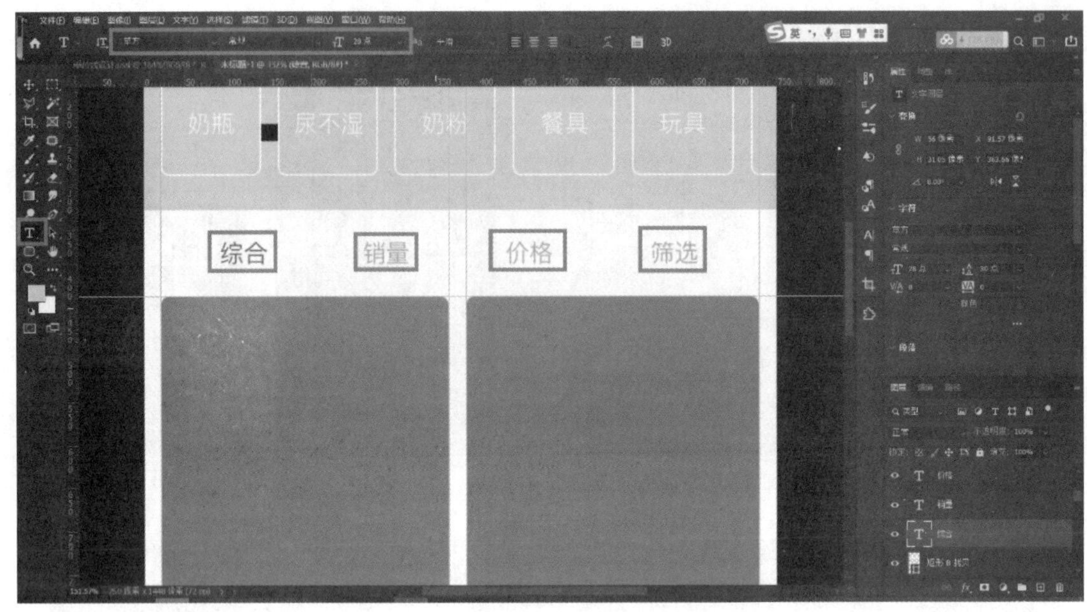

图 6－222　输入文字

（28）使用移动工具选择底下的蓝色圆角矩形，调整填色为白色，单击“fx”按钮，增加图层样式，勾选“投影”，调整投影为灰色，调整透明度和其他数值，如图 6－223 和图 6－224 所示。

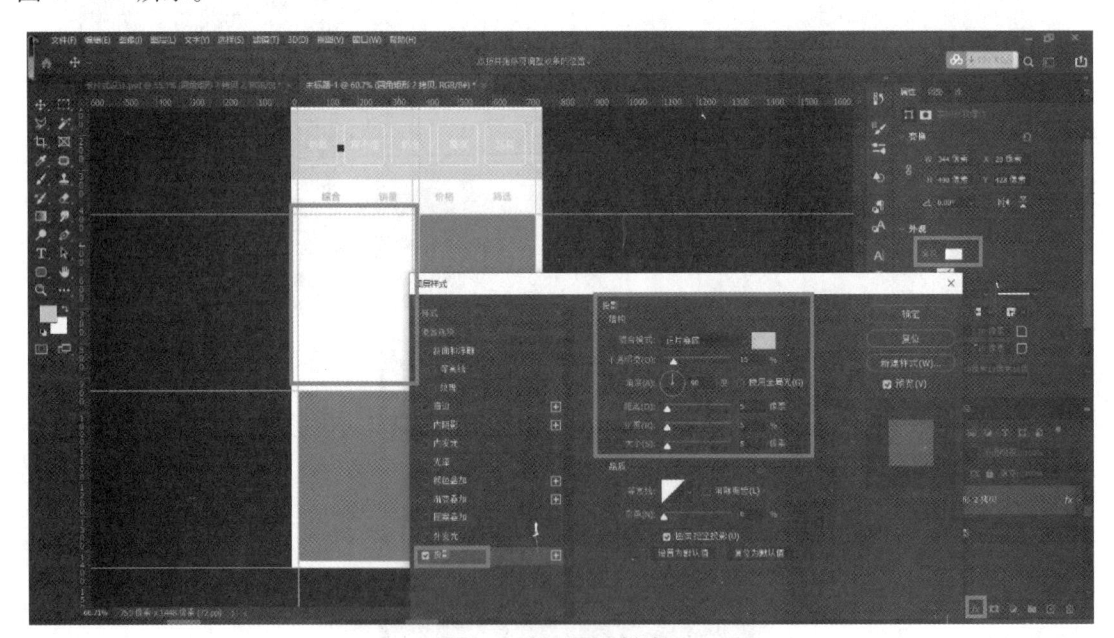

图 6－223　图层样式

（29）右击，选择“拷贝图层样式”，如图 6－225 和图 6－226 所示。

（30）依次选择剩下的三个圆角矩形，调整填色为白色，右击，选择“粘贴图层样式”，如图 6－227 和图 6－228 所示。

（31）拖入素材，调整位置，分别和底下的圆角矩形对齐，如图 6－229 所示。

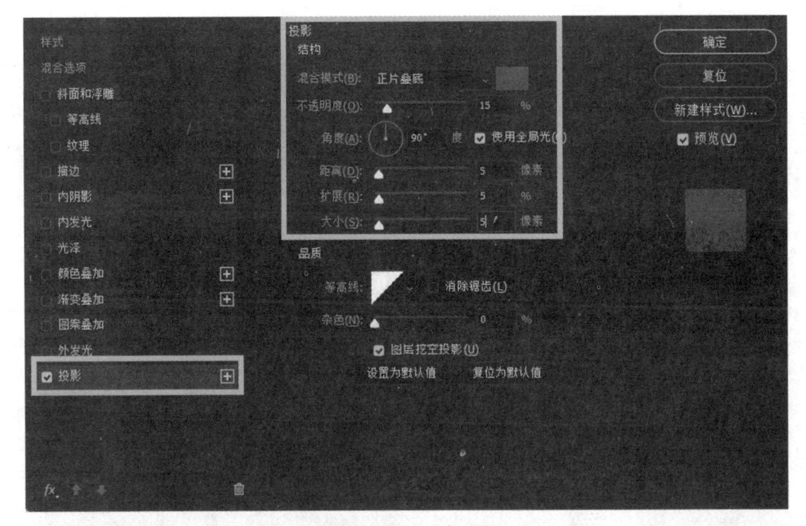

图 6－224　投影

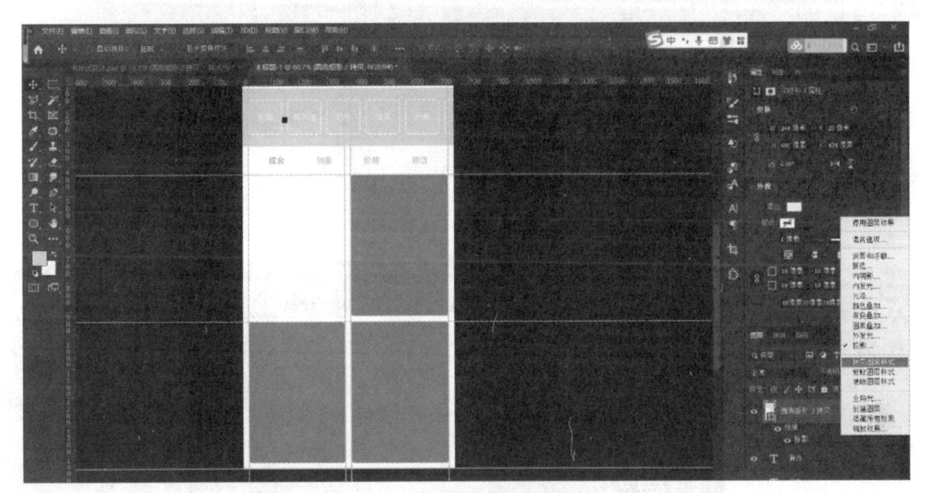

图 6－225　拷贝图层样式（1）

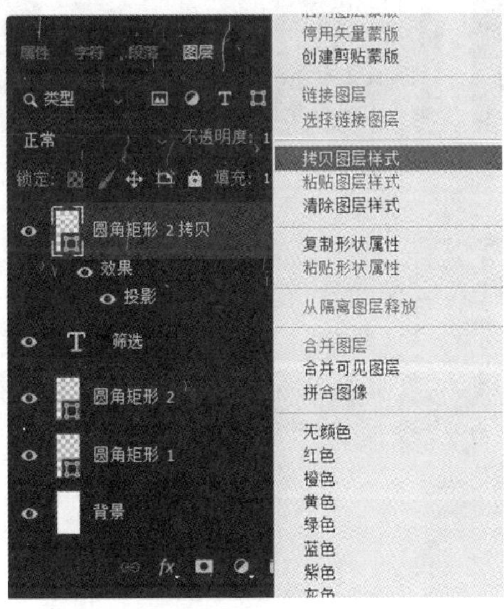

图 6－226　拷贝图层样式（2）

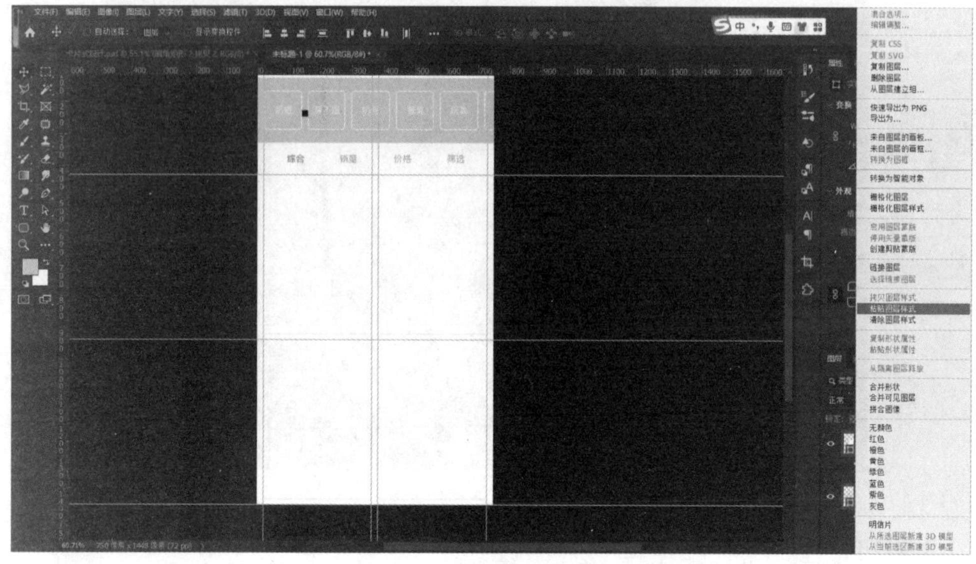

图 6－227　粘贴图层样式（1）

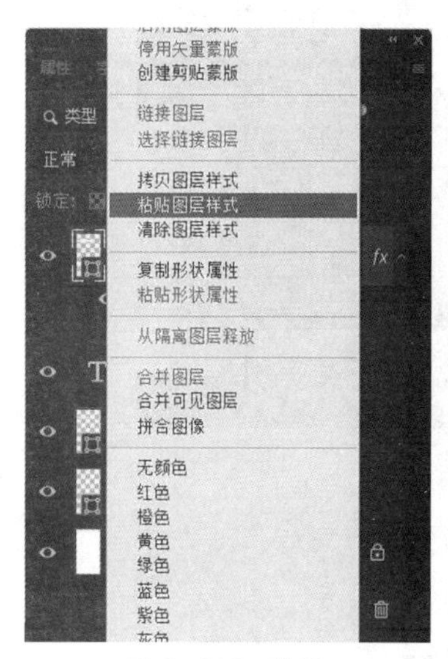

图 6－228　粘贴图层样式（2）

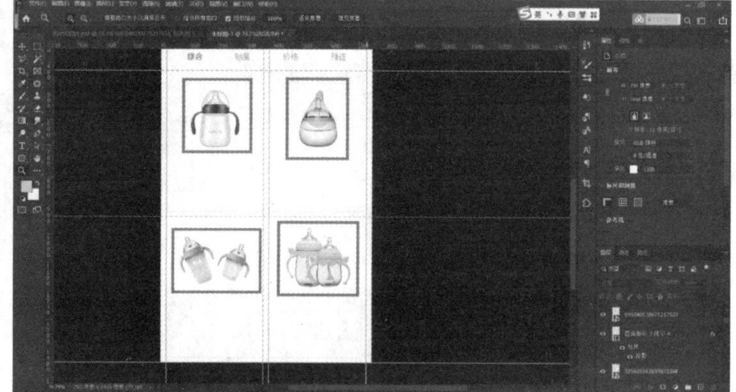

图 6－229　导入素材

（32）使用文字工具输入文字框，文字参数为“24 pt，苹方，中等，行距 30 pt，#333333”，如图 6－230 和图 6－231 所示。

（33）使用文字工具输入文字，文字参数为“32 pt，苹方，中等，行距 35 pt，#ff69ad”，如图 6－232 和图 6－233 所示。

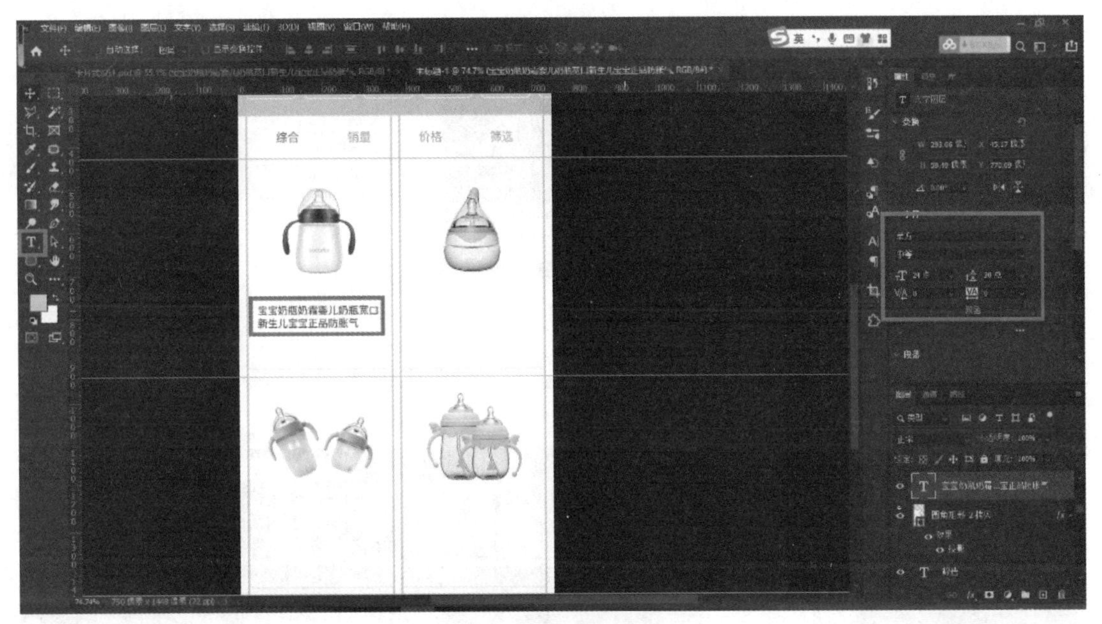

图 6－230　输入文字

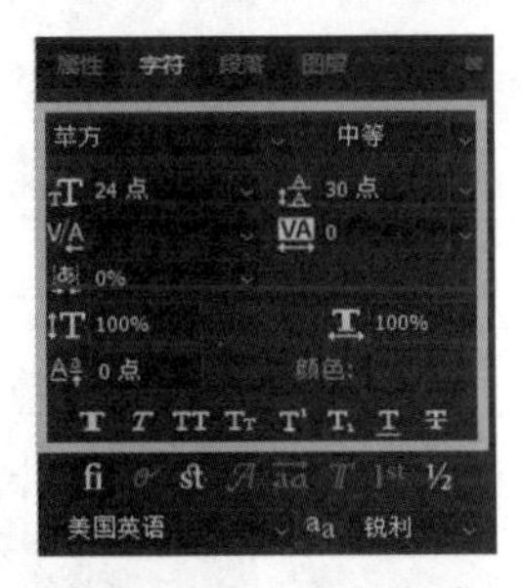

图 6－231　文字属性

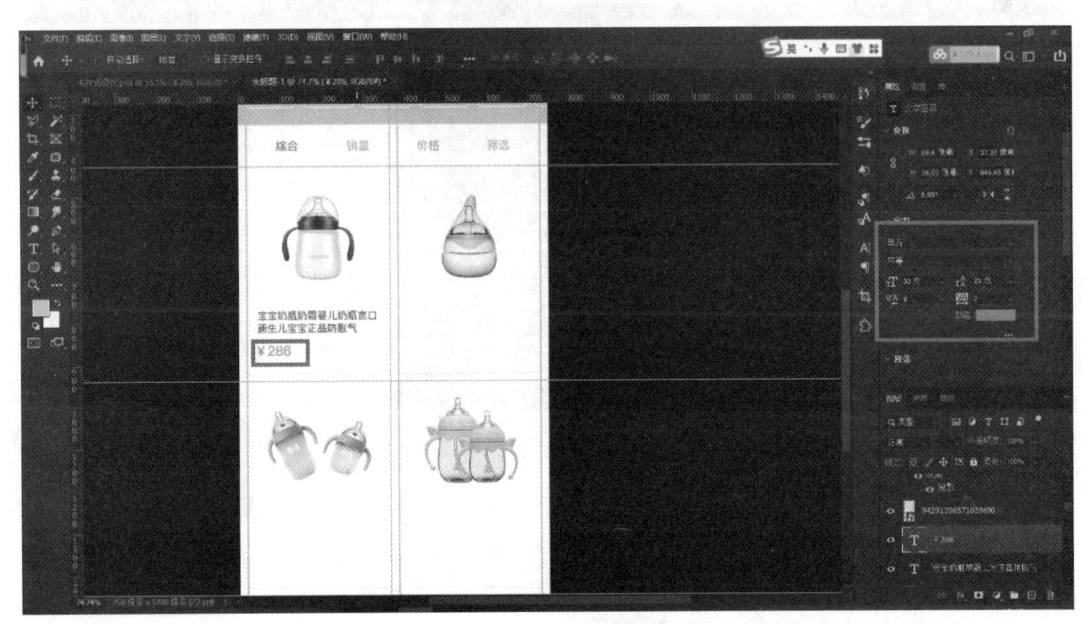

图 6－232　输入文字

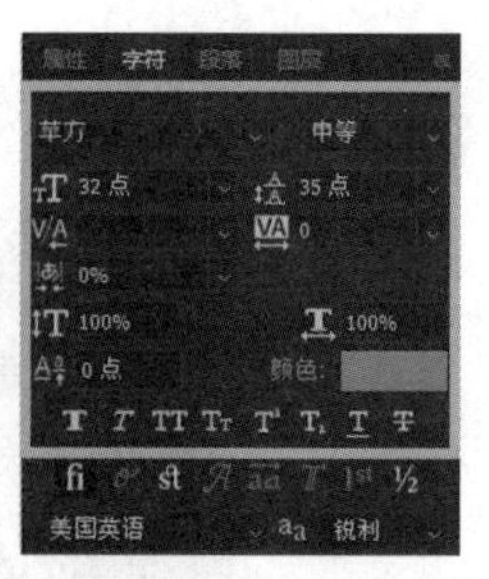

图 6－233　文字属性

(34) 使用文字工具输入文字，文字参数为“22 pt，苹方，中等，行距 35 pt，#cccccc”，如图 6－234 和图 6－235 所示。

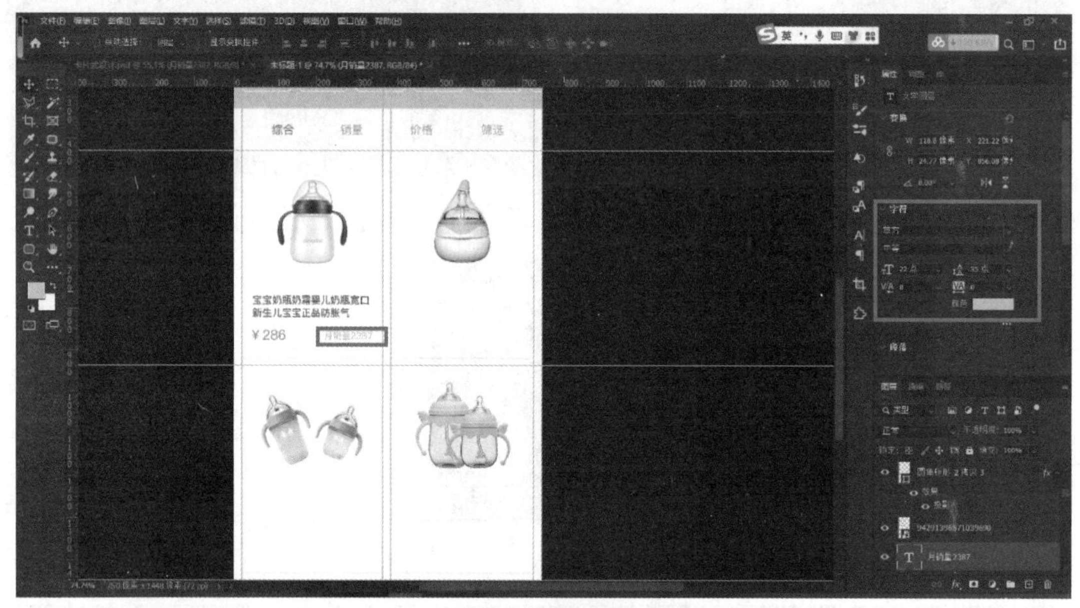

图 6－234　输入文字

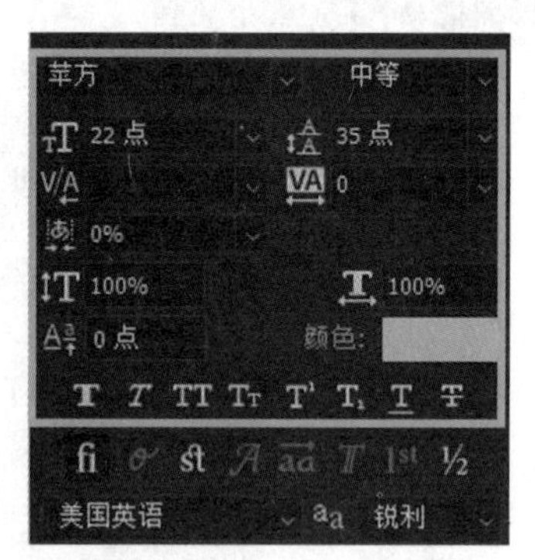

图 6－235　文字属性

(35) 使用移动工具，按住 Shift 键加选三个文字图层，按住 Alt 键复制出剩下三组文字，并调整位置，注意和底下圆角矩形对齐，如图 6－236 所示。

(36) 使用文字工具分别修改文字内容，如图 6－237 所示。

(37) 最终完成效果如图 6－238 所示。

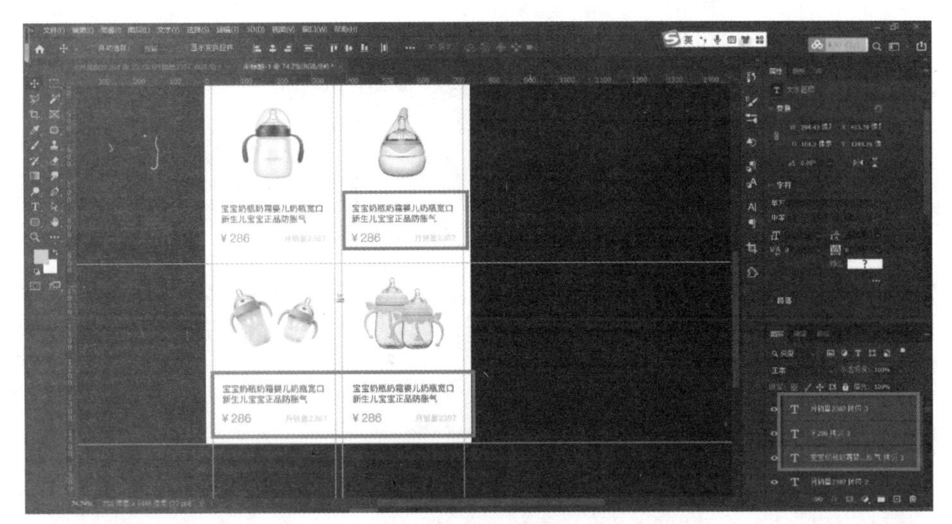

图 6－236　复制文字

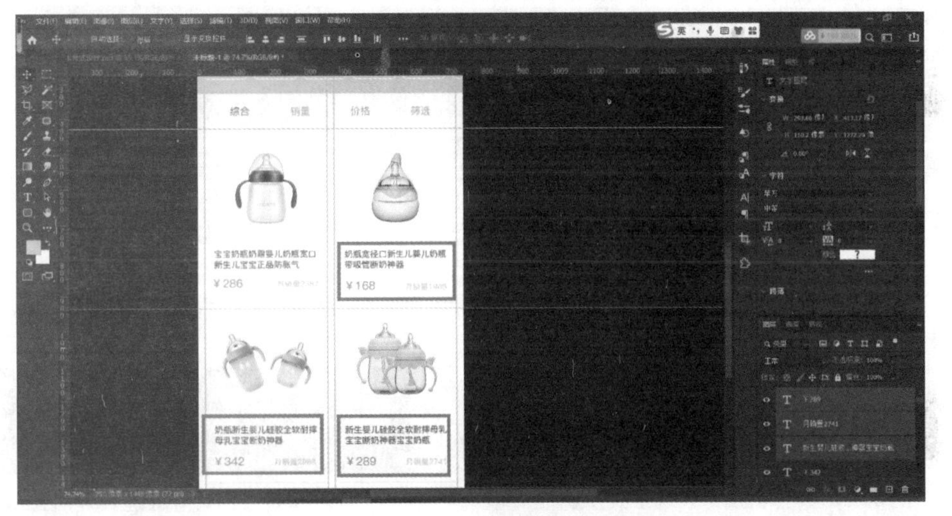

图 6－237　修改文字

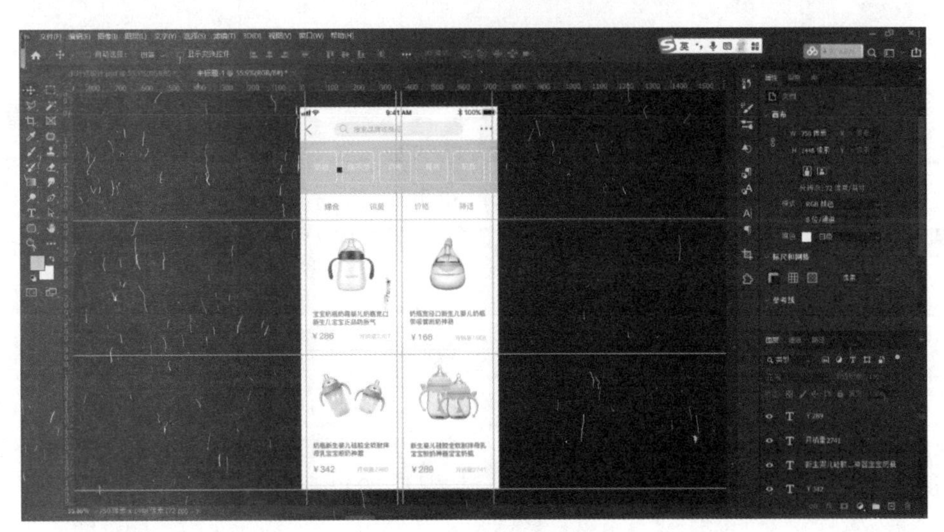

图 6－238　最终完成效果

任务三　消息推送设计

任务说明

本任务主要针对 APP 列表页设计中的消息推送设计进行讲解，对推送方式、通知方式、表现形式等内容进行知识性的导入，并通过具体的任务实现过程进行实操性演练。

知识导入

一、推送方式

1. 弹窗推送

弹窗内容可单击，单击后可进入对应的内容详情页。采用弹窗推送消息的形式，对于用户的干扰性较大，建议尽量推送与用户密切相关的信息，如图 6－239 所示。

2. 跑马灯推送

跑马灯形式消息推送一般是简单一两句话循环出现，普遍在页面中上部的位置，并有左右移动的效果，较为显眼。如果是可单击对象，一定要考虑好移动速度，如图 6－240 所示。

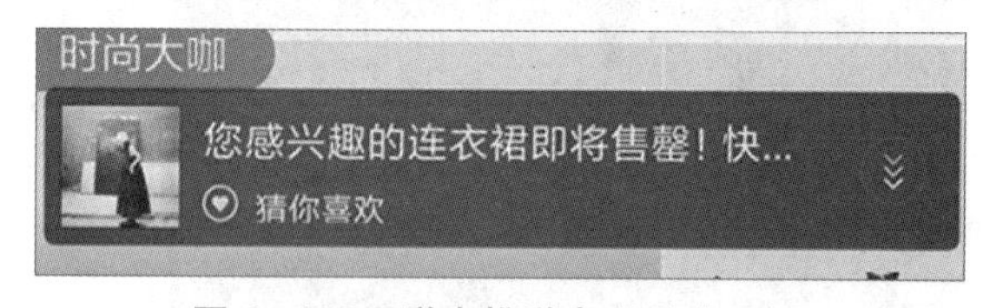

图 6－239　弹窗推送表现形式示例

图 6－240　跑马灯推送表现形式示例

二、通知方式

现在众多 APP 会采用角标红点提示的方式，提醒用户查阅未读消息，角标红点内显示未读消息的数目，一般会显示 1～99＋字样。该方式能够引导用户进行单击，进到消息列表内进行查看，如图 6－241 所示。

交易物流

通知

图 6－241　角标红点提示表现形式示例

三、表现形式

该方式与其他不同的地方在于：把消息隐藏于二级页面内，需要用户操作才能看到。消息的视觉重要性一般以并列方式呈现，建议花点心思，在消息页面对不同类型的消息进行视觉层级分类还是有必要的，要做好层级设计，如图 6－242 所示。

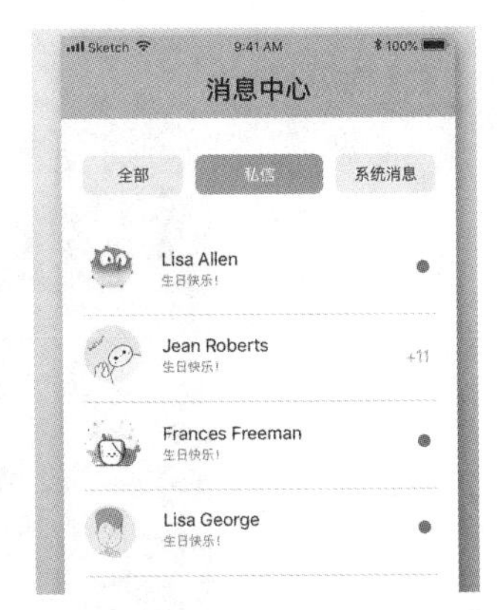

图6-242　消息列表展示表现形式示例

任务实现

设计消息推送

(1) 新建文档，选择移动设备 iPhone 8/7/6，分辨率为 72 ppi，RGB 颜色模式，白色背景，如图 6-243 所示。

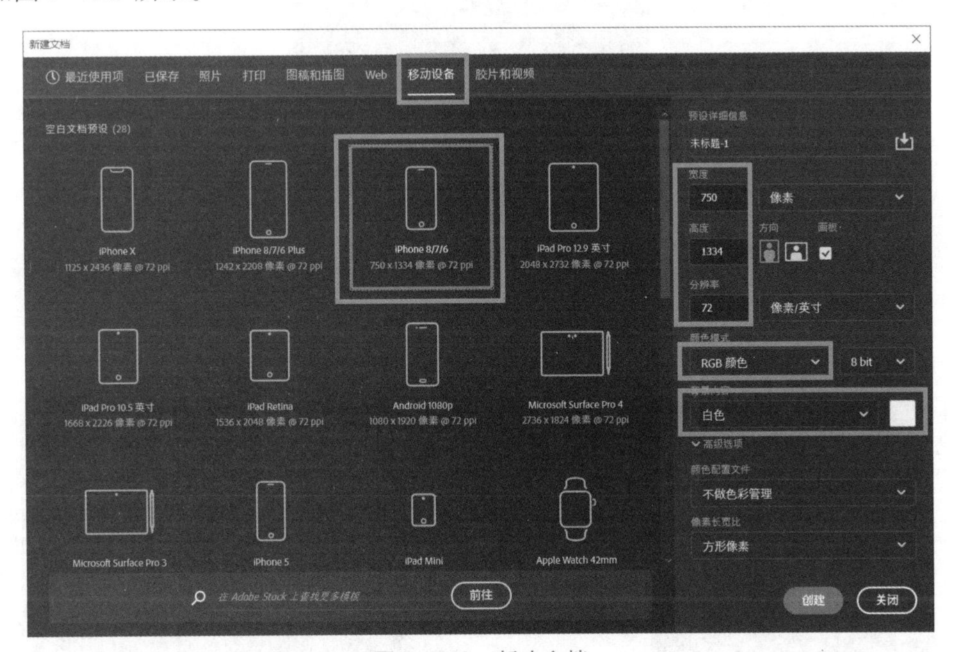

图6-243　新建文档

(2) 使用矩形工具绘制一个浅灰色填色，无边框，尺寸为 750×40 px 的矩形，并调整好位置，如图 6-244 和图 6-245 所示。

(3) 使用矩形工具绘制一个重灰色填色，无边框，尺寸为 750×88 px 的矩形，并调整好位置，如图 6-246 和图 6-247 所示。

(4) 使用矩形工具绘制一个填色为浅灰色，无边框的 750×30 px 的矩形，调整图层顺序，如图 6-248 和图 6-249 所示。

图 6－244　绘制矩形

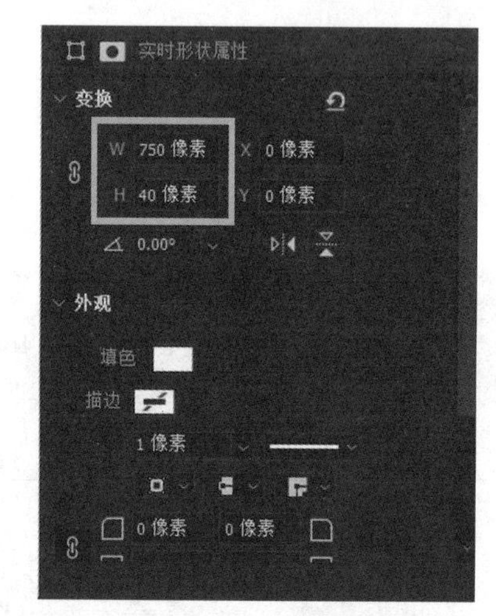

图 6－245　形状属性

图 6－246　绘制矩形

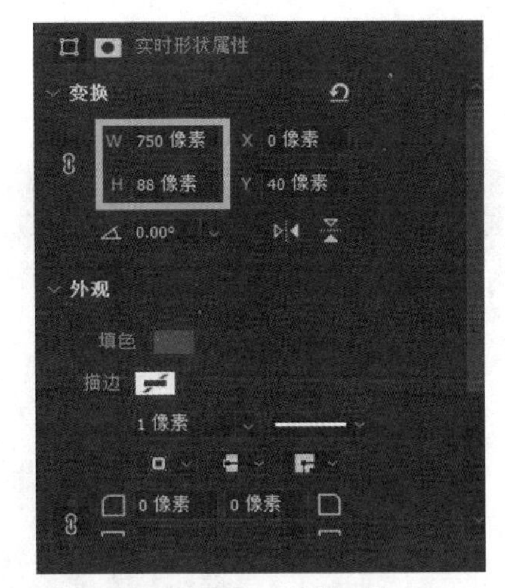

图 6－247　形状属性

图 6－248　绘制矩形

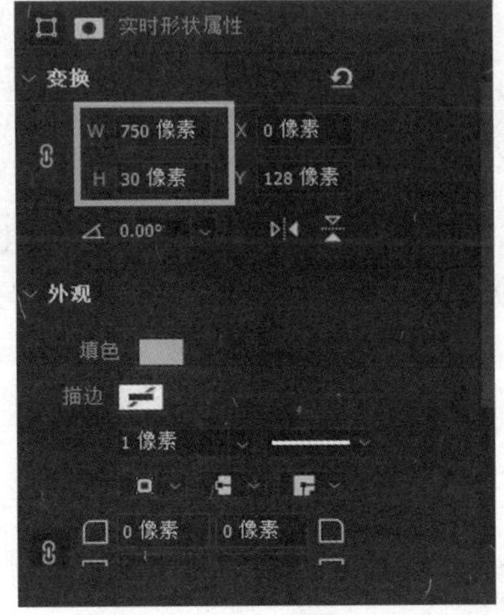

图 6－249　形状属性

（5）使用矩形工具绘制一个填色为重灰色，无边框的 750×50 px 的矩形，如图 6－250 和图 6－251 所示。

图 6－250　绘制矩形

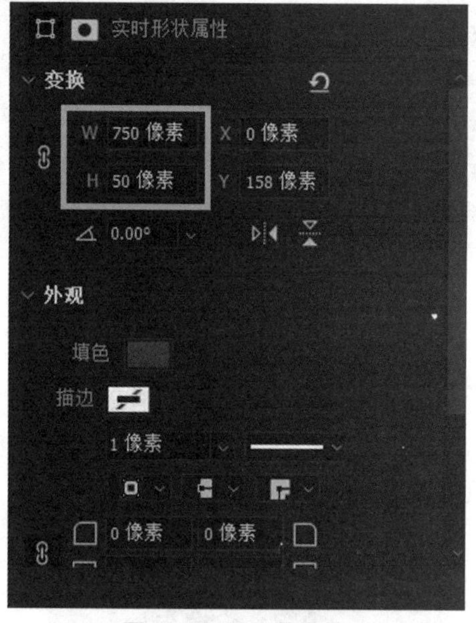

图 6－251　形状属性

（6）使用矩形工具绘制一个填色为浅灰色，无边框的 750×126 px 的矩形，如图 6－252 和图 6－253 所示。

（7）使用移动工具，按住 Alt 键复制 1 个浅灰色矩形，调整为重灰色，高度为 1 px，位置如图 6－254 和图 6－255 所示。

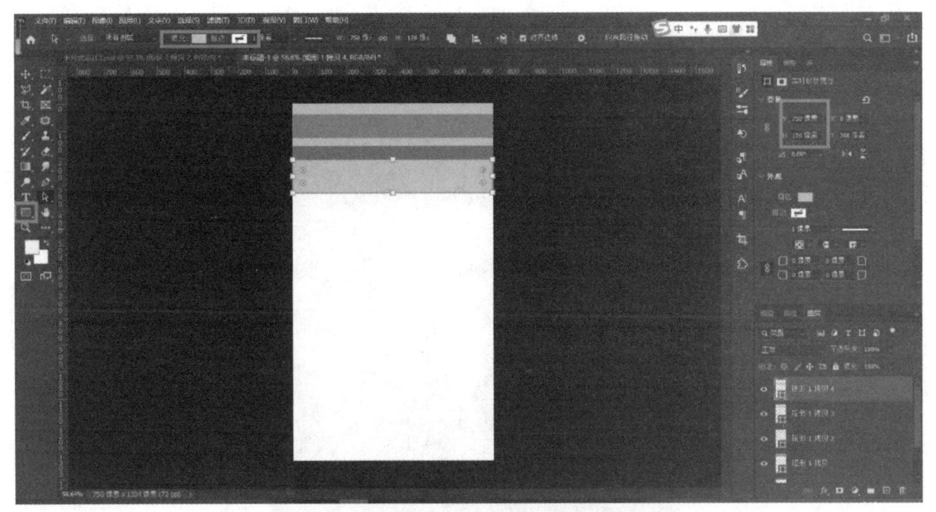

图 6－252　绘制矩形

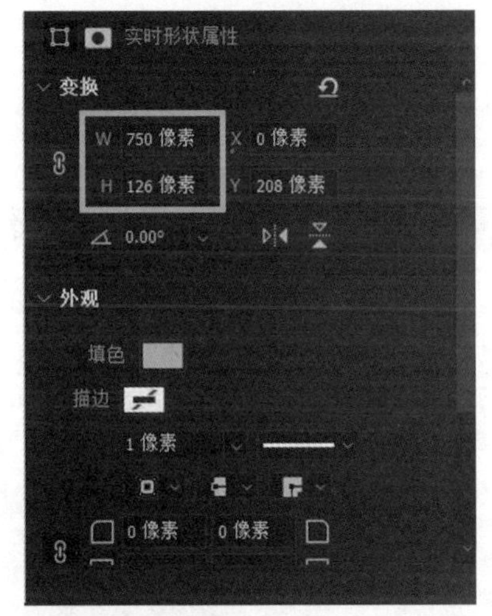

图 6－253　形状属性

图 6－254　绘制矩形

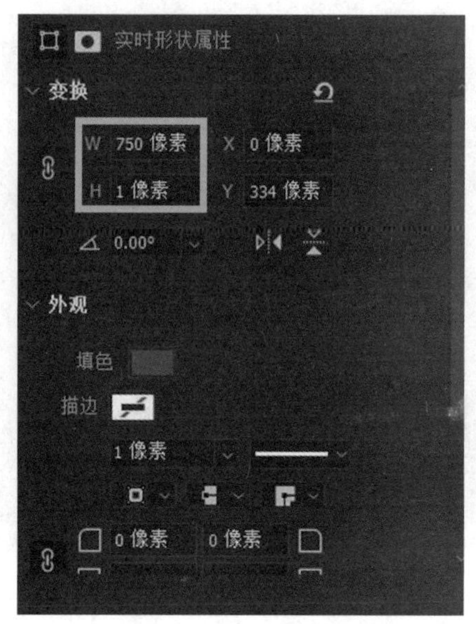

图 6－255　形状属性

（8）使用移动工具选择上方浅灰色和重灰色的矩形，按住 Alt 键复制 2 个矩形，如图 6－256 所示。

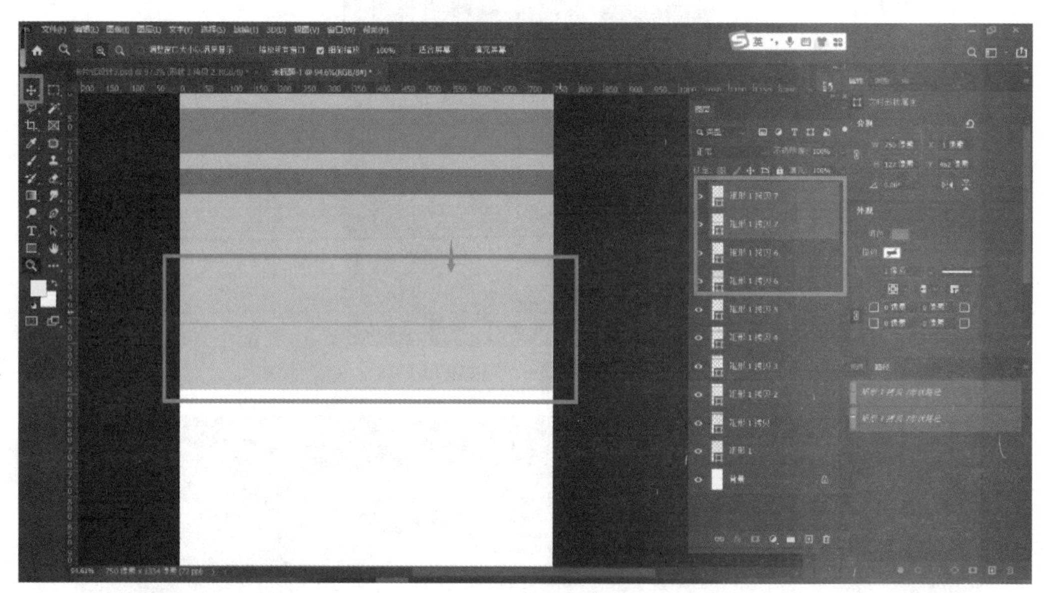

图 6－256　复制矩形

（9）使用矩形工具绘制 750 × 98 px，浅灰色填色，无边框的矩形，如图 6－257 和图 6－258 所示。

（10）使用矩形工具绘制 2 个 20 × 20 px，黑色无边框矩形，调整位置并拉辅助线，如图 6－259 和图 6－260 所示。

（11）拖入状态栏素材，并修改底下的浅灰色矩形为白色，如图 6－261 和图 6－262 所示。

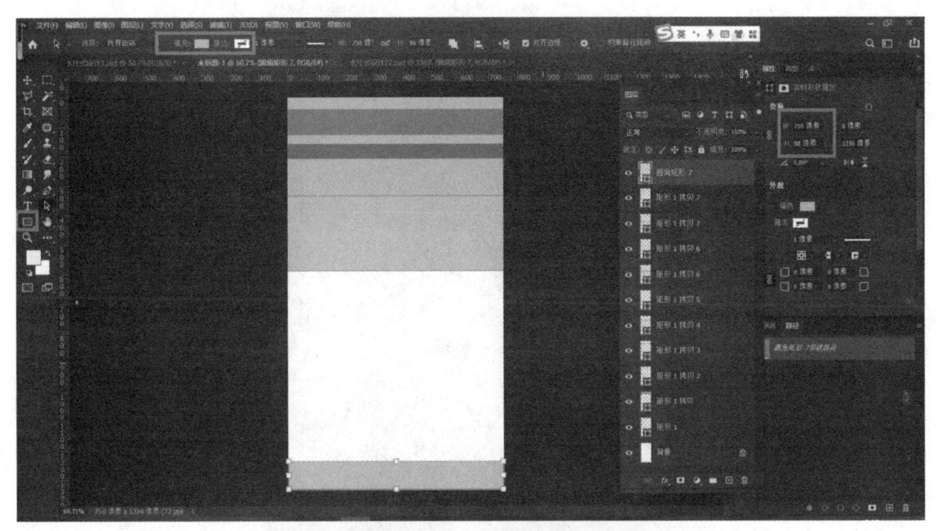

图 6－257　绘制矩形

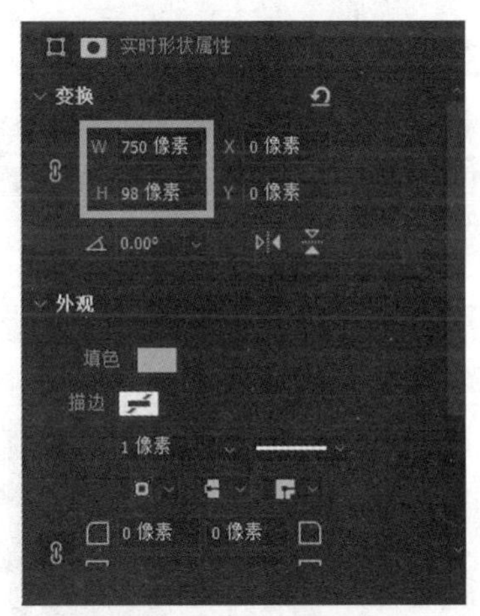

图 6－258　形状属性

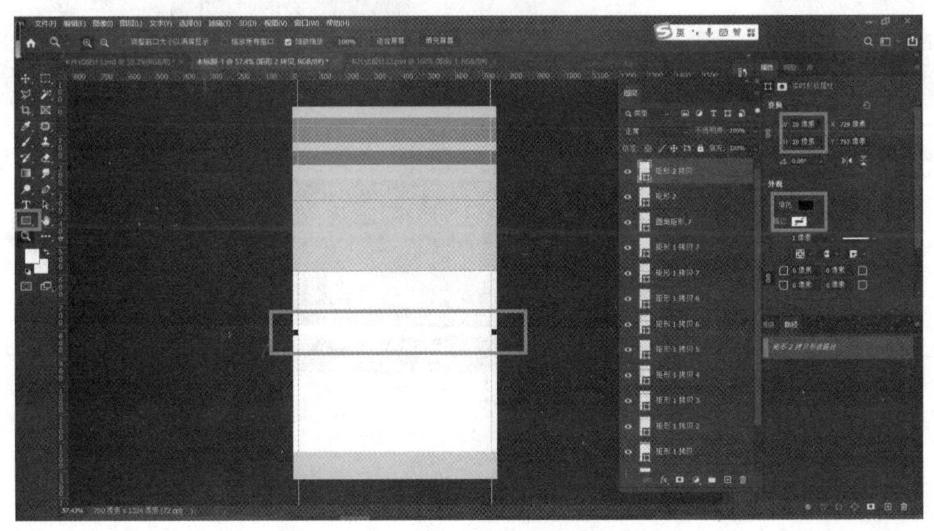

图 6－259　绘制矩形

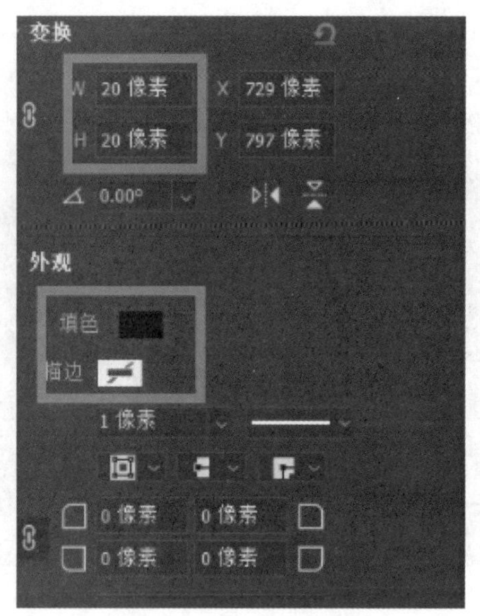

图 6－260　形状属性

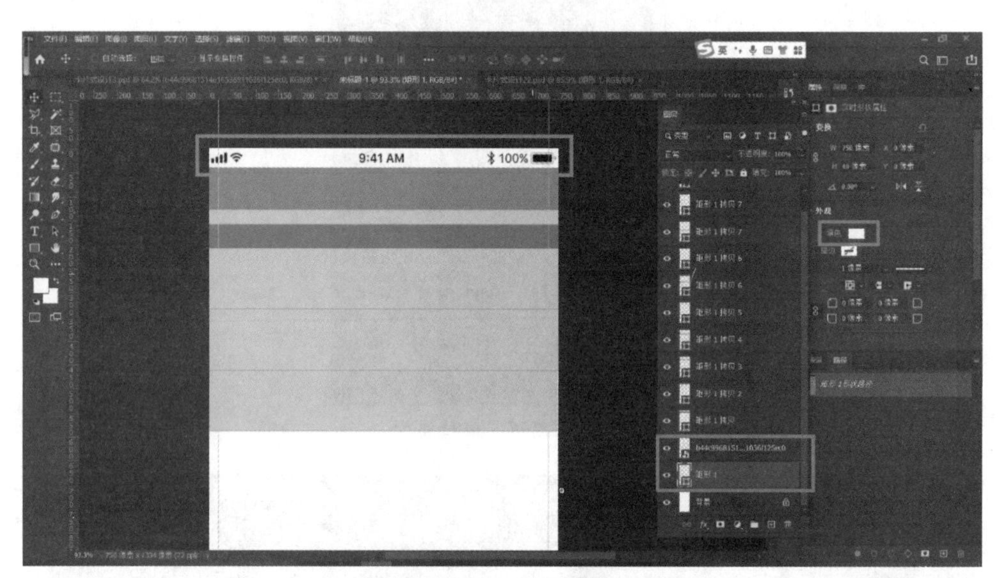

图 6－261　导入素材

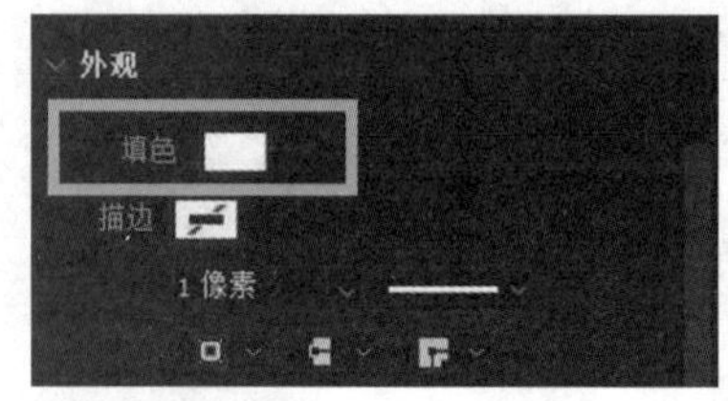

图 6－262　形状属性

（12）使用文本工具输入文字，文字参数为“40 pt，苹方，粗体，#333333”，如图 6－263 和图 6－264 所示。

（13）分别拖入搜索和添加素材，调整大小和位置，如图 6－265 所示。

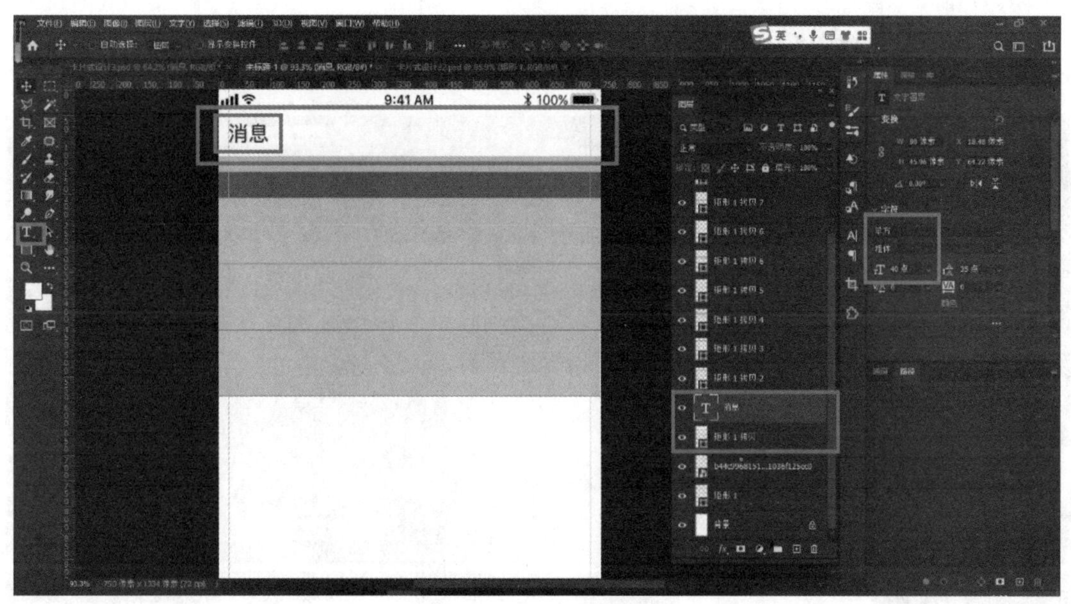

图 6－263　输入文字

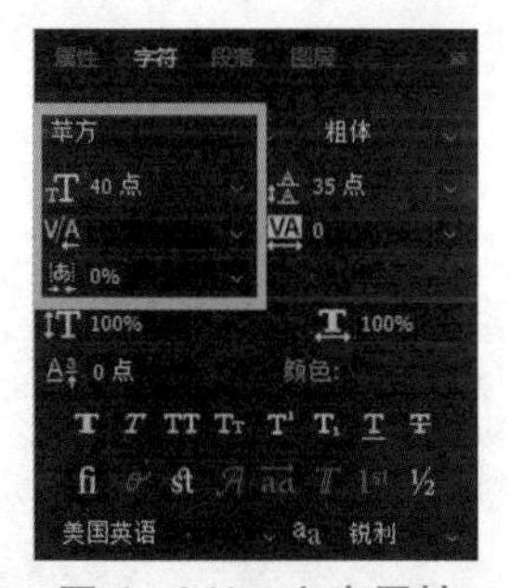

图 6－264　文字属性

图 6－265　导入素材

(14) 使用矩形工具绘制 140 × 4 px，粉色渐变的矩形，渐变参数为“ff68b5，ff70e2，ffb3be”，调整位置，如图 6－266 和图 6－267 所示。

图 6－266　绘制矩形

图 6－267　渐变调整

(15) 使用文本工具输入文字，文字参数为“32 pt，苹方，中等，#ff6666”，调整位置，如图 6－268 和图 6－269 所示。

(16) 使用文本工具输入文字，文字参数为“32 pt，苹方，中等，#666666”，调整位置，并修改底下的浅灰色和重灰色矩形为白色填色，如图 6－270 和图 6－271 所示。

(17) 使用椭圆工具绘制 14 × 14 px，粉色填色，无边框的正圆，参数为“#ff6666”，调整位置，如图 6－272 和图 6－273 所示。

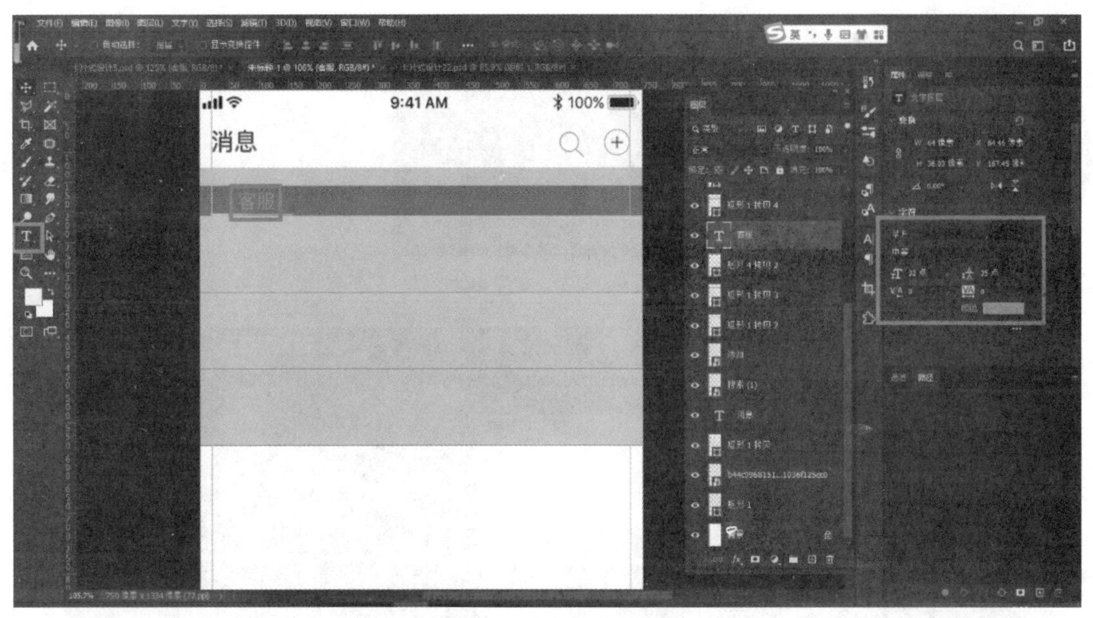

图 6－268　输入文字

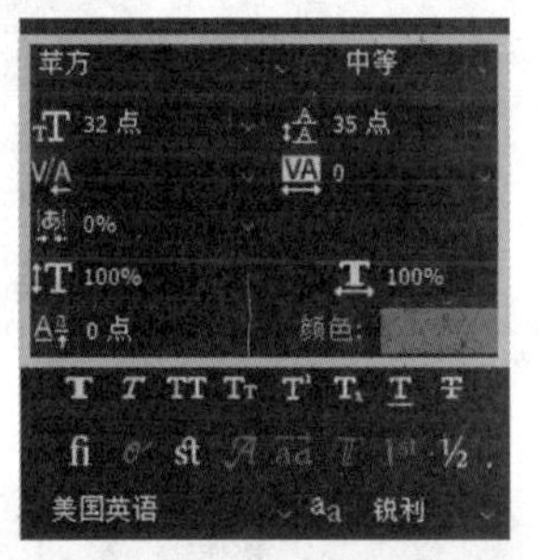

图 6－269　文字属性

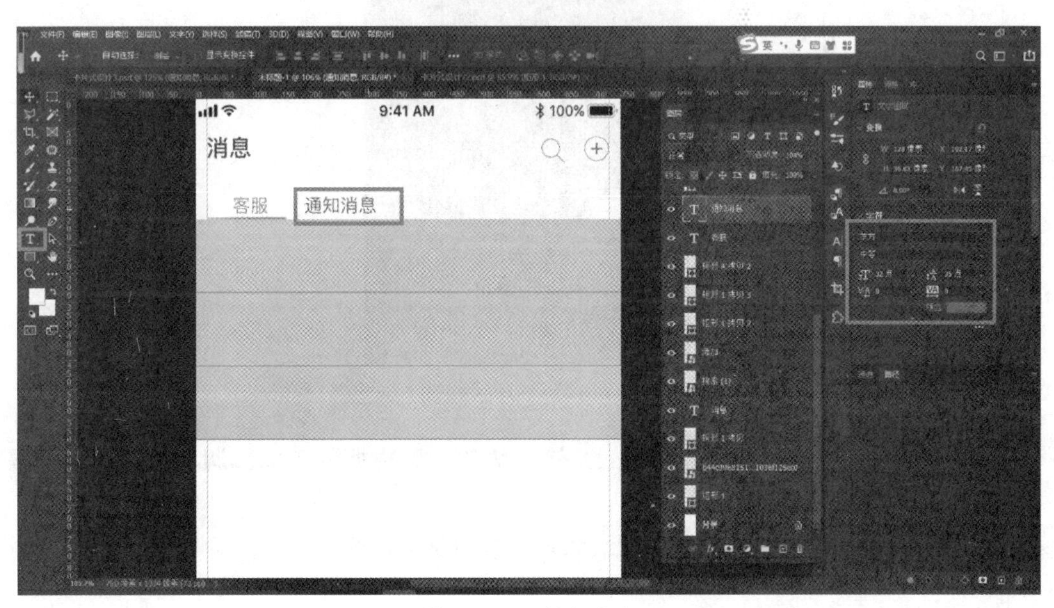

图 6－270　输入文字

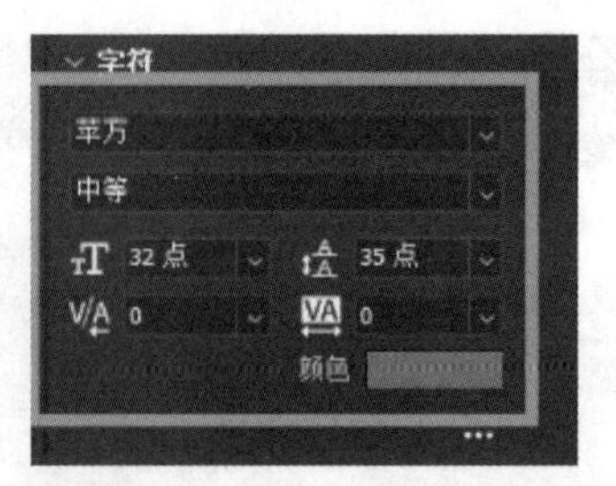

图 6－271　文字属性

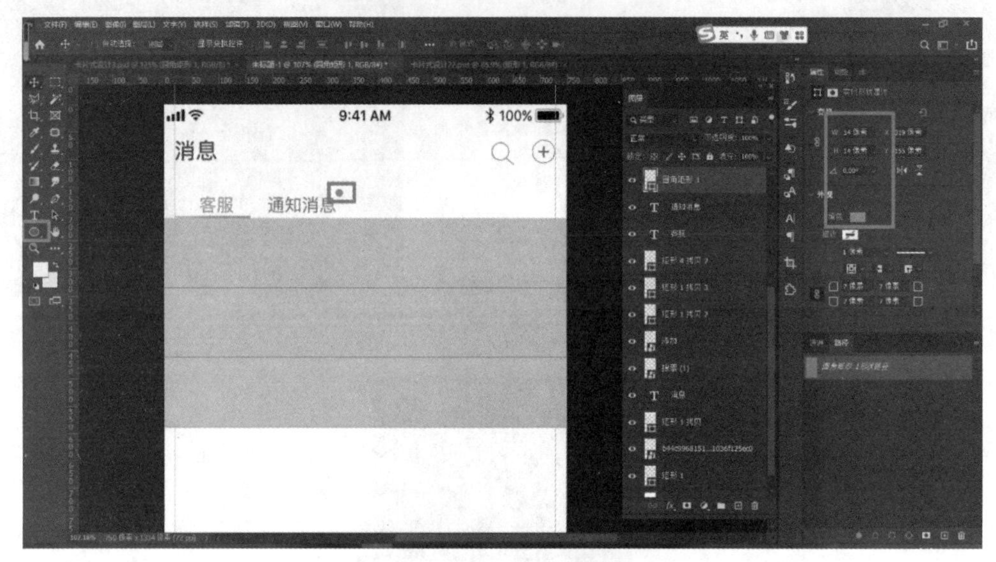

图 6－272　绘制正圆

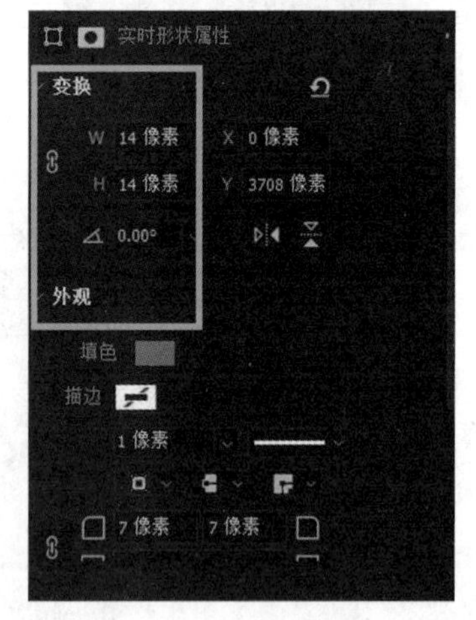

图 6－273　形状属性

（18）使用椭圆工具绘制 90 × 90 px，任意填色，无边框的正圆，调整位置，如图 6－274 和图 6－275 所示。

（19）拖入 Logo 素材，按住 Alt 键给椭圆做剪切蒙版，调整位置，如图 6－276 所示。

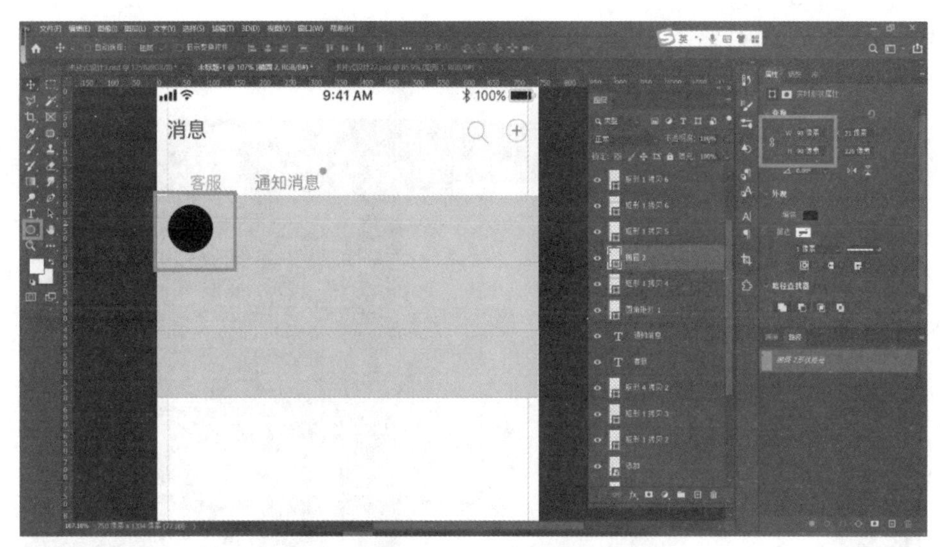

图 6－274　绘制正圆

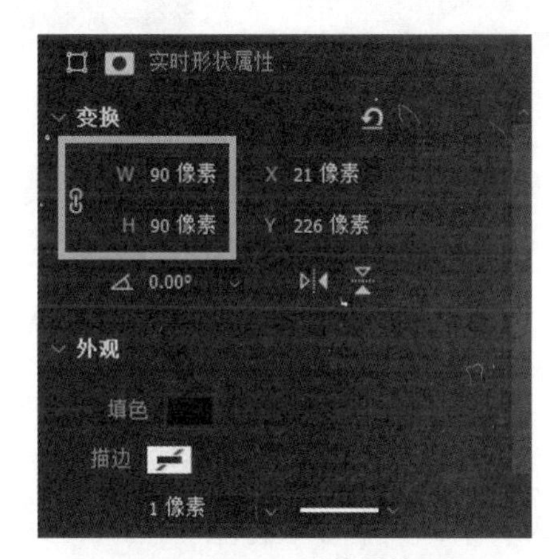

图 6－275　形状属性

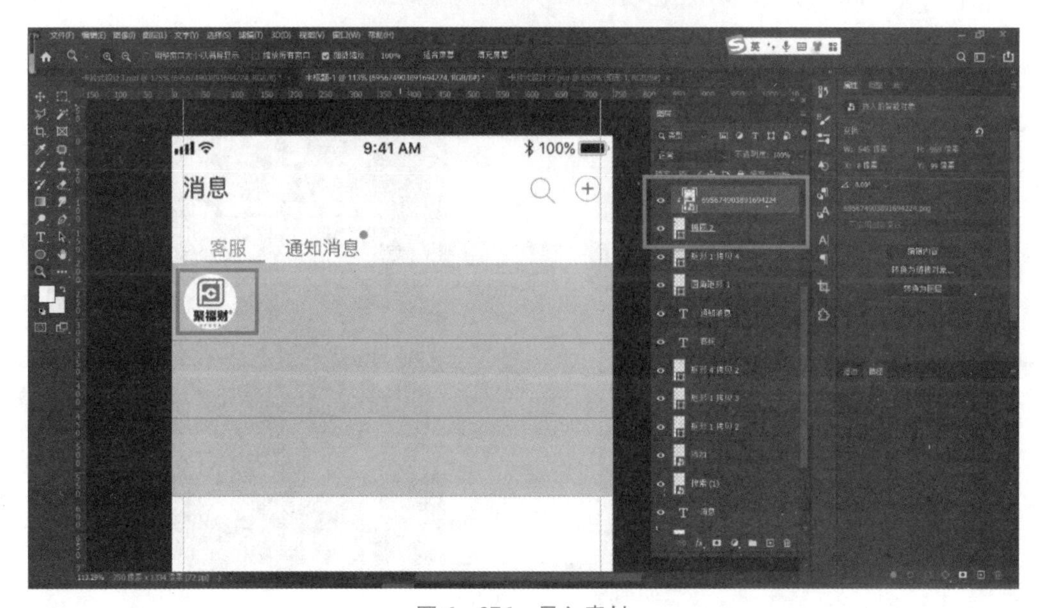

图 6－276　导入素材

（20）使用文字工具输入文字，文字参数为“32 pt，苹方，中等，#333333”，调整位置，如图6－277和图6－278所示。

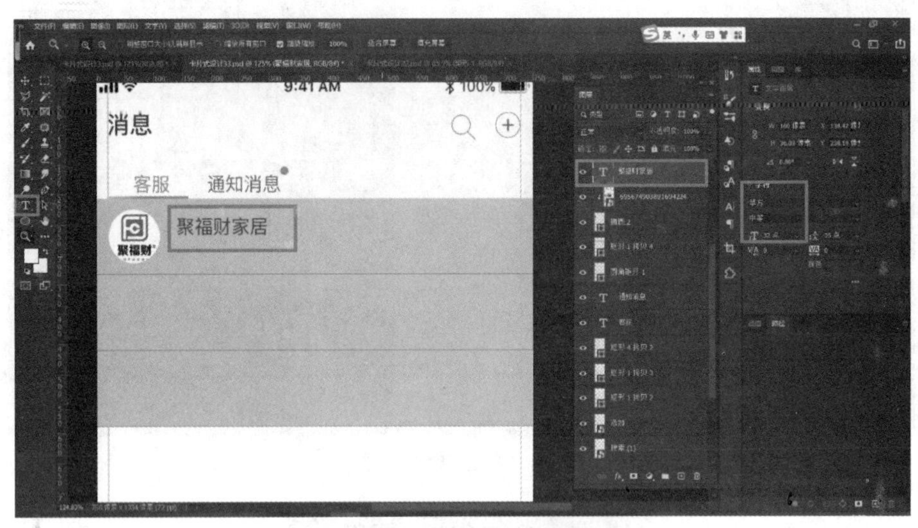

图6－277　输入文字

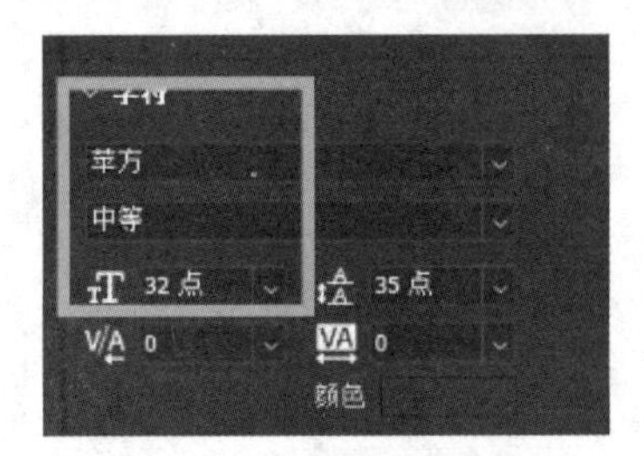

图6－278　文字属性

（21）使用文字工具输入文字，文字参数为“26 pt，苹方，中等，#999999”，调整位置，如图6－279和图6－280所示。

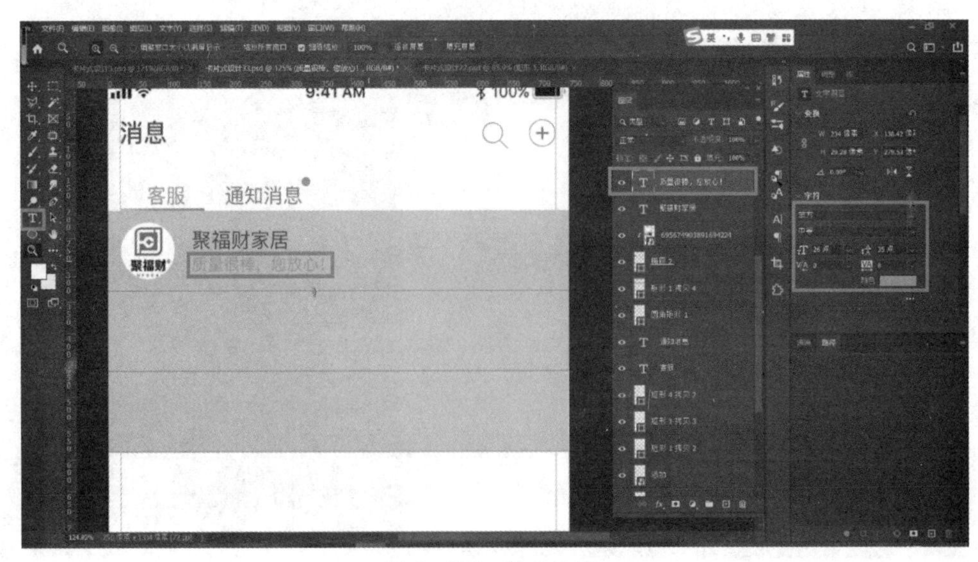

图6－279　输入文字

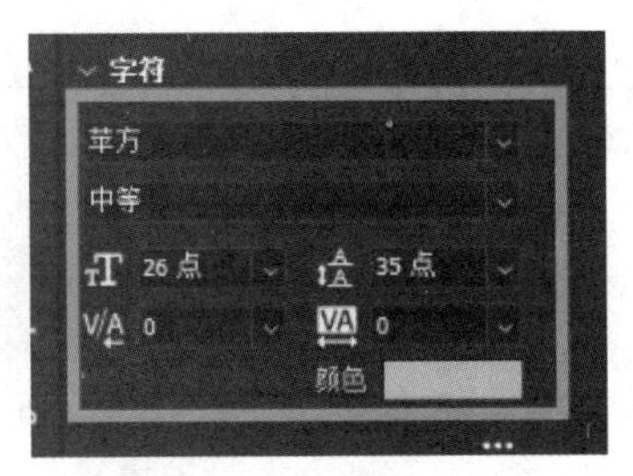

图 6－280　文字属性

（22）使用文字工具输入文字，文字参数为“24 pt，苹方，中等，#999999”，调整位置，如图 6－281 和图 6－282 所示。

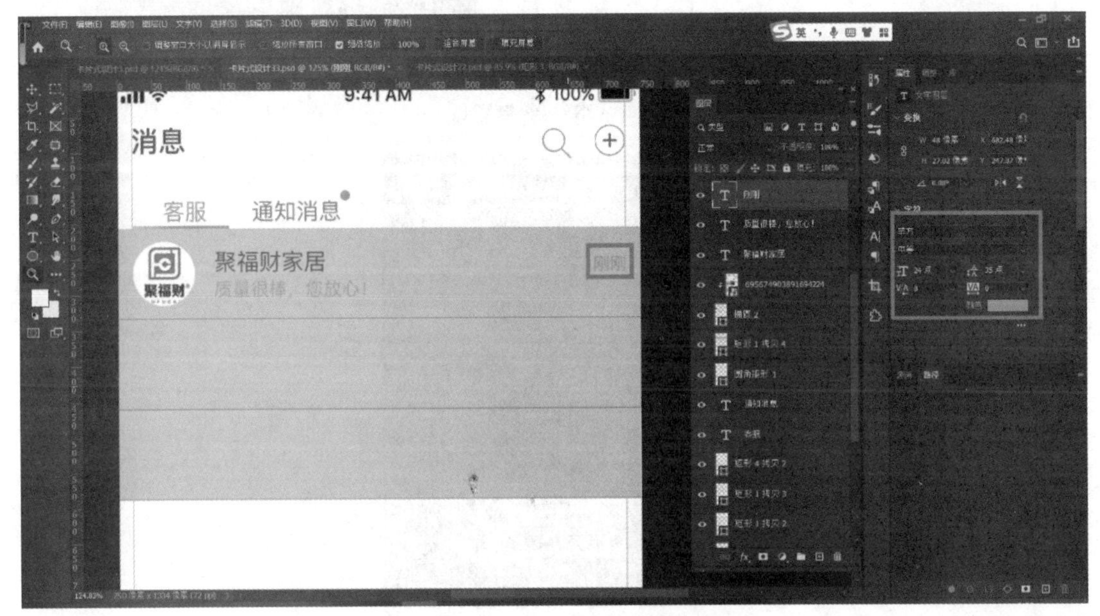

图 6－281　输入文字

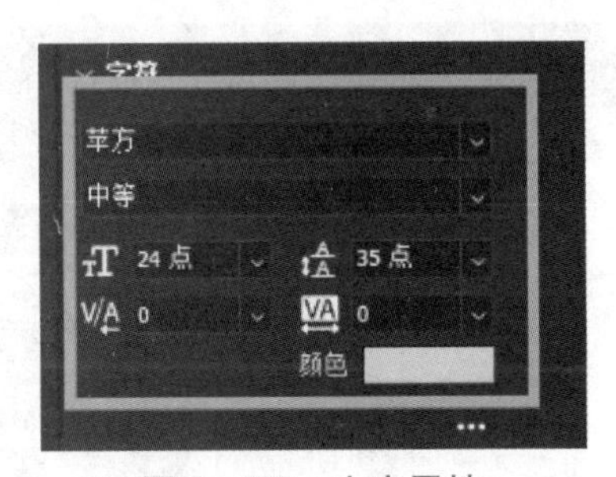

图 6－282　文字属性

（23）使用椭圆工具绘制 30 × 30 px，粉色填色，无边框正圆，参数为“#ff6666”，调整位置，如图 6－283 和图 6－284 所示。

（24）使用文本工具输入文字，文字参数为“22 pt，苹方，中等，#ffffff”，调整位置，如图 6－285 和图 6－286 所示。

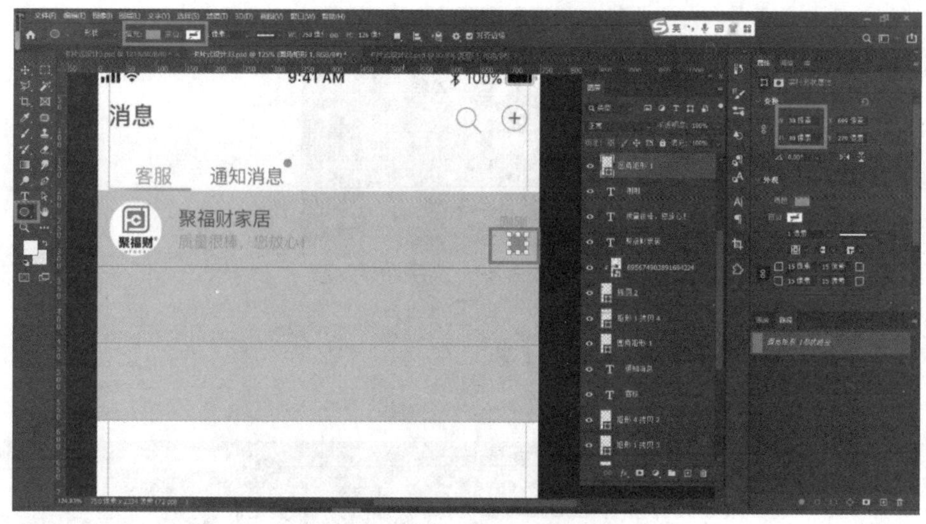

图 6－283　绘制正圆

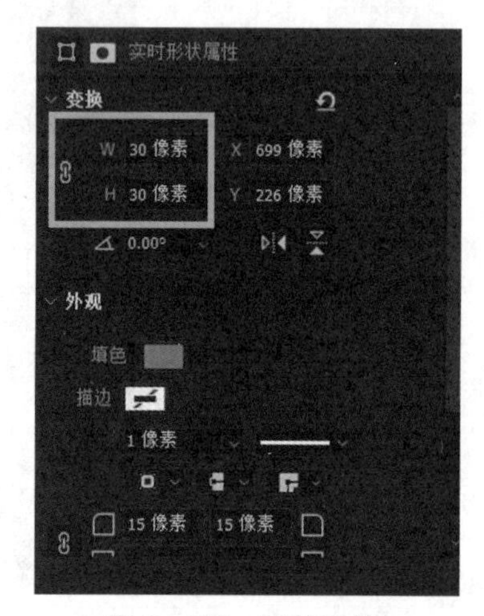

图 6－284　形状属性

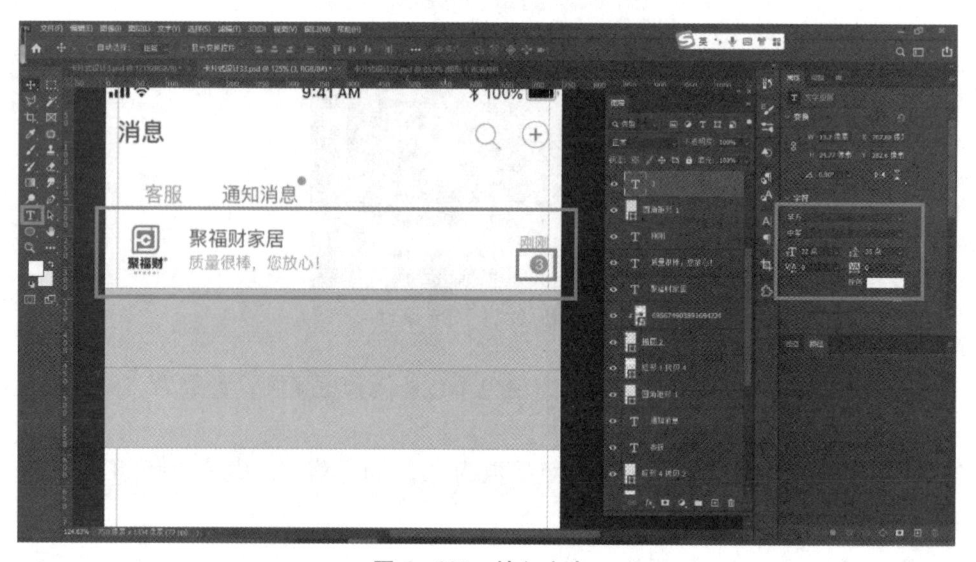

图 6－285　输入文字

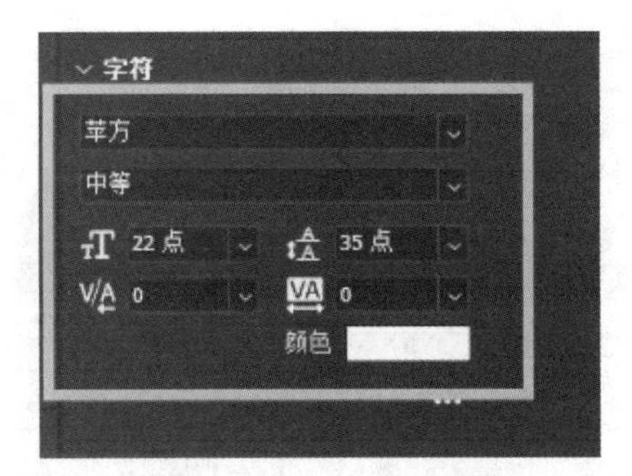

图 6 – 286　文字属性

（25）选择底下浅灰色矩形，单击“fx”按钮，选择“渐变叠加”，由透明度 10% 的粉色到白色渐变，如图 6 – 287 ~ 图 6 – 289 所示。

图 6 – 287　图层样式

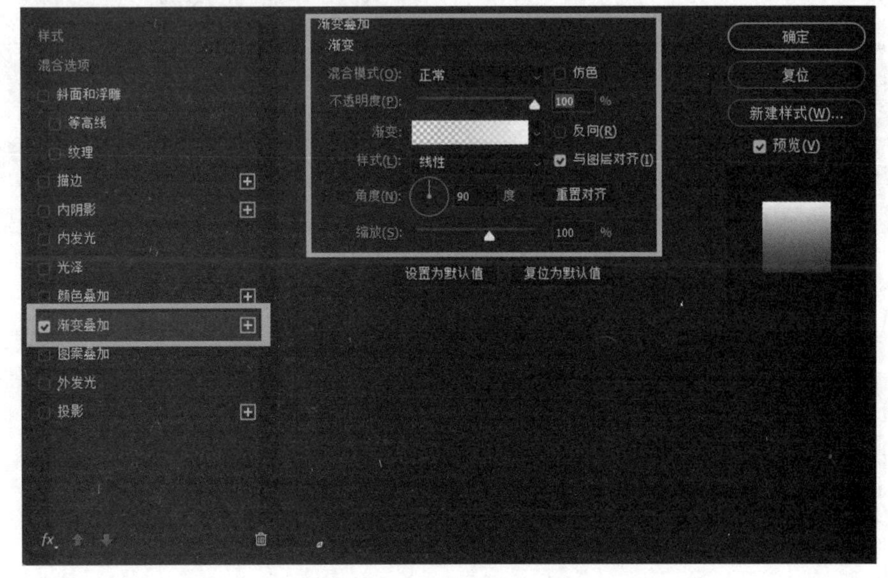

图 6 – 288　渐变叠加（1）

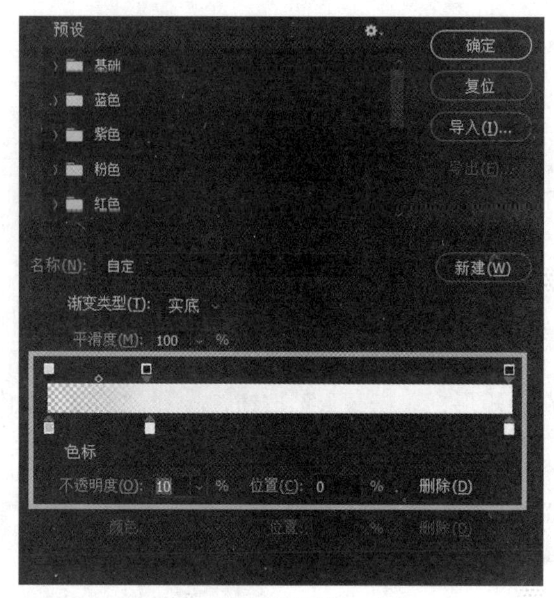

图 6 – 289　渐变叠加（2）

（26）选择图中的文字和素材图层，复制，如图 6 – 290 所示。

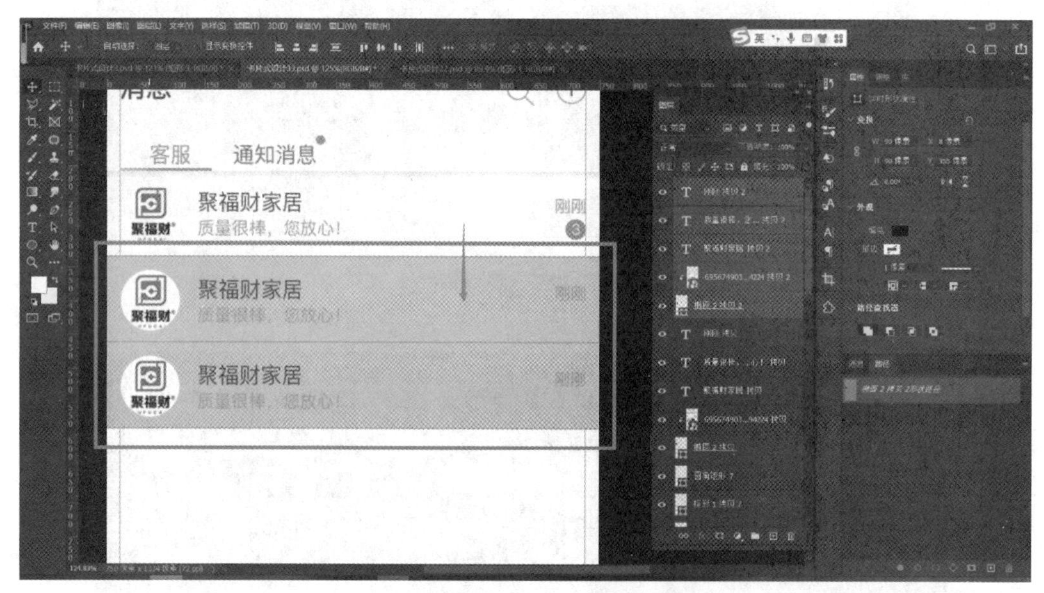

图 6 – 290　复制

（27）修改这两组内的图片素材和文字，修改底下的灰色矩形为白色，最终如图 6 – 291 所示。

（28）拖入底栏图标素材，调整好位置，如图 6 – 292 所示。

（29）选择首页图标，单击“fx”按钮，增加颜色叠加为灰色，如图 6 – 293 和图 6 – 294 所示。

（30）选择购物车图标，单击“fx”按钮，增加颜色叠加为粉色，如图 6 – 295 和图 6 – 296 所示。

图 6 - 291　修改文字

图 6 - 292　导入素材

图 6 - 293　图层样式

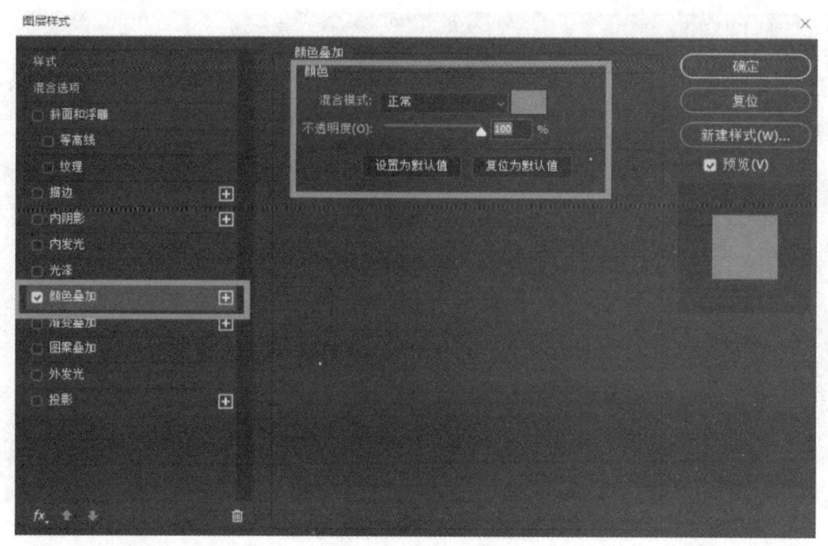

图 6－294　颜色叠加

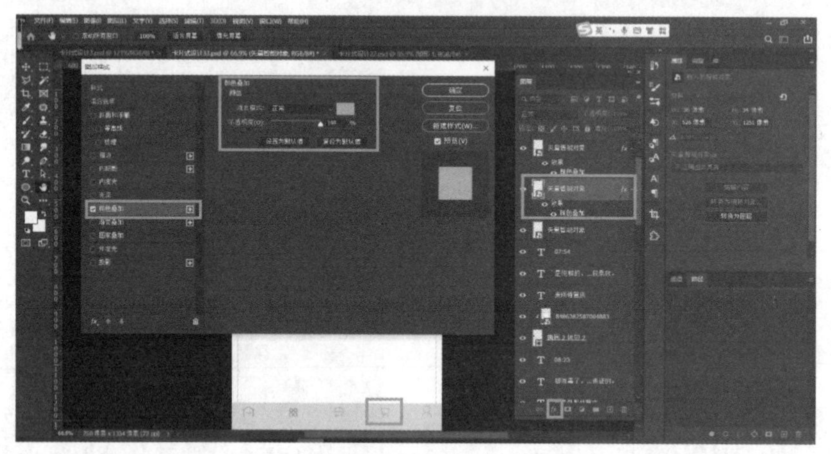

图 6－295　图层样式

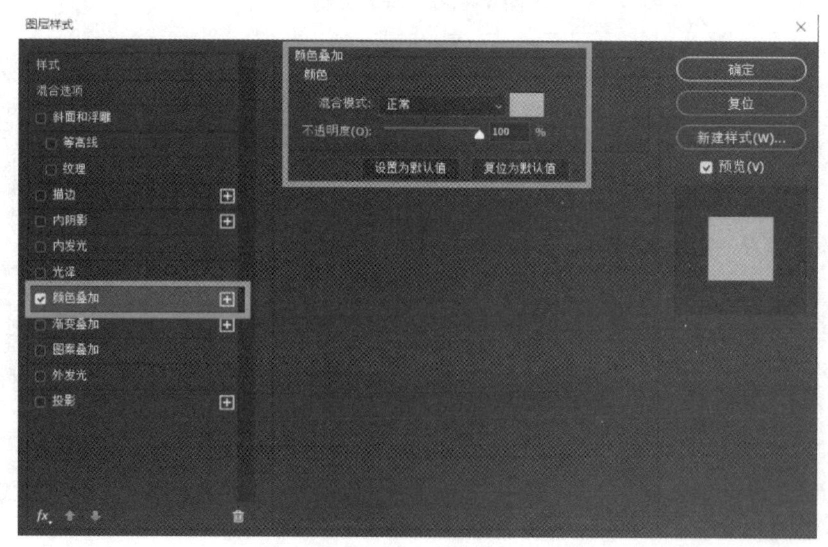

图 6－296　颜色叠加

（31）使用文本工具输入文字，文字参数为“20 pt，苹方，常规，#333333，#ff3333”，调整购物车为粉色，调整位置，如图 6－297 和图 6－298 所示。

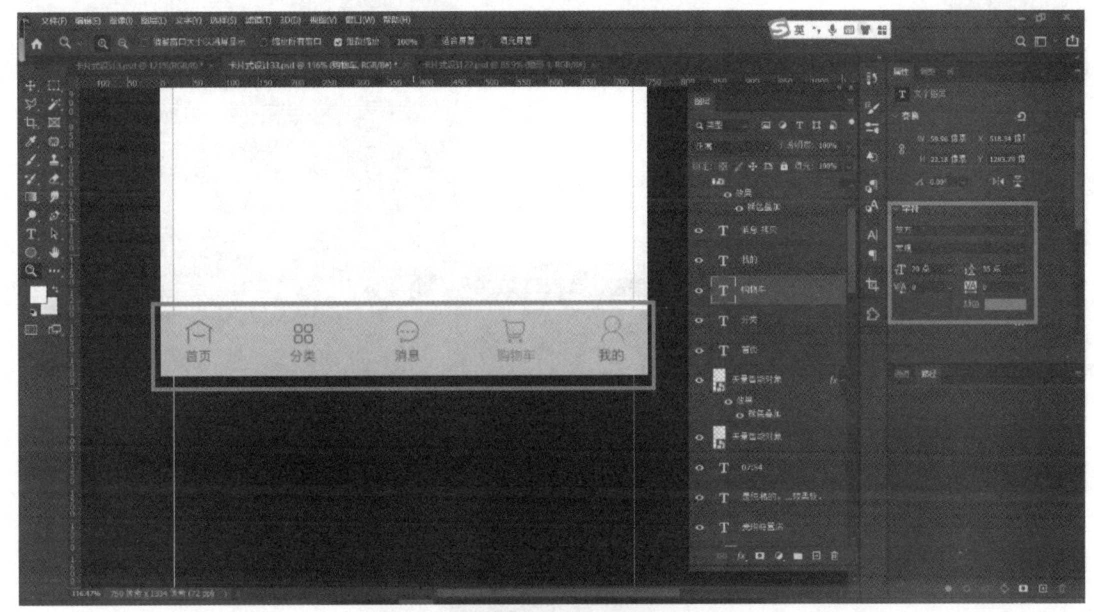

图 6－297 输入文字

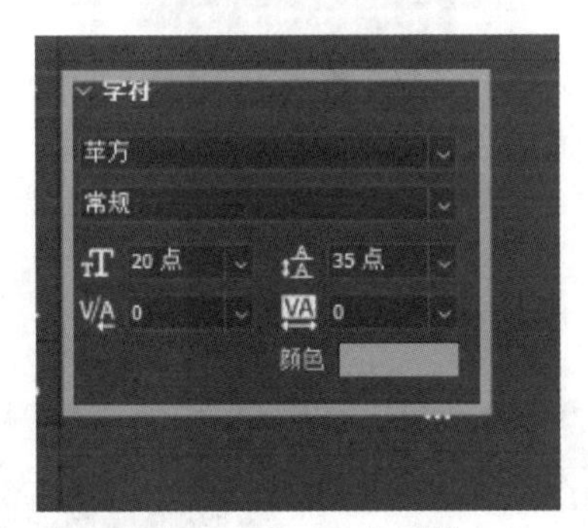

图 6－298 文字属性

（32）使用移动工具选择底下的灰色矩形，调整颜色为白色，如图 6－299 和图 6－300 所示。

（33）最终完成效果如图 6－301 所示。

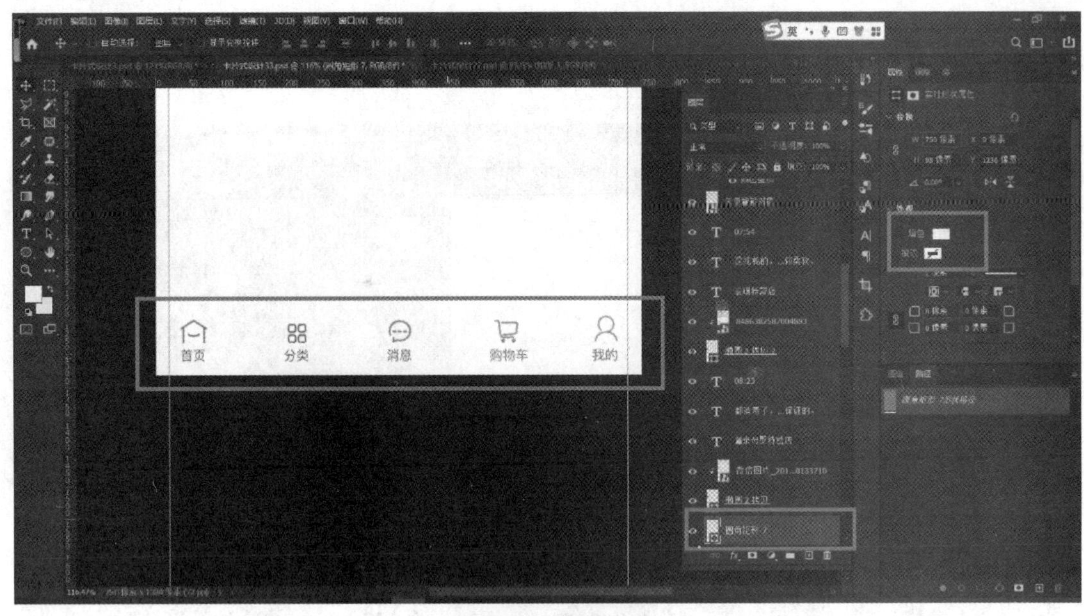

图 6－299　调整颜色

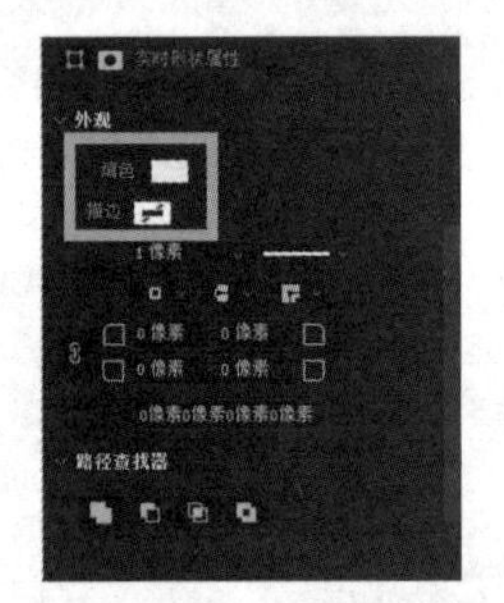

图 6－300　形状属性

图 6－301　最终完成效果

项目七

APP 详情页设计

项目描述

本项目主要针对 APP 的 UI 设计中详情页的设计内容进行讲解，分为控制元素设计、组件设计、商品详情页设计三个任务，通过理论讲解以及实操演示进行阐述，各个任务由点及面、循序渐进，在熟悉各单项元素设计的基础上，融汇贯通地设计出 APP 的详情页界面，如图 7－1 所示。

图 7－1　APP 详情页设计

学习目标

（1）掌握控制元素设计、组件设计、商品详情页设计的相关理论知识；

（2）掌握控制元素设计、组件设计、商品详情页设计中各单项内容的设计实操技能；

（3）能够对单项内容设计进行整合，设计出完整、合理、美观的 APP 详情页；

（4）能够以精益求精的工匠精神，严格对待每一个设计细节，遵循设计规范，符合产品需求，符合岗位要求；

（5）能够基于用户体验对设计内容进行创新，深度思考如何才能设计得更好，具备优化再设计的能力。

任务一 控制元素设计

任务说明

本任务主要针对 APP 详情页设计中的控制元素设计进行讲解，对活动指示器、进度指示器、页面控制器、开关、进步器等进行知识性的导入，并通过具体的任务实现过程进行实操性演练。

知识导入

一、活动指示器

活动指示器主要用来显示任务正在处理中的状态，比如加载页面或者加载新内容的时候显示的“加载中……”，任务完成时自动消失。其形式多样，设计时不必拘泥于单一样式，可根据需要进行丰富有趣的设计，如图 7－2 所示。

加载中……

页面加载中……

努力加载中……

图 7－2 活动指示器示例

二、进度指示器

进度指示器用来展示可预测完成度（时间、数量）的任务或过程的完成情况。比如下载进度指示、页面加载进度指示等，如图 7－3 所示。需遵循简洁易懂的原则进行设计，让用户知道目前的任务进行程度，形成良好的心理预期。

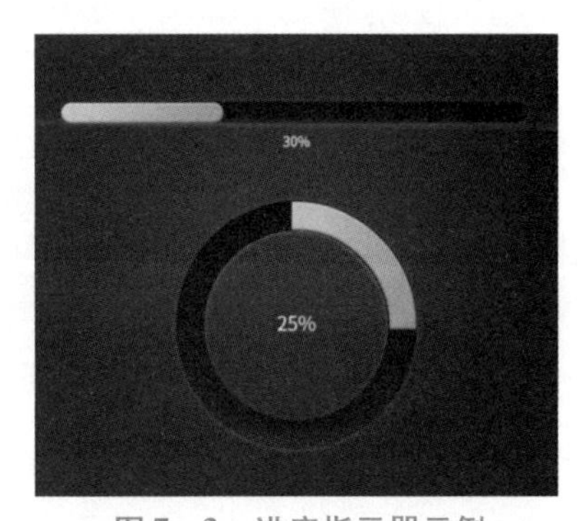

图 7－3 进度指示器示例

三、页面控制器

页面控制器主要用来控制页面内容的切换，比如切换轮播图、切换整体内容或局部内容等，一般以实用、好用为标准，能够起到提示、引导用户进行相应操作的作用即可，不宜进行过于复杂的设计，如图 7-4 所示。

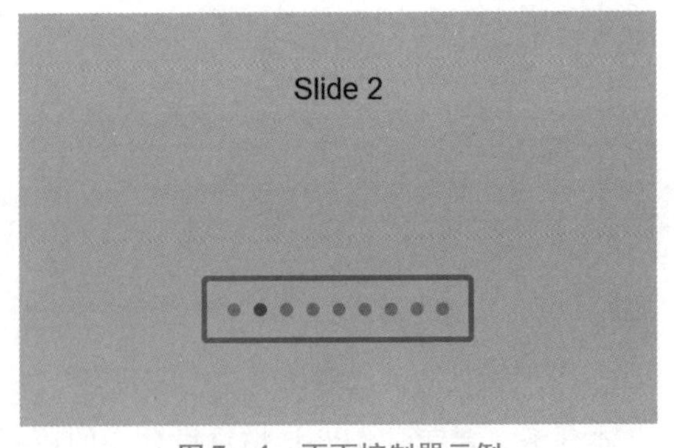

图 7-4　页面控制器示例

四、开关

开关又叫切换器（Switch），用于切换两种互斥的选择或状态。在很多 APP 的界面上，都有开关按钮，一般是“开”与“关”两个状态，起到了对某项功能的开启与关闭的作用。开关按钮需要结合 APP 的 UI 设计风格以及实际使用操作进行合理的设计，要保持良好的用户体验，切莫进行过度设计，如图 7-5 和图 7-6 所示。

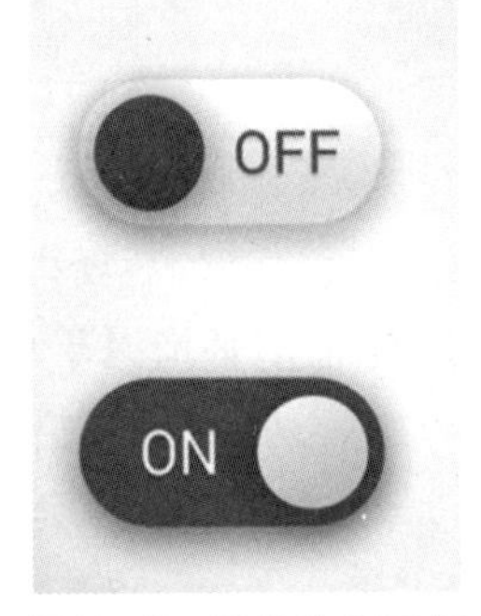

图 7-5　开关按钮示例

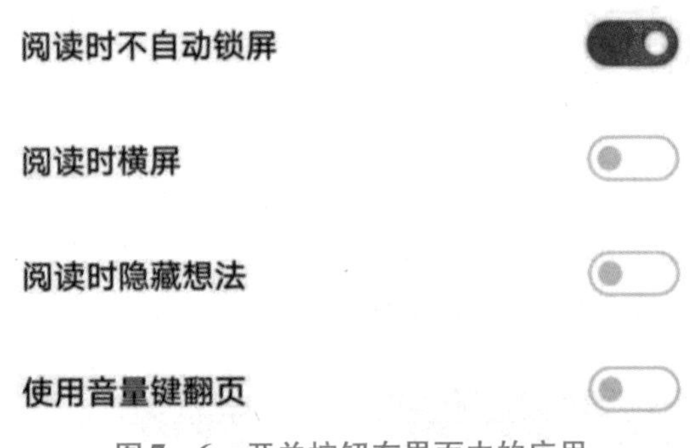

图 7-6　开关按钮在界面中的应用

五、步进器

步进器是指供用户进行数量加减操作的一个工具，在购买页面比较常见。比如，在下单界面上增加或减少商品数量的按钮，如图 7-7 所示。设计中要考虑可单击按钮的区域大小，避免用户不好单击。

图 7-7　步进器示例

任务实现

一、设计活动指示器

案例中的活动指示器显示了有任务或进程正在处理中，如图7－8所示。

图7－8　活动指示器示例

（1）在画布界面中定义图标尺寸大小为44×44 px。紧接着绘制一个4×8 px，圆角为2 px的圆角矩形，并填充纯黑色。

（2）按快捷键Ctrl＋J复制当前的圆角矩形。

（3）对复制的圆角矩形按快捷键Ctrl＋T执行变形命令，接着按快捷键Ctrl＋R调出标尺，沿着中心点拉出参考线至合适位置，如图7－9所示。

（4）按住键盘上的Alt键，鼠标左键拖动中心点，此时同时按住Shift键可实现垂直方向的移动，将旋转中心点移动至参考线交界处，如图7－10所示。

图7－9　设计圆角矩形　　　图7－10　拖移中心点

（5）在编辑状态下，在属性栏中输入旋转度数“30”，对复制的矩形实现旋转，并按Enter键确定，结束当前操作，如图7－11所示。

（6）按快捷键Ctrl＋Alt＋Shift＋T对圆角矩形执行重复复制命令，完成图形重复复制，效果如图7－12所示。提示：三键按住不放，即Ctrl＋Alt＋Shift键，要复制几个圆角矩形，就按几次T键。

（7）为复制的圆角矩形填充颜色，呈现黑色渐变。完成当前设计，按快捷键Ctrl＋Alt＋Shift＋E，存储为PNG－24格式导出当前的活动指示器。

二、设计进度指示器

案例中的进度指示器用来展示那些可预测完成度（时间、量）的任务或过程的完成情况，位于导航栏和工具栏的下方，如图7－13所示。

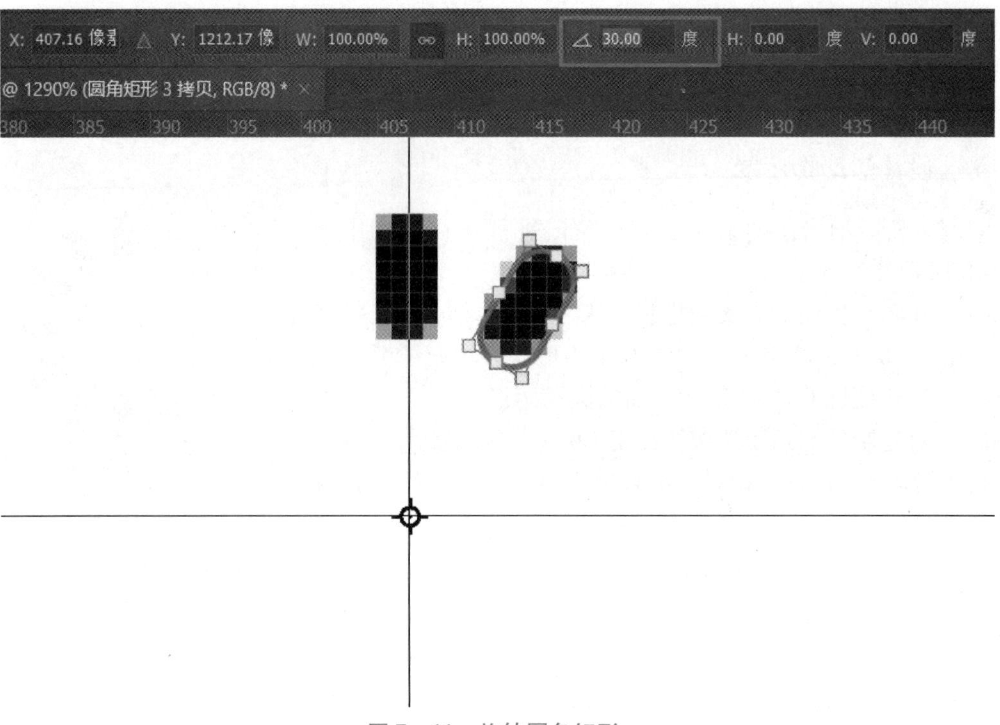

图 7－11　旋转圆角矩形

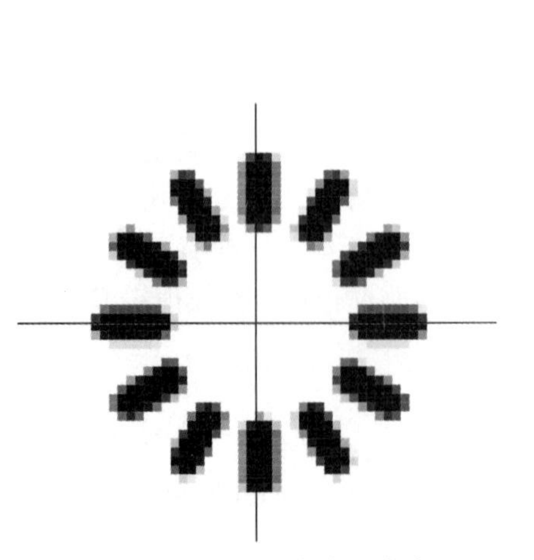

图 7－12　执行重复复制命令

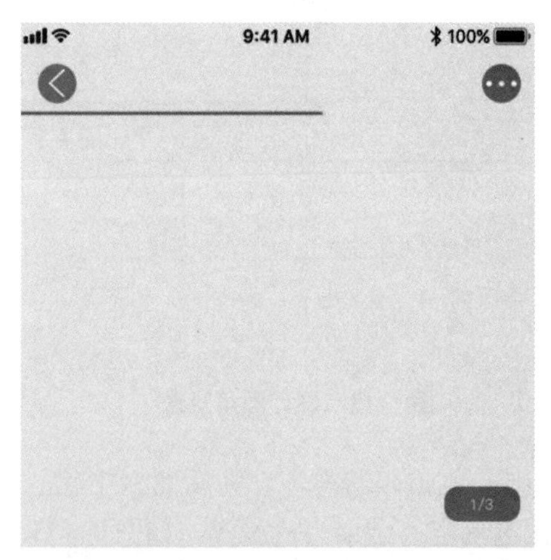

图 7－13　设计进度指示器

直接创建一个高度为 4 px，宽度为 440 px 的矩形，填充品牌色#ff70e1，通过可见轨道的长度来提示进度信息，指标的行为取决于过程的进度是否已知。

三、设计页面控制器

◉ 页面控制器形式一：数字呈现（图 7－14）

（1）绘制一个宽度为 110 px，高度为 50 px，圆角为 20 px 的圆角矩形，填充纯黑色#000000，并调整不透明度至 30%，如图 7－15 所示。

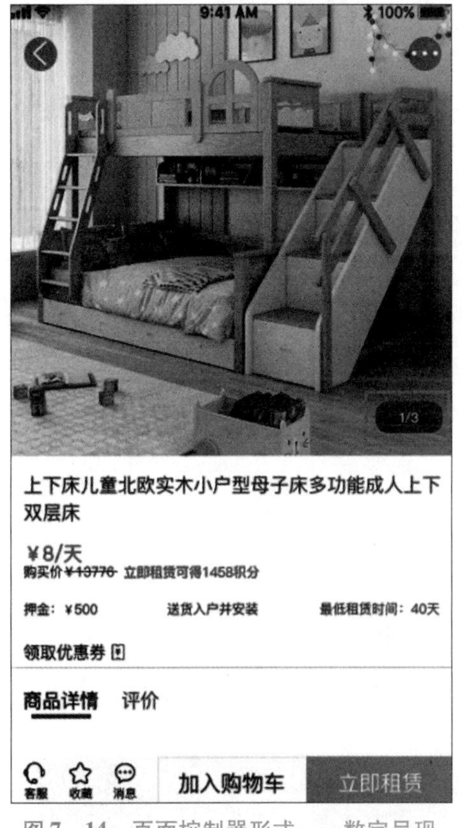

图 7－14　页面控制器形式一：数字呈现

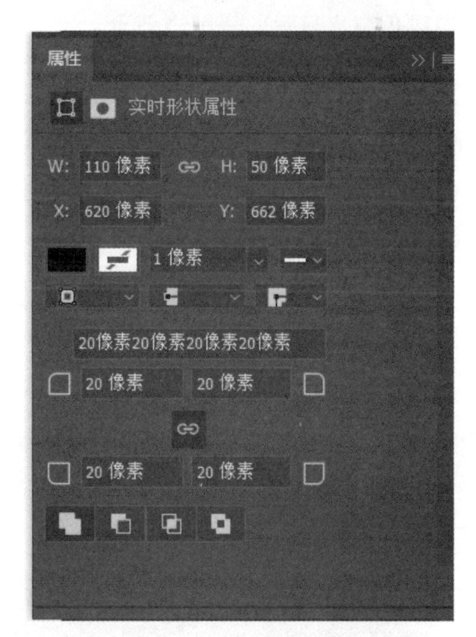

图 7－15　绘制圆角矩形

（2）使用文字工具输入文字，表现当前页和所有页，文字参数为“20 pt，苹方，中等，#ffffff”，如图 7－16 所示。

图 7－16　输入文字

（3）将元素摆放至详情页展示图中合适的位置，完成当前设计。

◉ 页面控制器形式二：形状呈现（图 7－17）

图 7－17　页面控制器形式二：形状呈现

页面控制器数量一般不超过 5 个，即表示展示 Banner 图不超过 5 张。案例中的页面控制器颜色突出显示的表示当前页，灰色表示未激活页。

（1）在页面画布中创建一个直径为 10 px 的圆，填充灰色#e8e7e7，表示未激活页，并执行快捷键 Ctrl + J 复制 3 个。

（2）拖动最后复制的圆，与第一个圆相距 74 px，拉开间距，如图 7－18 所示。

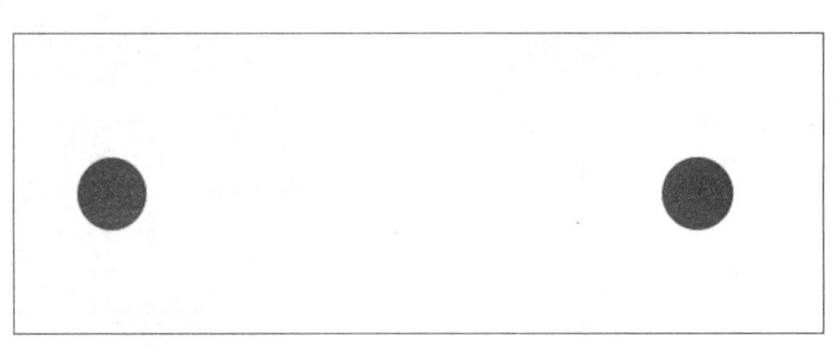

图 7－18　圆形形状的创建

（3）全选 4 个圆的图层，在属性栏中选择“等距分布”，如图 7－19 所示。

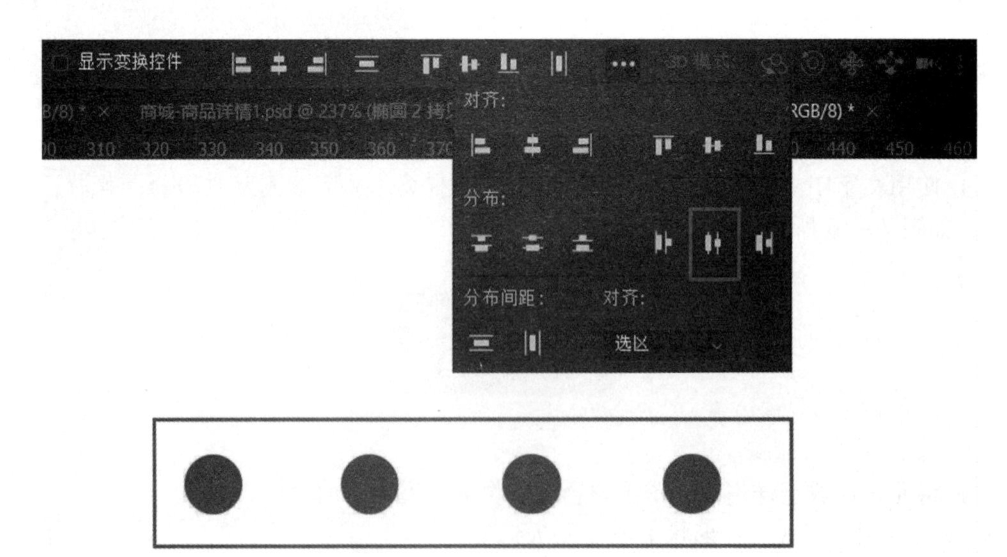

图 7－19　等距分布圆形

（4）选择其中一个圆，填充品牌主色#ff70e1，表示当前页。将元素摆放至页面中合适的位置，完成当前设计，如图7-20所示。

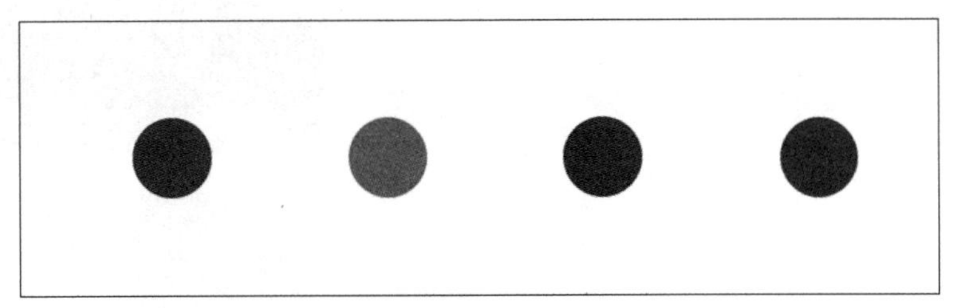

图7-20　为其中一个圆形填充颜色

四、设计开关

切换器展示当前的激活状态，用户单击或滑动后可以切换状态，如图7-21所示。样式可使用应用程序的主色调替换开关中的颜色。

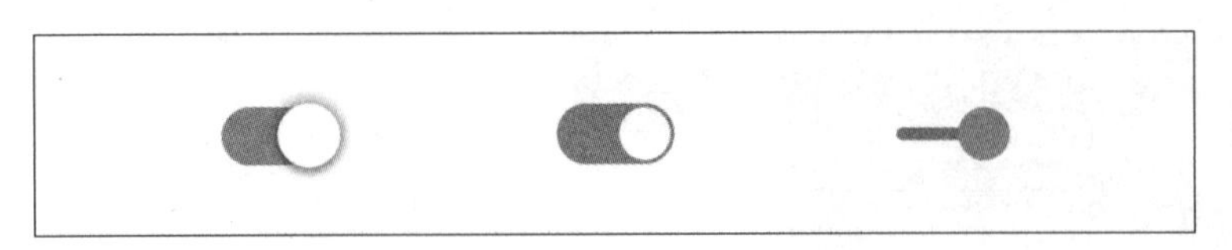

图7-21　开关示例

（1）在画布中创建一个宽为94 px，高为12 px，圆角为6 px的矩形，并填充灰色#f4f4f4，如图7-22所示。

（2）绘制一个直径为30 px的圆，填充品牌色#ff70e1，并复制当前图层，如图7-23所示。

图7-22　创建圆角矩形　　　图7-23　创建圆形

（3）调出形状属性，为圆添加4 px羽化值，放置于底层作为投影，如图7-24所示。

五、设计步进器

步进器是由两个分段控件组成的，其中一个显示增加的符号，一个显示减少的符号，用户单击一个分段来增加或者减少某个值，如图7-25所示。

（1）绘制一个50×50 px的矩形1，填充颜色#f4f4f4，设置圆角参数，如图7-26所示。

（2）在右侧继续创建一个宽为80 px，高度为50 px的矩形2，设置填充颜色为纯白色，内描边1 px，颜色为##f4f4f4，如图7-27所示。

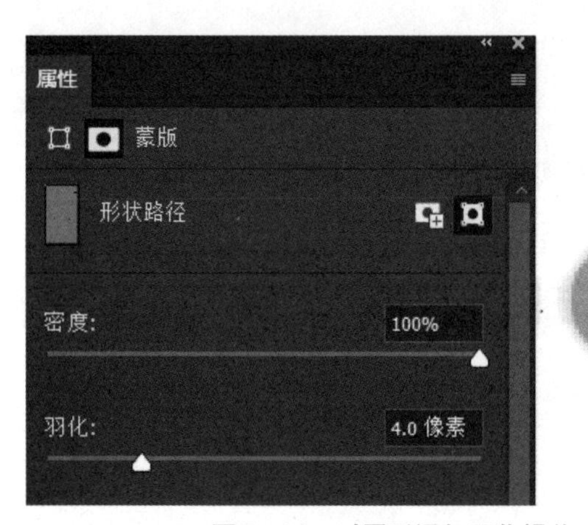

图 7－24　对圆形添加羽化操作

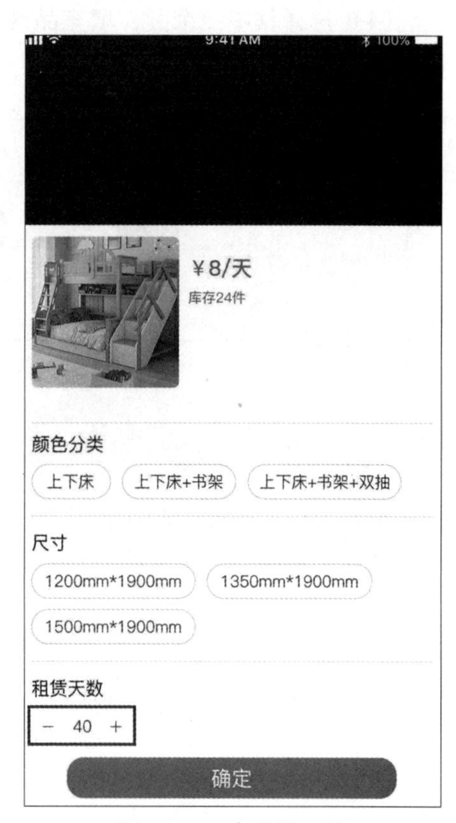

图 7－25　步进器示例

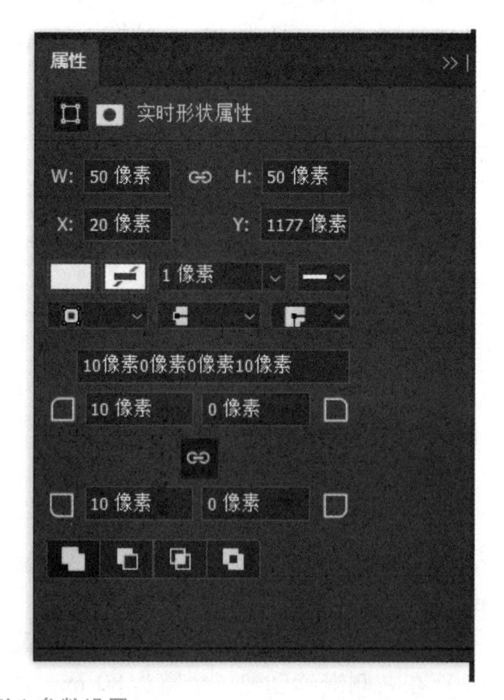

图 7－26　矩形 1 参数设置

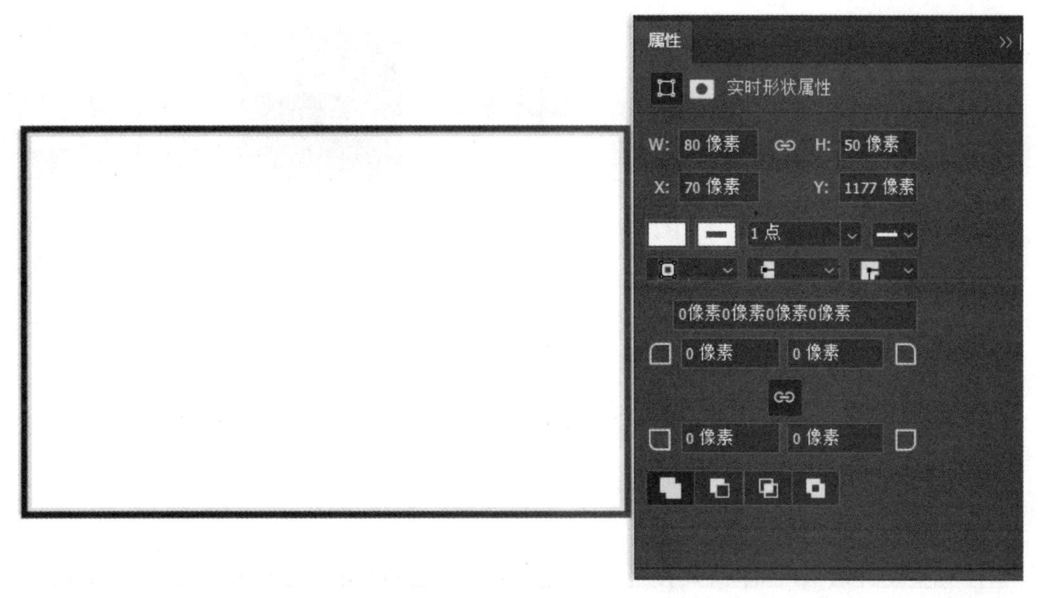

图 7－27　矩形 2 参数设置

（3）复制矩形 1，生成矩形 3，并修改圆角参数，移动至矩形 2 右侧，水平对齐，如图 7－28 所示。

图 7－28　矩形 3 参数设置

（4）在矩形中填入相关控制和展示元素，符号参数为“36 pt，苹方，中等，#000000”，文字参数为“24 pt，苹方，中等，#000000”，如图 7－29 所示。

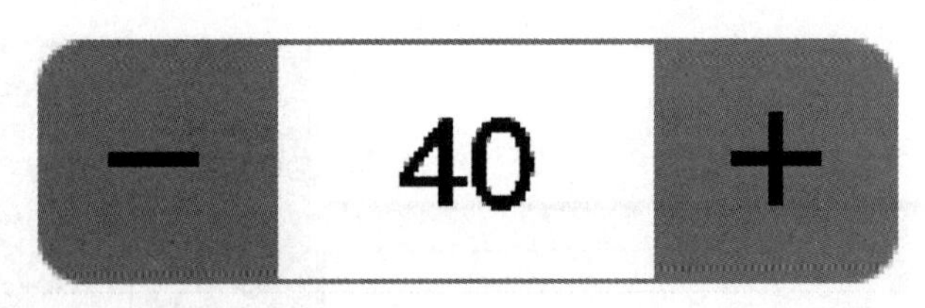

图 7－29　加入符号和文字

任务二　组件设计

任务说明

本任务主要针对 APP 详情页设计中的组件设计进行讲解，对加载更多、非模态浮层、模态浮层、日期选择器、地区选择器等组件进行知识性的导入，并通过具体的任务实现过程进行实操性演练。

知识导入

一、“加载更多”组件

“加载更多”组件一般以按钮的形式出现，常见于电脑网页、手机页面的底端，提示用户单击后将在下方加载显示更多新内容。有时候会根据需要做成下滑后自动加载刷新内容，视具体需求而变，如图 7－30 所示。

二、非模态浮层

非模态浮层是指浮现在页面上方的内容，其与模态浮层的区别是它将在几秒时间后自动消失，不强制用户执行某种操作来收起。包括轻量提示层（toast）、可操作提示层（snack-bar），如图 7－31 所示。

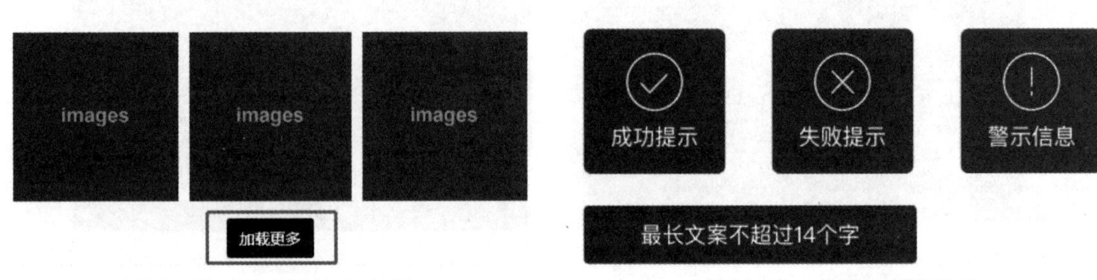

图 7－30　“加载更多”示例　　图 7－31　非模态浮层示例

三、模态浮层

概括来讲，模态浮层需要中断当前进行的任务，去开启另一个任务或者内容。一般通过遮罩的形式中断当前页面，弹出对话框或者浮层、活动视图等。因此，这种手段具有强制性，一般用在比较重要的功能或者比较重要的事项上，比如警告，如图 7－32 所示。

图 7－32　模态浮层示例

四、日期/时间选择器

日期/时间选择器是供用户进行日期/时间设定的工具，包含年月日及具体时间等内容。不同的应用场景下，日期/时间选择器的表现形式、使用方式也不尽相同，需要按需设计，也要遵循实用、好用的用户体验，如图 7－33 所示。

图 7－33　日期/时间选择器示例

五、地区选择器

地区选择器是用来进行地域筛选和设定的工具，可能会包含国家、省、市、区等选项，不同的应用范围含有的内容不同，不一样的应用需求也会导致表现形式的不同，要按实际需要进行设计，如图 7－34 所示。

取消	确定
河北省	长春市
山西省	吉林市
内蒙古	四平市
辽宁省	辽源市
吉林省	**通化市**
黑龙江省	白山市
上海市	松原市
江苏省	白城市
浙江省	延边朝鲜族自治州
安徽省	

图 7－34　地区选择器示例

任务实现

一、设计“加载更多”组件

页面的内容一般会默认展示固定的数量，当用户需要较大的阅读空间，或者需要获取更多的内容时，可以用“加载更多”展示更多内容。“加载更多”一般要配合“活动指示器”来使用。单击按钮后，出现活动指示器，表示加载中，如图 7－35 所示。

图 7－35　“加载更多”组件示例

（1）绘制一个宽为 260 px，高为 58 px 的矩形，添加 1 px 白色描边作为按钮的虚拟框。

（2）使用文字工具，输入文字“正在加载更多…”，文字参数为“28 pt，苹方，中等，#999999”，如图 7－36 所示。

（3）将按钮及文字居中对齐，摆放至详情页展示图下方居中的位置，去除矩形框描边，完成当前设计。

（4）在文字按钮左侧添加活动指示器，绘制方法同项目七 任务一中的“设计活动指示器”。完成后，置放于文字按钮左侧 50 px 处，如图 7－37 所示。

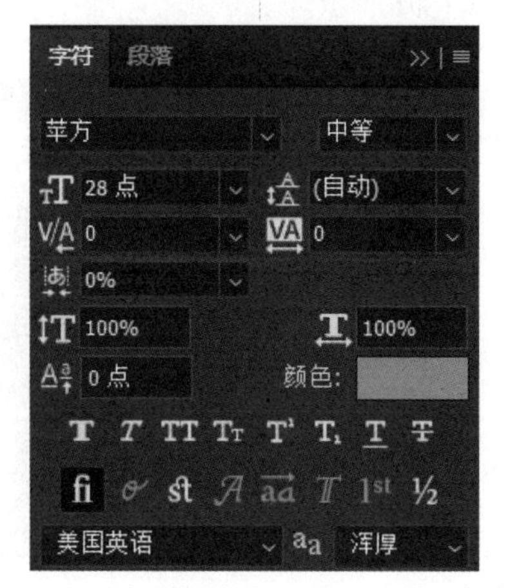

图 7－36　“加载更多”组件设计效果与参数

图 7－37　添加活动指示器

二、设计非模态浮层

（1）绘制一个长度为 182 px 的圆角正方形，设置圆角参数为 20 px，填充纯黑色，并调整不透明度至 75%，参数如图 7－38 所示。

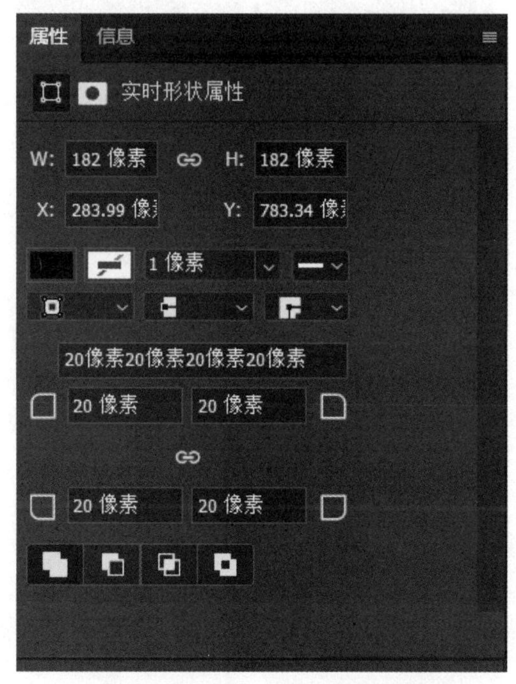

图 7－38　圆角正方形参数设置

（2）绘制一个直径为 70 px 的圆，无填充色，添加 2 px 的白色描边。在圆圈内绘制一条长为 42 px，粗细为 2 px 的白色直线，绘制完成后旋转 45°，并复制一条相同直线，按快捷键 Ctrl + T 并右击进行水平翻转，如图 7 – 39 所示。

（3）使用文字工具输入文字“未选择尺寸”，文字参数为“28 pt，苹方，中等，#ffffff”，并将提示图标及文字调整至合适位置，如图 7 – 40 所示。

图 7 – 39　绘制圆形错误符号

图 7 – 40　输入文字

（4）将非模态浮层整体移动至页面居中位置，最终效果如图 7 – 41 所示。

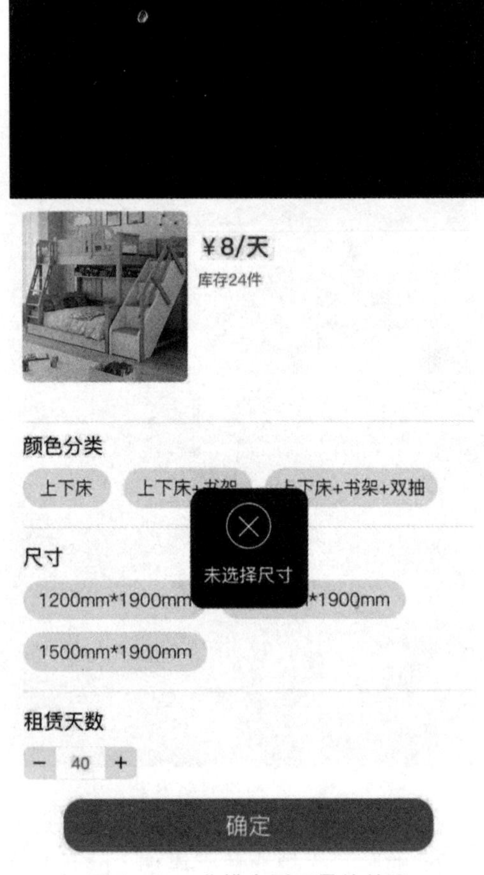

图 7 – 41　非模态浮层最终效果

三、设计模态浮层

当应用程序处于某种特殊情况，需要用户对重要信息进行确认，浮层以外的界面不可滚动和操作时，模态浮层一般使用透明度为 90% 的黑色或者白色，如图 7－42 所示。

（1）创建一个 750×1 334 px 的新图层，并填充纯黑色，调整不透明度为 40%。

（2）从苹果官方提供的设计组件库 https://developer.apple.com/design/resources/#ios－apPS 下载相关组件。

（3）使用苹果官方提供的弹窗组件（在苹果系统中，提示弹窗需使用官方提供的组件），调整尺寸为长 432 px、宽 152 px 的圆角矩形，并输入提示文字，完成设计图。

四、设计日期/时间选择器和地区选择器

本部分将日期/时间选择器、地区选择器（图 7－43）合并进行实操讲解。

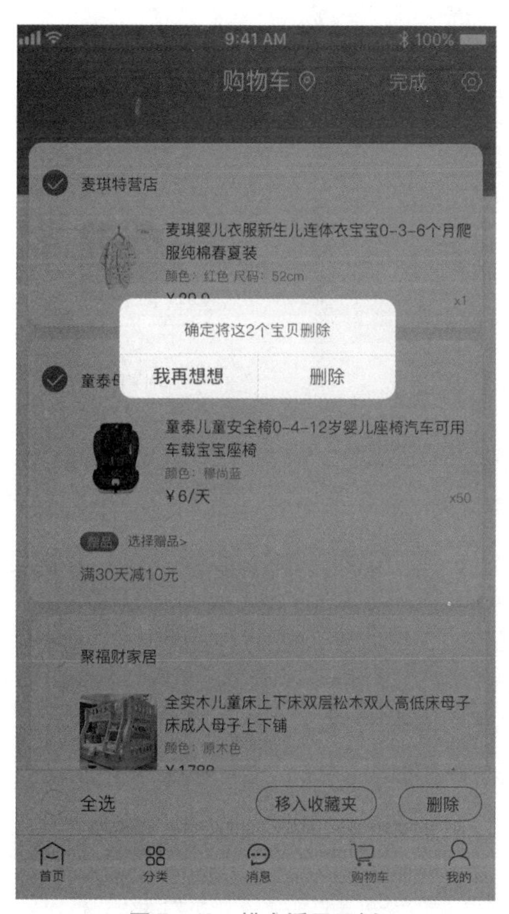

图 7－42　模态浮层示例

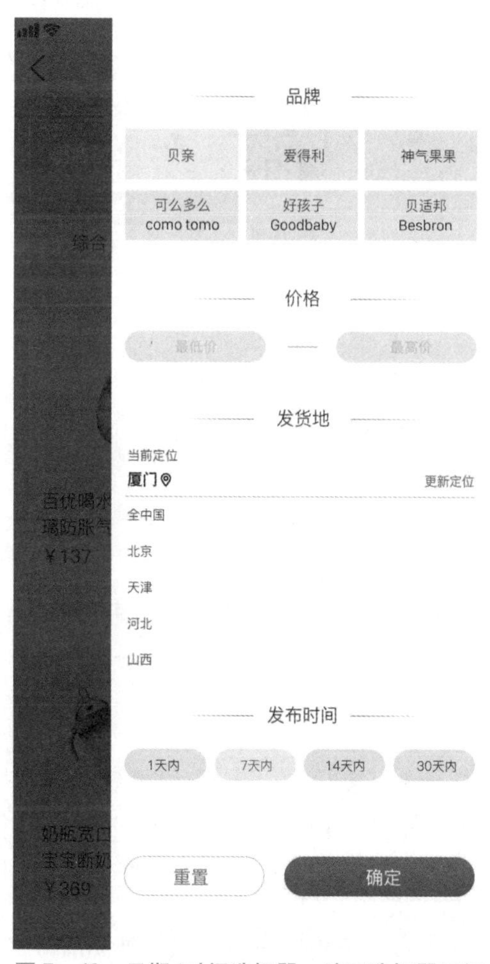

图 7－43　日期/时间选择器、地区选择器示例

（1）输入标题文字“发货地”，文字参数为“28 pt，苹方，常规，#333333”，并绘制两条 1 px 的直线，填充渐变色 ff66cc 100%～ff66cc 0%，置放于标题两侧，间距为 80 px。

（2）在标题下方 60 px 的位置输入小标题“当前定位”，文字参数为“20 pt，苹方，常

规，#333333”，并在标题下方设置获取的定位信息及定位图标，文字参数为“24 pt，苹方，粗体，#000000”，图标与文字同高。在右侧输入文字“更新定位”，作为获取新定位的文字按钮，设置文字参数为“20 pt，苹方，中等，#3399ff”，效果如图 7－44 所示。

发货地

当前定位

厦门　　更新定位

图 7－44　发货地定位设计

（3）绘制一条长为 554 px，高为 1 px 的直线，颜色为#cccccc，作为更新定位与下方筛选项的分隔线。

（4）在直线下方 18 px 处输入位置筛选项内容，文字参数为“20 pt，苹方，常规，#333333”，筛选项上下间隔 36 px，完成地区选择器设计，效果如图 7－45 所示。

发货地

当前定位

厦门　　更新定位

全中国

北京

天津

河北

山西

图 7－45　地区选择器设计

（5）输入标题文字“发布时间”，文字参数为“28 pt，苹方，常规，#333333”，并绘制两条 1 px 的直线，填充渐变色 ff66cc 100%～ff66cc 0%，置放于标题两侧，间距为 80 px。

（6）在标题下方 60 px 的位置绘制一个宽为 140 px，高为 48 px，圆角参数为 24 px 的圆角矩形，并复制 3 个，执行“水平平均分布”命令（图 7－46），使标签间距保持一致。

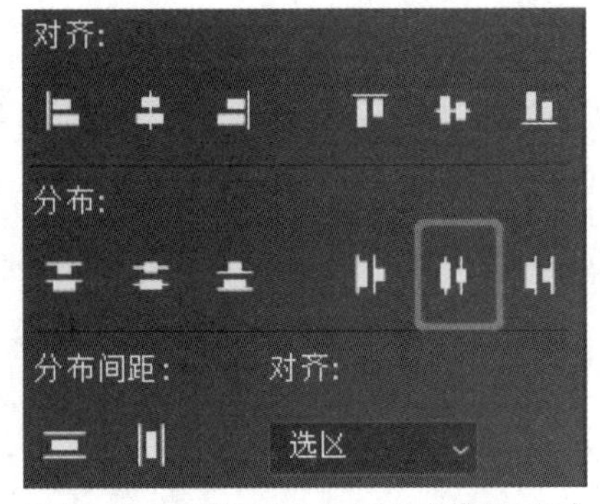

图 7－46　执行“水平平均分布”命令

（7）设置圆角矩形选中颜色为#fff1f6 粉色，未选中颜色为#eeeeee 灰色。

（8）添加筛选的时间文字，选中状态的文字参数为“20 pt，苹方，常规，#ff3366”，未选中状态的文字参数为“20 pt，苹方，常规，#333333”，完成日期/时间选择器效果设计，如图 7－47 所示。

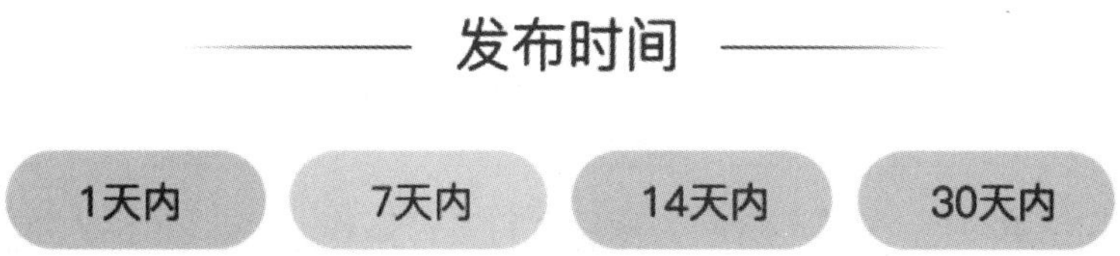

发布时间

1天内　　7天内　　14天内　　30天内

图 7－47　日期/时间选择器效果设计

任务三　商品详情页设计

任务说明

本任务将整合详情页相关单项内容，进行完整的 APP 详情页 UI 设计，对详情页的设计进行知识性的导入，并通过具体的任务实现过程进行实操性演练。

知识导入

商品详情页指的是商品的具体内容和信息呈现页面，一般包含商品图片、标题、价格、规格、具体介绍、评价内容、购买按钮、其他相关信息和元素等，方便用户能够全面、直观地了解商品各类信息，并促进用户达成购买意向，进行下单操作，如图 7－48 所示。

图 7－48　商品详情页示例

任务实现

本任务以图 7－49 所示详情页页面为例，进行设计制作。

图 7－49　详情页实操范例

（1）新建文档，选择移动设备 iPhone 8/7/6，分辨率为 72 ppi，RGB 颜色模式，白色背景，如图 7－50 所示。

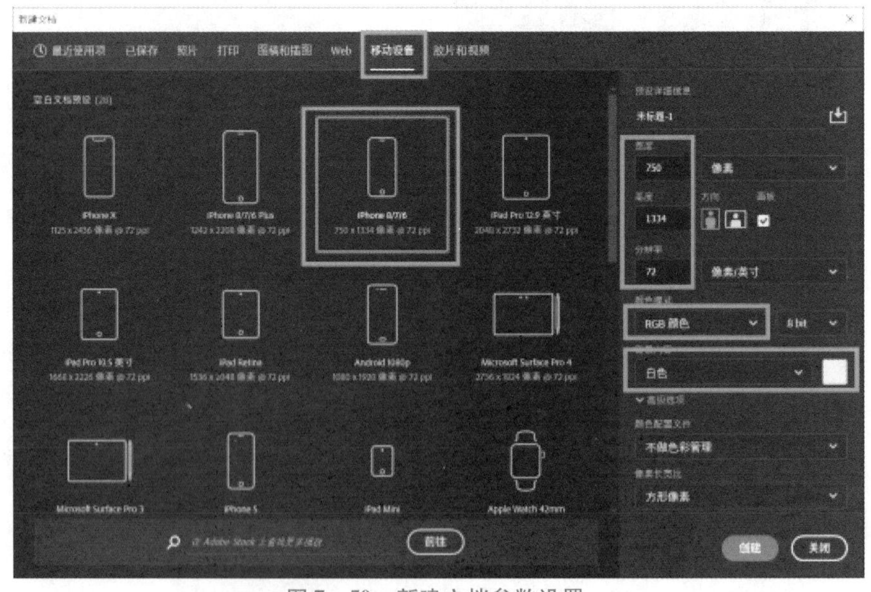

图 7－50　新建文档参数设置

（2）使用矩形工具绘制一个蓝色填色，无边框，尺寸为 750 px × 40 px 的矩形，并调整好位置，如图 7－51 所示。

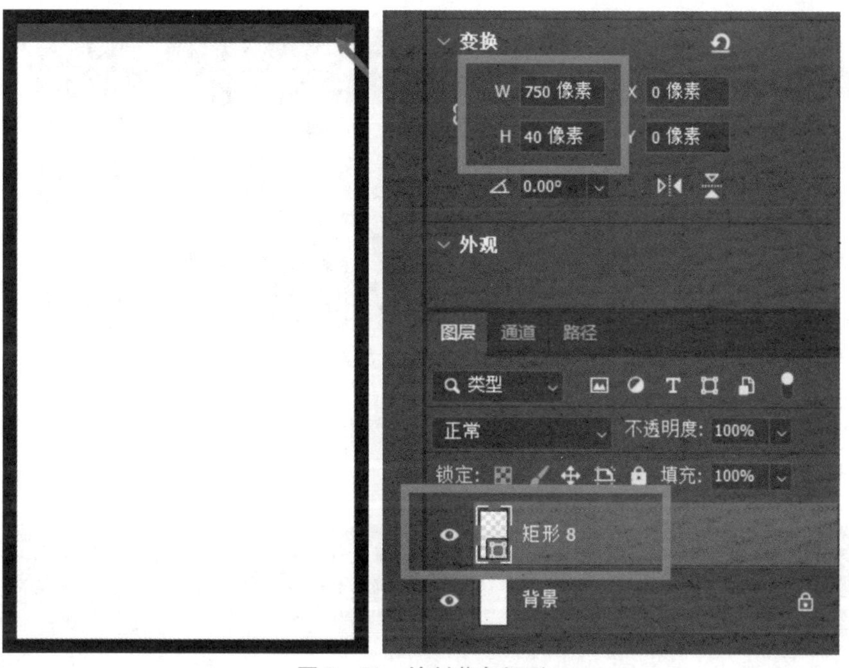

图 7－51　绘制蓝色矩形

（3）使用矩形工具绘制一个灰色填色，无边框，尺寸为 750 px × 88 px 的矩形，并调整好位置，如图 7－52 所示。

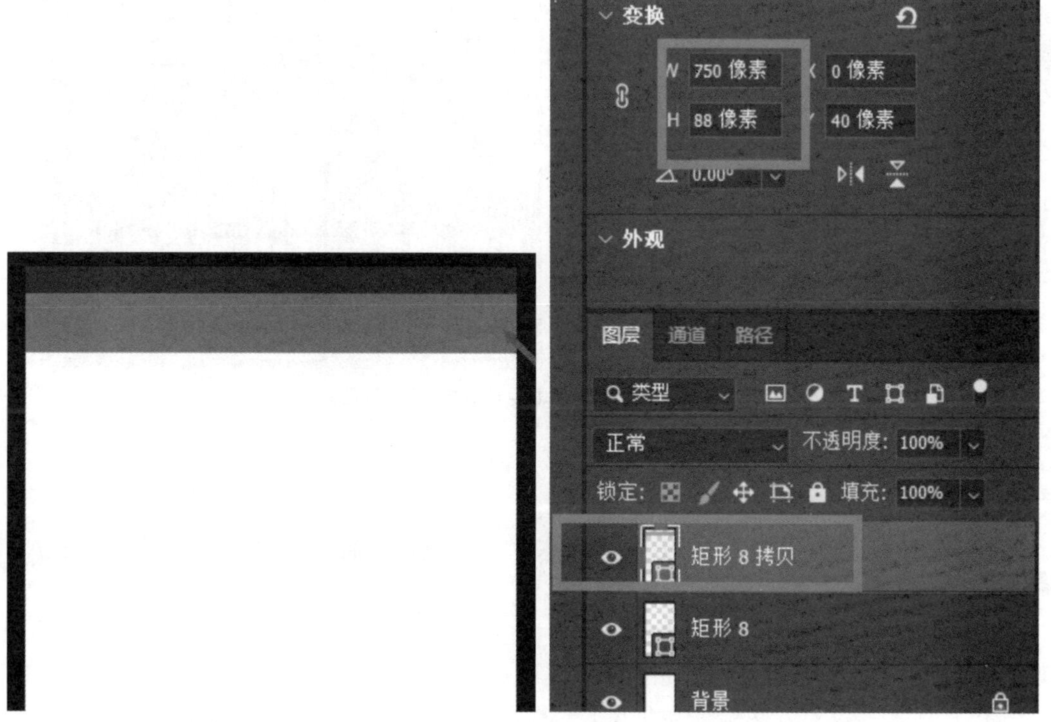

图 7－52　绘制灰色矩形

（4）使用矩形工具绘制一个蓝色填色，无边框，尺寸为750 px×620 px 的矩形，并调整好位置，如图7－53 所示。

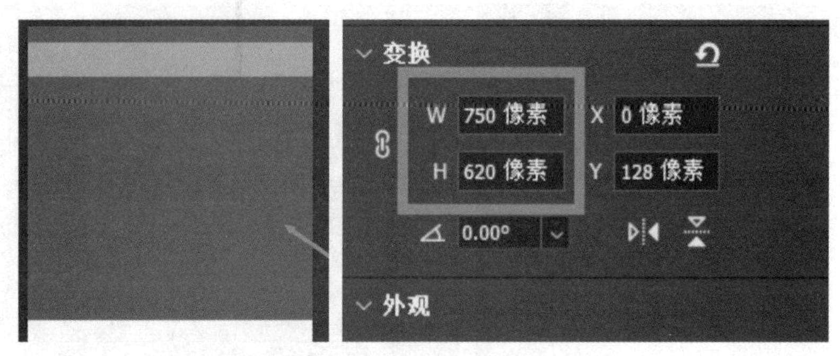

图7－53　绘制蓝色大矩形

（5）绘制一个20 px×34 px 的黑色填色，无边框的矩形，调整好位置并拖曳出辅助线，如图7－54 所示。

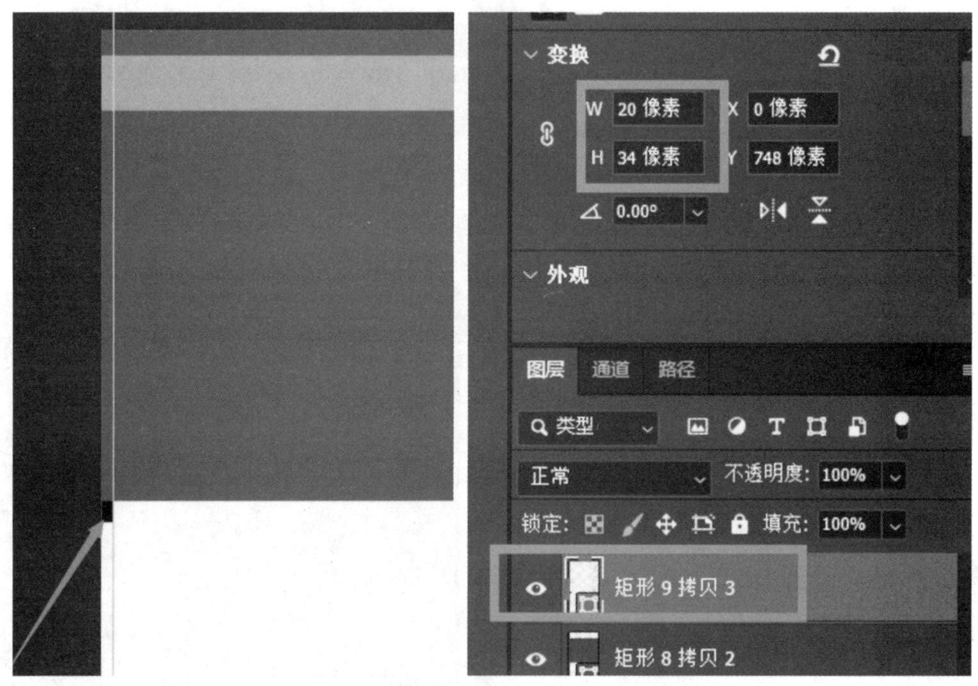

图7－54　绘制小矩形并拉好辅助线

（6）复制黑色矩形到画布右边，调整好位置并拉出辅助线，如图7－55 所示。

（7）复制灰色矩形到底栏，如图7－56 所示。

（8）选择最上面的蓝色矩形，拖入状态栏，居中对齐后，删除蓝色矩形，如图7－57 所示。

（9）使用椭圆工具绘制一个56 px×56 px 的黑色填色，无边框的正圆，调整图层透明度为30%，并调整正圆的位置，如图7－58 所示。

（10）拖入“返回”图标，并和底下的黑色半透明圆形居中对齐，如图7－59 所示。

图7－55　复制小矩形到画布右边，并拉好辅助线

图7－56　复制灰色矩形到画布底部

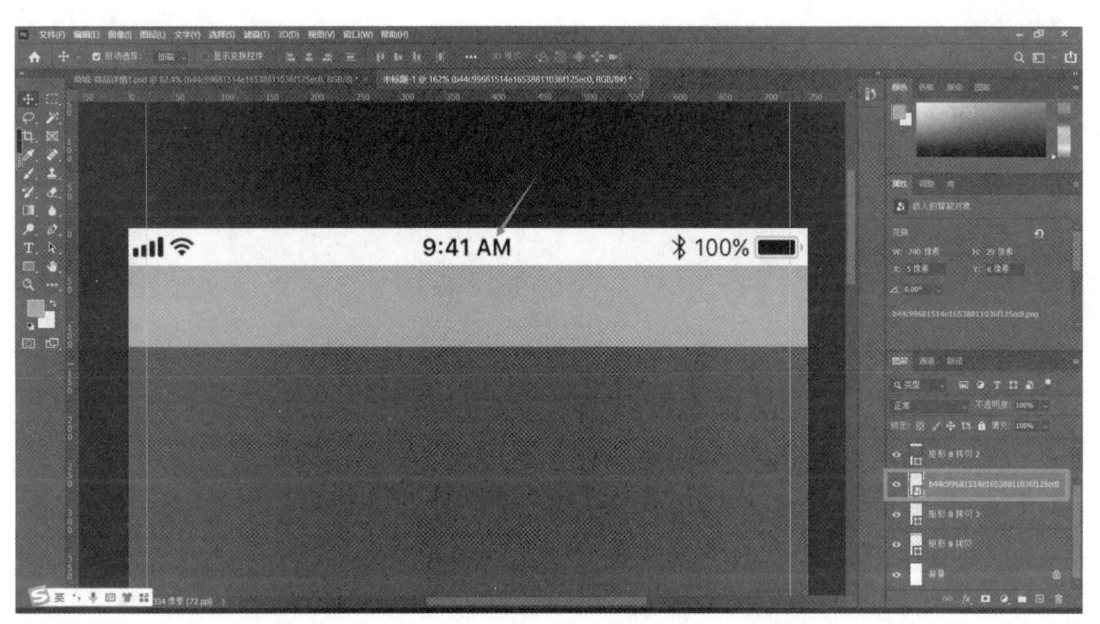

图7－57　拖入状态栏

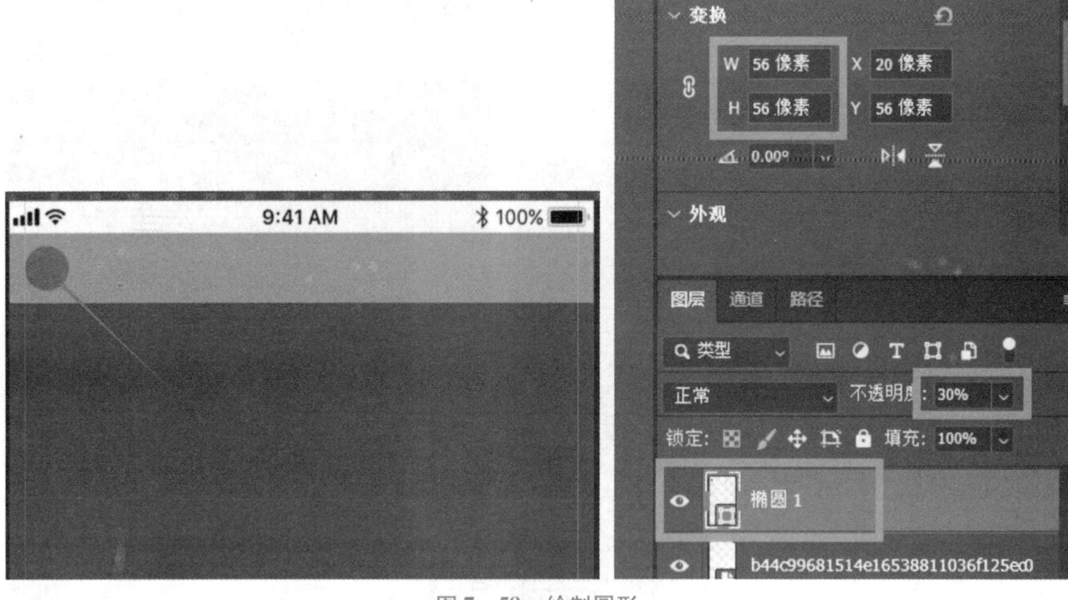

图 7－58　绘制圆形

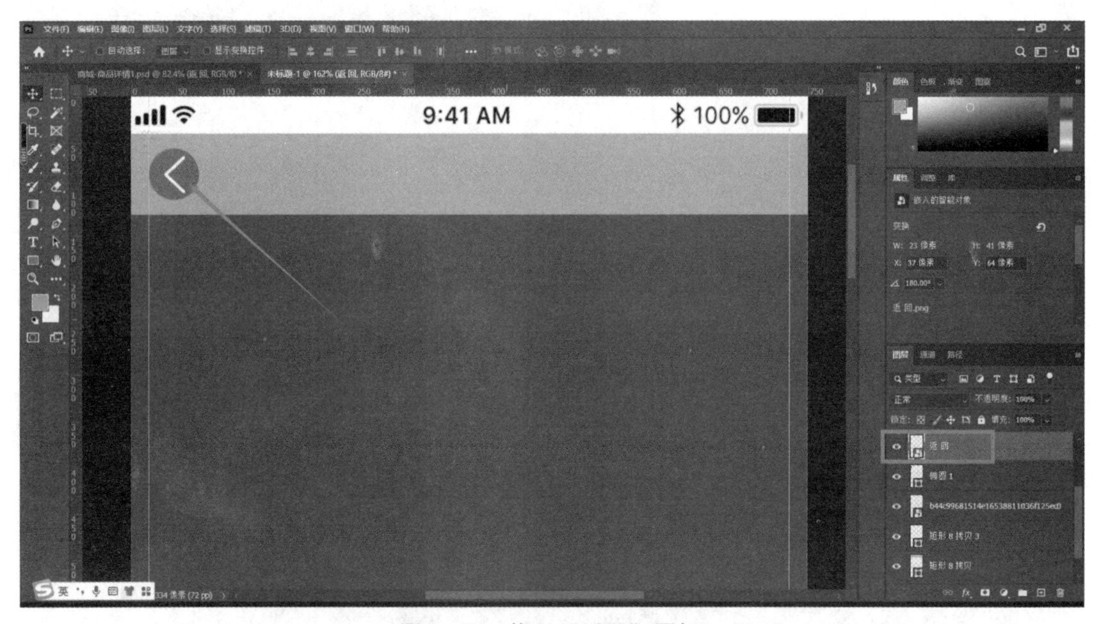

图 7－59　拖入“返回”图标

（11）按住 Alt 键，鼠标左键按住不放，拖动复制黑色半透明椭圆并调整位置，如图 7－60 所示。

（12）拖入“更多”图标并和底下黑色半透明椭圆居中对齐，删除底下的灰色矩形，如图 7－61 所示。

（13）拖入 Banner 图，调整位置和图层顺序，删除蓝色的矩形，如图 7－62 所示。

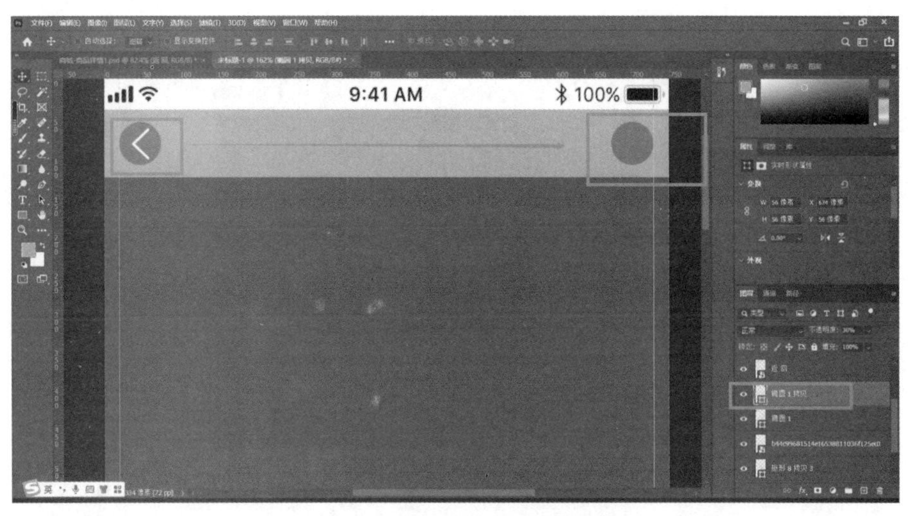

图7-60　复制黑色半透明椭圆

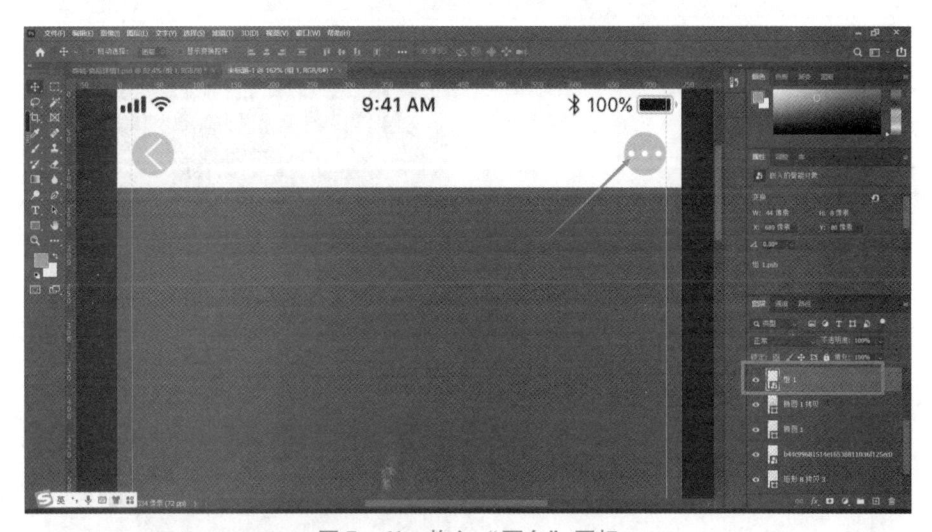

图7-61　拖入“更多”图标

图7-62　拖入 Banner 图

（14）在 Banner 图右下角添加数字呈现形式的页面控制器，绘制同项目七 任务一中的“设计页面控制器”，如图 7－63 所示。

图 7－63　绘制页面控制器

（15）使用文本工具输入文字，文字参数“32 pt，苹方，中等，#333333”，行间距 45 pt，调整位置，如图 7－64 所示。

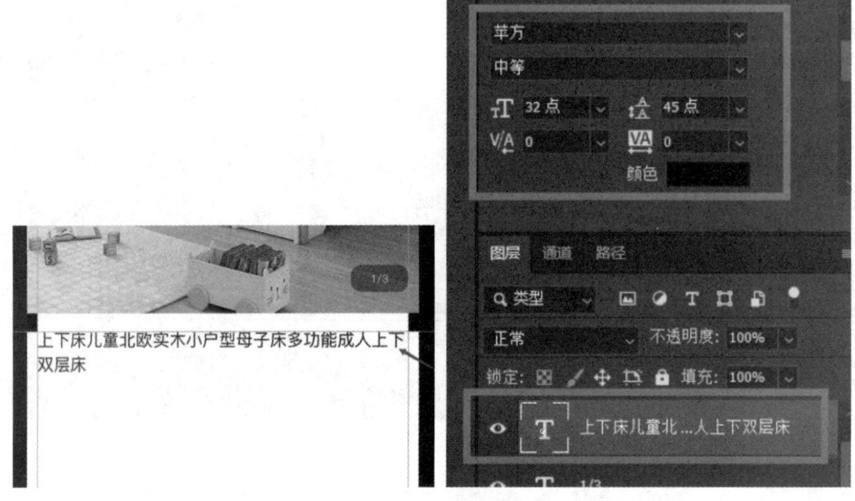

图 7－64　输入标题文字

（16）使用矩形工具绘制一个 20 px × 40 px，黑色无边框的矩形，并调整位置，如图 7－65 所示。

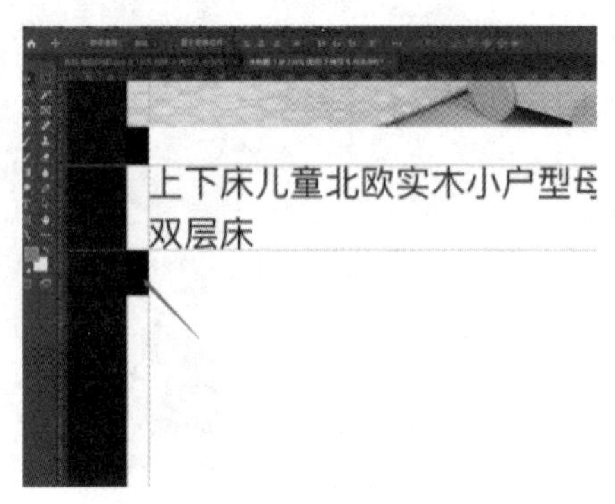

图 7－65　绘制矩形

(17) 使用文字工具输入文字，上方文字参数为“32 pt，苹方，中等，#ff0000”，下方文字参数为“22 pt，苹方，中等，#666666”，调整位置，如图 7 – 66 所示。

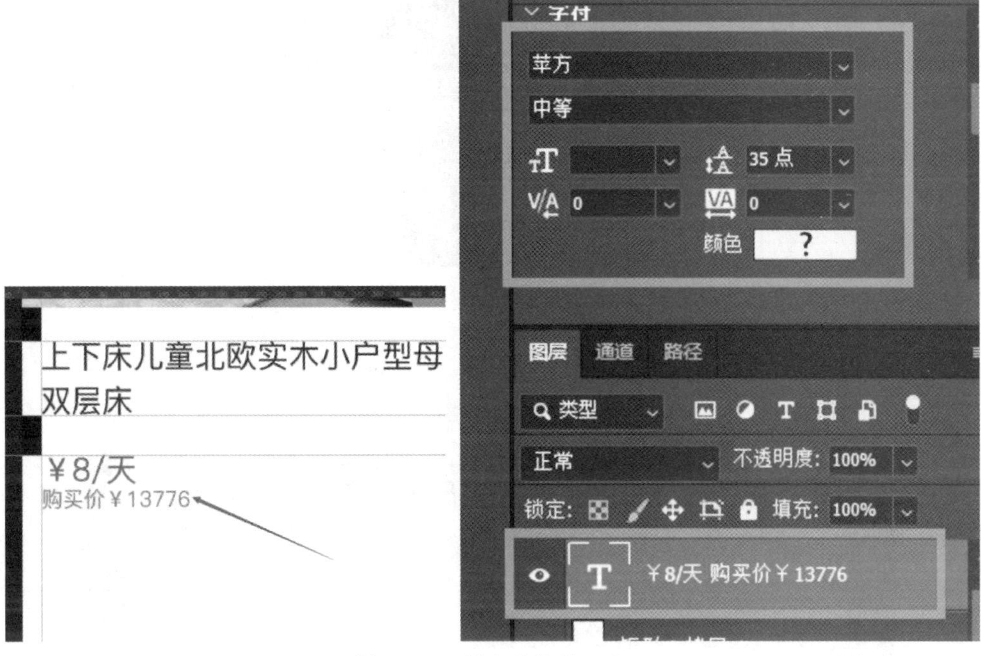

图 7 – 66　输入价格等文字

(18) 使用矩形工具绘制一个 90 px ×1 px 的灰色无边框矩形，调整位置，如图 7 – 67 所示。

(19) 使用矩形工具绘制一个 20 px ×20 px 的黑色矩形，并调整位置，如图 7 – 68 所示。

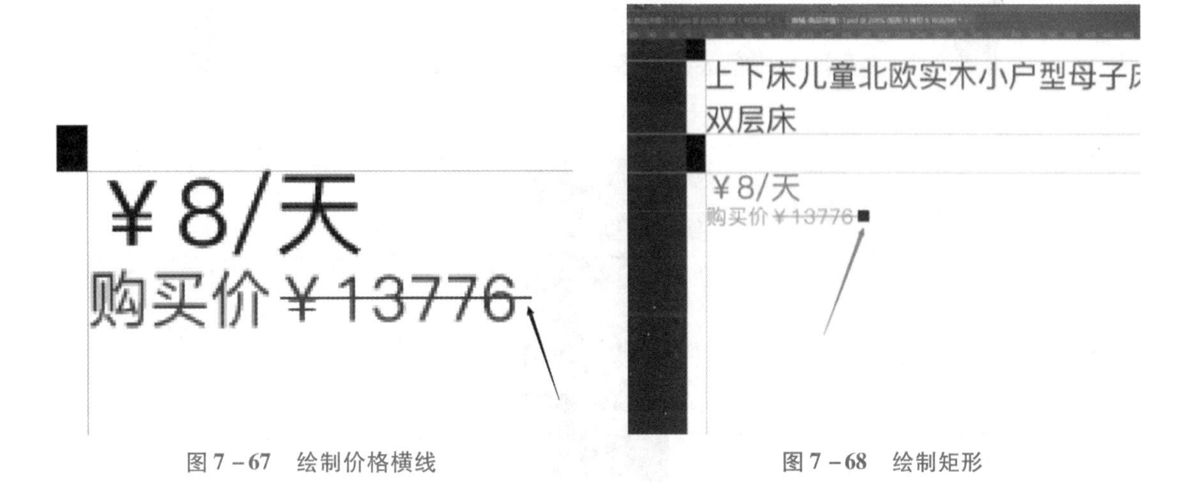

图 7 – 67　绘制价格横线　　　　图 7 – 68　绘制矩形

(20) 使用文字工具输入文字，文字参数为“22 pt，苹方，中等，#ff0000”，并调整好位置，如图 7 – 69 所示。

(21) 复制上方 20 px ×40 px 的矩形到下方，并调整好位置，如图 7 – 70 所示。

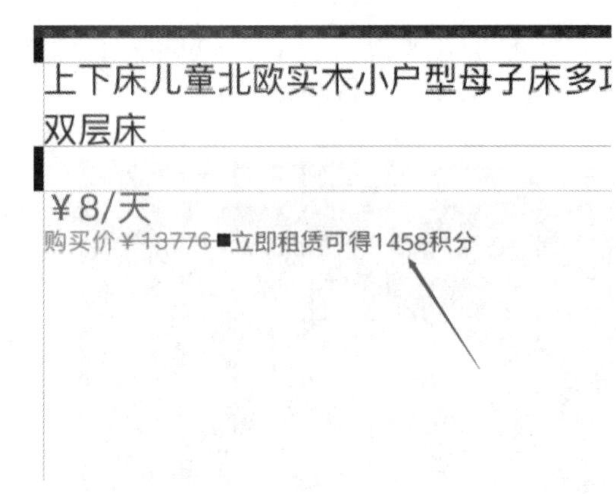

图7-69　输入红色文字

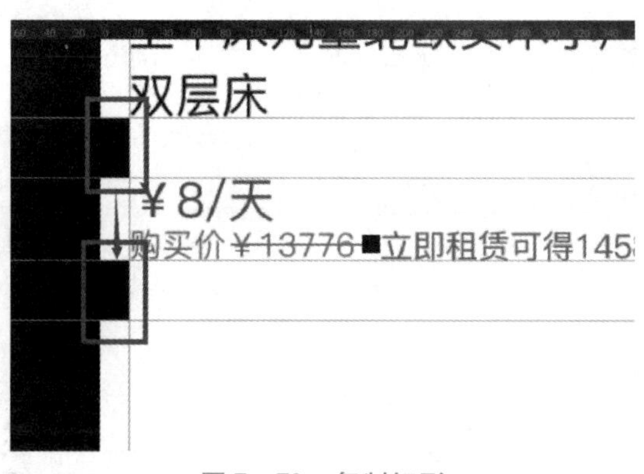

图7-70　复制矩形

（22）使用文本工具输入文字，文字参数为“22 pt，苹方，中等，#666666”，调整位置，如图7-71所示。

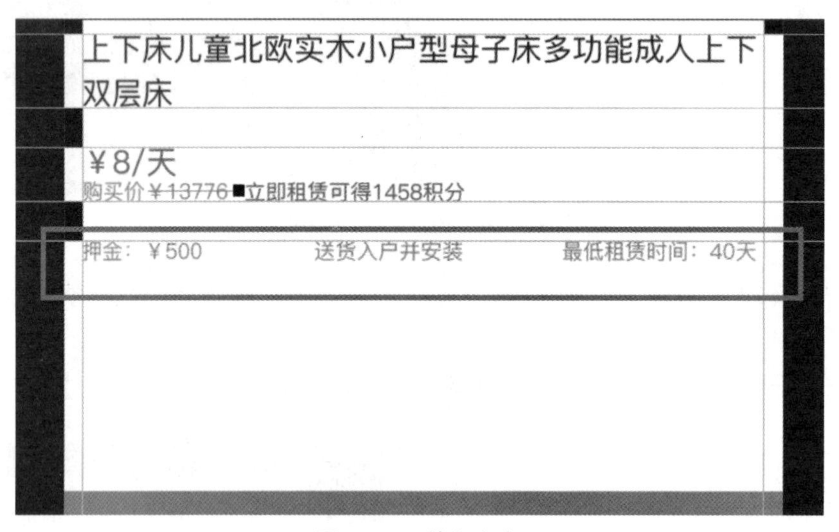

图7-71　输入文字

（23）使用矩形工具绘制一个20 px×48 px的黑色无边框矩形，调整位置，如图7-72所示。

（24）使用文本工具输入文字，文字参数为“28 pt，苹方，中等，#666666”，如图7-73所示。

（25）复制上方12 px×1 px的黑色矩形，调整好位置。拖入优惠券图标，调整位置，如图7-74所示。

（26）使用矩形工具绘制一个20 px×10 px的黑色无边框矩形，调整位置，如图7-75所示。

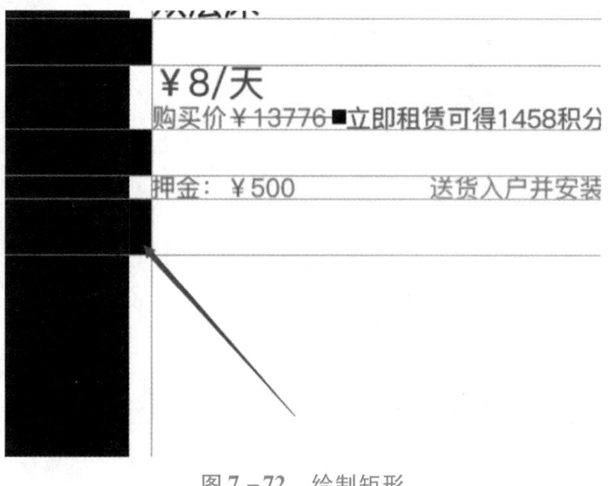

图7-72　绘制矩形

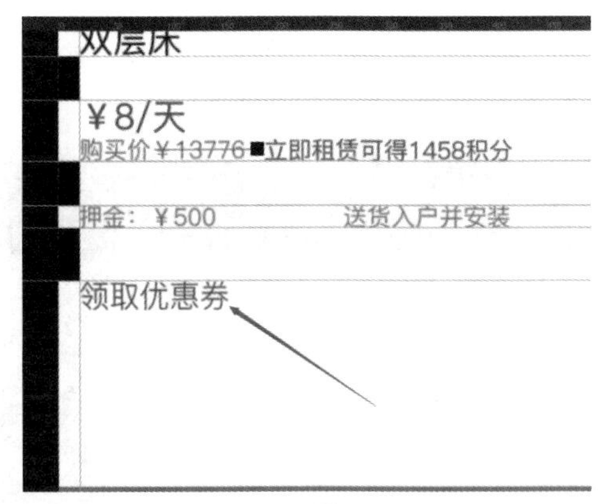

图 7－73　输入文字

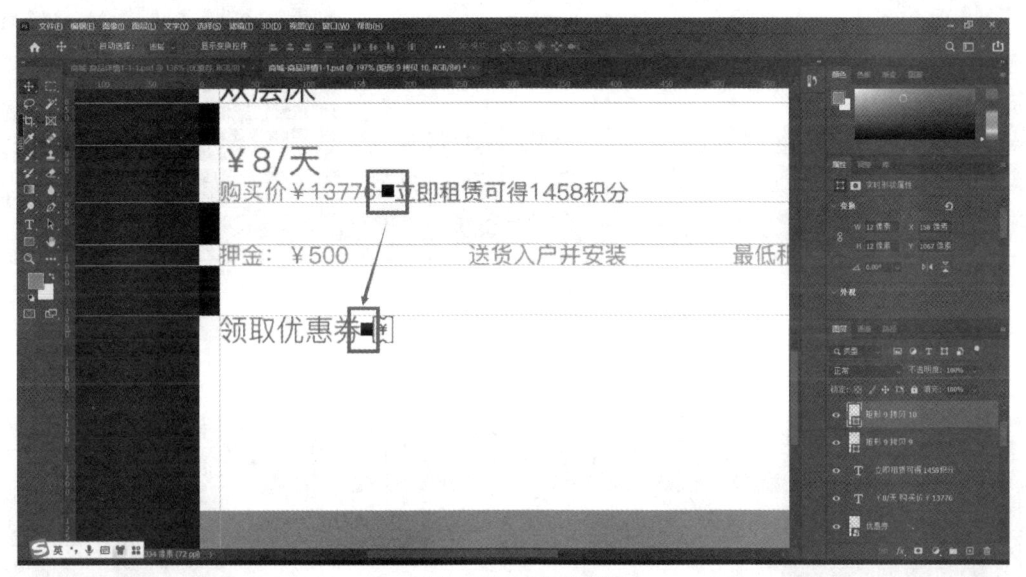

图 7－74　复制矩形

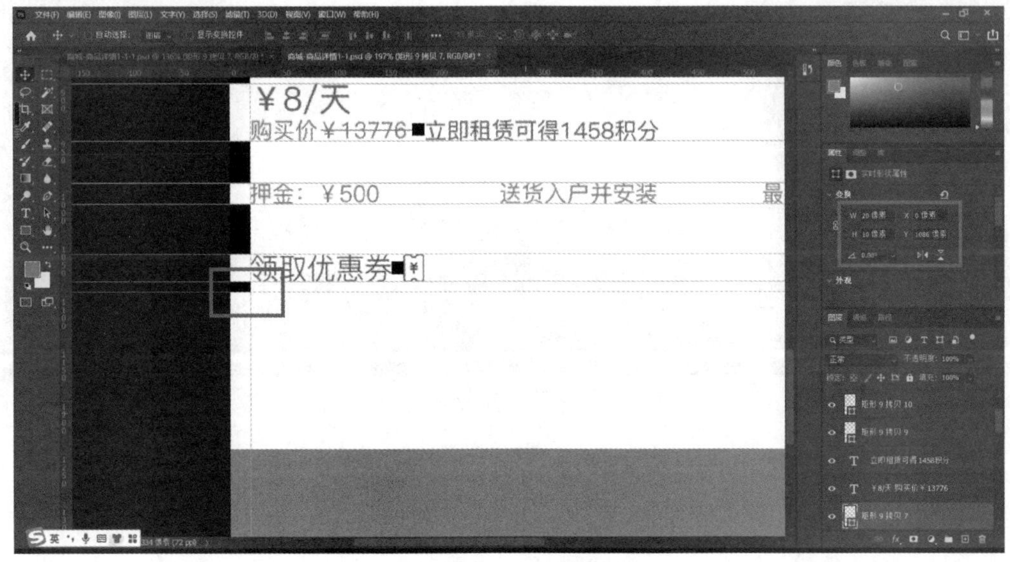

图 7－75　绘制矩形

（27）使用矩形工具绘制一个 750 px ×2 px 灰色无边框的矩形，调整位置到“领取优惠券”下方，如图 7－76 所示。

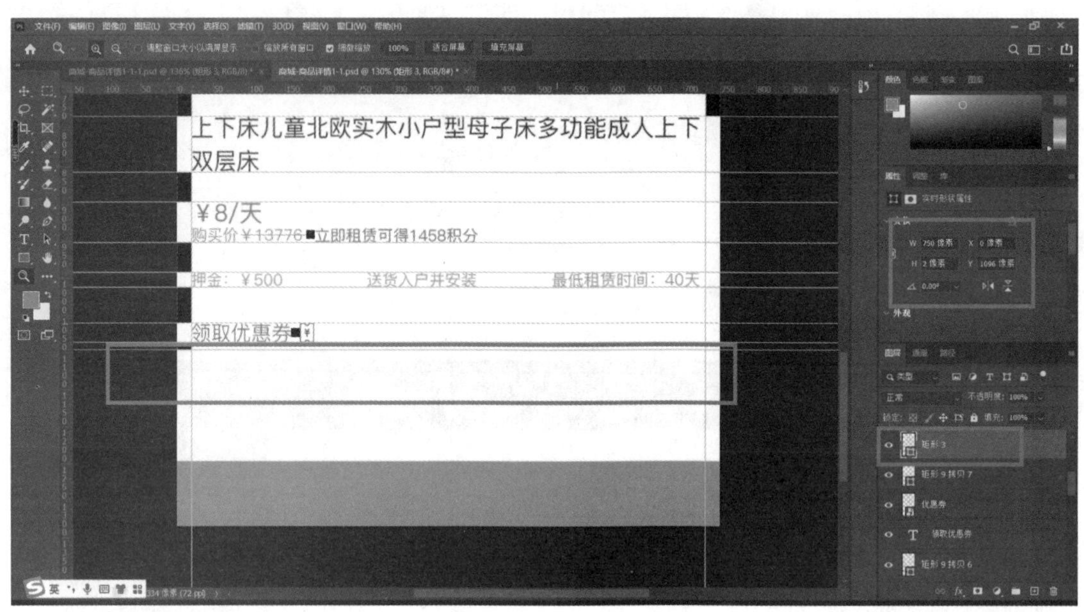

图 7－76　绘制矩形

（28）复制上方 20×40 px 的黑色矩形到如图 7－77 所示位置。

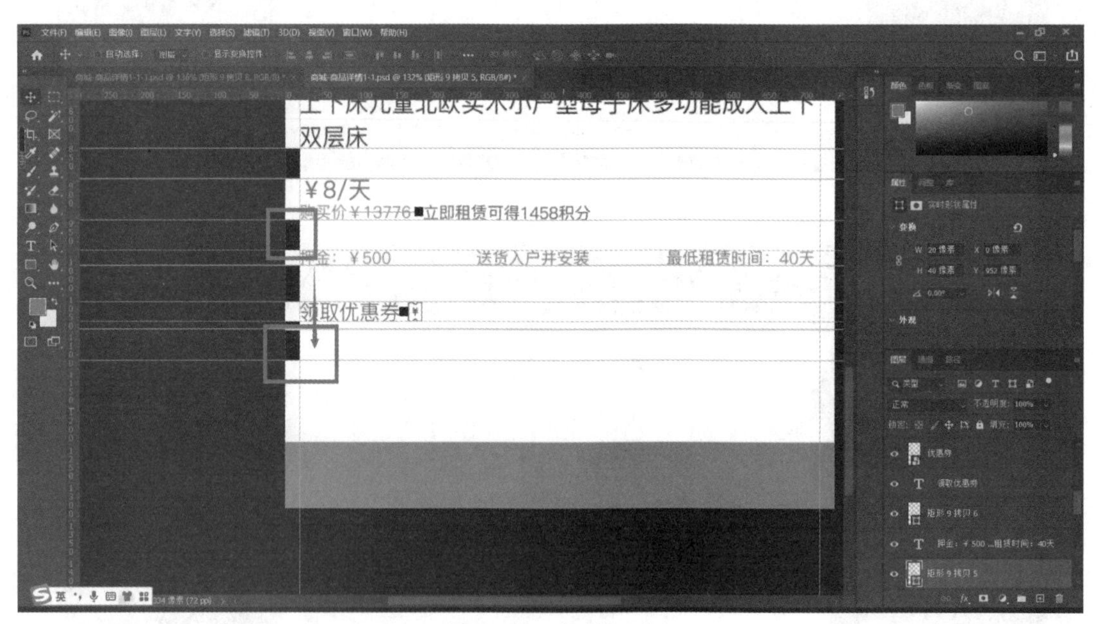

图 7－77　复制矩形

（29）使用文本工具输入文字，文字参数为“32 pt，苹方，中等，#333333”，如图 7－78 所示。

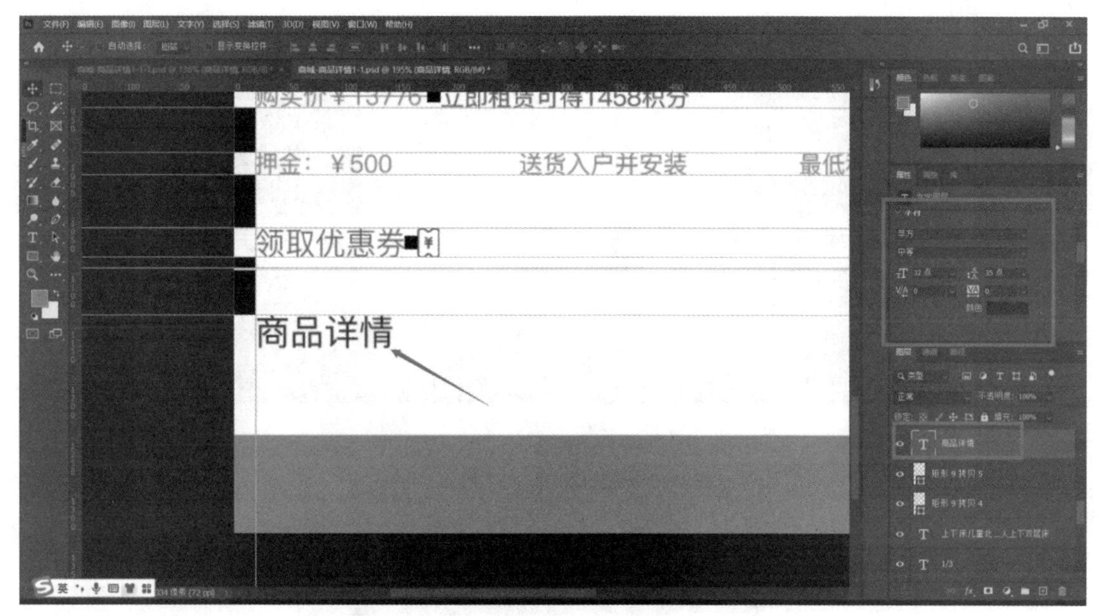

图 7－78　输入文字

（30）使用矩形工具绘制一个 40 px × 40 px 的黑色无边框矩形，调整位置，如图 7－79 所示。

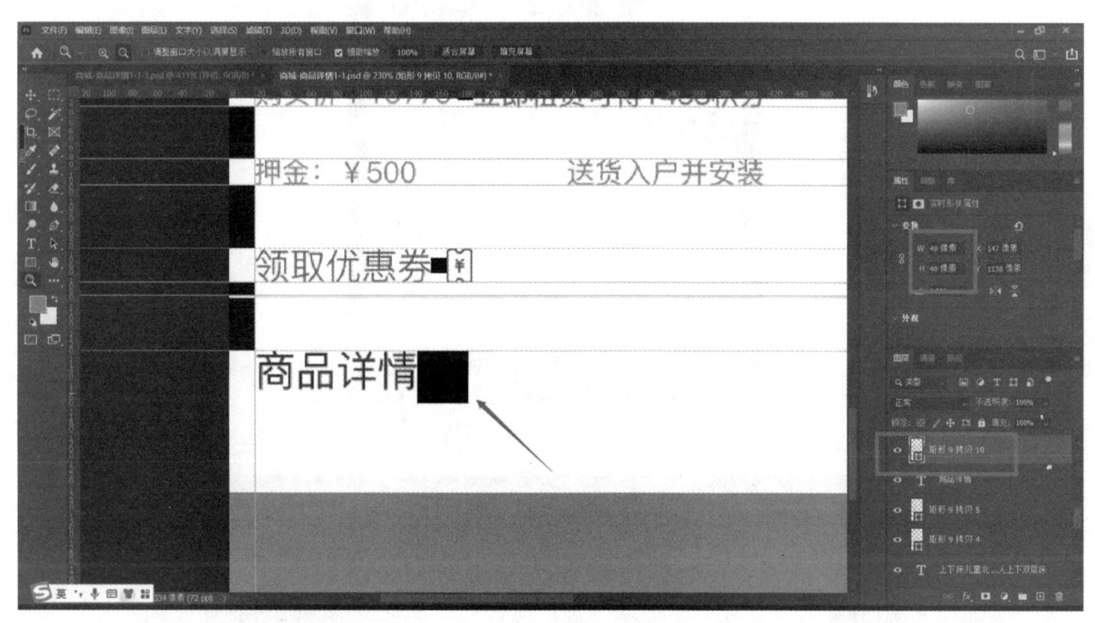

图 7－79　绘制矩形

（31）使用文本工具输入文字，文字参数为“32 pt，苹方，中等，#666666”，如图 7－80 所示。

（32）删除画面中所有的黑色矩形，如图 7－81 所示。

（33）使用矩形工具绘制一个 100 px × 6 px，填充色为#333333 的无边框矩形，调整位置，如图 7－82 所示。

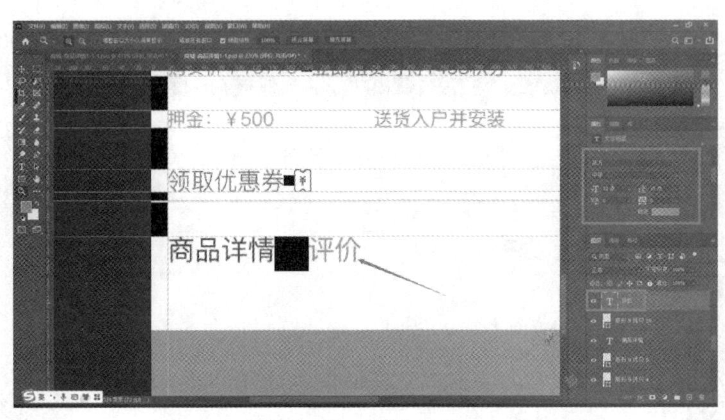

图7－80　输入文字

图7－81　删除所有黑色矩形后的页面效果

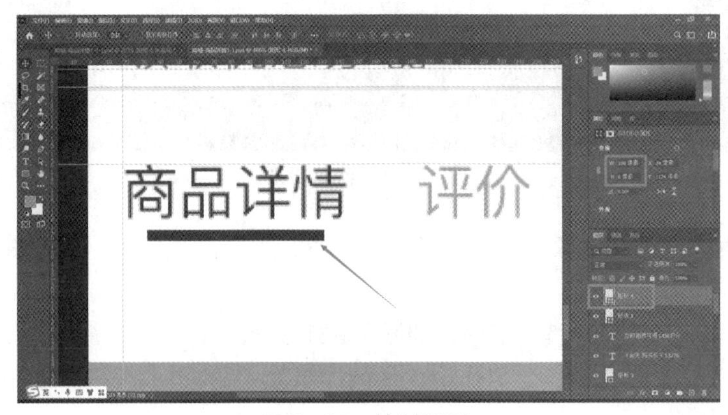

图7－82　绘制矩形

（34）使用矩形工具绘制一个 250 px × 88 px，填充色为“#ff70e4 – #ff679c – #fe7883”的紫红色到粉色的渐变矩形，无边框，调整位置，如图 7 – 83 所示。

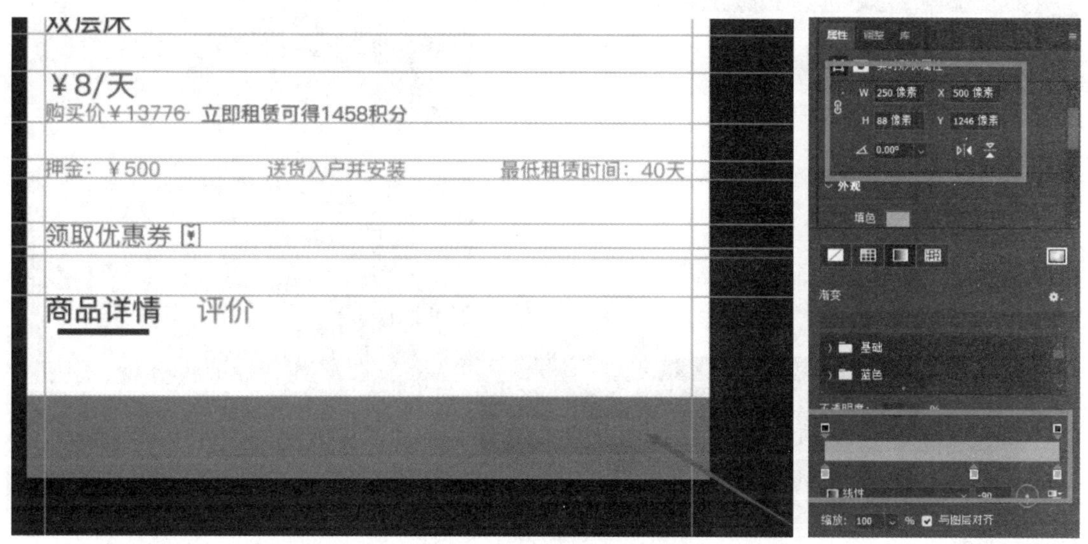

图 7 – 83　绘制渐变矩形

（35）删除底下灰色底栏，复制渐变矩形，修改为无填色，灰色边框，调整位置，如图 7 – 84 所示。

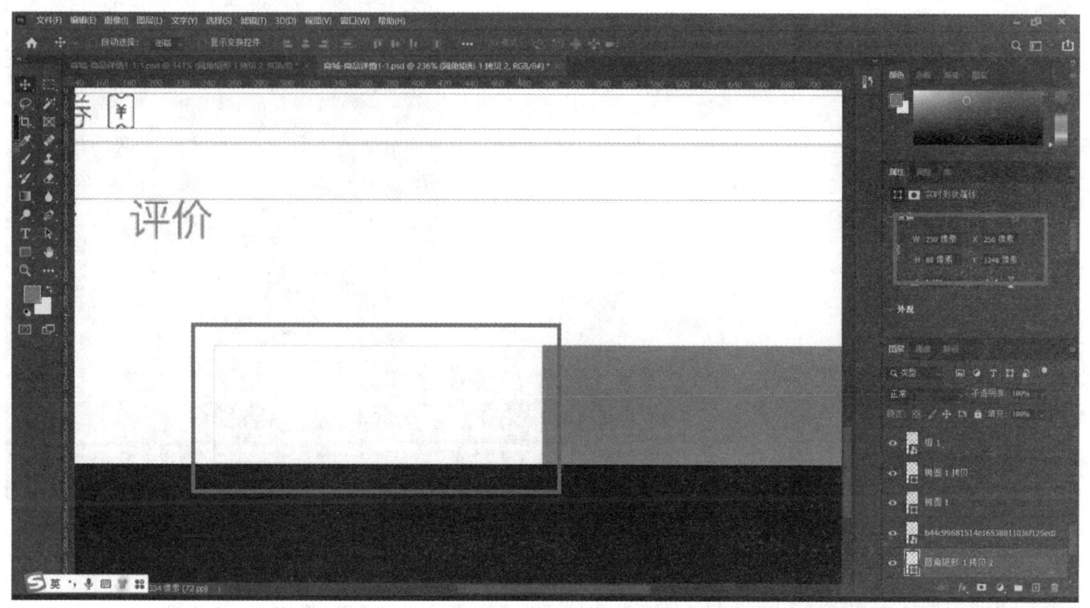

图 7 – 84　复制渐变矩形并修改

（36）使用文本工具输入文字，文字参数为“36 pt，苹方，中等，#ffffff”，并和底下的渐变矩形居中对齐，如图 7 – 85 所示。

（37）用同样的方法输入文字，并和底下的灰色边框矩形居中对齐，如图 7 – 86 所示。

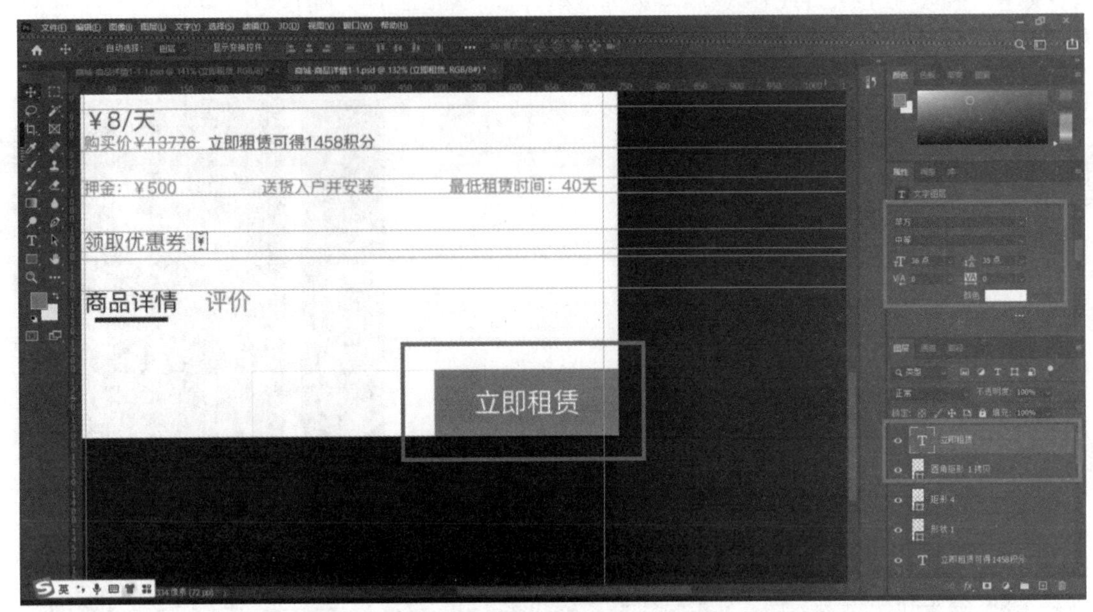

图7-85　输入文字

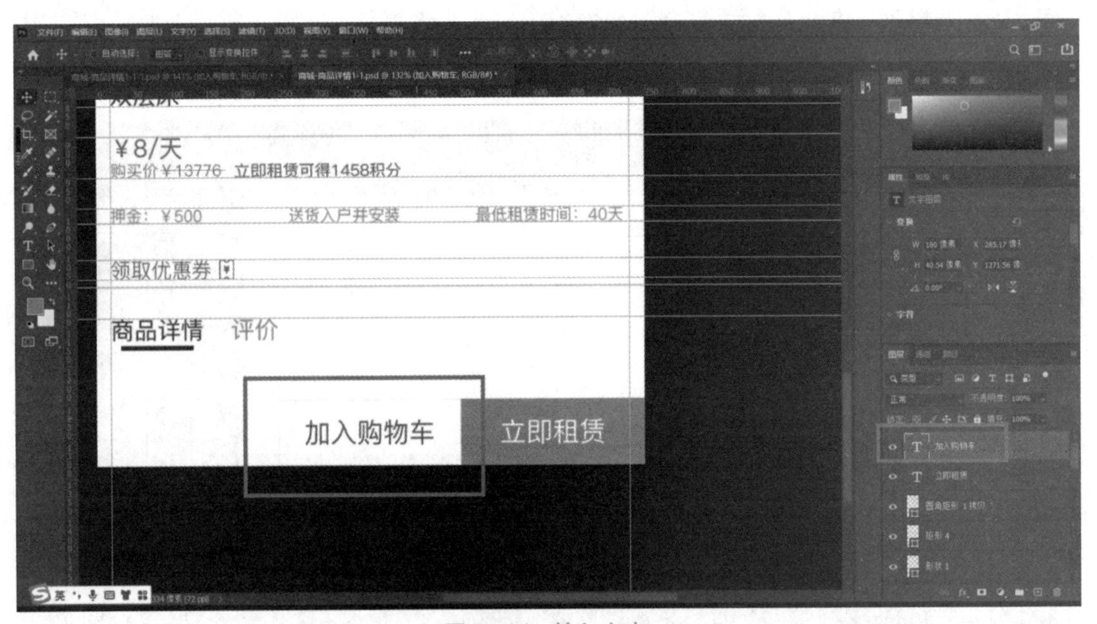

图7-86　输入文字

(38) 拖入图标，调整位置，使用文本输入文字，文字参数为“20 pt，苹方，中等，#666666”，并选择上方的图标按快捷键 Ctrl + G 建立组，如图7-87所示。

(39) 使用矩形工具绘制一个20 px×20 px的黑色无边框矩形，调整位置，如图7-88所示。

(40) 用上述的方法拖入消息图标，并输入文字，同时建立组，调整位置，如图7-89所示。

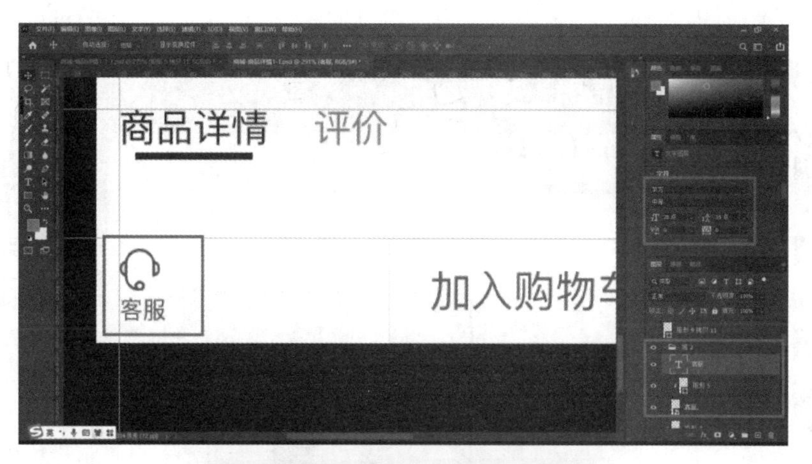

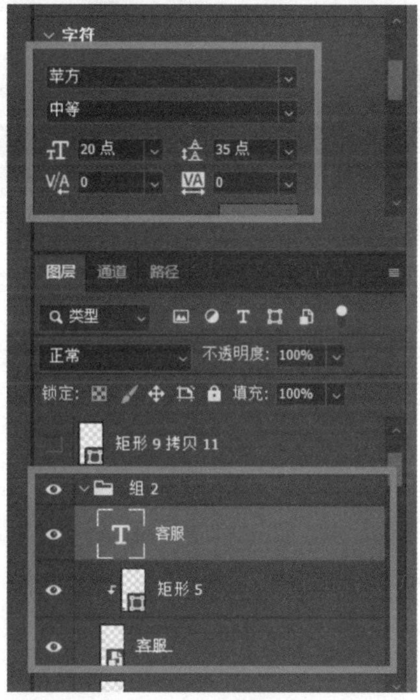

图 7－87　完成客服图标和文字设计

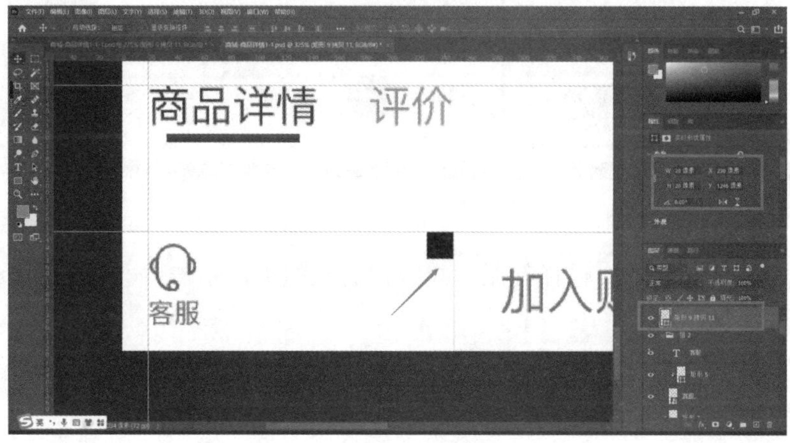

图 7－88　绘制矩形

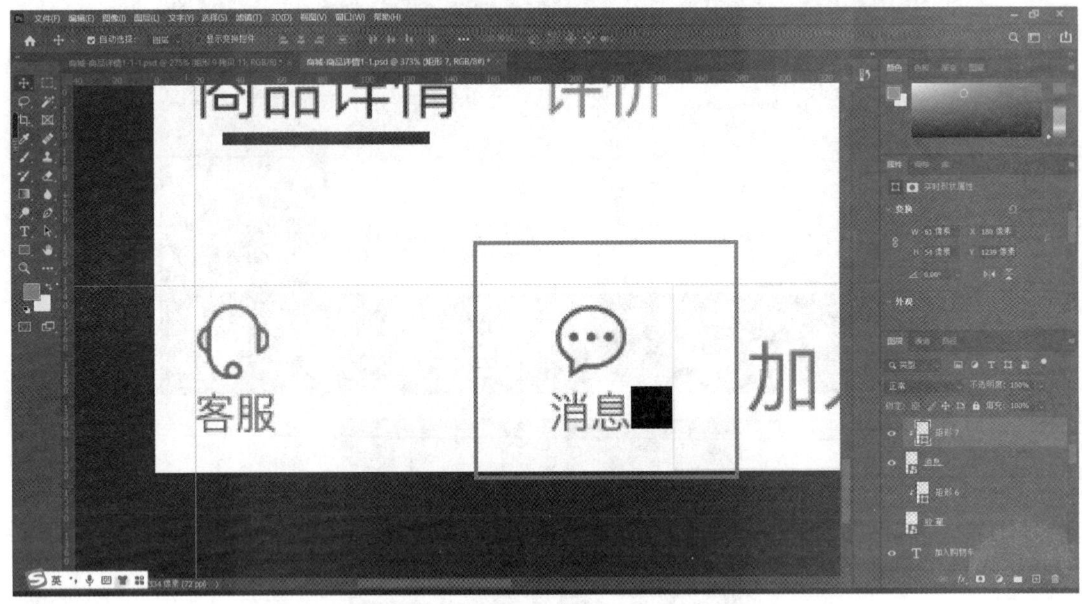

图 7－89　完成消息图标和文字设计

（41）用同样的方法完成收藏图标和文字设计，并建立组，如图 7－90 所示。

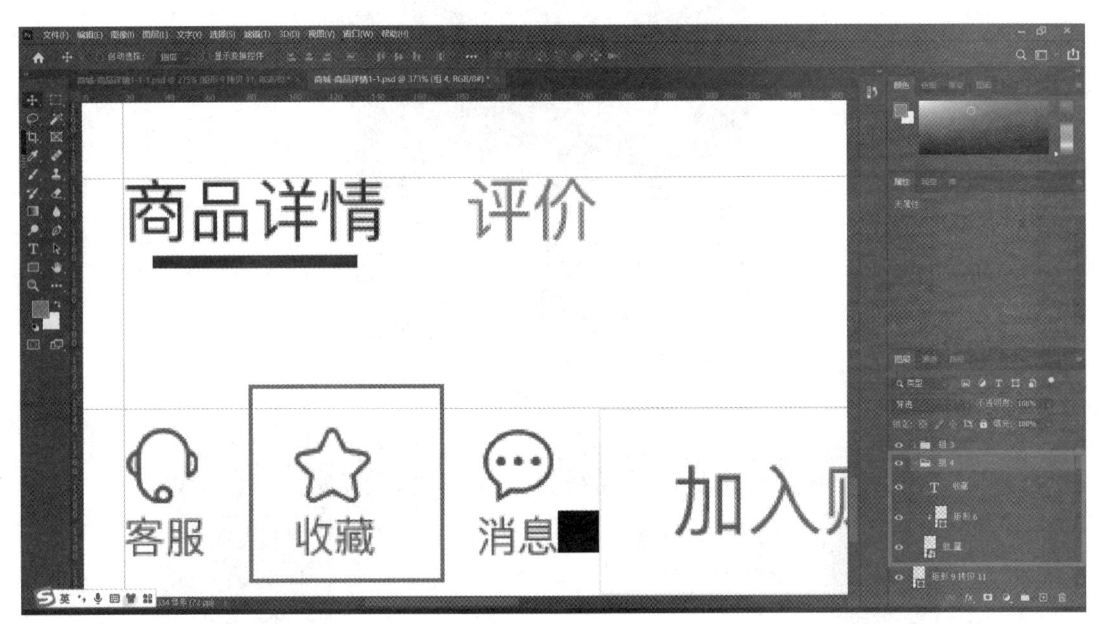

图 7－90　完成收藏图标和文字设计

（42）删除黑色的矩形，选择客服、收藏、消息的组，单击“垂直居中”和“水平分布”，如图 7－91 所示。

（43）单击菜单栏上的“视图”→“清除辅助线”，完成商品详情页的设计，最终效果如图 7－92 所示。

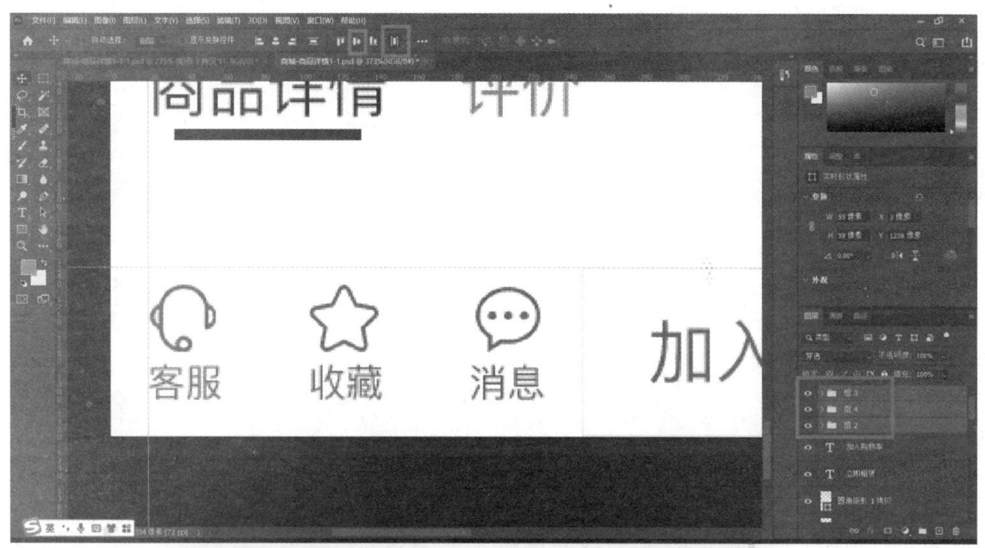

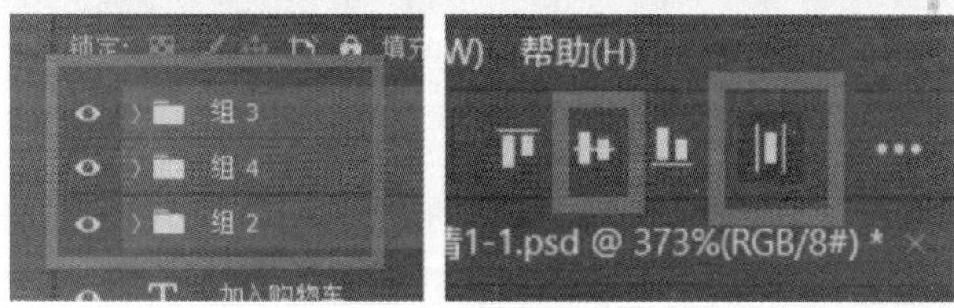

图 7－91　垂直居中和水平分布三个组

图 7－92　商品详情页的设计效果

项目八

APP 个人中心页设计

项目描述

本项目主要针对 APP 的个人中心页设计内容进行讲解，分为个人中心页设计、完成页面标注、点九制图、完成页面切图四个任务，通过理论讲解以及实操演示进行阐述，各个任务由点及面、循序渐进，在熟悉各单项元素设计的基础上，融汇贯通地设计出 APP 的个人中心页。

学习目标

（1）掌握个人中心页设计、完成页面标注、点九制图、完成页面切图的相关理论知识；

（2）掌握个人中心页设计、完成页面标注、点九制图、完成页面切图中各单项内容的设计实操技能；

（3）能够对单项内容设计进行整合，设计出完整、合理、美观的 APP 个人中心页；

（4）能够以精益求精的工匠精神，严格对待每一个设计细节，遵循设计规范，符合产品需求，符合岗位要求；

（5）能够基于用户体验对设计内容进行创新，深度思考如何才能设计得更好，具备优化再设计的能力。

任务一　个人中心页设计

任务说明

本任务主要针对APP个人中心页中的控制元素设计进行讲解，对头像区域、个人信息、功能模块进行知识性的导入，并通过具体的任务实现过程进行实操性演练。

知识导入

个人中心是APP中所有功能点的集合入口，在这里可以查看个人资料、个人相关信息以及其他相关功能界面等。在应用中，一般有两种界面，即个人中心和个人主页。个人主页是个人信息和功能的集合入口，通常叫“我的”，只有用户自己能看到；个人中心展示“我”发布的动态及订单、收藏等，其他人可以看到。

一、头像区域

个人信息区相当于个人名片及定位，用户进来首先需要看到个人信息。其优先级最高，因此常常放在界面头部。头像区域一般提供几张可供选择的图像以及可以采用本地导入图片方式，设计时，为了奠定巩固设计基调和信息排布，头像设计除了对齐方式的处理外，纯色背景、渐变背景、插画背景、磨砂背景、图案叠加背景等都被广泛运用。或者根据产品特性选择合适的方式表现。比如：系统默认头像和信息一般都是左右摆放，这样可以提高空间利用率。

二、个人信息

所有产品设计都是以用户为核心的，因此需要进行前期市场调研数据分析、用户期望产品效果总结、目前行业数据和市场容量等范围类信息。

个人信息区虽然受限于空间，但由于功能区太素，所以一般会对个人信息区背景进行设计，起到视觉引导的作用，增强界面层次感。背景处理手法有：加纹理、颜色渐变等。如果各种功能入口较少，为了使版面更加丰富，视觉效果更好，也可以把个人信息区设计得高一点。

三、功能模块

在设计页面时，需要突出核心功能入口，起到视觉引导的作用。比如，淘宝APP中板块顺序为个人信息区、运营版块、我的订单、节日活动模块、次要功能入口、活动Banner。

我的订单是用户常用功能入口，所以该模块放在页面靠上部位，同时样式突出设计，拉开和其他功能入口的差异，帮助用户快速找到入口位置，高效操作。例如，“618 节日”活动模块上方使用明显的颜色突出展示，吸引用户视线。

功能入口设计样式如下：

1. 列表式

组成：列表式是最常见的展现方式，一般由图标 + 文字组成。

优点：层次展现清晰，灵活性高，方便信息后期拓展。

缺点：同级过多时，容易视觉疲劳，视觉区分层级较差。

使用场景：多用于工具类和阅读类 APP 中，不适合功能模块较为复杂的 APP。

注意事项：当内容项过多时，需要根据业务分类进行列表分组，将相关联的信息分为一组，让用户快速找到入口位置。

2. 宫格式

组成：将页面划分为若干相同的区块，相关联的可分为一个区块。

优点：强化功能操作，页面视觉效果更好。

缺点：层次上不如列表式清晰简洁，增加用户使用成本，不利于后期拓展。

使用场景：电商、外卖、团购等都采用该展现形式，同时，对于一些功能入口较少的 APP，采用宫格式也可以让整个界面更丰富。

注意事项：宫格式设计图标占比较重，所以，在做图标设计时，要多花一点心思。

3. 列表式 + 宫格式

组成：将功能入口根据重要程度分为不同模块，采用宫格式 + 列表式的组合方式进行设计，突出核心功能。也可以采用差异化图标、颜色、图片式 Banner 等方式来强调核心功能入口。

任务实现

一、设计社交类个人中心页

社交类应用的个人中心，头像一般采用圆形或者圆角矩形两种样式。圆形适合展示真人头像，能聚焦内容，显得饱满。会员中心及社交型应用个人主页的头像面积比较大，能很好地展示头像效果，所以绝大多数采用圆形头像。在社交应用里包含粉丝、发布的文章、照片等各种与个人相关的信息。功能入口一般通用的方式是使用表单形式来表达功能，如图 8 – 1 所示。

图 8 – 1　社交类 – 个人主页示例

（1）在 PS 软件中新建一个尺寸为 750 × 1 334 px，分辨率为 72 ppi 的画布，填充背景色#f9f9f9。

（2）拖入 iOS 官方组件库中的电量栏。

（3）利用椭圆形状工具设定个人头像展示区域的大小 996 × 572 px，居中，得到如图 8 – 2 所示

样式。

（4）从个人素材库拖入自定义照片，置于形状图层上方，按 Alt 键并单击图片与形状图层中间，将图片嵌入形状中。

（5）新建一个 160 × 164 px 的圆作为头像展示区域，并利用文字工具输入用户名及用户签名的个人信息。用户名文字参数为“34 pt，苹方，中等”。个性签名文字参数为“28 pt，苹方，中等”，如图 8 – 3 所示。

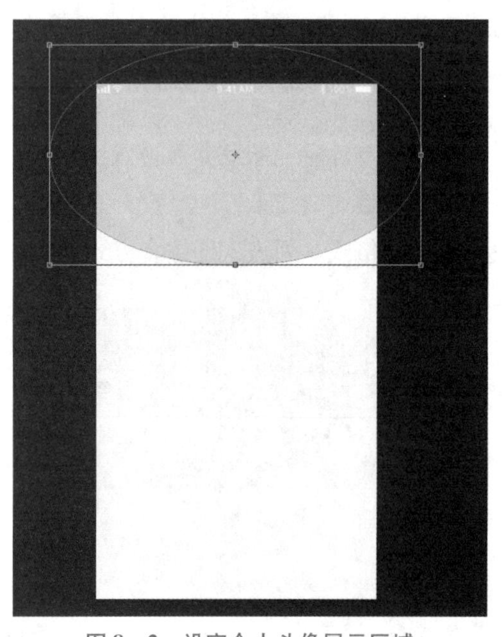

图 8 – 2　设定个人头像展示区域

图 8 – 3　输入个人信息

（6）拉出参考线，设定界面左、右边距各 20 px。创建一个宽为 680 px，高为 160 px，圆角为 10 px 的矩形作为个人信息展示区域。建好图层后，双击图层并调出图层样式，添加投影效果，设置参数，如图 8 – 4 所示。

（7）输入个人信息，文字 + 数字的形式，并且数字加粗着重显示，如图 8 – 5 所示。

（8）设定辅助功能入口列表项高度为 70 px，输入功能入口文字，参数为“34 pt，苹方，中等”，复制 3 个，并修改相关文字。拖入前期绘制好的图标，与文字对齐，如图 8 – 6 所示。

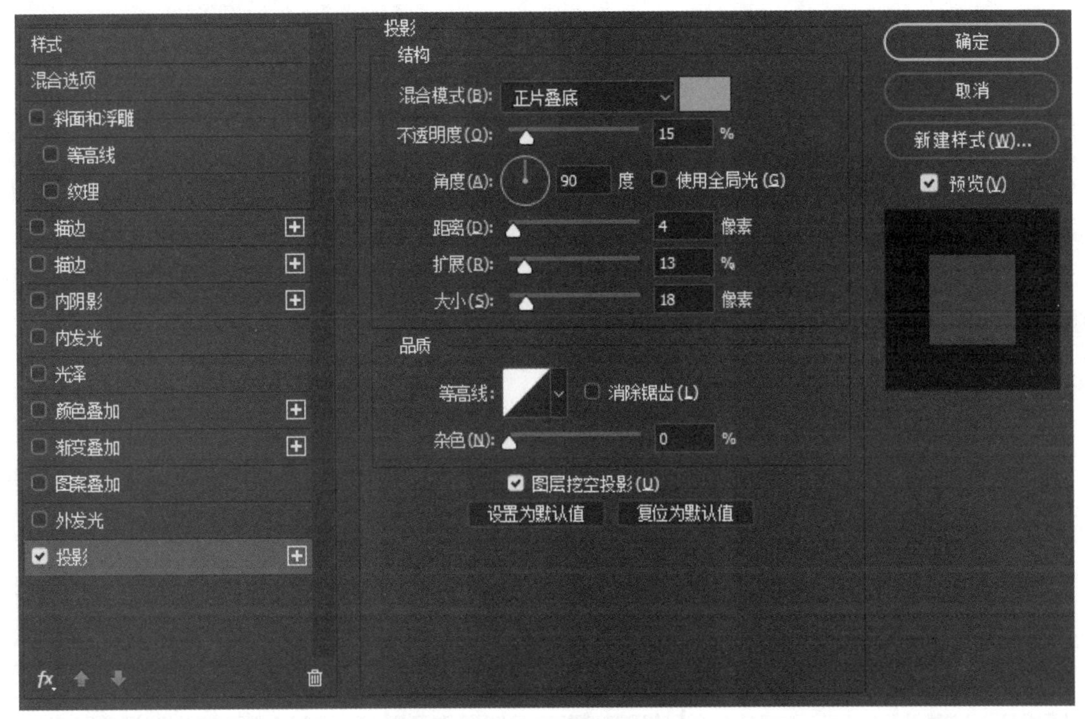

图 8－4　添加投影效果

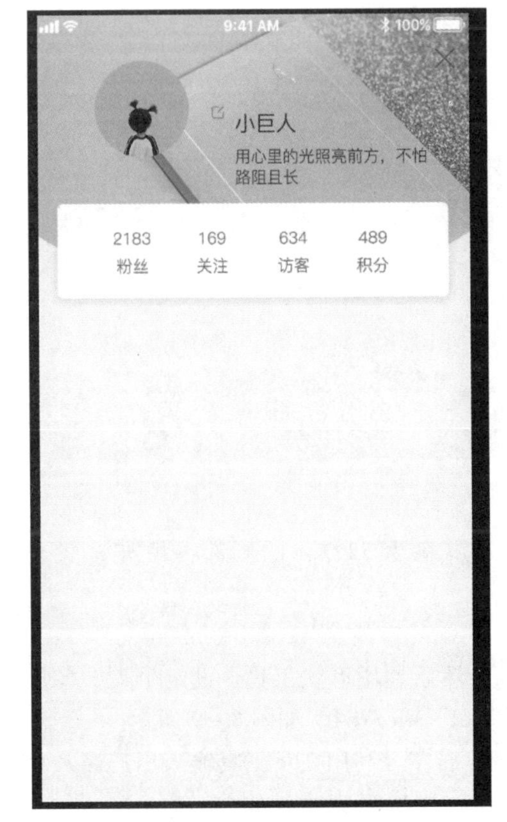

图 8－5　文字设置

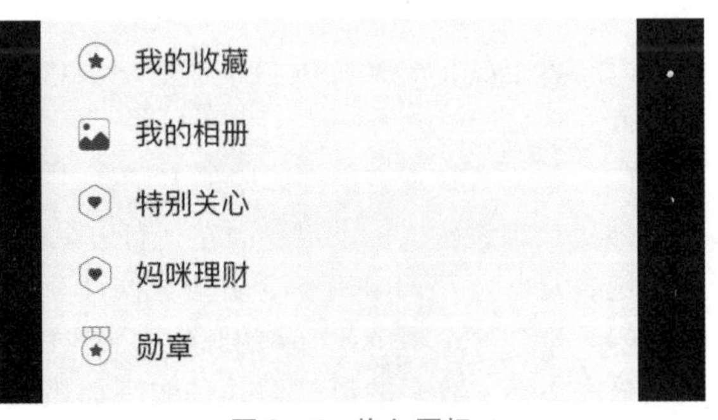

图 8－6　拖入图标

（9）在界面右上角添加前期绘制好的关闭图标，在左下角添加设置和夜间模式图标。最终效果如图8－7所示。

二、设计电商类个人中心页

电商类应用的个人中心，可采用头像居左设计的方式，这样可以节省更多的空间。因为在电商类个人中心包含大量的功能，因此需要尽可能在一屏中展示更多的内容。在电商应用里重要功能，如订单相关信息，包含待付款、待发货和待评价等，可以选择以图标的形式表达。辅助功能入口建议选用表单形式，如图8－8所示。

图8－7　最终效果

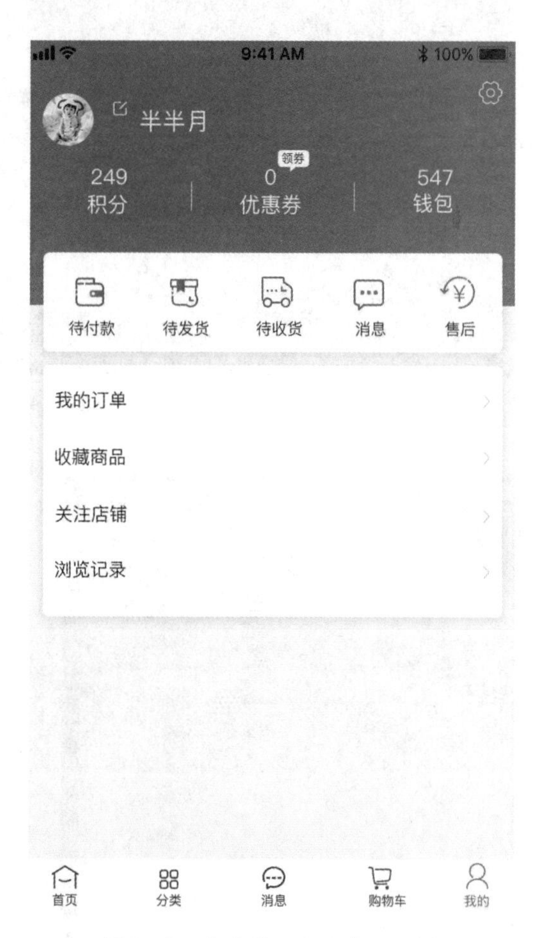

图8－8　电商类－个人中心示例

（1）在PS软件中新建一个750×1 334 px，分辨率为72 ppi的画布，填充背景色#f9f9f9。

（2）拖入iOS官方组件库中的电量栏。

（3）拉出参考线，设定界面左、右边距各20 px。然后利用形状工具，设定个人头像展示区域的大小为750×400 px，并填充线性渐变色#ff70e1～#fe7784，如图8－9所示。

（4）新建一个80×80 px的圆作为头像展示区域，居左。利用文字工具输入用户名及个人信息，文字＋数字的形式，并且数字加粗着重显示，用户名文字参数为“36 pt，苹方，中等”。个人展示信息文字参数为“32 pt，苹方，中等”，如图8－10所示。

图 8－9　设定个人头像展示区域

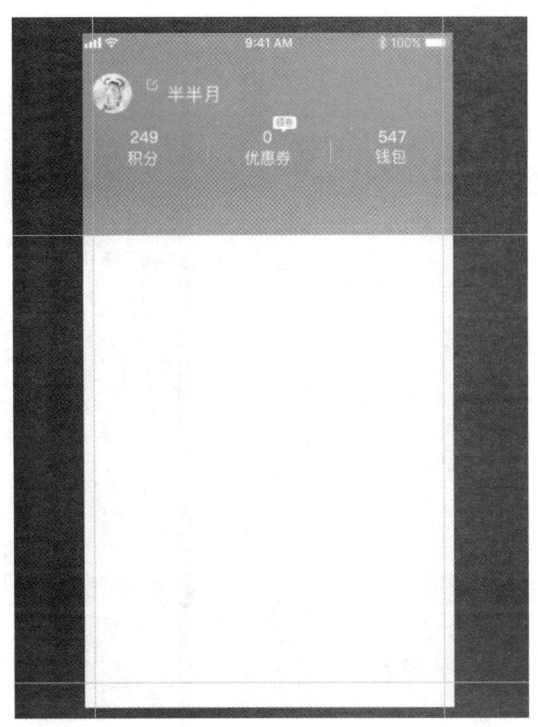

图 8－10　输入用户名及个人信息

（5）创建一个宽为 710 px，高为 150 px，圆角为 10 px 的矩形作为个人信息展示区域。建好图层后，双击图层并调出图层样式，添加投影效果，设置参数，如图 8－11 所示。

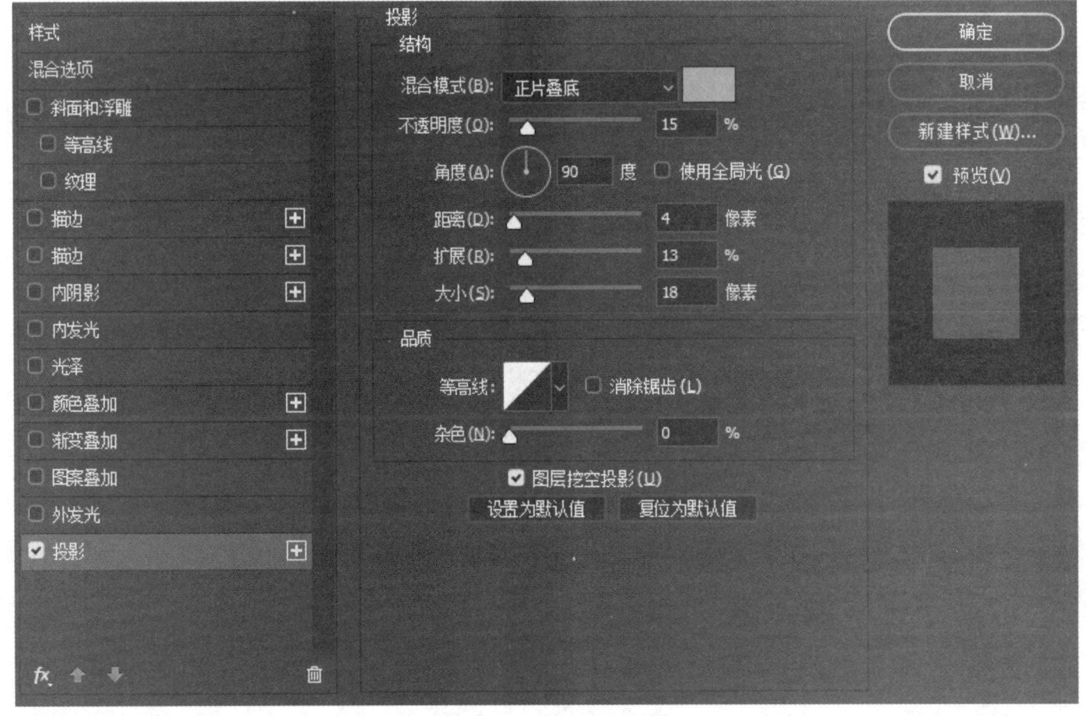

图 8－11　添加投影效果

（6）拖入前期绘制好的图标，输入功能入口文字，整体平均分布对齐，如图 8 – 12 所示。

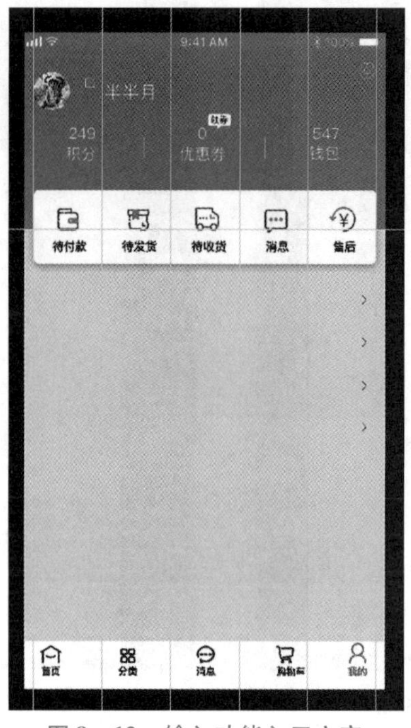

图 8 – 12　输入功能入口文字

（7）创建一个宽为 710 px，高为 380 px，圆角为 10 px 的矩形作为辅助功能入口。建好图层后，双击图层并调出图层样式，添加投影效果，设置参数同上一个版块，如图 8 – 13 所示。

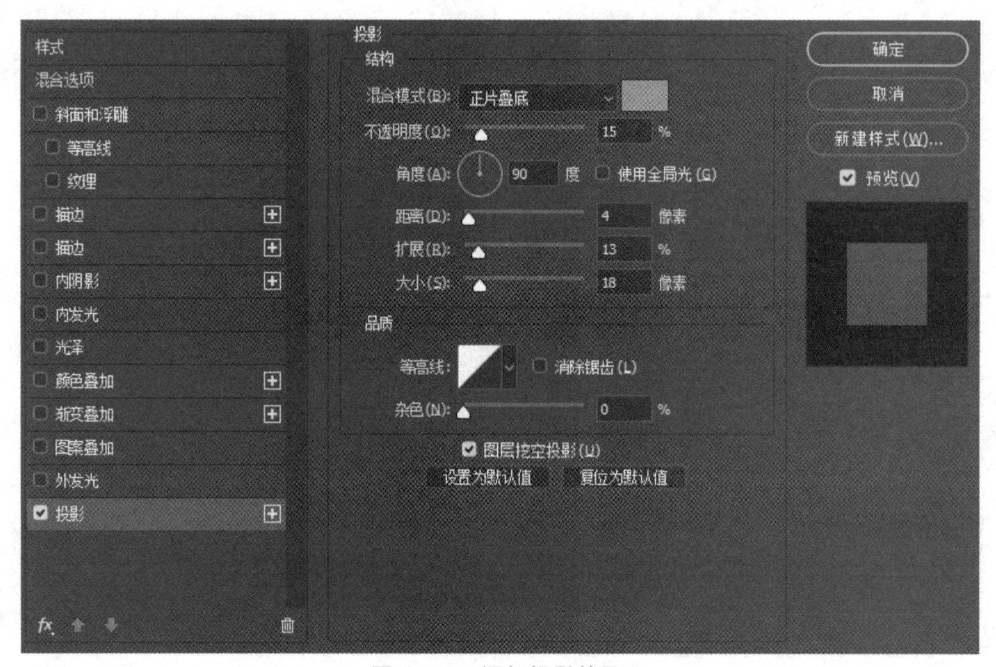

图 8 – 13　添加投影效果

（8）设定单个辅助功能入口列表项高度为82 px，输入功能入口文字参数为“28 pt，苹方，中等”，复制4个，修改相关文字，调整整体版块高度，去除多余图层，添加前期绘制好的图标。最终效果如图8－14所示。

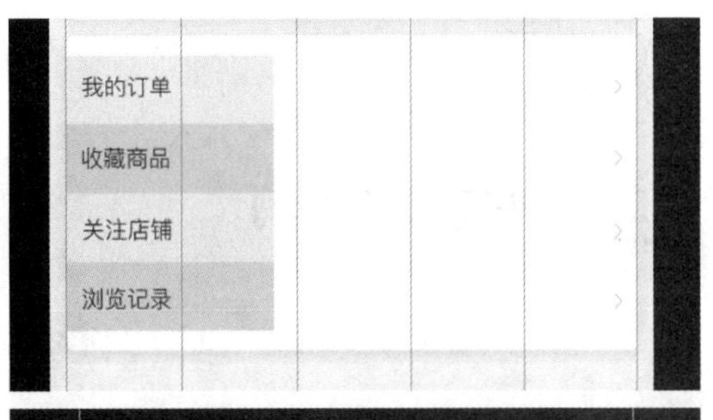

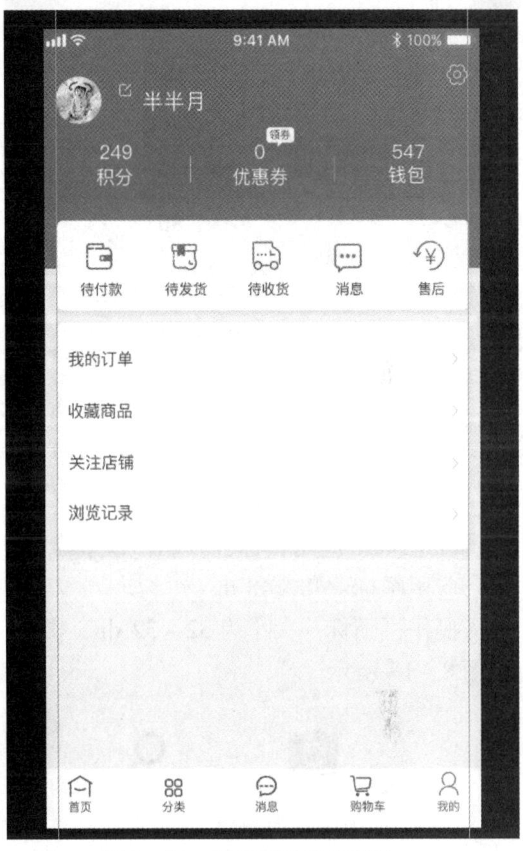

图8－14　设定辅助功能模块

任务二　完成页面标注

任务说明

本任务主要对APP个人中页面的设计方法、页面标注进行讲解，对标注基准、标注方法、标注插件的使用、标注导出进行知识性的导入，并通过具体的任务实现过程进行实操性演练。

知识导入

一、标注基准

APP设计的标志基准即设计规范，随着系统的不断变更而变更，iOS和Android两大平台的设计规范也在不断地借鉴参考，在很多方面越来越接近彼此，但是并不意味着所有的平台都沿用一套设计。

以安卓为例，首先是基础单位：

- 图形——dp（开发中使用），如图8－15所示。

• 图形dp——（开发中使用）：

Screen	DPI	Exchange
360x640	MDPI	1 dp=1 px
480x960	HDPI	1 dp=1.5 px
720x1280	XHDPI	1 dp=2 px
1080x1920	XXHDPI	1 dp=3 px
1440x2560	XXXDPI	1 dp=4 px

图8－15　图形——dp（开发中使用）

• 字体——sp（开发中使用）：与 dp 相似，1 dp = 1 sp = 1 px（设计稿中使用），如图 8 – 16 所示。

屏幕尺寸（px）

android设备太多，具体尺寸不细列，只列标准dpi尺寸

Screen	DPI	Number
360x640	MDPI	160
480x960	HDPI	240
720x1280	XHDPI	320
1080x1920	XXHDPI	480
1440x2560	XXXDPI	640

图 8 – 16　字体——sp（开发中使用）

二、图标与图像

Play Store 应用图标：512 × 512 px，PNG 格式。

应用图标：48 × 48 dp。

操作栏图标：大小为 32 × 32 dp，类似于黑体字体的风格，尽量使用 Android 内置图标，如图 8 – 17 所示。

图 8 – 17　图标与图像

三、标注方法

以使用 PxCook 软件为例，进行标注。PxCook 是一款切图设计工具软件。从 2.0.0 版本开始，支持 PSD 文件的文字颜色、距离自动智能识别，如图 8－18 所示。

图 8－18　软件图标示例

四、标注插件的使用

（1）根据工具内部的提示创建一个 iOS 类的新项目；

（2）从本地拖进去一个 PSD 格式的效果图；

（3）有“顶部设计”和“开发”两个选择按钮，选择“开发”；

（4）鼠标单击选中需要标注的控件或者文字；

（5）右侧会出现该控件的属性，最下面一个属性可以选择编程语言，选择“OC”，然后单击后面的“复制”按钮，这个 UILabel 文字的赋值以及文字的属性相关代码就会自动出现了，如图 8－19 所示。

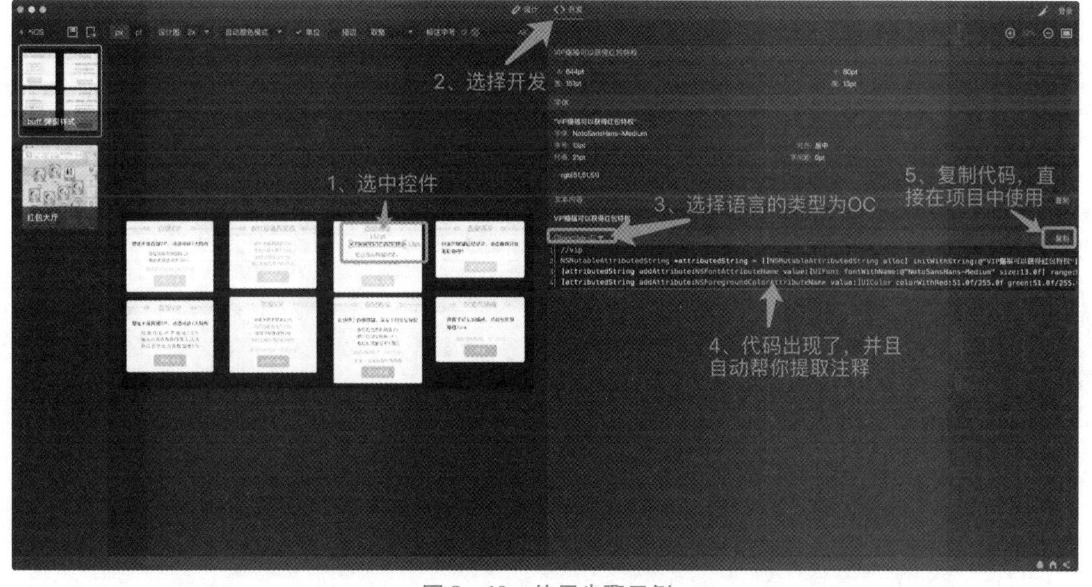

图 8－19　使用步骤示例

五、标注导出

在 PxCook 中，当标注完成后，单击软件界面左上角的“项目”菜单，并进行标注图导出，一个界面一张标注图，存储于项目文件夹中，如图 8－20 所示。

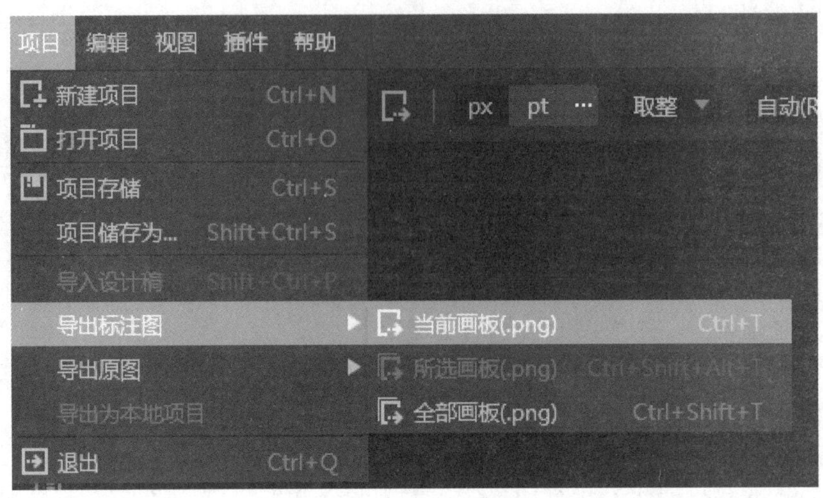

图 8－20　标注导出示例

任务实现

完成页面标注

页面的种类成千上万，希望通过案例可以做到举一反三。下面以个人中心页为例进行页面标注，如图 8－21 所示。

图 8－21　个人中心页

（1）双击软件，并按提示完成软件安装，如图 8－22 所示。

（2）打开软件 PxCook，创建项目，如图 8－23 所示。

（3）导入个人中心页面源文件，如图 8－24 和图 8－25 所示。

（4）双击打开项目，进入标注编辑界面。选择需要标注的元素，如图 8－26 中的文字。选中文字后，可以看到文字处自动显示了文字相关属性信息，左侧的智能标注激活了 3 个可以标注的工具，根据需要单击标注即可，文字信息会自动标注好。

（5）利用软件左侧的自动标注工具及手动标注工具即可一键生成界面其他元素及间距的标注。

标注的内容有：

①字体大小（px）、字体颜色、字体样式属性（中等或者粗体等）。

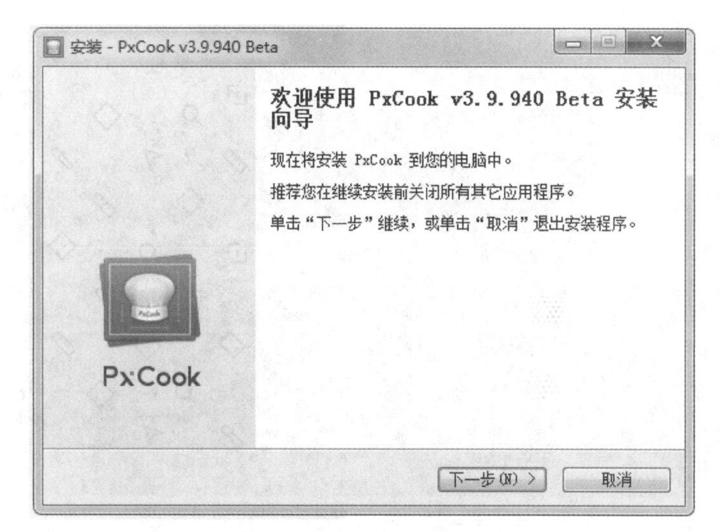

图 8－22　软件安装

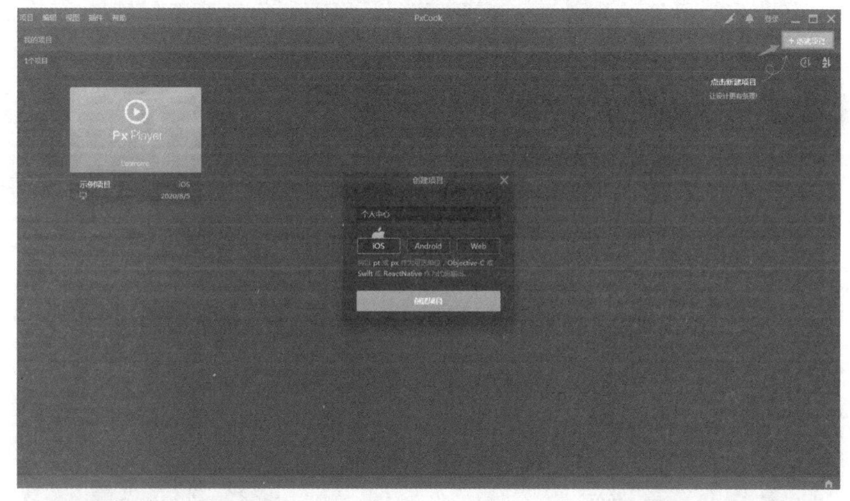

图 8－23　创建项目

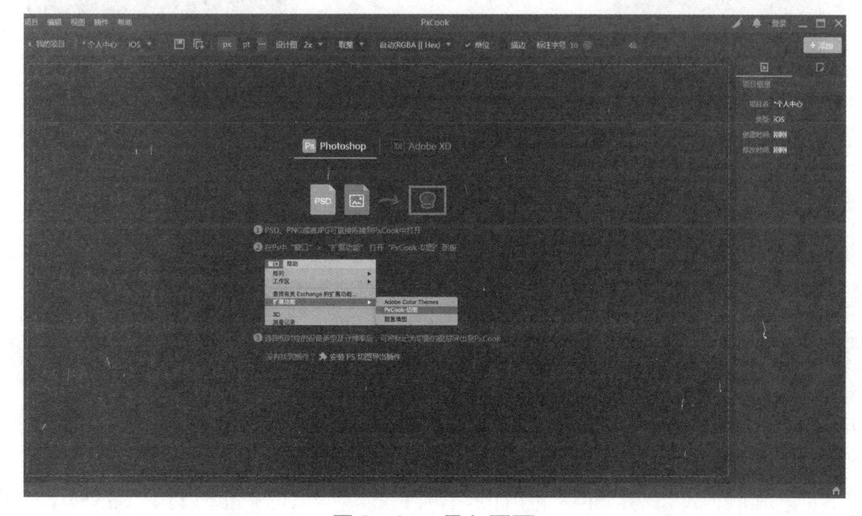

图 8－24　导入页面

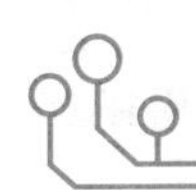

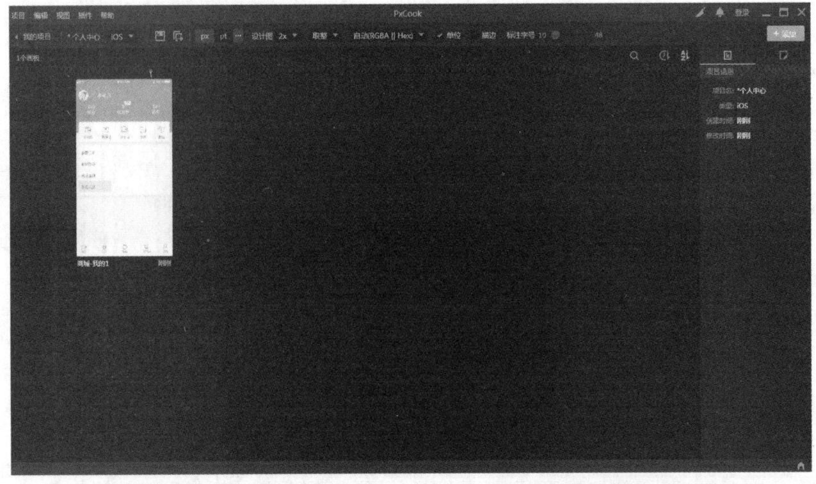

图 8－25　导入个人中心页面

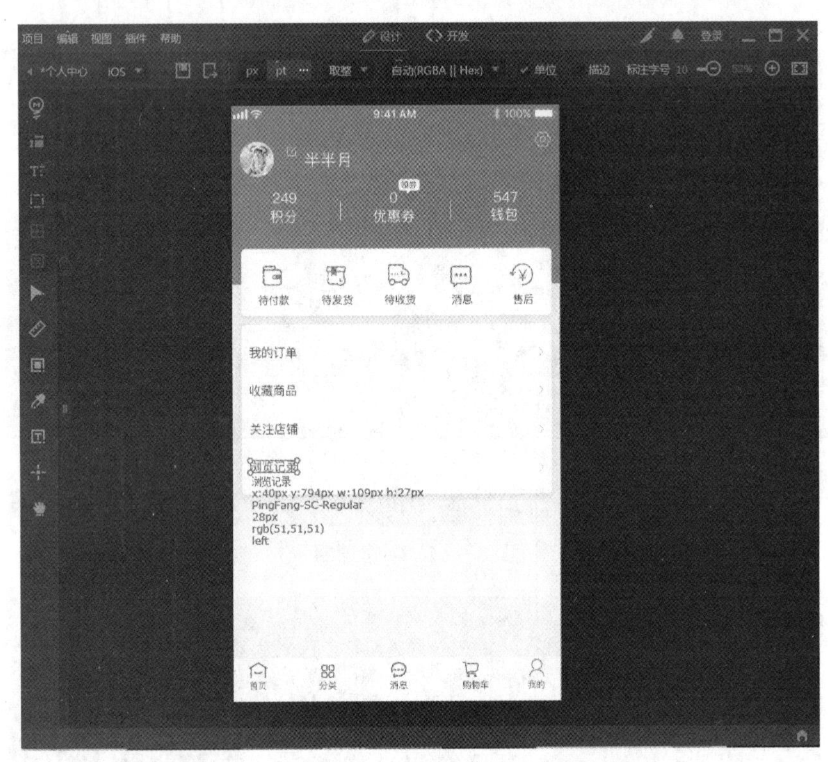

图 8－26　文字标注

②顶部标题栏的背景色值、透明度。

③标题栏下方以及 Tab bar 上方其实有一条分割线，需要提供色值。

内容显示区域的背景色。

④底部 Tab bar 的背景色值。

⑤所有的页面标注总结起来就是标文字、颜色、间距、图片；页面标注越详细，工程师界面还原程度越高，如图 8－27 所示。

（6）标注完成后，单击界面左上角的“项目”菜单，并进行标注图导出，一个界面一张标注图，存储于项目文件夹中，如图 8－28 所示。

图 8－27　标注项目

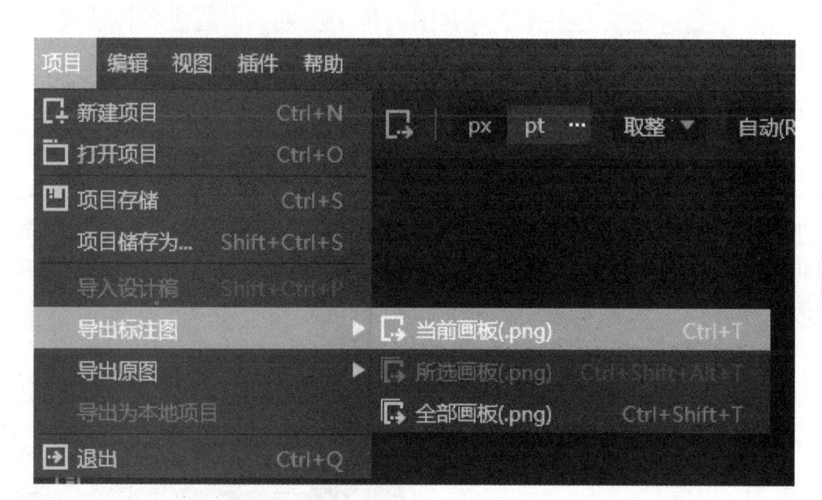

图 8－28　标注图导出

任务三　点九图制作

任务说明

本任务主要针对点九图的制作进行知识性的导入，并通过具体的任务实现过程进行实操性演练。

知识导入

一、什么是点九图?

点九图是 Andriod 平台的应用软件开发里的一种特殊的图片形式，文件扩展名为：.9.png。智能手机中有自动横屏的功能，当改变界面方向后，界面上的图形会因为长、宽的变化而产生拉伸，造成图形的失真变形。Android 平台有多种不同的分辨率，很多控件的切图文件在被放大拉伸后，边角会模糊失真。在 Android 平台下使用点九图技术，可以将图片横向和纵向同时进行拉伸，以实现在多分辨率下的完美显示效果。对比很明显，使用点九后，仍能保留图像的渐变质感和圆角的精细度。点九图其实相当于把一张 PNG 图分成了 9 个部分（九宫格），分别为 4 个角、4 条边，以及 1 个中间区域。4 个角是不做拉伸的，所以还能一直保持圆角的清晰状态，而 2 条水平边和垂直边分别只做水平和垂直拉伸，所以不会出现边会被拉粗的情况，只有中间用黑线指定的区域做拉伸。

二、如何制作点九图?

相较于普通截图方式，点九图最为明显的区别就是图片不保留内容显示区域且自带一圈不成规律的黑边。正是这圈黑边提供了点九图的各个属性，以适应各种情况。

简单来说，1、2 部分规定了图像的可拉伸部分，而 3、4 部分规定了图像的内容区域。当实际程序中设定了对话框的宽、高时，1、2 部分就会被拉伸成所需的高和宽，呈现出与设计稿一样的视觉效果。内容区域规定了可编辑区域。例如，对话框是圆角，文字需要被包裹在其内，如果 4 像 3 一样顶到两边，文字部分就会被隐藏，如图 8－29 所示。

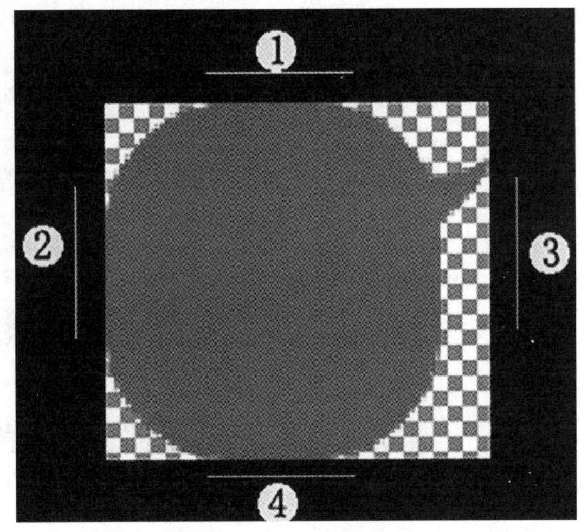

图 8－29　点九图示例

任务实现

制作点九图

如图 8－30 所示，这是项目中一组聊天对话框，可以看出，两条不同的消息，其字数不同，长度也不同，但它们采用了相同的背景样式，这个背景样式其实是同一张图片，用到的就是点九图的方式。

（1）输出普通的 PNG 资源，用选区工具选取尽可能多的拉伸部分加以删除，如图 8－31 所示。

（2）将这些内容拼接成一个完整的整体，如图 8－32 所示。

（3）扩大画布大小，上、下、左、右各空出一个像素，如图 8－33 所示。

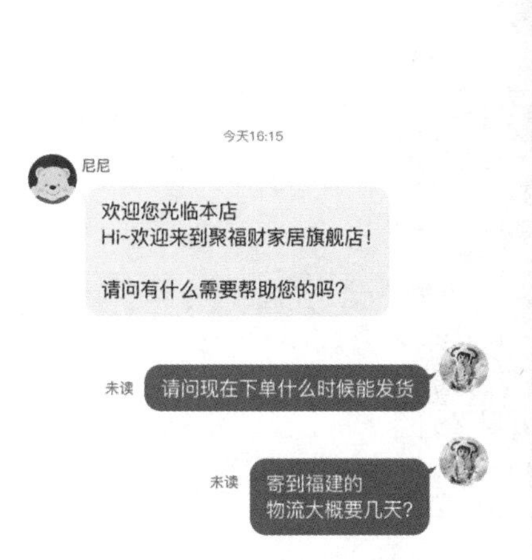

图8－30　聊天对话框

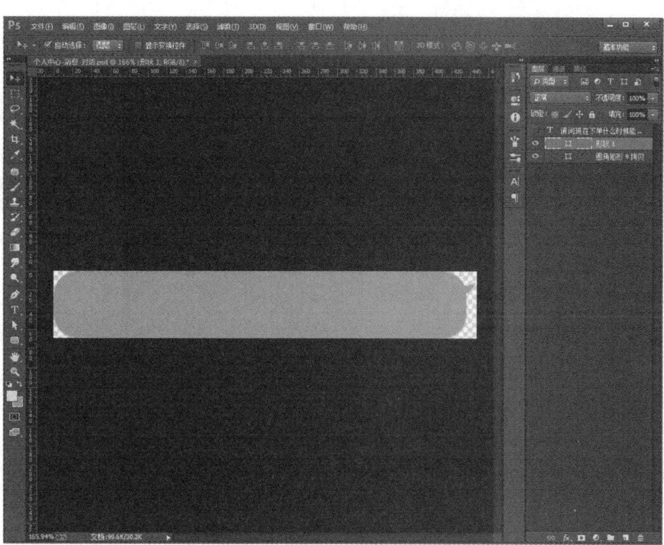

图8－31　输出资源

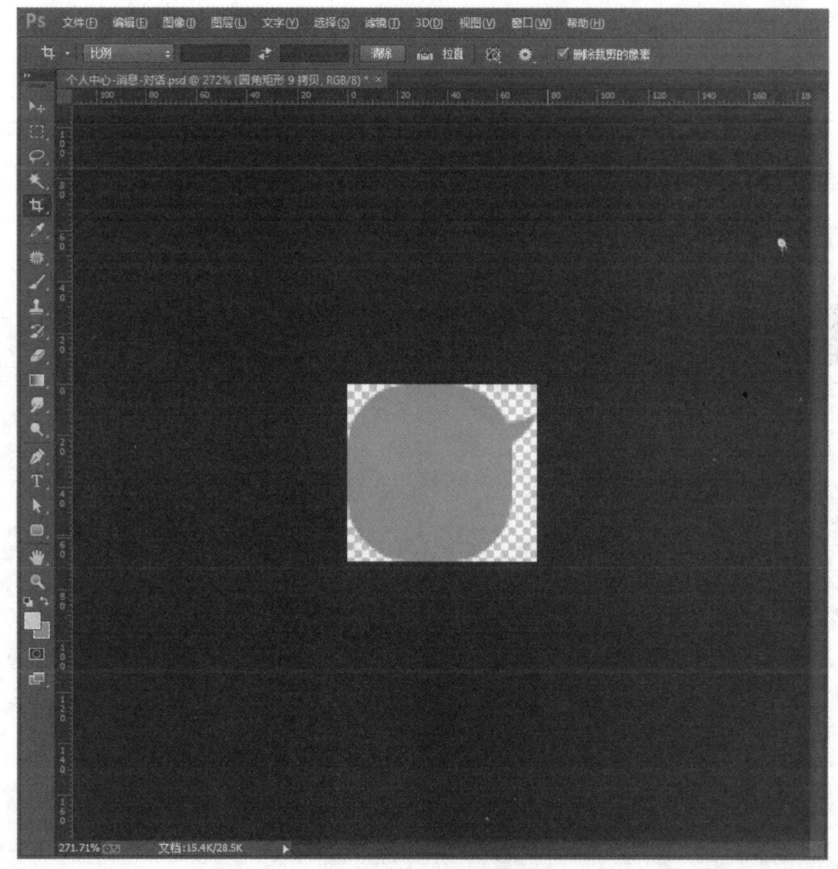

图8－32　拼接素材

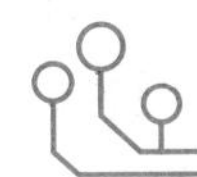

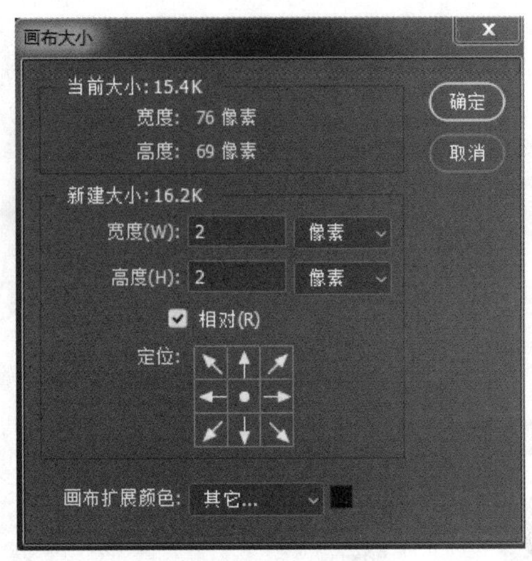

图 8－33　扩大画布

（4）用一个像素的铅笔工具，上、下、左、右分别画点。铅笔颜色选择纯黑色#000000，不透明度100%，并且图像四边不能出现半透明像素。上：表示横向拉伸区域；下：表示横向显示内容区域；左：表示纵向拉伸区域；右：表示纵向显示内容区域，如图 8－34 所示。

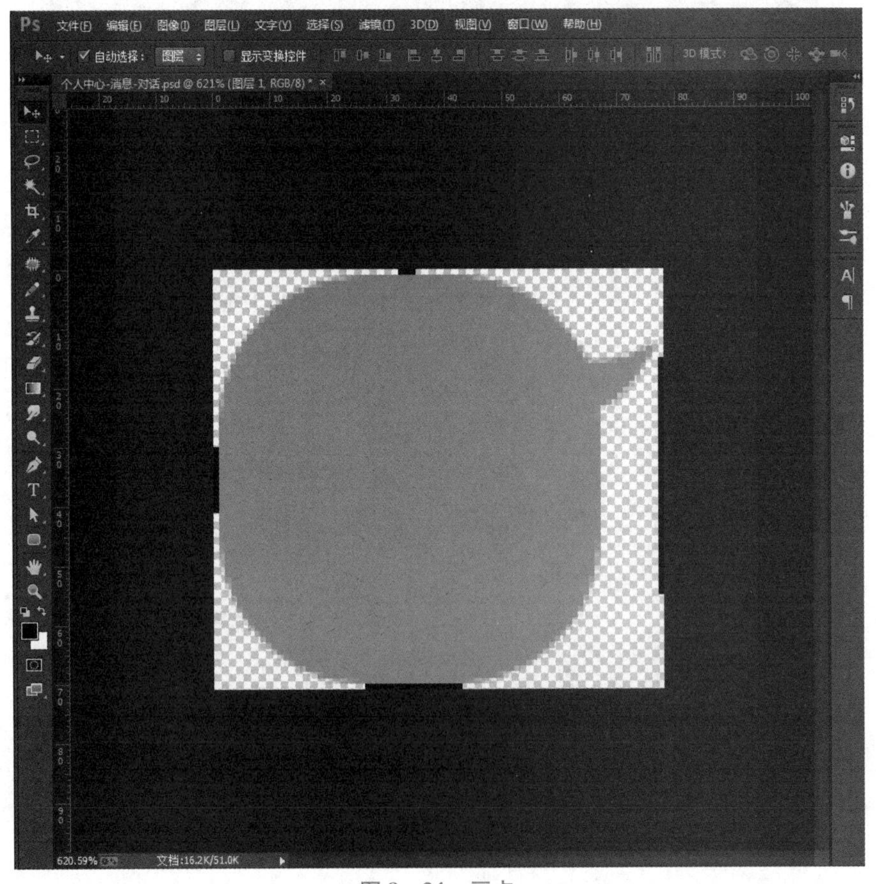

图 8－34　画点

（5）按快捷键 Ctrl + Alt + Shift + S 或者单击“文件”→“存储为 Web 所用格式”，导出格式选择 PNG - 24。保存命名时，注意把后缀修改为 .9.png，保存至相应位置即完成当前操作，如图 8 - 35 所示。

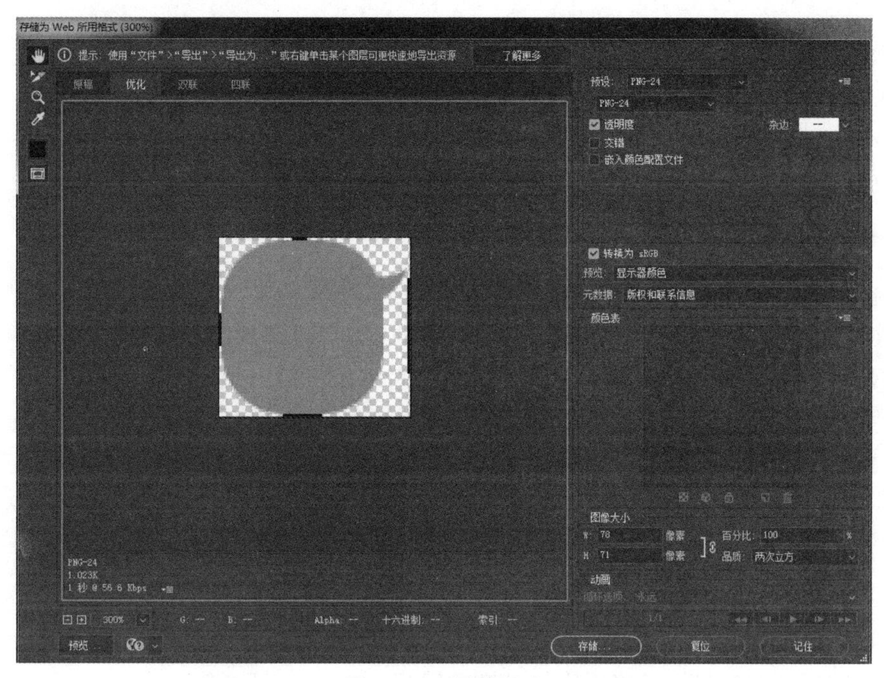

图 8 - 35　导出保存

这里需要特别注意以下两点：

①最外边的 1 px 线段必须是纯黑色，一点点的半透明的像素都不可以有，比如 99% 的黑色或者是 1% 的投影都不可以有。

②文件的后缀名必须是 .9.png，不能是 .png 或者是 .9.png.png，这样的命名都会导致编译失败。

任务四　完成页面切图

任务说明

本任务主要针对页面的切图进行讲解，对切片工具、切图插件的使用、界面切图、图标切图、命名规则、切片导出等进行知识性的导入，并通过具体的任务实现过程进行实操性演练。

知识导入

一、切片工具

Cutterman 是一款运行在 Photoshop 中的插件，能够自动将需要的图层进行输出，以替代传统的手工“导出 Web 所用格式”以及使用切片工具进行逐个切图的烦琐流程。它支持各种各样的图片尺寸、格式、形态输出，方便在 PC、iOS、Android 等端上使用。它不需要记住一堆的语法、规则，纯单击操作，方便、快捷，易于上手。

二、切图插件的使用

Cutterman 目前支持的版本有 Photoshop CS 6/CC/CC 2014，在官网下载 http://www.cutterman.cn/cutterman。

安装成功之后打开 PS，单击“窗口”→“扩展功能”→“Cutterman”。

三、图标切图

Cutterman 提供了面向三种平台的切图特性：支持 iOS 平台的单倍图、双倍图；支持 iPhone 6/6P 尺寸比例；支持 Android 平台的各种分辨率大小图片。

如果是做 Web 端的设计，请使用 PC 标签，它可以支持输出 PNG、JPG、GIF 等各种格式和质量大小的图片。

四、命名规则

命名规则是“(界面或者功能)+(控件名)+(状态)+(补充描述)”。

五、切片导出

切片导出支持各种图片格式输出，例如 PNG、JPG、GIF、Web 等，同时支持单个图层输出、多个图层合并输出、导出固定尺寸图片输出。

导出单个图层：选中一个要输出的图层，设置保存目录，再单击“导出选中图层”按钮，导出图层组。如果选中的是整个图层组，Cutterman 会将组里的所有内容都合并，输出一张图。以 home 图标为例，导出之后，iOS 会有@2x 和@3x 的切图。

导出多个图层：选中多个要输出的图层，设置保存目录，再单击“导出选中图层”按钮，选中多个图层进行导出。默认会逐一输出，如果希望将选中的多个图层合并导出，可以在右上角的“设置”里面进行设置。

导出固定尺寸图片：对于大多数 icon 而言，在输出的时候，会将 icon 周围的透明像素进行裁剪，只保留像素的内容。这样输出的图片尺寸即是 icon 的绝对像素尺寸。但是很多时候，出于美观统一、开发易用等方面的考虑，希望能够输出固定的 icon 尺寸，这时就需要用到 Cutterman 的“固定尺寸”设置。

注意：

(1) 在固定尺寸的位置填入希望输出的宽和高，必须要比 icon 的尺寸大。

(2) 设置固定尺寸后，icon 会默认居中显示。如果设置的尺寸比 icon 尺寸小，会出现 icon 被裁剪的现象。

任务实现

完成页面切图

页面的种类成千上万，希望通过案例可以做到举一反三。下面以个人中心页为例进行页面切图，如图 8－36 所示。

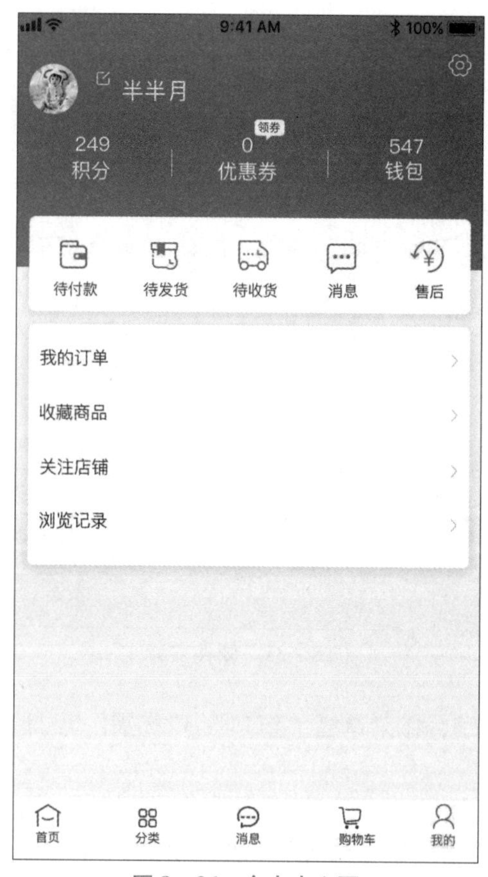

图 8－36　个人中心页

（1）在 http://www.cutterman.cn/zh/cutterman 下载对应的 cutterman 切图插件（注意选择适合 PS 的版本，否则安装不上），解压下载的安装包，里面是一个 exe 文件，双击打开。不要修改默认的安装路径，单击“安装”按钮即可，如图 8－37 和图 8－38 所示。

图 8－37　版本选择

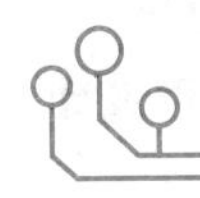

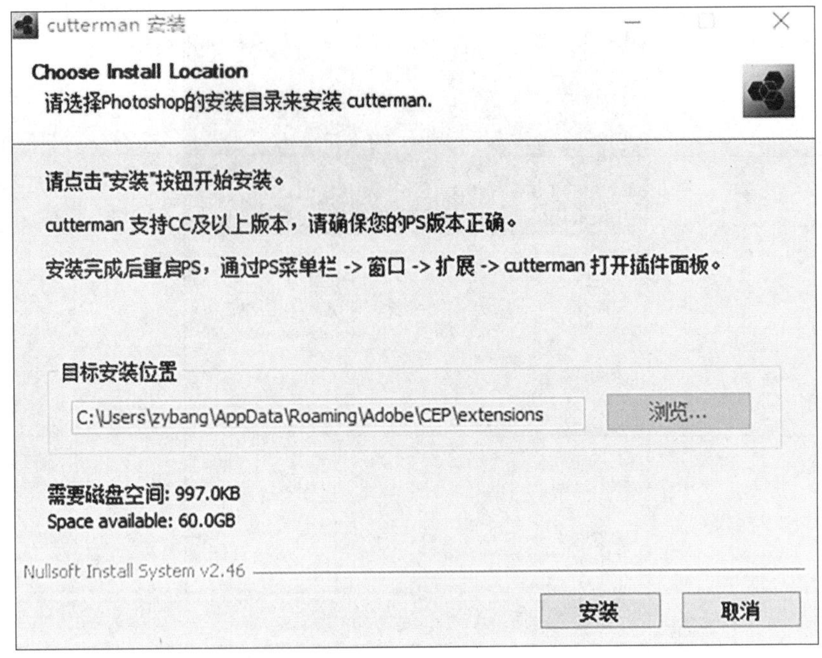

图 8－38　软件安装

(2) 安装完成后重启 PS，在菜单栏“窗口”→“扩展”里打开插件，登录 Cutterman 账号，如图 8－39 所示。

(3) 打开 Cutterman 插件后，可以看到切图的三种模式，分别是 iOS、Android、Web，可以自由切换，单击一下即可选中，再次单击就是取消，如图 8－40 所示。

图 8－39　账号登录

图 8－40　切图模式

(4) 直接选中要切的图层，如果图片有多个图层，就可以将图层全部选中。这里以 iOS

端导出待发货图标为例，勾选“合并导出选中的图层”选项，选择好存储位置，然后单击“导出选中图层”按钮，如图 8 – 41 所示。

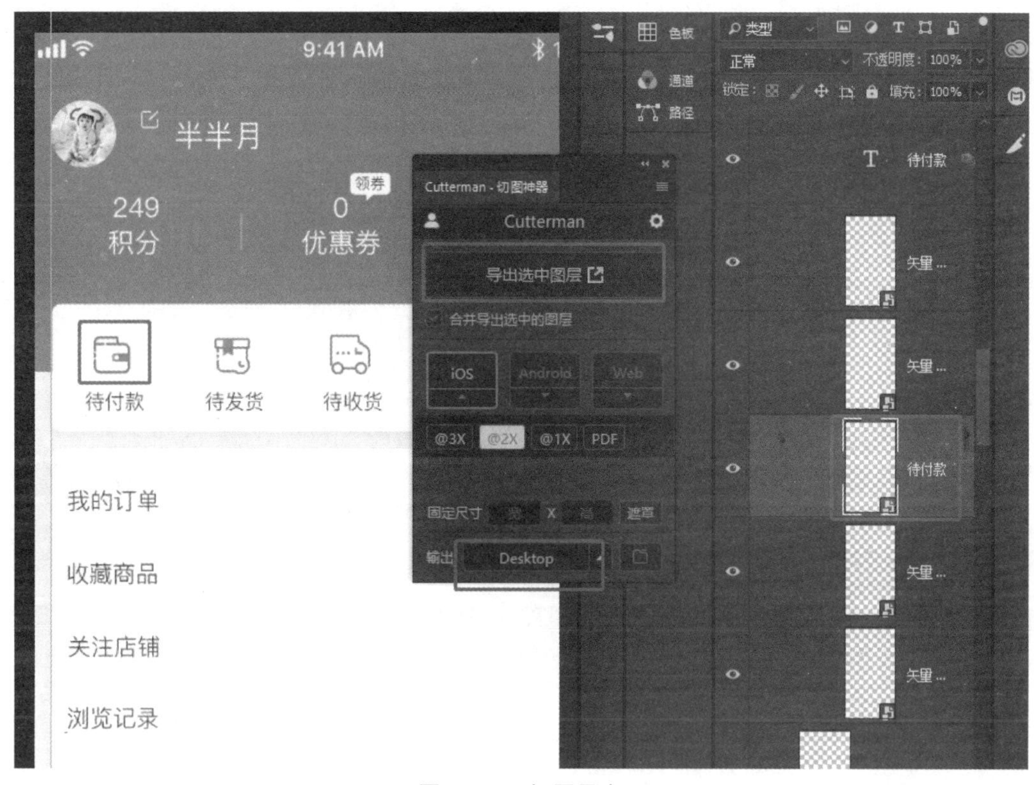

图 8 – 41　切图导出

（5）如果文件较小，几乎是瞬间下载，打开存储位置就可以看到已经切好的图片，如图 8 – 42 所示。

（6）因为最终输出的切图非常多，所以需要一个有序的命名规则。这样既方便自己查找，也能让开发者看懂。命名规则是“（界面或者功能）+（控件名）+（状态）+（补充描述）”，以刚刚切的待付款图标为例，如图 8 – 43 所示。

图 8 – 42　切好的图片

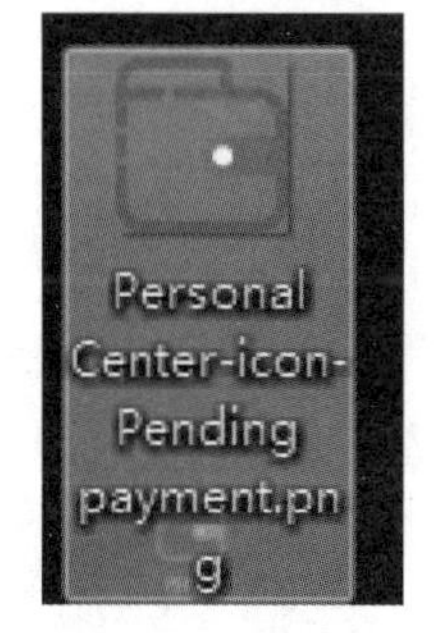

图 8 – 43　文件命名

（7）用相同的方法导出界面中其他元素切片。

项目九

移动端 APP 项目综合实战

项目描述

本项目将进行移动端 APP 的 UI 设计项目综合实战，在本项目中，将提供需求和原型图，学习者根据需求和原型图设计相关内容，最终完成一个完整 APP 的 UI 设计内容。

学习目标

（1）能够自行思考和规划 APP 的 UI 设计内容，并形成可行性方案；

（2）能够灵活地将理论知识应用于实际设计中；

（3）能够自主完成 APP 的 UI 设计各单项内容、页面等；

（4）能够以一致的思路、统一的风格完成整个 APP 的 UI 设计内容以及整合；

（5）能够自主完成 UI 设计稿的标注、切图和输出；

（6）能够以精益求精的工匠精神，严格对待每一个设计细节，遵循设计规范，符合产品需求，符合岗位要求；

（7）能够基于用户体验对设计内容进行创新，深度思考如何才能设计得更好，具备优化再设计的能力。

任务一　移动端 APP 设计经典案例分析

任务说明

本任务主要针对移动端 APP 设计选取部分设计经典案例进行分析说明，对 APP 设计的配色、排版、表现形式及表现技法进行讲解和知识性导入。

知识导入

一、配色分析

APP 的 UI 设计在配色方面需要设计师进行充分的考虑，良好的配色能够很好地提升产品的质感，让用户觉得愉悦。

- 主色是指界面的主要色调，一般与品牌或产品的主要色彩相符，如支付宝的蓝色、淘宝的橙色等。
- 次色一般作为辅助颜色，丰富界面色彩的同时，起到点缀的作用。
- 背景色一般在黑、白、灰里面选择，白色、灰色居多，较少选择鲜艳色彩，避免对用户造成干扰。
- 对比色则是在界面中起到加强对比的作用，比如明暗对比、色彩对比等，能够避免界面过于单调。

配色示例如图 9－1 所示。

图 9－1　配色示例

二、排版分析

在UI设计中，排版十分重要，如何突出有用信息，处理不必要的元素，这些都需要在设计的时候学会调整，一个好的设计排版能够使自己的作品上升一个档次，让用户有更好的体验效果。

- 善于运用网格。通过运用网格对页面内容分布进行规划，会让整个页面显得规整，条理比较清晰，如图9－2所示。

图9－2　通过网格规划页面内容示例

- 突出视觉焦点。把页面上的重要内容进行重点设计，让其在页面上能够凸显出来，快速抓住用户眼球，如图9－3所示。
- 注意内容对齐。当不注意内容的对齐时，页面很容易变得杂乱不堪，用户体验很不佳，因此有必要仔细检查各内容的对齐关系，如图9－4所示。
- 注重平衡关系。界面设计若是不注意平衡关系，很容易造成某些部分太重、太满，某些部分又太轻、太空等情况。如图9－5所示，左边较平衡，右边则有轻重不均衡的情况。

三、表现形式和技法

- 扁平化设计风格。扁平化表现形式是目前比较流行的一种风格，给人一种较为轻快的感觉，如图9－6所示。

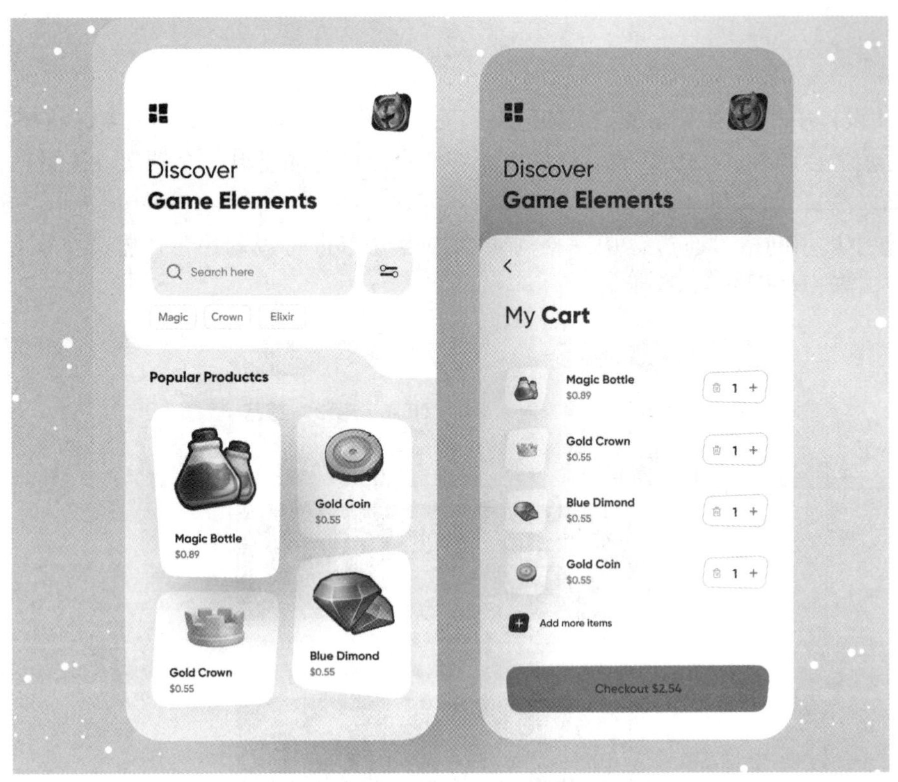

图 9－3　突出视觉焦点示例

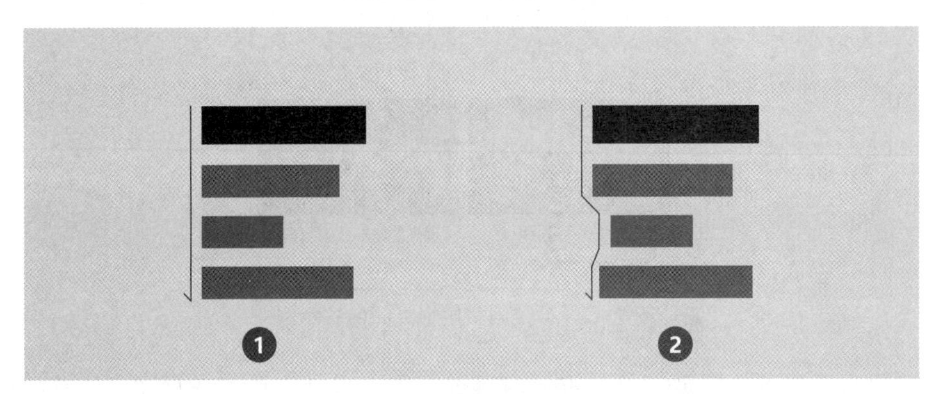

图 9－4　内容对齐示例

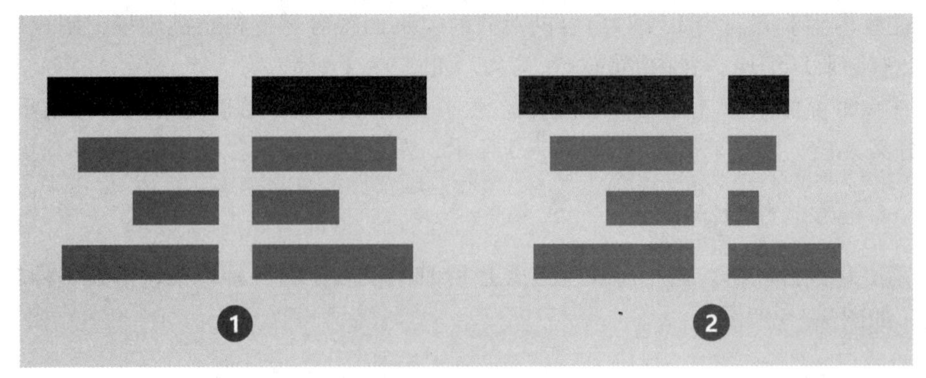

图 9－5　平衡关系示例

图 9 – 6　扁平化设计风格示例

• 拟物化设计风格。拟物化设计风格是以模拟真实世界的事物，并进行创意设计改造的一种方法，如图 9 – 7 所示。

图 9 – 7　拟物化设计风格

• 3D 设计风格。3D 设计风格不是平面软件模拟设计的，而是使用三维软件进行的 UI 元素设计，更加具有立体感，如图 9 – 8 所示。

图9－8　3D设计风格示例

任务二　产品设计任务说明

产品介绍：

i旅行是一款集合旅游攻略、旅游分享、购票、社交等功能为一体的软件，为喜欢旅游的人士提供一站式服务。

产品原型：

在线链接：https://modao.cc/app/02e36cd3df8b6f4587406da2aed41834，也可以扫描二维码下载原型文档：

一、APP应用图标设计——任务说明

根据产品介绍，设计i旅行产品的应用图标，要求如下：

（1）符合产品定位、特色、功能。

（2）用户看到图标就能够理解产品本身内容。

（3）风格、样式、色彩、表现手法等自定。

（4）尺寸为1 024×1 024 px。

二、APP启动页、引导页设计——任务说明

根据产品介绍以及所提供的产品原型，设计i旅行产品的APP启动页、引导页，要求如下：

（1）符合产品定位和特色等。
（2）启动页需要体现 LOGO 及宣传标语“i 旅行，更爱你”。
（3）引导页文案及轮播交互组件需体现，设计图案需与文案相呼应。
（4）风格、样式、色彩、表现手法等自定。
（5）该 APP 设计尺寸可以 iPhone 6 或 iPhone X 为基准。

三、APP 登录页、注册页设计——任务说明

根据产品介绍以及所提供的产品原型，设计 i 旅行产品的 APP 登录页、注册页，要求如下：
（1）符合产品定位和特色等。
（2）页面内容参考产品原型，设计框架、排版形式等不限。
（3）后续登录步骤自行添加，需符合逻辑。
（4）风格、样式、色彩、表现手法等自定。
（5）该 APP 设计尺寸可以 iPhone 6 或 iPhone X 为基准。

四、APP 首页设计——任务说明

根据产品介绍以及所提供的产品原型，设计 i 旅行产品的 APP 首页，要求如下：
（1）符合产品定位和特色等。
（2）页面整体框架参考产品原型，排版、文字、图标等可自行调整。
（3）能够充分展示内容，做到重点突出，合理有序。
（4）风格、样式、色彩、表现手法等自定。
（5）该 APP 设计尺寸可以 iPhone 6 或 iPhone X 为基准。

五、APP 列表页设计——任务说明

根据产品介绍以及所提供的产品原型，设计 i 旅行产品的 APP 列表页，要求如下：
（1）符合产品定位和特色等。
（2）页面整体框架参考产品原型，排版、文字、图标等可自行调整。
（3）能够充分展示内容，做到列表清晰，用户体验良好。
（4）风格、样式、色彩、表现手法等自定。
（5）该 APP 设计尺寸可以 iPhone 6 或 iPhone X 为基准。

六、APP 详情页设计——任务说明

根据产品介绍以及所提供的产品原型，设计 i 旅行产品的 APP 详情页，要求如下：
（1）符合产品定位和特色等。
（2）页面整体框架参考产品原型，排版、文字、图标等可自行调整。
（3）能够充分展示内容，详情发布页操作便捷，详情查看页阅读体验佳。
（4）风格、样式、色彩、表现手法等自定。
（5）该 APP 设计尺寸可以 iPhone 6 或 iPhone X 为基准。

七、APP 个人中心页设计——任务说明

根据产品介绍以及所提供的产品原型，设计 i 旅行产品的 APP 详情页，要求如下：
（1）符合产品定位和特色等。
（2）页面整体框架参考产品原型，排版、文字、图标等可自行调整。
（3）能够充分展示内容，让用户容易了解个人相关信息。
（4）风格、样式、色彩、表现手法等自定。
（5）该 APP 设计尺寸可以 iPhone 6 或 iPhone X 为基准。

八、完成 APP 页面标注及切图——任务说明

将设计的所有该产品 APP 页面进行标注和切图，要求如下：
（1）标注细致，不出现遗漏或无用标注、错误标注。
（2）切图合理，能够满足使用，不出现过大、过小、不必要等切图。